GEOSTATISTICS
개정판 지구통계학

최종근 지음

GEOSTATISTICS

개정판 **지구통계학**

최종근 지음

Σ **시그마프레스**

지구통계학, 개정판

발행일 | 2013년 3월 5일 1쇄 발행
2016년 3월 21일 2쇄 발행

저자 | 최종근
발행인 | 강학경
발행처 | Σ 시그마프레스
디자인 | 송현주
편집 | 백주옥

등록번호 | 제10-2642호
주소 | 서울특별시 영등포구 양평로 22길 21 선유도코오롱디지털타워 A401~403호
전자우편 | sigma@spress.co.kr
홈페이지 | http://www.sigmapress.co.kr
전화 | (02)323-4845, (02)2062-5184~8
팩스 | (02)323-4197
ISBN | 978-89-6866-000-9

머리말

지구통계학(geostatistics)은 공간적으로 분포하는 자료들의 특성을 분석하고 활용하여 원하는 정보를 예측하는 기법을 연구하는 과학의 한 분야이다. 지구통계학은 초기에 광산에서 기존에 알려진 자료들을 이용하여 광상품위를 예측하는 데 주로 사용되었지만 요즘에는 여러 자료들의 분석과 통합이용 그리고 원하는 지점에서 값을 예측하기 위해 다양한 학문분야에서 응용된다.

하지만 지구통계학에 대한 전반적인 이해가 없이 각 분야에서 필요한 부분만 정해진 절차나 상용 프로그램을 이용하여 지구통계적 기법이 사용되고 있다. 따라서 지구통계학에 대한 체계적 이해를 돕고 지구통계기법의 효율적 적용을 위해 교재의 필요성을 절감하게 되었고 다년간의 강의와 연구를 바탕으로 이 책을 저술하였다.

이 책은 다음과 같이 구성되어 있다. 제1장에서는 지구통계학과 통계학의 정의와 응용분야 그리고 특성화에 대하여 설명한다. 제2장에서는 확률과 통계에 대한 기본적인 내용과 표본자료의 분석기법을 다루고 제3장에서는 선형회귀를 소개한다. 따라서 통계학에 대한 지식이 부족한 사람도 큰 어려움 없이 이 책을 공부할 수 있다.

제4장부터 제6장까지는 지구통계학의 핵심분야이다. 공간적으로 분포하는 자료의 특성을 나타내는 베리오그램과 이를 분석하고 모델링하는 원리와 기법에 대하여 제4장에서 설명한다. 예측오차를 최소화하면서 편향되지 않게 주어진 자료의 가중선형조합으로 미지값을 예측하는 다양한 크리깅을 제5장에서 자세히 다룬다. 또한 복잡한 지질구조를 모델링할 수 있는 다점지구통계기법을 소개한다. 자료의 특성에 따라 크리깅이 한계를 보일 때 이를 극복할 수 있는 조건부 시뮬레이션을 제6장에서 공부한다. 조건부 시뮬레이션은 주어진 자료와 분포특성을 보존하면서 확률적으로 등가의 결과를 생성한다. 크리깅과 조건부 시뮬레이션에 관심 있는 독자는 제4장부터 제6장까지만 학습하여도 충분하다.

최적화는 원하는 정보를 목적함수로 나타내어 최적값을 결정하는 것으로 지구통계학 분야에서 자료통합뿐만 아니라 여러 학문분야에 적용된다. 이용 가능한 자료들을 조합하여 최적의 결과를 산출하는 다양한 최적화 기법들과 구체적 예들을 제7장에서 소개한다.

사용된 용어와 기법에 대하여 정의를 명확히 하였고 또 강조하였다. 구체적인 과정을 명시하고 설명과 예제를 통하여 개념과 원리를 이해하도록 하였다. 다양한 지구통계적 기법에 대해서는 서술적 정의와 더불어 수식적 정의도 명확히 하였다. 사용한 기술용어는 가능한 의미 중심의 한글명칭을 사용하였으며 영어명칭도 각 장의 처음에 함께 명시하였다.

이 책은 통계학의 사전 수강 없이 대학 3, 4학년의 교재로 사용될 수 있도록 구성되었다. 구체적인 예제와 그림을 통하여 이해를 돕고 개인학습도 가능하게 하였다. 각 단원에서 설명하고자 하는 주요내용과 필요한 기법들을 먼저 정리하여 강의와 학습에 효율을 높일 수 있도록 배려하였다.

학부에서 한 학기의 강의범위로는 제1장에서 제5장까지가 적절하며, 제6장의 내용을 조별과제로 사용하거나 간단히 조건부 시뮬레이션의 개념만 소개할 수 있다. 지구통계학에 중점을 두면 제3장을 생략하고 제4장, 제5장을 중심으로 강의할 수 있다.

대학원수업을 위해서는 제1장에서 제3장까지를 간단히 소개하고 제4장에서 제6장까지 강의할 수 있다. 4.4절, 5.4절, 6.4절, 7.2절은 전문적인 심화학습을 위한 대학원수준의 내용이다. 따라서 학부과정에서는 제5장까지 강의하고 대학원에서 제6장과 제7장을 강의하는 두 학기의 수업도 가능하다.

각 장의 마지막에는 과제물과 심화학습을 위해 연구문제를 제시하였으며 이는 건너뛰어도 내용전개상 아무런 어려움이 없다. 또한 구체적 계산과 프로그램을 필요로 하는 심화연구문제를 별도로 두었다. 이들은 학부수준이 아니며 대학원수업에서 활용할 수 있다.

이 책의 내용이 구성되도록 함께 공부한 학부수강생, 같이 연구하며 동행하는 대학원생, 그리고 출판에 도움을 준 (주)시그마프레스에 감사드린다. 끝으로, 이 책이 독자들에게 지구통계학에 대한 바른 이해를 돕고 각 분야에서 지구통계기법이 효과적으로 사용되는 초석이 되길 희망한다.

2013년 2월
관악 연구실에서 저자

C O N T E N T S

 제1장 통계학과 지구통계학 1

1.1 통계학 2

(1) 정의 2

(2) 적용분야 2

(3) 확률과 통계 5

1.2 지구통계학 7

(1) 정의 및 발전역사 7

(2) 적용순서 10

(3) 장단점 12

(4) 적용분야 14

1.3 지구통계적 기법을 적용한 특성화 22

(1) 자료통합과 특성화 22

(2) 예측기법의 비교 25

■ 연구문제 27

 제2장 확률과 통계 29

2.1 모집단과 확률분포 30

(1) 모집단과 표본 30

(2) 확률변수와 확률분포 32

2.2 자료의 특성을 표시하는 용어 38

(1) 분위수와 백분위수 38

(2) 편향 40

(3) 산도를 나타내는 인자 42

(4) 대칭을 나타내는 인자 45

(5) 중앙대표값을 나타내는 인자   46

(6) 분포의 뾰족한 정도를 나타내는 인자   48

2.3 **자료의 생성과 표본의 가시화**   49

(1) 자료의 생성   49

(2) 표본의 가시화   53

2.4 **확률과 기대값**   65

(1) 확률의 정의   65

(2) 조건부확률   66

(3) 기대값   72

(4) 결합확률분포   73

2.5 **공분산과 상관계수**   76

2.6 **확률분포함수**   79

(1) 균일분포   79

(2) 삼각분포   80

(3) 지수분포   81

(4) 정규분포   82

(5) 로그정규분포   84

(6) p-정규분포   87

(7) 표본평균의 분포   88

2.7 **분포의 비교**   91

(1) 분위수대조도   91

(2) 확률그림   95

(3) 정규수치변환   96

■ 연구문제   98　　　　　　　　■ 심화문제   106

 제3장 회귀분석   109

3.1 **단순선형회귀분석**   110

(1) 상관분석   110

(2) 절편이 있는 선형회귀모델   110

(3) 원점을 지나는 선형회귀모델   113

(4) 임의오차   117

3.2   **중선형회귀분석**   121

(1) 중선형회귀모델   121

(2) 중선형회귀모델 선정   122

■ 연구문제   129

제4장   베리오그램   133

4.1   **공간적 상호관계의 척도**   134

(1) 자기상관과 공분산   134

(2) 매도그램   138

(3) 베리오그램   138

(4) 이방성 베리오그램   148

(5) 불변성   153

4.2   **베리오그램 종류**   156

(1) 문턱값이 있는 모델   156

(2) 문턱값이 없는 모델   160

(3) 주기성을 갖는 모델   161

4.3   **베리오그램 모델링**   163

(1) 수정 베리오그램   163

(2) 등방성 모델   165

(3) 이방성 모델   170

(4) 상호 베리오그램   177

4.4   **다점정보 모델링**   187

(1) 전통적인 지구통계기법의 한계   187

(2) 트레이닝 이미지   189

■ 연구문제   192   ■ 심화문제   194

제5장 크리깅　197

5.1　크리깅의 정의　198

5.2　크리깅의 종류　200

　　(1)　단순크리깅　200

　　(2)　베리오그램 인자의 영향　207

　　(3)　정규크리깅　209

　　(4)　구역크리깅　219

　　(5)　공동크리깅　225

　　(6)　일반크리깅　232

　　(7)　교차검증　236

　　(8)　크리깅의 특징 및 한계　239

5.3　크리깅 이외의 예측기법　241

　　(1)　다각형법　242

　　(2)　삼각형법　243

　　(3)　지역평균법　248

　　(4)　역거리가중치법　249

5.4　다점지구통계 예측기법　253

　　(1)　베리오그램의 한계　254

　　(2)　트레이닝 이미지의 활용　256

　　(3)　탐색트리　258

　　(4)　다점지구통계기법의 예　261

　　(5)　다점지구통계기법의 주요인자　263

　　(6)　다점지구통계학의 미래　265

　　■ 연구문제　266　　　　　　　　■ 심화문제　272

 제6장 조건부 시뮬레이션　275

6.1　임의잔차첨가법　276

　　(1)　조건부 시뮬레이션의 정의　276

(2) 임의잔차첨가법 277

6.2 **순차 가우스 시뮬레이션** 282

(1) 순차 시뮬레이션의 정의 282

(2) 순차 가우스 시뮬레이션 과정 283

(3) 크리깅과 순차 가우스 시뮬레이션 287

6.3 **순차 지표 시뮬레이션** 292

(1) 지표변환 293

(2) 순차 지표 시뮬레이션의 순서 296

(3) 순차 지표 시뮬레이션의 응용 300

6.4 **프랙탈 시뮬레이션** 305

(1) 카오스와 프랙탈 305

(2) 프랙탈변수 결정법 307

(3) 프랙탈구조 313

(4) 프랙탈 조건부 시뮬레이션 316

■ 연구문제 325　　　　　■ 심화문제 327

제7장 자료통합 및 최적화 기법 331

7.1 **최적화 기법의 종류** 332

(1) 담금질모사 기법 332

(2) Heat-bath 기법 341

(3) 유전알고리즘 기법 344

7.2 **동적자료를 포함한 역산 기법** 354

(1) 역산의 개념 및 특징 354

(2) 목적함수와 최적화 356

(3) 유체유동 문제에 대한 적용 361

(4) 담금질모사 기법을 이용한 균열시스템 최적화 373

■ 연구문제 382　　　　　■ 심화문제 384

참고문헌 387

부록   I. 석유가스공학 소개   390

       I.1 다공질매질의 특성 및 유동방정식   390

       I.2 땅속의 보물 석유와 석유자원의 탐사, 개발, 그리고 활용   392

   II. 표준정규분포표   408

   III. 사용된 기본자료   409

   IV. 정규분포 및 로그정규분포 확률그림종이   412

찾아보기   415

부호

A	= 면적, L^2
a, b, c	= 사용된 임의의 상수
b_{z^*}	= 주어진 변수 z의 예측식 z^*의 편향
C_0	= 베리오그램 모델의 문턱값(sill)
C_k	= 표본의 첨도(kurtosis)
$Corr(\ )$	= 주어진 두 변수의 상관계수(correlation coefficient)
$Cov(\ )$	= 주어진 두 변수의 공분산(covariance)
C_S	= 표본의 왜도(skewness)
c_t	= 압축률(compressibility), $1/(M/t^2L)$
c_v	= 변동계수(coefficient of variation)
D	= 프랙탈차원(fractal dimension)
E	= 목적함수(objective function) 또는 평가함수
$E(\ )$	= 기대값(expectation)
$F(\ )$	= 누적확률분포(CDF)
$f(\ )$	= 확률밀도함수(PDF) 또는 임의로 주어진함수
$f_U(u)$	= 주어진 변수 u의 주변밀도함수
H	= 간헐도지수(Hurst exponent)
h	= 분리거리(separation distance) 또는 지연거리, L
$I(\ )$	= 지표(indicator)
i, j, k	= 간단한 수학적 표현을 위해 사용된 임의 지표
k	= 유체투과율(permeability), L^2
$L(\ )$	= 라그랑제 목적함수
$L(r)$	= 단위길이 r에 따른 경로의 총길이, L
M	= 사용한 자료나 정의한 구간의 개수
$M(r)$	= 반경 r 안에 있는 관심인자의 질량
M_i	= i번째 표본의 모멘트

N, n = 사용한 자료나 정의한 구간의 개수

$N(r)$ = 단위길이 r에 따른 측정의 총회수

n_b = 구역크리깅을 위하여 설정한 계산지점의 총개수

P = 압력, M/t^2L

$p, p(\ )$ = 확률

Q_2 = 두 번째 사분위수 (중앙값)

Q_x = x 방향으로의 유량, L^3/t

r = 단위길이 또는 거리, L

S = 포화도(saturation)

s = 표본의 표준편차

S_{uv} = 주어진 임의의 변수 u, v의 편차 곱의 합

t = 시간, t

T = 온도

U = 전체집합

u, v = 임의로 사용된 확률 변수 또는 확률변수값

V = 부피, L^3

$Var(\ )$ = 분산(variance)

w = 가중치

x = 위치

z = 확률변수 또는 확률변수값

z^* = 주어진 변수 z의 예측값

z_A = 구역 A를 대표하는 변수값

z_p = p-분위수 또는 p-백분위수

z^* = 주어진 표본(또는 임의 변수)의 평균

Δz = 확률변수 z의 변화량

μ_k = k번째 비중심모멘트

μ'_k = k번째 중심모멘트

σ^2_{0j} = x_0와 x_j에 위치하는 변수간의 공분산

σ^2_{ij} = x_i와 x_j에 위치하는 변수간의 공분산

ε = 임의오차(random error) 또는 백색잡음(white noise)

ϕ = 공극률(porosity)

γ = 반베리오그램(semi-variogram)

γ_c = 교차 베리오그램(cross variogram)

γ_M = 반매도그램(semi-madogram)

κ = 공동크리깅의 가중치

λ = 크리깅가중치

μ = 모집단의 평균

$\mu_{0.5}$ = 모집단의 중앙값(0.5 분위수)

ρ = 자기상관계수

σ = 모집단의 표준편차

σ^2 = 모집단의 분산

ω = 라그랑제 인자(Lagrangian parameter)

상첨자

obs = observed

하첨자

g = gas

i = i-th

i, j, k = i-, j-, or k-th

inj = injection

max = maximum

min = minimum

o = oil

obj = objective

prd = production

w = water

x = location or x-direction

y = location or y-direction

약어

BLUE   = Best Linear Unbiased Estimator

CDF   =누적확률함수(Cumulative Distribution Function)

fBm   = fractional Brownian motion

fGn   = fractional Gaussian noise

IFS   = Iterative Function System

IQR   =분위수 구간(Inter-Quartile Range)

MAD   =평균절대편차(Mean Absolute Deviation)

MVUE   = Minimum Variance Unbiased Estimator

PDF   =확률밀도함수(Probability Density Function)

PSOR   = Point Successive Over-Relaxation

RRA   = Random Residual Addition

SGS   = Sequential Gaussian Simulation

SRA   = Successive Random Addition

SIS   = Sequential Indicator Simulation

SSE   =오차의 제곱합(Sum of Squares of Error)

SSR   =회귀오차의 제곱합(Sum of Squares of Regression error)

SST   =총편차의 제곱합(Sum of Squares of Total deviation)

G E O S T A T I S T I C S

제1장
통계학과 지구통계학

1.1 통계학

1.2 지구통계학

1.3 지구통계적 기법을 적용한
　　　특성화

공간정보의 모델링에 사용되는 지구통계학은 수학적 이론과 다양한 응용분야를 가진 과학의 한 분야이다. 이 장에서는 통계학의 정의와 적용분야에 대하여 소개한 후, 지구통계학의 정의, 초기역사, 적용 순서, 장단점, 그리고 적용분야에 대하여 설명한다. 지구통계적 기법의 궁극적인 목적 중 하나인 특성화에 대하여 간단히 소개한다.

1.1 통계학

(1) 정의

우리는 일상생활에서 자신도 인지하지 못하는 중에 다양한 통계지식을 활용한다. 예를 들면 점심식사 장소와 메뉴의 선택, 고객만족도가 우수한 제품이나 업체의 선정, 주중과 주말에 판매되는 양에 따른 상품의 준비 등이다. 소비자의 선호도를 조사하여 제품을 개발하고 판매전략을 세우거나 여론조사를 통해 선거결과를 예측한다. 이와 같이 매일의 생활과 밀접하게 연관되어 있는 통계학(Statistics)이란 무엇인가?

통계학이란 주어진 문제에 대하여 합리적인 답을 줄 수 있도록 자료를 수집하고 정리하며 이를 해석하여 신뢰성 있는 결론을 이끌어내는 방법을 연구하는 과학의 한 분야이다(Statistics is the branch of scientific inquiry that provides methods for organizing and summarizing data and for using information in the data to draw reliable conclusions.)(김우철 등, 1998; Devore, 1995). 통계학은 고대부터 인구조사, 세금징수, 징병 등을 목적으로 사용되어 왔으며 그 어원을 국가산술('state + arithmetic')로 볼 수 있다.

통계학의 정의로부터 그 주요 목적은 자료의 과학적 분석을 통한 의사결정이라 할 수 있다. 우리는 필요한 통계정보를 직·간접적으로 얻어 의사결정에 활용한다. 하지만 이용할 수 있는 정보의 제한으로 불확실성이 수반된다.

(2) 적용분야

초기에는 국가통치를 위해 필요한 자료의 수집과 정리가 통계학의 주요내용이었다. 현대에는 공학과 자연과학 분야뿐만 아니라 인문과학과 사회과학 분야에 통계학이 이용된다. 통계학은 다음과 같은 적용분야를 가지며 넓게는 거의 모든 학문분야에서 활용된다. 특히 통계적 기법의 프로그래밍 적용은 다양하게 응용되어 발전하고 있다.

- 자료의 조사와 분석
- 측량과 실험
- 여론조사
- 일기예보
- 제품의 품질관리
- 석유의 탐사와 경제성평가

■ 통계적 기법의 프로그래밍 적용

　자료의 조사와 분석은 통계학의 가장 기본분야이다. 〈표 1.1〉은 일차에너지원의 국내소비량을 나타내고 〈그림 1.1a〉는 각 항목의 상대적 비율을 보여준다. 원유와 천연가스로 대표되는 탄화수소자원이 56%, 석탄이 29%, 소각열을 포함한 신재생에너지가 2%를 차지한다.
　〈그림 1.1b〉에서 볼 수 있듯이 전 세계적으로 원유와 가스가 60%, 석탄이 30%, 그리고 원자력을 포함한 나머지가 10% 정도되는데 우리나라는 원자력이 차지하는 비중이 12%로 다른 나라와 비교하여 상대적으로 높다.

표 1.1 일차에너지원의 국내소비량(2010년 기준 통계청 자료)

종류	소비량(천 TOE)	비율(%)
석유류	104,301	39.7
석탄류	75,896	28.9
액화천연가스	43,008	16.4
원자력	31,948	12.2
수력	1,391	0.5
신재생 및 기타	6,064	2.3
합계	**262,608**	**100.0**

(TOE : Tons of Oil Equivalent)

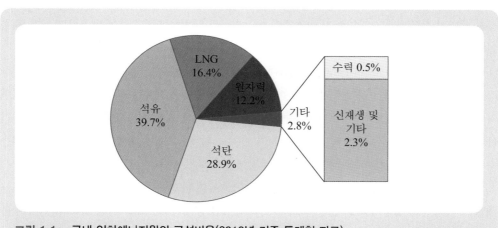

그림 1.1a 국내 일차에너지원의 구성비율(2010년 기준 통계청 자료)

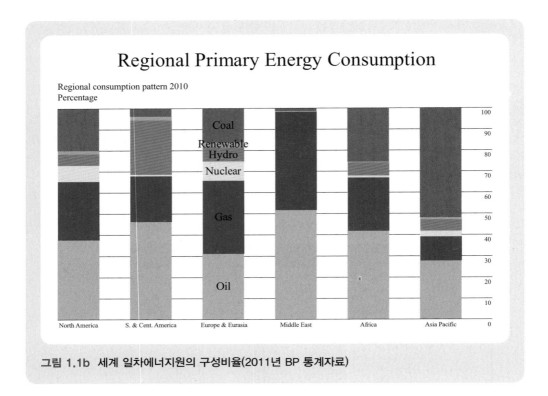

그림 1.1b 세계 일차에너지원의 구성비율(2011년 BP 통계자료)

이 분야의 현황에 익숙하지 않은 독자들은 석탄이 일차에너지원의 29%를 차지하고 화석연료(원유, 가스, 석탄)가 전체의 85%를 담당하며 신재생에너지는 경제성, 기술력, 대량생산의 한계로 인하여 그 비율이 2% 내외로 낮음에 놀랄 수도 있다. 이와 같은 자료의 정확한 조사와 분석은 에너지 사용패턴을 파악하고 안정적인 에너지공급을 위한 정책수립에 유용하게 활용될 수 있다.

여론조사와 같이 모집단(population)에서 추출된 표본(sample)을 이용하여 모집단에 대한 정보를 추론하는 분야는 통계학의 핵심 적용분야 중 하나이다. 새로운 제품이나 생산성에 대한 가설을 세우고 기존정보와 비교하여 검증하는 가설과 검증은 매우 유용하다. 석유탐사분야뿐만 아니라 각 전공분야에서 관심 있는 프로젝트가 가지는 위험요소들을 확률로 표현하고 예상되는 수익의 기대값을 계산하여 해당사업의 의사결정에 활용하기도 한다.

통계학분야의 발전뿐만 아니라 컴퓨터와 수학분야의 발전에 힘입어 통계적 기법의 프로그래밍은 여러 분야에 응용되고 발전하고 있다. 대표적인 통계처리 프로그램인 SAS의 이름이 통계분석프로그램(Statistical Analysis Software)에서 전략응용시스템(Strategy Application

System)으로 바뀐 것도 그 응용분야의 발전을 의미한다고 할 수 있다. 상용 프로그램의 활용은 짧은 시간에 많은 자료를 처리할 수 있는 장점이 있다. 따라서 효과적인 학업과 연구를 위해서는 상용 프로그램의 원리에 대한 이해를 바탕으로 그 적용한계를 알고 적극적으로 사용하길 권한다.

관심대상이 가지고 있는 불확실성을 통계적 기법으로 모델링할 수 있다. 추계학적 (stochastic) 기법은 정보가 제한적이거나 오차를 포함하는 경우에 자료의 불확실성을 확률분포로 대신하고 그 분포로부터 얻은 다양한 경우를 모사한다. 이 기법은 주어진 현상을 정확하게 기술할 수 없는 한계가 있지만 불확실성이 고려된 합리적인 결과를 제시한다. 이와 같이 통계학은 다양한 학문분야에 적용되며 그 응용영역이 확대되고 있다.

(3) 확률과 통계

확률과 추론통계의 관계는 〈그림 1.2〉와 같이 나타낼 수 있다. 모집단에서 추출하여 표본을 얻는 과정에는 확률이 관련되고 확률에는 불확실성이 수반된다. 이때 관련 모집단의 성질은 모두 알려진 것으로 가정하며, 이 모집단으로부터 취득한 표본을 분석한다. 이 경우에 주관심사는 표본이며 이를 연역적 추론이라 한다.

하지만 대부분의 경우 표본은 수집 또는 추출한 자료이므로 우리가 알고 있다. 따라서 이들 표본으로부터 모집단을 추정하는 것이 필요하며 이를 통계 또는 더 구체적으로 추론통계 (inferential statistics)라 한다. 표본을 수집하고 정리하며 이를 해석하여 모집단에 대한 신뢰할 만한 정보를 얻어내는 것이 추론통계의 목적이다.

모집단의 크기가 너무 크거나 또는 그 전체 대상을 파악하기 어려운 경우 시간과 비용을 절감하기 위하여 대부분 한정된 표본을 추출한다. 추출에는 반드시 불확실성이 수반되므로 원하는 신뢰도를 얻기 위해서는 적절한 수의 표본이 필요하다. 모집단에 대하여 신뢰할 수 있는 예측

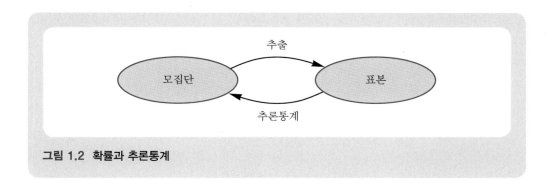

그림 1.2 확률과 추론통계

을 위해서는 편향되지 않은 표본을 추출하는 것이 무엇보다도 중요하다. 만약 얻은 표본이 모집단에 대한 대표성이 없다면 어떠한 통계적 기법도 신뢰할 수 있는 결과를 주지 못한다.

좋은 표본을 얻기 위해서는 분명한 목적의 설정, 모집단과 조사방법에 대한 철저한 준비와 조사, 그리고 전과정 동안 세심한 주의가 필요하다. 설문조사의 경우 모집단을 대표하는 조사대상자를 선정하는 것도 필요하지만 설문내용을 잘 준비하는 것도 편향되지 않은 자료를 얻기 위해 매우 중요하다.

1.2 지구통계학

(1) 정의 및 발전역사

전통적인 통계적 기법은 공간적으로 분포하는 자료에 대한 상관관계분석과 미지값의 예측에 한계가 있다. 구체적으로 〈그림 1.3〉과 같이 분포한 자료에 대하여 평균과 분산 같은 통계특성치를 쉽게 구할 수 있다. 하지만 일반적인 통계기법으로는 주어진 자료의 공간적 분포특성을 파악하고 값이 알려지지 않은 x_A 위치에서 값을 예측하기 쉽지 않다.

　　지구통계학(Geostatistics)은 공간적 또는 시간적으로 분포하는 물리적 현상이나 자료의 분석에 적용할 수 있는 통계학의 한 분야이다. 보다 구체적으로 지구통계학은 주어진 문제에 대하여 합리적인 답을 줄 수 있도록 공간적 또는 시간적으로 분포하는 자료를 수집하고 정리하며 이를 해석하여 신뢰할 수 있는 결론을 이끌어내는 방법을 연구하는 과학의 한 분야이다.

　　넓은 의미에서 지구통계학은 시간적으로 분포하는 자료에 대하여도 적용할 수 있다. 제2차 세계대전 중에 Weiner는 시간적으로 주어진 적비행기의 레이더 정보를 이용하여 적기의 위치예측을 시도하였다(Cressie, 1990). 하지만 시간적으로 주어진 자료의 분석과 예측에 사용되는 다양한 시계열분석 기법이 있기 때문에 이 책에서는 지구통계학의 주영역인 공간적으로 주어진 자료의 분석과 적용으로 한정하였다.

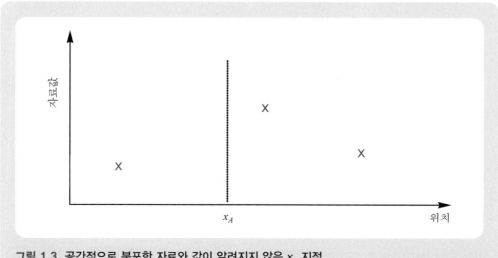

그림 1.3 공간적으로 분포한 자료와 값이 알려지지 않은 x_A 지점

　지구물리학(Geophysics)은 물리이론들을 여러 가지 탐사와 신호처리 분야에 적용하여 고유한 특성과 응용분야를 가진다. 석유탐사에 사용되는 대표적인 물리탐사는 탄성파탐사이다. 탄성파탐사는 인위적으로 생성된 파동이 새로운 매질을 만나 반사되어 오는 시간을 측정하여 지층경계면을 역으로 파악한다. 그 결과 석유가 존재할 수 있는 유망구조를 찾아낼 수 있다.

　이론물리학자의 입장에서 보면 탄성파탐사는 파동의 진행, 반사, 굴절에 대한 단순한 적용에 불과하다. 그러나 아무리 뛰어난 이론물리학자라도 〈그림 1.4〉와 같은 탄성파 자료처리단면을 쉽게 생성하고 해석할 수 없을 것이다.

　지구통계학도 통계적 기법이 지질 및 지구관련 분야에 응용되기 시작하면서 하나의 학문분야로 발전하였다. 그 명칭의 어원은 'geo + statistics'라 할 수 있다(Journel과 Huijbregts, 1991). 지구물리학의 경우와 같이 통계학에 대한 지식이 있다고 지구통계적 기법을 바로 적용할 수 있는 것은 아니다. 그렇지만 통계학에 대한 지식이 공간자료(spatial data)의 분석과 예측에 활용되므로 통계지식은 매우 중요하고 필수적이다.

　우리는 많은 경우에 각 분야에서 선호되는 지구통계적 방법에 따라 공간자료를 분석하고 활용한다. 따라서 지난 70년간 많은 발전을 이룬 지구통계학의 발전역사에 대해서는 잘 모르거나 관심이 없는 경우가 많아 여기서는 초기 발전역사에 대하여 언급하고자 한다.

　D. Krige는 1940년대부터 남아프리카공화국(South Africa)의 금광산에서 얻은 표본자료를 가지고 새로운 광상의 품위와 분포를 연구하였다. 1950년도 초에 발표한 논문에서 표본값들의 산술평균을 이용한 기존의 예측법은 다음의 세 가지 특징이 있음을 확인하였다.

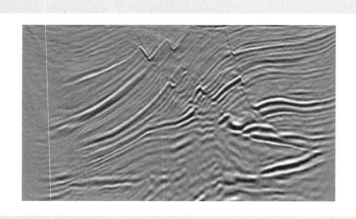

그림 1.4 탄성파자료 해석단면의 예

- 금광상 품위분포는 로그정규분포를 따른다.
- 일정구역을 대표하는 블록품위의 변화도는 표본의 변화도에 비하여 작다.
- 블록품위와 표본품위는 상관관계가 있다.

이와 같은 Krige의 연구는 지구통계학의 발전에 큰 영향을 미쳤다. 먼저 자료의 분포에 관한 것이다. 그는 정규분포를 따르지 않는 자료에 대하여 자료변환, 변환된 자료를 사용한 분석과 예측, 그리고 결과의 역변환이 필요함을 파악하였다. 예측에 사용된 유효면적이나 부피의 변화에 따라 예측값이 달라지는 것을 확인하였다. 보다 나은 예측을 위해서는 상관관계가 있는 자료를 활용해야 함을 알았다.

Krige는 언급한 문제점을 가진 자료를 사용하여 미지값을 구하기 위하여 일정한 영향반경 내에 있는 자료들에 동일한 가중치를 적용하는 기법을 제시하였다. 이 방법은 현재 우리가 사용하는 기법과 다르고 크리깅(kriging)이란 용어도 도입되지 않았다. 하지만 거리에 따라 가중치를 주는 것은 지구통계적 기법의 가장 기본원리라 할 수 있다.

1960년대 초에 프랑스의 지질학자 G. Matheron은 Krige처럼 동일한 가중치를 사용하지 않고 거리에 따라 구체적으로 가중치를 구하는 방법을 제시하였다. Matheron은 예측오차를 최소로 하면서도 편향되지 않은 기법을 제시하였고 크리깅이라 이름하였다. 크리깅은 주위값들의 가중선형조합으로 미지값을 예측하는 기법으로 Matheron에 의해 이론적 수식이 정립되었다.

1970년대부터 미국 스탠포드대학교의 연구진을 중심으로 지구통계학의 적용에 대한 활발한 연구와 저술이 이루어졌다. 특히 GSLib가 개발되어 지구통계적 기법의 프로그래밍을 위한 서브루틴 코드로 제공되었다(Deutsch와 Journel, 1998). 지구통계학에 대한 관심의 증가로 현재에는 많은 참고문헌이 출판되었고 2차원 및 3차원 자료를 처리할 수 있는 상용 프로그램도 활용할 수 있다.

전통적으로 자료의 공간적 분포특성을 파악하기 위하여 일정거리만큼 떨어진 두 지점에서 자료값의 차이를 이용하였다. 하지만 이와 같은 방법은 서로 다른 특징을 가진 값들이 일정한 패턴을 가지고 분포하는 경우에 적용하기 어렵다. 구체적으로 층상구조를 이루는 지층이나 유체투과율이 높은 채널이 존재하는 경우이다. 따라서 여러 지점의 값을 동시에 비교하여 분포특성을 파악하는 다점지구통계학(multiple-point Geostatistics)이 최근에 활발히 연구되고 있다.

크리깅과 조건부 시뮬레이션(conditional simulation)은 대표적인 지구통계적 기법으로 다양한 분야에 적용되며 발전하고 있다. 다점지구통계학은 전통적인 지구통계학의 한계를 극복하고 복잡한 현상의 정량적 모델링기법으로 이용된다. 정보활용의 중요성과 시각화 기술의 발달로 지구통계학은 앞으로도 계속 발전될 것으로 예상된다.

(2) 적용순서

지구통계적 기법이 적용되는 과정을 간단히 설명하면 다음과 같다.

① 목적과 관심영역의 정의
② 자료수집
③ 주어진 자료들의 상관관계 분석
④ 지구통계적 기법으로 미지값 예측
⑤ 불확실성 평가
⑥ 자료통합 및 최적화

지구통계적 기법의 적용순서를 설명하면서 앞으로 배우게 될 각 장을 언급하고자 한다. 이는 이 책의 구성을 이해하는 데 도움을 준다. 다른 기법들과 마찬가지로 지구통계적 기법을 적용하기 위해서는 우선 관심 있는 대상 시스템에 대하여 목적과 관심영역을 정의해야 한다.

목적은 현재 계획하고 있는 분석의 궁극적 목표이기 때문에 정확한 목적의 설정은 무엇보다도 중요하다. 관심지역에서 부분적으로 채취한 샘플의 광물함량을 분석하여 해당 광물의 분포를 얻고 이를 바탕으로 유망지역을 선별하거나 매장량을 평가하는 것 등은 목적설정의 좋은 예이다.

목적과 관심영역이 결정되면 주어진 영역 내에 이용 가능한 모든 자료들을 수집하고 자료의 분포특성을 파악한다(제2장). 만약 자료가 제한적이면 결과의 신뢰성을 높이기 위하여 상관관계가 있는 다른 자료를 활용할 수 있다. 이를 위해 회귀분석을 할 수 있다(제3장). 이와 같은 관계식은 지구통계적 기법으로 계산된 값을 이용하여 다른 변수들을 예측하는 데도 활용될 수 있다.

베리오그램(variogram)은 일정한 거리만큼 떨어진 자료들의 차이를 제곱한 값의 평균으로 정의되며 자료의 공간적 상관관계를 나타낸다. 만약에 주어진 자료들이 상관관계가 있다면 거리가 가까울수록 값이 비슷해 베리오그램값은 작아지고 거리가 멀어질수록 그 상관성이 약해지므로 큰 값을 나타낸다.

상관관계가 있는 일정거리를 벗어나면 베리오그램은 특정한 경향 없이 변동한다. 〈그림 1.5〉는 두 자료점 사이의 거리에 따라 베리오그램을 계산한 예로 언급한 현상을 잘 보여준다. 〈그림 1.5〉와 같이 주어진 자료를 사용하여 계산된 베리오그램을 실험적 베리오그램이라 하며, 이를 수식으로 근사한 것이 이론적 베리오그램이다(제4장).

이론적 베리오그램이 완성되면 다양한 지구통계기법으로 원하는 지점의 정보를 예측한다.

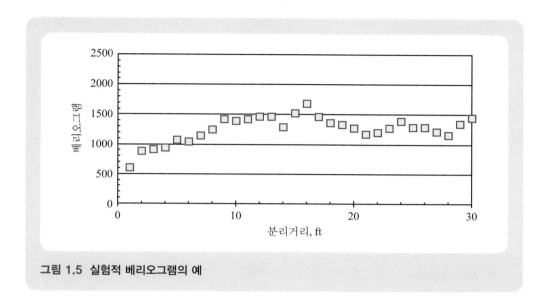

그림 1.5 실험적 베리오그램의 예

크리깅은 주위에 알려진 값들의 상호거리와 상관관계에 따른 가중치의 선형조합으로 미지값을 예측한다. 크리깅은 예측오차를 최소로 하면서 편향되지 않은 결과를 제공한다. 그뿐만 아니라 예측오차를 정량적으로 계산할 수 있는 장점이 있다.

　미지값을 예측하기 위하여 자료의 양과 분포특성에 따라 다양한 기법을 사용할 수 있다. 역거리가중치법과 같은 일부 지구통계적 기법은 베리오그램을 필요로 하지 않는다. 비록 베리오그램을 사용하지 않더라도 모든 기법은 자료의 분포와 상호간 거리에 따라 가중치를 부여한다 (제5장).

　예측된 값들이 가지는 불확실성을 정량적으로 평가하기 위해 오차분산을 계산하거나 조건부 시뮬레이션을 사용할 수 있다. 이 기법은 오직 하나의 결과만을 제시하는 크리깅의 한계를 극복하고 등가의 확률분포를 가지는 다양한 결과를 생성한다. 조건부 시뮬레이션은 주어진 자료와 분포특성을 보존하면서 공간적 상호관계와 비균질성을 모사할 수 있는 장점이 있다(제6장).

　시스템의 특성값뿐만 아니라 시간에 따른 거동과 관련된 자료가 있을 때 이를 이용하여 불확실성을 현저히 줄인 결과를 제시할 수 있다. 석유공학분야에서는 지하 다공질매질 속에서의 유체유동모사를 위한 유선(streamline) 시뮬레이션과 시간관련 자료인 동적자료(dynamic data)를 통합하는 연구가 활발하다. 지구통계적 기법을 사용하면 공간적 분포특징이 고려된 최적화된 물성분포 파악과 가시화가 가능하다(제7장).

　이 책의 제1장은 도입부이고 제2장은 자료의 통계특성을 파악하기 위한 통계지식을 제공한다. 제3장은 회귀분석으로 생략하여도 지구통계학의 학습에는 큰 어려움이 없다. 제4장에서 제6장까지가 지구통계학의 대표적인 내용이며 제7장은 지구통계적 기법을 활용한 최적화 분야이다.

(3) 장단점

공간적으로 분포하는 자료의 분석과 예측에 적용되는 지구통계학은 다음과 같은 장점이 있다.

- 주어진 자료의 체계적 분석 및 이용
- 미지값의 예측
- 예측오차 평가
- 주어진 정보의 보존
- 많은 양의 자료나 정성적 자료의 효과적 이용
- 주어진 면적이나 부피를 고려한 대표값 예측
- 자료의 공간적 분포특성이 고려된 예측

지구통계기법을 이용하면 주어진 정보를 효과적이고 체계적으로 분석하고 활용할 수 있다. 주어진 자료들의 상호관계를 파악하여 원하는 정보를 예측할 뿐만 아니라 예측치가 가지는 예측오차를 정량적으로 평가한다. 지구통계적 기법은 이미 주어진 사전정보(prior information)를 일관성 있게 사용할 수 있는 수학적 모델을 제공한다. 또한 일정한 구간이나 확률분포로 주어진 자료를 체계적으로 이용할 수 있게 한다.

하지만 지구통계적 기법이 수학적으로 강한 이론적 배경을 갖고 있다고 해도 좋은 자료의 필요성을 줄이거나 대신하지는 못한다. 이는 지구통계학에만 한정된 것이 아니라 자료를 분석하는 모든 기법의 한계이기도 하다. 따라서 단순히 프로그램을 이용하여 결과를 산출하면 자료의 복잡한 특성이 잘못 반영된 결과를 초래할 수도 있다. 이것이 지구통계학에 대한 전반적인 이해와 지식이 필요한 중요한 이유이다.

지구통계적 기법은 주어진 정보를 항상 보존하며 그 값을 예측오차 없이 재생하는 정확성이 있다. 이는 회귀분석(regression)과는 다른 크리깅과 조건부 시뮬레이션 기법의 특징이다. 따라서 주어진 자료를 그대로 유지하면서 등가의 모델을 생성할 수 있게 한다.

자료의 정보가 정성적으로 주어지는 경우 또는 정확도는 떨어지지만 많은 양의 자료가 알려진 경우에도 이를 효과적으로 분석하고 이용할 수 있다. 특정한 지점의 예측값뿐만 아니라 일정한 면적이나 부피를 대표하는 평균값을 예측할 수 있는 것도 지구통계적 기법의 특징 중 하나이다.

　　지구통계기법을 이용하면 주어진 자료의 분포특성이 고려된 예측이 가능하다. 〈그림 1.6〉은 자료가 없는 x_0 지점에서 값을 크리깅으로 구할 때 사용된 가중선형조합에서 알려진 주위값들의 가중치를 개념적으로 설명한 것이다. 원의 중심은 자료의 위치이고 원의 크기는 가중치의 상대적 크기를 나타낸다.

　　〈그림 1.6a〉와 같이 공간적으로 비슷한 거리에 균일하게 분포되어 있으면 각각이 비슷한 가중치를 갖는다. 오직 세 자료를 사용한 예에서 가중치는 각각 약 1/3의 값을 갖는다. 따라서 크리깅 예측값은 세 자료의 산술평균으로 예측된다.

　　〈그림 1.6b〉와 같이 오른쪽에 더 많은 자료가 분포하더라도 왼쪽과 오른쪽의 자료가 가지는 가중치의 합은 거의 같게 된다. 구체적으로 왼쪽에 분포하는 자료에 약 1/2의 가중치가 그리고 오른쪽에 분포하는 자료들에는 각각 1/4의 가중치가 주어지도록 계산된다. 이는 지구통계적 기법이 자료의 중복성(redundancy)을 고려하기 때문이다. 〈그림 1.6c〉의 경우처럼 예측지점으로부터 멀어질수록 그 가중치는 작아진다.

　　지구통계적 기법은 언급한 다양한 장점과 특성이 있어 많은 학문분야에 적용되지만 다음과 같은 일반적인 단점이 있다.

- 자료를 필요로 함
- 계산량이 많음
- 주관적인 결정을 완전히 배제하지 못함

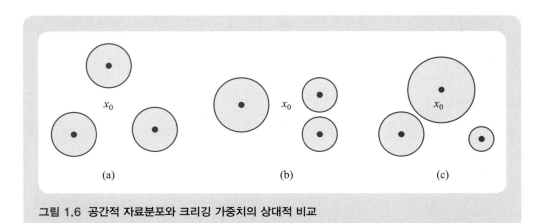

그림 1.6 공간적 자료분포와 크리깅 가중치의 상대적 비교

지구통계적 기법을 적용하기 위해서 자료가 필요한 것은 당연한 이야기지만 각 방법에 따라서 최소한의 자료가 필요하고 때로는 추가적인 자료가 요구된다. 만약 자료의 양이 부족하면 베리오그램 계산에 사용되는 자료수가 적어져 계산결과가 진동하여 자료가 가지고 있는 본래의 상관관계를 파악하지 못한다. 관심 있는 주변수(main variable)와 상관관계가 있는 이차변수를 이용하여 미지값을 예측하는 공동크리깅(co-kriging)은 예측의 불확실성을 줄이지만 이차변수에 대한 추가적인 자료가 필요하다.

크리깅을 위해서는 베리오그램을 먼저 계산하며 이를 위해서는 일정한 거리(이를 분리거리라 함)만큼 떨어져 있는 모든 자료값들의 차이를 알아야 한다. 또한 다양한 분리거리에서 베리오그램을 계산해야 이론적 베리오그램을 얻을 수 있다. 공동크리깅의 경우에는 각 변수들에 대한 베리오그램뿐만 아니라 주변수와 이차변수 간의 베리오그램도 필요하다.

설명변수로 반응변수를 나타내는 회귀식은 최소 두 개 자료만 있으면 하나의 수식이 결정되고 임의의 반응변수값에 해당하는 설명변수값을 예측할 수 있다. 그러나 크리깅의 경우에는 예측위치에 따라 가중치를 다시 계산하므로 계산량이 많다. 많은 양의 계산은 컴퓨터의 계산속도가 느린 과거에는 큰 문제가 되었지만 요즘에는 중요한 문제가 되지 않는다. 하지만 자료의 양이 적으면 그만큼 불확실성이 증가되므로 의미 있는 분석을 위해서는 적정한 수준의 자료가 필요하며 이는 계산량의 증가로 이어진다.

또 다른 단점은 분석자의 주관적인 요소를 완전히 배제하지는 못한다는 것이다. 동일한 설명변수를 사용하는 선형회귀의 경우, 만일 계산과정에 오류가 없다면 누구나 같은 결과식을 얻는다. 하지만 베리오그램 모델링에서 상관거리의 결정이나 이론적 베리오그램의 선정과 같이 자료의 특성을 파악하는 데는 어느 정도 주관적 판단이 필요하다.

하지만 분석이 합리적이고 일관성 있게 이루어지면 주관적인 판단으로 인한 영향은 미미하다. 관심인자에 대한 민감도분석이나 교차검증을 통하여 적절한 범위의 값을 선정하면 주관적인 판단을 줄일 수 있다.

(4) 적용분야

정보의 홍수라 할만큼 많은 자료 중에서 필요한 자료를 선별하여 효과적으로 관리하고 이용하는 것이 중요하다. 따라서 공간정보의 분석과 활용이 가능한 지구통계학은 점차 그 적용영역이 확대되고 있으며 일반적인 적용영역은 다음과 같다.

- 공간적으로 분포하는 자료의 분포특성 분석
- 다양한 자료의 체계적이고 일관성 있는 이용

- 미지값의 예측
- 예측값에 대한 불확실성의 정량적 평가
- 다양한 사례분석과 위험도분석

원론적으로 지구통계적 기법은 모든 학문분야에서 공간적으로 분포하는 자료의 분석과 분포특성을 이용한 예측에 사용될 수 있다. 공학분야를 중심으로 보면 다음과 같은 다양한 분야가 있다.

- 광상학
- 기상학
- 지질학
- 수리지질학
- 토목공학
- 환경공학
- 석유공학
- 지리정보시스템(GIS)

광상학은 금, 은, 구리, 석탄과 같은 유용한 광물자원의 생성기원, 특성, 채굴 원리와 방법, 선별원리를 연구하는 학문이다. 광상개발에는 불확실성이 있으며 초기투자가 많이 소요된다. 따라서 고품위 광상의 발견과 정확한 매장량 예측은 사업성패를 좌우하는 요소라 할 수 있다. 현재까지 알려진 광맥자료를 이용하여 새로운 광맥을 예측하는 데 지구통계기법이 사용된다.

기상학에서는 공간적으로 분포하는 자료인 대기의 순환량, 온도, 강수량 등을 분석하여 각 변수의 변화를 예측한다. 기상학분야에서 지구통계학은 1960년대부터 꾸준히 발전하였고 최근에는 위성영상뿐만 아니라 위치와 시간에 따라 변하는 자료를 분석하기 위해 그 적용이 증가하고 있다.

지역적으로 분포하는 지층의 두께, 지하수면의 높이, 공극률, 전기비저항 등 지질관련 자료를 분석하기 위해 **지질학**과 **수리지질학** 분야에도 지구통계학이 사용된다. 토목공사를 위한 지질 및 지반 조사에서는 제한된 샘플자료를 얻고 지구통계적 기법을 활용하여 관심 있는 전체 공간에 대하여 미지값을 예측한다.

한정된 표본자료로부터 오염물의 전파를 예측하거나 특정 원소나 사람의 지역적 분포특성을 분석할 수 있는 **환경공학**은 지구통계적 기법이 적용되는 중요한 분야이다. 또한 주어진 조건에 따른 어족이나 산림의 분포를 예측하기 위해 수산 및 산림 분야에도 적용된다.

1. 석유공학분야 적용예

석유공학은 원유와 가스로 대표되는 탄화수소자원의 탐사와 개발을 위한 시추, 평가, 개발, 생산에 필요한 공학적 기술을 연구하는 학문이다. 〈그림 1.7〉은 지하의 저류층과 석유생산의 원리를 보여준다. 〈그림 1.7〉의 오른쪽 부분은 저류층의 압력에 의해, 왼쪽 부분은 일정시간이 지난 후 인위적인 펌핑으로 생산이 이루어지는 모습이다. 지하수의 생산과 달리 외부와는 단절된 저류층으로부터 생산이 이루어지므로 생산과 더불어 저류층압력이 감소하고 지층과 다상유동의 복잡성으로 인하여 그 생산효율이 높지 않다.

다양한 물리탐사 기법으로 정성적인 자료를 얻지만 정량적인 자료는 시추공으로부터 얻으므로 탄화수소를 함유하고 있는 저류층에 대한 정보가 매우 제한되어 있다. 따라서 한정된 자료와 자연이 가지는 불확실성으로 인하여 위험요소가 있고 이를 고려한 의사결정을 위해 지구통계적 기법이 활발히 적용된다.

〈그림 1.8a〉는 시추공자료에서 얻은 코어자료를 이용하여 저류층 전체 영역에서 유체투과율(permeability)을 예측한 예이다. 〈그림 1.8b〉는 유체투과율이 매우 큰 채널의 분포패턴을 바탕으로 다점지구통계기법으로 저류층에 존재하는 채널을 모사한 예이다. 이와 같은 물성분포를 파악하면 운영조건에 따른 생산량과 압력변화를 시뮬레이션할 수 있다.

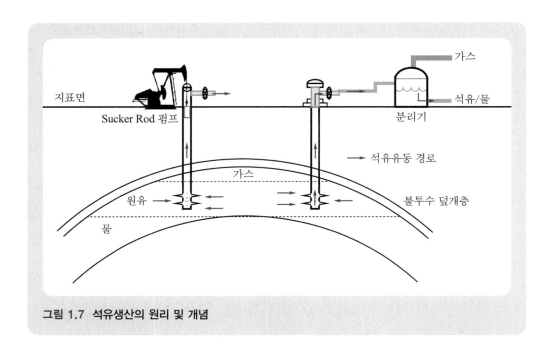

그림 1.7 석유생산의 원리 및 개념

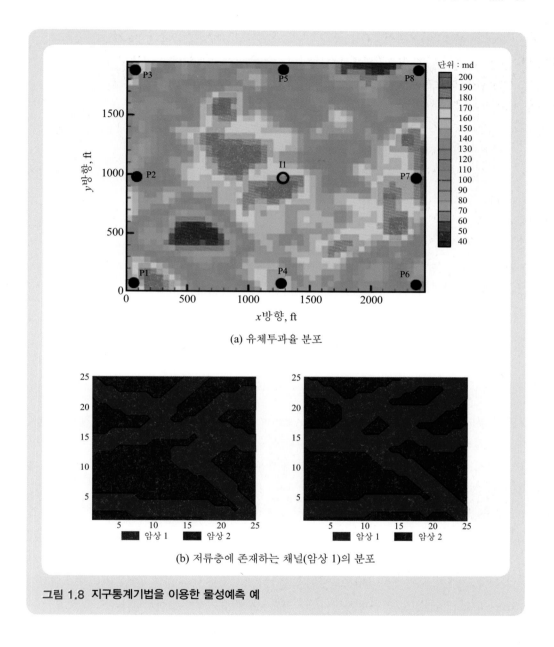

(a) 유체투과율 분포

(b) 저류층에 존재하는 채널(암상 1)의 분포

그림 1.8 지구통계기법을 이용한 물성예측 예

지구통계적 기법은 공극률이나 유체투과율 자료뿐만 아니라 균열정보에도 적용할 수 있다. 공간적으로 분포한 균열의 크기와 방향을 이용하여 등가의 유체투과율이나 균열로 연결된 시스템으로 재생할 수 있다. 또한 다양한 자료를 통합하는 최적화에서 공간적으로 상관관계가 있는 값들을 생성하여 자료를 갱신할 수 있다. 따라서 역산의 결과가 〈그림 1.9〉와 같이 자료의 상관

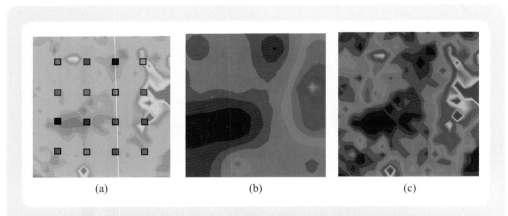

그림 1.9 크리깅을 사용한 경우와 최적화 기법을 통해 예측된 예 : (a) 유체투과율의 참값 분포와 네모로 표시된 샘플자료 위치; (b) 샘플자료를 이용한 크리깅 결과; (c) 추적자자료를 통합한 최적화 결과

관계를 보존하는 현실성 있는 모델링이 가능하다.

2. GIS분야 적용예

지리정보시스템(Geographic Information Systems, GIS)은 복잡한 계획 및 관리 문제를 효과적으로 해결하기 위해서 공간적으로 참조된 자료들을 입력, 관리, 분석, 시각화 하기 위하여 고안된 종합시스템이다. GIS는 다양한 기능과 적용영역을 가지지만 근본적인 개념은 〈그림 1.10〉과 같이 집으로 비유하여 나타낼 수 있다.

　　GIS에서 가장 중요한 항목은 GIS 프로그램의 목적과 사용자이다. 목적에 의해 사용자가 결정되거나 예상되는 사용자에 따라 목적이 설정되고 데이터베이스가 구성되며 이는 GIS의 기초가 된다. 사용자가 원하는 자료나 결과는 구축된 자료의 검색이나 상호간 모델링을 통하여 가시화된다. 기초가 되는 데이터베이스와 최종결과의 가시화를 보다 효과적으로 관리하기 위하여 자료관리, 시스템관리, 분석기법 등이 지리·지도정보와 유기적으로 연계된다.

　　GIS에서 필요한 결과를 도시하기 위해서는 관심대상에 적용된 해상도(또는 격자단위)에 따라 모든 자료를 알아야 한다. 위성을 사용한 원격탐사의 경우 전체영상을 취득할 수 있지만 많은 경우에 시간과 비용의 한계로 모든 격자단위에서 자료를 얻기 어렵다. 따라서 제한된 샘플자료로부터 전체분포를 파악하기 위해 지구통계적 기법이 적용된다.

　　〈그림 1.11〉은 현장에서 얻은 제한된 고도자료를 활용하여 연속적으로 변화하는 지형을 표

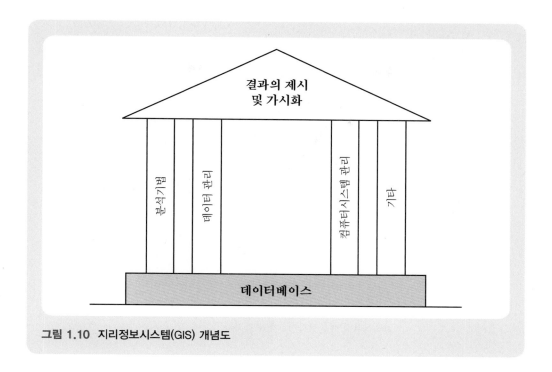

그림 1.10 지리정보시스템(GIS) 개념도

현한 예이다. 2차원 및 3차원 가시화를 통해 관심 있는 전영역에서 변수값을 알 수 있다. 이와 같은 기능은 상용 GIS 프로그램이 제공하는 대표적인 옵션 중 하나이다.

지구통계적 기법은 제한된 자료를 이용하여 미지값을 예측하는 데 효과적으로 활용될 뿐만 아니라 관심변수들의 상호관계를 고려한 분석이 가능하다. 〈그림 1.12〉는 전국에서 얻은 강수량자료를 바탕으로 측정값이 없는 지역에 강수량을 예측한 예이다. 그뿐만 아니라 지구통계적 기법은 강수량자료와 연계하여 고속도로사면의 산사태위험도 분석에도 응용될 수 있으며 다양한 모델링을 위한 입력자료 생성에도 활용될 수 있다.

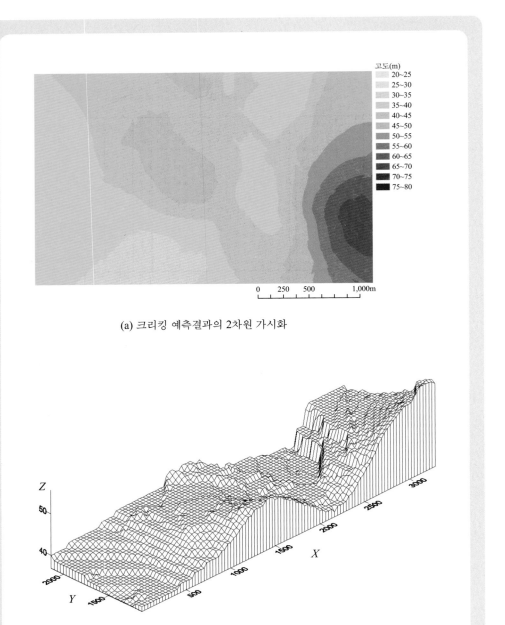

(a) 크리킹 예측결과의 2차원 가시화

(b) 동일한 결과의 3차원 가시화

그림 1.11 제한된 고도자료를 이용한 지형모델 예

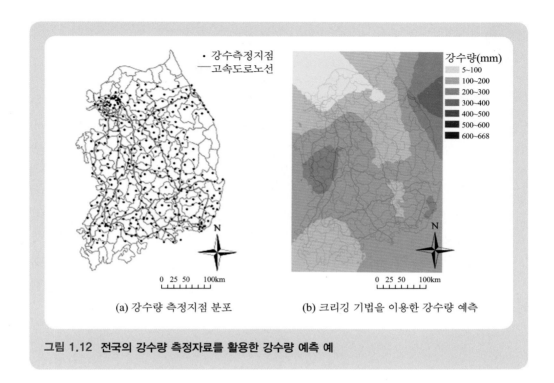

(a) 강수량 측정지점 분포 (b) 크리깅 기법을 이용한 강수량 예측

그림 1.12 전국의 강수량 측정자료를 활용한 강수량 예측 예

　　최근에는 상용 프로그램의 활용성을 확대하기 위하여 공간자료 분석기능이 부족한 상용 프로그램에 지구통계적 기법을 추가하거나 입·출력파일 공유를 활용한 프로그램의 유기적 통합도 활발히 진행되고 있다. 요약하면 지구통계학은 공간자료의 분석과 예측 그리고 이를 이용한 의사결정을 위해 사용되며 그 적용영역이 계속 확장되고 있다.

1.3 지구통계적 기법을 적용한 특성화

(1) 자료통합과 특성화

주어진 자료를 이용하여 관심 있는 대상 시스템의 특성값을 찾아내는 것을 **특성화(characterization)**라 한다. 구체적인 예는 저류층에서 유체유동에 큰 영향을 미치는 유체투과율이나 석유의 부존량을 결정하는 공극률과 포화도를 파악하는 것이다. 이미 설명한 지구통계학의 각 적용분야에서 원하는 인자의 공간적 분포를 예측하는 것도 특성화라 할 수 있다. 이러한 특성화가 이루어지면 해당 시스템을 이해하고 미래거동을 예측할 수 있어 필요한 의사결정이 가능하다. 궁극적으로 그 시스템을 통한 응용도 가능하다.

다공질매질을 통한 유체 및 물질 이동과 관련된 특성값은 유체투과율(k), 공극률(ϕ), 포화도(S), 면적(A), 두께(h), 압력(P) 등이다. 이들의 특성화는 다양한 출처로부터 얻은 자료를 통합하여 이용하면 가능하며 〈그림 1.13〉은 이 분야와 관련된 자료들의 종류와 출처를 보여준다.

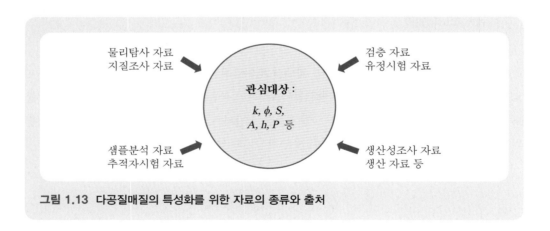

그림 1.13 다공질매질의 특성화를 위한 자료의 종류와 출처

1. 자료통합의 한계

〈그림 1.13〉에 주어진 자료를 체계적이고 종합적으로 이용하여 관심 있는 시스템을 특성화하는 것이 목적이지만 때로는 이들 자료를 모두 이용하는 데 다음과 같은 어려움이 있다.

- 자료취득의 한계
- 자료 출처와 신뢰도의 차이

- 척도와 해상도의 차이
- 정성적인 자료
- 시간종속 자료

무엇보다도 이들 자료를 다 수집하는 것은 시간과 비용의 한계가 있으며 때로는 이들을 모두 수집할 필요도 없다. 가로 10km, 세로 10km, 깊이 20m인 관심지층에 만약 1m 간격으로 자료를 획득한다고 가정하면 표본이 총 일억 개 필요하다. 관심지층이 서로 다른 특성을 가진 두 개 층이면 자료의 양은 두 배가 되고 이를 획득하기 위한 시간과 비용을 어렵지 않게 예상할 수 있다. 비록 이들 자료들을 얻었다고 하여도 2억 개 이상의 격자를 가진 전산 시뮬레이션은 현실적으로 어렵다.

탄성파 속도자료와 같은 자료들은 상대적인 크기나 정성적인 경향만을 보여주어 직접적인 사용이 어려운 경우도 있다. 시스템 특성화의 목적 중 하나는 시스템의 거동을 예측하여 원하는 의사결정을 하는 것이다. 그러나 생산자료와 같은 시스템 거동자료는 의사결정 후에 얻어지는 자료이므로 이런 종류의 자료를 초기에 수집하고 이용하는 것은 불가능하다.

2. 자료의 척도와 해상력

이용 가능한 자료들도 〈그림 1.13〉에서 보듯이 그 출처와 질이 다르기 때문에 각각이 가지는 중요성과 불확실성이 다르다. 따라서 모든 자료는 적절한 가중치를 가져야 한다. 각 자료가 가지는 척도(scale)와 해상력(resolution)이 달라 우리가 관심을 두는 대표체적을 잘 반영하는 자료를 이용하는 것이 중요하다. 다공질매질의 척도로는 작게는 수 μm의 공극단위에서 수 천 미터의 지질단위까지 다양하다.

〈그림 1.14〉는 저류층과 같은 다공질매질의 특성을 파악하기 위하여 사용될 수 있는 자료들의 척도와 해상력을 비교한 것이다. 채취한 코어샘플을 분석하면 불확실성이 없는 자료를 얻지만 전체부피의 아주 작은 부분만을 대표한다. 검층자료는 시추공 주위의 정보만 주는 한계가 있다. 물리탐사는 넓은 범위를 커버하지만 정보의 불확실성이 높고 정량적인 자료를 제시하지 못하는 한계가 있다.

다공질매질의 경우 각각 그 관심과 목적에 따라 조금씩 다른 척도분류가 가능하며 명확하게 정의되어 있지 않다. 석유를 함유하고 있는 저류층을 효과적으로 관리하고 기술하기 위하여 〈표 1.2〉와 같이 자료의 척도를 분류할 수 있다.

가장 큰 범위는 〈그림 1.15〉와 같이 전체 저류층이나 저류층을 포함하는 지층 또는 다수의 유정(well)을 포함하는 저류층의 한 부분이 될 수 있다. 이와 같은 저류층 수준의 척도는 저류층

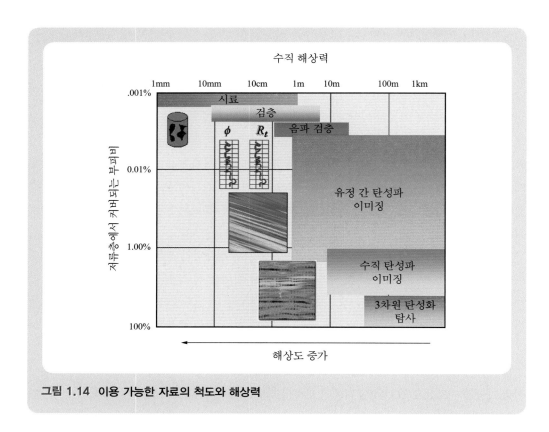

그림 1.14 이용 가능한 자료의 척도와 해상력

표 1.2 다공질매질의 척도와 영향(Kelkar와 Perez, 2002)

종류(Type)	수준(Level)	측정척도	측정값	영향인자
기가 범위 (giga-scope)	저류층, 지층	km	유정시험, 유정간 시험	저류층구조, 지질구조, 회수율
메가 범위 (mega-scope)	격자(grid), 블록	m	검층(logging), 단일지점시험	관심인자의 분포도, 경계조건
거시 범위 (macro-scope)	코어(core)	cm	유체투과율, 공극률, 모세관압, 친수성	유체유동
미시 범위 (micro-scope)	공극(pore)	μm	공극구조, 구성입자 및 분포	미세유동, 유체치환효율

전체를 대표하는 유정시험자료나 회수율에 영향을 미친다. 다른 말로 표현하면, 이들 척도가 파악되면 개략적인 저류층구조를 알게 된다.

　검층이나 단일지점시험을 통해 얻은 자료는 대부분 격자크기 수준인 대개 1~100m 내외의

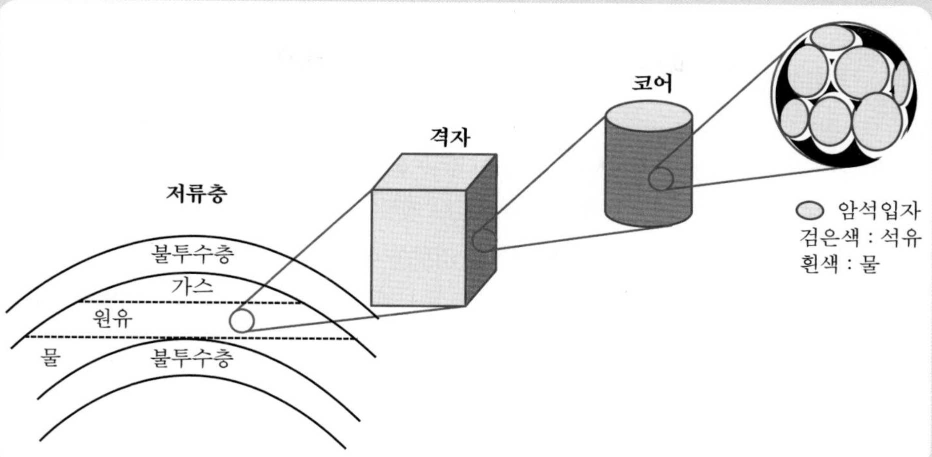

그림 1.15 다공질매질의 척도 비교

크기를 대표한다. 이와 같은 격자수준의 값은 저류층 시뮬레이션을 위한 격자크기 수준이다. 다른 응용분야에서도 대부분 시뮬레이션을 위한 격자크기 수준에서 관심인자의 지역적 분포특성을 파악한다.

코어 수준은 시추를 통하여 얻은 코어샘플을 분석하여 얻는 자료의 척도수준이다. 석유공학분야에서 관심을 가지는 측정값은 유체투과율, 공극률, 모세관압, 포화도 등이다. 공극 수준은 지질학분야에서의 관심인자로 입자의 크기나 분포, 구성물질 등이다. 코어 수준에서 코어샘플의 평균 유체포화도를 계산할 수도 있지만, 공극 수준에서 보면 입자의 크기와 구성이 달라 그 영향을 분석할 수 있다. 동일한 무게와 공극률을 가진 코어샘플의 경우라도 입자크기가 균일하면 유체투과율이 더 커진다. 이와 같이 코어 수준에서는 설명할 수 없는 현상을 공극 수준에서는 설명할 수 있다.

일반적으로 대표체적이 커질수록 자료의 표준편차는 줄어드는 특징을 보인다. 지구통계적 기법은 주어진 자료를 보존하면서 척도와 해상력을 고려할 수 있으며 정성적 자료와 정량적 자료를 이용할 수 있다.

(2) 예측기법의 비교

제1장을 마무리하며 〈그림 1.16〉과 같이 알려진 자료 4개를 바탕으로 자료가 알려지지 않은 x_A 지점의 값을 예측하는 경우를 생각해보자. 순수한 통계기법의 경우 공간적 분포정보는 사용되

지 않으므로 x_A 지점의 위치는 큰 의미가 없다. 다만 주어진 자료의 평균과 분산 그리고 확률분포의 특징을 이용하여 예측값의 신뢰구간을 추정할 수 있다. 예를 들면 주어진 자료가 정규분포를 따르고 평균이 100 분산이 625라면 x_A 지점의 값이 75에서 125 사이에 있을 확률은 68%이고, 51에서 149 사이에 있을 확률은 95%이다.

비록 통계지식이 없는 독자라도 x_A 지점의 값을 예측하는 기법으로 선형내삽법을 어렵지 않게 생각할 수 있다. 다른 독자는 선형회귀나 자료의 경향을 고려한 2차원 근사식을 이용할 수 있을 것이다. 이들 방법은 주어진 자료들이 가정한 경향을 따를 때 타당하다.

자료분석에 경험이 있는 독자는 주어진 값들이 상관관계가 없다고 전제하고 오차를 최소화하는 추정값으로 산술평균을 제시할 수도 있다. 지구통계학을 공부한 독자는 크리깅이나 다른 지구통계적 기법으로 그 값을 예측할 수 있다.

위에서 설명한 방법들은 각각의 특징이 있으며 대부분은 서로 다른 추정값을 나타낸다. 그러면 "언급한 네 방법 중에서 어느 방법이 옳은가?"라는 질문을 갖게 되고 그 대답은 분석하고자 하는 자료의 분포특성에 따라 다르다. 현재 4개 자료만 가지고는 그 분포를 알 수 없지만 추가로 자료를 얻으면 그 분포를 좀 더 잘 파악할 수 있다.

자료의 분포특성을 분석하여 적절한 기법을 선택하고 그에 따른 불확실성을 평가하는 방법을 배우는 것이 이 책의 목적이다. 구체적인 예를 위해 사용한 자료는 다공질매질을 통한 유체 및 물질 이동 관련 자료이며 이 분야에 익숙하지 않은 독자들을 위하여 기본적인 내용을 부록 I에 정리하였다. 주어진 자료에 대한 바른 해석과 적용을 위해서는 지구통계적 기법에 대한 지식과 더불어 관련 분야의 전공지식이 반드시 필요함을 독자들은 명심하기 바란다.

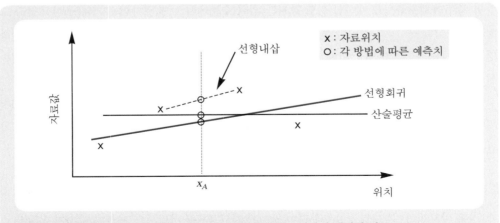

그림 1.16 값이 알려지지 않은 x_A 지점에서 값을 추정하는 기법의 개념적 비교

1.1 통계학과 지구통계학의 정의를 기술하라.

1.2 지구통계학이 적용되는 여러 분야 중에서 관심이 있는 한 분야를 선택하여 지구통계학이 어떻게 사용되는지 조사하라. 구체적인 적용방법과 적용예를 2개 이상 보여라. (사용된 이론과 수식은 이 책에서 앞으로 배우므로 생략한다.)

1.3 10km×10km×20m(height) 저류층(또는 지층)을 가정하자. 직경 5cm, 길이 20cm인 코어샘플을 채취하려고 한다. 다음 물음에 답하라.
  (1) 전체 저류층의 0.001% 부피를 샘플로 얻기 위해 필요한 코어샘플의 개수를 구하라.
  (2) 하나의 샘플을 얻기 위한 비용이 50.00달러라면 예상되는 총비용은 얼마인가? 달러와 원화 단위로 모두 답하라.
  (3) 석유를 생산하기 위하여 수직유정 4개를 시추하고 20m 코어를 채취하였다고 가정하자. 20m 코어샘플 4개의 부피가 전체 저류층부피에서 차지하는 비율을 퍼센트로 계산하라.

1.4 총길이가 120m인 관심 대상을 균일한 격자 12개로 나누고 그 변수값을 다음과 같이 가정하자.
  (1) 주어진 샘플자료의 평균과 표준편차를 계산하라.
  (2) 격자를 2개씩 합하여 격자 6개로 만들기 위해 그 변수값을 산술평균값으로 한다. 격자에 배정된 새로운 값들에 대한 평균과 표준편차를 계산하고 초기값과 비교하라. 최대값과 최소값의 변화도 비교하라.
  (3) 격자를 3개씩 합하여 한 격자로 대표하는 경우에 동일한 계산을 반복하라. 이를 통하여 알게 된 사실은 무엇인가?

102	116	132	88	100	105	35	190	110	45	165	180

1.5 〈연구문제 1.4〉에서 인접한 격자를 임의로 통합하여 한 격자로 만들고 그 산술평균을 격자의 변수값으로 하자. 최소한 격자 3개를 유지할 때, 표준편차가 최소가 되는 경우를 제시하라.

1.6 다음에 주어진 자료를 이용하여 제시된 각 방법으로 위치(x) 3에서 변수값을 예측하라. 실제로 계산하여 구체적인 값을 제시하라.

(1) 선형보간법

(2) 선형회귀법

(3) 산술평균법

(4) 자신이 생각하는 최적의 답을 선택하고 그 근거를 제시하라.

위치, x	자료값
1	3.3
2	5.0
4	6.2
5	4.5

1.7 다음 그림과 같이 주어진 자료를 사용하여 x_0 위치에서 크리깅으로 미지값을 예측하고자 한다. 인접한 자료점이 가지게 될 가중치를 상대적 크기로 표시하라(그림 1.6 참조).

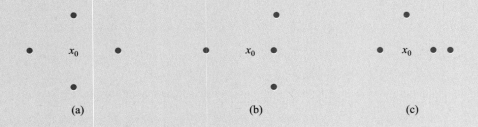

(a)   (b)   (c)

제2장
확률과 통계

2.1 모집단과 확률분포
2.2 자료의 특성을 표시하는 용어
2.3 자료의 생성과 표본의 가시화
2.4 확률과 기대값
2.5 공분산과 상관계수
2.6 확률분포함수
2.7 분포의 비교

확률변수는 어떤 실험이나 시행의 결과를 수치적으로 표현한 것으로 시행결과와 그에 대응하는 확률을 가진다. 이러한 확률변수를 생성하고 분포를 파악하며 통계특성값을 계산하는 것은 자료분석에서 중요하다. 두 확률변수가 주어졌을 때 이들의 상관관계를 알면 한 변수를 이용하여 다른 변수에 대한 정보를 얻을 수 있다.

　이 장에서는 확률과 통계에 대한 기본적인 내용을 소개한다. 모집단과 표본, 확률변수와 확률분포 그리고 이들 분포의 특징을 나타내는 여러 가지 용어들에 대하여 설명한다. 통계분석에서 가장 중요한 부분 중 하나는 신뢰할만한 자료의 획득이므로 자료의 생성과 가시화를 위한 유의사항을 학습한다. 통계학뿐만 아니라 지구통계학에서 중요하게 사용되는 확률과 기대값, 공분산과 상관계수에 대하여 설명한다. 끝으로, 자료의 분석과 생성에 사용되는 여러 확률분포함수와 분포의 비교법에 대하여 공부한다.

2.1 모집단과 확률분포

(1) 모집단과 표본

만약 한국대학생을 대상으로 봉사활동시간을 조사한다고 가정하자. 이때 전국대학생의 봉사활동시간과 같이 관심과 추측의 대상이 되는 전체의 구성원을 모집단(population) 또는 표본공간(sample space)이라 한다. 모집단은 우리가 관심을 가지는 '정보의 모집합'이다. 따라서 전국대학생은 모집단이 아니며 그들의 봉사활동시간이 모집단이다. 전국대학생은 우리가 원하는 정보를 얻기 위한 조사대상이다. 모집단은 표본단위의 특성값으로 구성된 전체집합이므로 우리의 조사목적에 따라 결정된다.

대학생 각각의 봉사활동시간과 같이 전체를 구성하는 개별 구성원을 추출단위 또는 **표본단위**(sampling unit)라 한다. 표본단위로부터 얻고자 하는 값이 특성값(characteristic)이다. 모집단으로부터 추출단위를 선택하는 것이 **추출**(sampling)이며 그 결과로 얻은 모집단의 부분집합이 **표본**(sample)이다. 〈그림 2.1〉은 확률과 통계에서 사용되는 용어에 대한 상호관계를 보여준다. 그림에서도 알 수 있듯이 표본단위의 전체집합이 모집단이 된다.

전국대학생의 수와 같이 모집단의 구성원 수가 한정되어 있으면 유한모집단(finite population)이고 0과 1 사이의 실수의 개수와 같이 구성원의 수가 무한히 많으면 무한모집단(infinite population)이다. 전 세계의 인구를 모집단으로 한다면, 이론적으로 전체 구성원은 유한하지만 실제적으로 전 세계에 존재하는 모든 국가와 민족을 대상으로 전체 인원수를 파악하는 것은 매우 어렵다. 또한 자료조사 중에도 출생과 사망으로 인해 그 수를 정확히 파악할 수 없다. 이런 경우는 그 모집단을 무한모집단으로 보는 것이 타당하다.

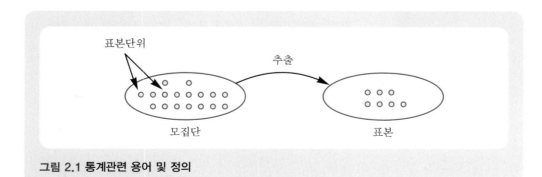

그림 2.1 통계관련 용어 및 정의

지구와 태양 사이의 거리를 모집단으로 하는 경우에는 참값은 모르고 오직 측정값으로만 모집단이 이루어진다. 이런 경우를 가상모집단(hypothetical population)이라 한다. 무한모집단은 그 참값을 알 수 없기 때문에 가상모집단이라 할 수 있다.

다른 과학적인 방법과 마찬가지로 주어진 문제에 신뢰할 수 있는 답을 이끌어내기 위한 통계학의 전형적인 과정은 아래와 같다.

① 목적설정(set the goal)
② 실험설계(design experiment)
③ 자료수집(collect data)
④ 자료검사(examine data)
⑤ 모델선정 및 모수추정(fit models and estimate parameters)
⑥ 가설검증(test hypothesis)

위에서 언급한 모든 과정이 중요하지만 저자는 첫 번째 과정이 가장 중요하다고 생각한다. 현재 계획하고 있는 일의 목적을 분명히 알아야 목표를 정하고 세부계획을 세울 수 있다. 목적이 확정되면 이를 이루기 위해 필요한 방법들이 대부분 순차적으로 또는 체계적으로 결정된다.

자료수집을 위한 실험설정이나 대상자를 선택할 때는 모집단의 대표성을 잘 유지하도록 선정하고 원하는 신뢰도를 얻기 위해 최소한의 자료를 확보해야 한다. 얻은 자료에 근거하여 필요한 분석과 예측이 이루어지므로 양질의 자료수집은 매우 중요하다. 만약 대표성을 잘 유지하지 못하는 자료를 얻었다면 아무리 뛰어난 분석법을 사용하더라도 신뢰할 수 있는 결과를 얻을 수 없다. 이를 흔히들 GIGO(garbage in, garbage out)라 하며 수치 시뮬레이션에서 유의할 사항 중 하나이다.

자료를 수집한 후 본격적인 분석에 앞서 자료는 반드시 검사되어야 한다. 일부 물리적 특성 값이 가질 수 없는 범위나 비정상적으로 높거나 낮은 값이 있는지 확인한다. 자료의 수집대상이 큰 경우 실험의 계획과 자료수집, 자료분석을 한 사람이 일괄적으로 담당하는 경우가 드물다. 대부분은 다수의 인원으로 구성된 팀단위로 이루어지기 때문에 수집한 자료에 대한 검사가 필요하다.

특이한 범위의 값이 나타나면 이것이 실제 정보인지 잘못 수집된 자료인지 아니면 기록오류인지 확인해야 한다. 서로 다른 프로그램에서 사용한 자료나 데이터베이스를 사용하는 경우에는 더 세심한 주의를 요한다. 왜냐하면 일부 프로그램은 자료분리를 목적으로 매우 큰 값이나 특정기호를 사용하는 경우가 있기 때문이다.

검사가 끝난 자료를 분석하고 특성을 파악한다. 적용가능한 모델을 사용하여 궁극적으로 알고자 하는 모집단의 특성값을 평가한다. 자료의 특성과 설정한 목적에 따라 적절한 모델을 선택한다. 기존의 모델을 반드시 사용할 필요는 없지만 자신이 사용하고자 하는 새로운 모델은 충분한 수학적, 역학적 또는 실험적 기초가 바탕이 되어야 한다. 평가된 모집단의 특성값에 대해서는 가설검증을 통하여 타당성(또는 유의성)을 평가한다.

(2) 확률변수와 확률분포

1. 확률변수와 확률분포의 정의

확률변수(random variable)는 어떤 실험이나 시행의 결과를 수치적으로 표현한 것으로 시행결과와 그에 대응하는 확률을 가진다. 또 다른 설명으로는, 표본공간 위에 정의된 실수값 함수를 확률변수라 할 수 있으며(김우철 등, 1998) 확률변수를 통하여 확률과 통계의 연결이 이루어진다. 확률변수의 값에 따라 확률이 어떻게 흩어져 있는지를 합이 1인 양수로 나타낸 것을 **확률분포**(probability distribution)라 한다.

정상적인 동전을 던지는 시행에서 결과는 '앞(head)' 아니면 '뒤(tail)'가 나오며 각각이 일어날 확률은 0.5이다. 이때 시행의 결과를 '앞'과 '뒤'로 두는 것이 아니라 수치적으로, 예를 들어 각각 0과 1로 나타낼 수 있다. 이와 같이 수치적으로 표현된 시행결과와 그에 상응하는 확률값을 가진 변수를 확률변수라 한다. 동전을 1회 던진 경우의 확률변수 z는 다음과 같이 나타낼 수 있다.

z	0	1
$p(z)$	0.5	0.5

임의의 기호를 확률변수로 사용할 수 있다. 하지만 공간자료를 분석하고 처리하는 지구통계학의 특성으로 인하여 이 책에서는 위치변수를 x와 y, 확률변수를 z, 그리고 추가적인 변수가 필요하면 u, v, w를 사용한다. 〈표 2.1〉은 이 책의 수치적 예와 설명에 사용된 기본자료이며 각각 Data A, B, C라 이름한다.

표 2.1 예제와 설명에 사용된 기본자료

자료이름	개수	수치 자료
Data A	10	20, 2, 8, 12, 13, 10, 5, 17, 15, 4
Data B	40	103, 108, 92, 100, 92, 105, 101, 78, 102, 93, 114, 111, 122, 102, 111, 100, 106, 115, 94, 124, 88, 102, 84, 98, 97, 88, 96, 102, 99, 85, 109, 103, 103, 94, 102, 80, 86, 120, 92, 112
Data C	40	103, 88, 108, 102, 92, 84, 100, 98, 92, 97, 105, 88, 101, 96, 78, 102, 102, 99, 93, 85, 114, 109, 111, 103, 122, 103, 102, 94, 111, 102, 100, 80, 106, 86, 115, 120, 94, 92, 124, 112

2. 이산 및 연속 확률분포

확률변수가 가질 수 있는 값이 n개로 유한하면 이를 이산확률변수(discrete random variable)라고 하며, 이때 확률변수는 식 (2.1)과 (2.2)를 만족한다. 확률변수의 값이 무한히 많으면 **연속확률변수**(continuous random variable)가 되며, 식 (2.3)과 (2.4)를 만족한다. 즉, 확률은 0과 1 사이의 값을 가지며 모든 확률값의 합은 1이다.

$$0 \leq p(z_i) \leq 1, \ i = 1, \ n \tag{2.1}$$

$$\sum_{i=1}^{n} p(z_i) = 1 \tag{2.2}$$

$$f(z) \geq 0, \ -\infty < z < \infty \tag{2.3}$$

$$\int_{-\infty}^{\infty} f(z)dz = 1 \tag{2.4}$$

여기서 $p(z)$는 확률, $f(z)$는 확률밀도함수(probability density function, PDF)이다. $i = 1, n$은 첨자 i가 1에서 n까지 변화한다는 의미로 이 책에서 사용된 표기양식이다. 확률밀도함수 자체의 값은 음수가 아니며 1보다 큰 값을 가질 수 있지만 특정구간을 적분한 확률값은 항상 0과 1 사이에 있다.

확률밀도함수의 종류는 매우 많으며 각각 고유한 특성과 적용영역을 가진다. 지구통계학 분야에서 많이 이용되는 분포는 다음과 같으며 이 장의 후반부에서 자세히 다룬다.

- 균일분포(uniform distribution)
- 삼각분포(triangular distribution)
- 지수분포(exponential distribution)

- 정규분포(normal distribution)
- 로그정규분포(log-normal distribution)
- p-정규분포(p-normal distribution)

3. 누적확률분포

모집단에서 주어진 값보다 작거나 같은 모든 자료의 개수를 전체 수에 대한 비로 표시한 것을 누적확률함수(cumulative probability distribution function, CDF)라 한다. CDF는 정의에 따라 주어진 값보다 작거나 같은 모든 확률값을 더하여 계산할 수 있다. 이산확률분포와 연속확률분포인 경우 CDF는 각각 식 (2.5)와 (2.6)으로 표현된다.

$$F(z_i) = p(Z \leq z_i) = \sum_{j=1}^{i} p_j, \ z_j \leq z_i \tag{2.5}$$

$$F(z) = p(Z \leq z) = \int_{-\infty}^{z} f(x)dx \tag{2.6}$$

여기서 대문자 Z는 변수명을 나타내고 소문자 z는 주어진 변수값을 나타내며 이는 표기상의 관례이다.

우리가 확률밀도함수를 알고 있다면 위의 두 식을 이용하여 CDF를 얻을 수 있다. 연속확률분포의 경우 주어진 PDF를 적분하면 된다. 하지만 실험적으로 얻은 자료는 분포특성을 알기 어려울 뿐만 아니라 PDF가 알려져 있지 않다. 따라서 이제까지는 PDF에서 CDF를 계산하였지만, 자료를 수집하고 분석하는 실제적인 경우에는 얻은 자료를 바탕으로 CDF를 예상한다. 이를 위해 전체 자료 중에서 주어진 값보다 작거나 같은 자료를 구체적으로 세어 계산한다.

〈표 2.1〉에 주어진 Data A의 경우 $p(Z \leq 5)$를 계산하면 10개 자료 중에서 5보다 작거나 같은 자료수는 3개이므로 0.3이다. 동일한 방법으로 Data B를 이용하여 누적확률 $F(93)$, $F(100)$을 구하면 다음과 같다. 개별자료를 이용하여 CDF를 작성한 〈그림 2.2a〉를 사용해도 동일한 결과를 얻는다.

$$F(93) = 0.275$$
$$F(100) = 0.475$$

자료의 양이 많거나 비슷한 값들이 분포한 경우에는 〈표 2.2〉와 같이 자료를 일정한 범위, 즉 계급(class)으로 나누고 그 범위 내에 있는 자료수를 구하여 PDF와 CDF를 계산할 수 있다.

표 2.2 Data B의 계급, 자료수, 누적확률

계급	자료수	누적확률
76~85	4	0.100
86~95	9	0.325
96~105	16	0.725
106~115	8	0.925
116~125	3	1.000
합계	**40**	**1.000**

범위를 이용하여 CDF를 구하면 〈그림 2.2b〉와 같이 부드럽게 변하는 분포를 얻는다. 〈그림 2.2〉와 같이 CDF를 얻으면 임의의 확률변수값에 대한 누적확률을 선형내삽법으로 구할 수 있다.

　〈그림 2.2b〉를 이용하여 $F(93)$, $F(100)$을 계산하면 다음과 같다. $F(93)$의 값은 개별자료를 이용한 경우와 비슷하지만 $F(100)$의 값은 차이가 난다. 언급한 두 방법은 가정이 다르기 때문에 서로 다른 결과를 가져온다. 일반적으로 자료가 특정값 주위에 모여있을 때 해당 구간에서 두 방법은 차이가 커지며 계급의 간격을 줄이면 비슷한 CDF값을 제공한다. 이는 〈그림 2.2b〉에서도 확인할 수 있다.

$$F(93) = 0.280$$
$$F(100) = 0.525$$

　누적확률함수는 주어진 값보다 같거나 작은 자료수를 전체 자료수에 대한 비로 나타낸 것으로 0과 1 사이의 값을 갖는다. 모집단에서 자료의 최소값보다 작은 값은 존재하지 않으므로 그 미만에서 CDF는 0이다. 모든 값은 자료의 최대값보다는 작거나 같으므로 최대값 이상에서의 CDF는 1이다. 큰 변수값에 해당하는 CDF는 그보다 작은 변수값의 함수값보다 항상 크거나 같으므로 감소함수가 아니라는 특징이 있다. 이는 〈그림 2.3〉과 같이 특정구간에서 CDF가 증가하지 않고 일정할 수 있다는 것을 의미하며 그 구간에서 확률변수의 확률은 0이다.

　CDF의 일반적인 특징은 다음과 같이 정리할 수 있으며 그래프로 나타낸 특징은 〈그림 2.3〉과 같다. CDF는 연속함수이며 미분가능한 함수일 필요는 없다. 즉, CDF는 반드시 부드럽게 변화하거나 증가하는 형태를 나타낼 필요는 없는 연속함수이다.

- $0 \leq F(z) \leq 1$

- $\lim\limits_{z \to \infty} F(z) = 1$
- $\lim\limits_{z \to -\infty} F(z) = 0$
- $F(z+h) \geq F(z), \ h > 0$
- $\lim\limits_{h \to 0+} F(z+h) = F(z)$

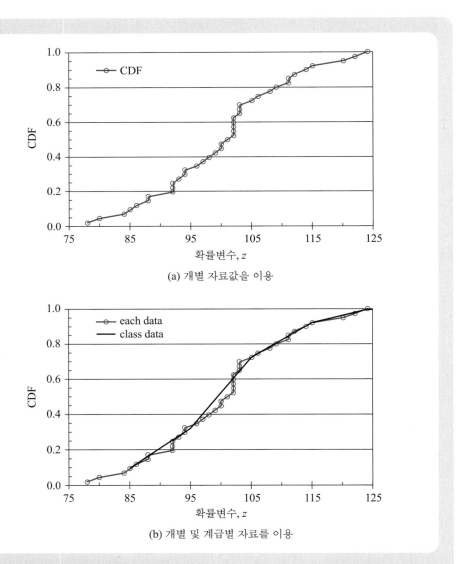

(a) 개별 자료값을 이용

(b) 개별 및 계급별 자료를 이용

그림 2.2 표본자료를 이용한 CDF 작성

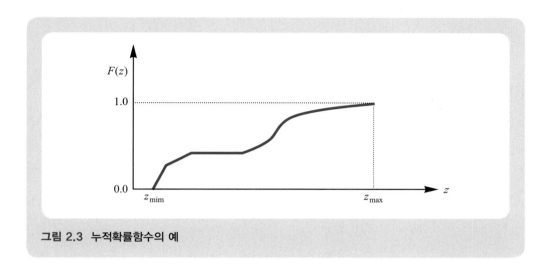

그림 2.3 누적확률함수의 예

누적확률함수가 정해지면 특정구간에 대한 확률을 계산할 수 있다. 이를 수학적으로 표현하면 이산확률변수와 연속확률변수의 경우 각각 식 (2.7a), 식 (2.7b)와 같다.

$$p(z \leq Z \leq z + dz) = F(z + dz) - F(z) \tag{2.7a}$$

$$p(z \leq Z \leq z + dz) = \int_z^{z+dz} f(x)dx \tag{2.7b}$$

누적확률함수는 감소하지 않는 함수이므로 식 (2.7)의 관계식으로부터 특정한 값(또는 사건)이 일어날 확률은 항상 0보다 크거나 같다. 연속확률변수의 경우, 식 (2.7b)에서 범위가 아닌 특정값을 가질 확률은 언제나 0임을 알 수 있다. 이는 연속확률변수가 가질 수 있는 경우의 수가 무한히 많다는 사실에서도 예상할 수 있다. 또한 CDF의 성질을 이용하면 전구간에서 확률의 합은 1임을 증명할 수 있다.

2.2 자료의 특성을 표시하는 용어

(1) 분위수와 백분위수

p 분위수(quantile)는 누적확률이 p가 되는 확률변수값(z_p)이다(그림 2.4a). 이를 CDF의 역함수로 나타내면 식 (2.8a)와 같다. 누적확률이 p%가 되는 확률변수값을 백분위수(percentile)라 하며 동일한 방법으로 식 (2.8b)와 같이 나타낼 수 있다. 즉, 0.4 분위수와 40 백분위수는 같은 의미로 동일한 확률변수값을 갖는다.

$$z_p = F^{-1}(p), \ p \in [0, \ 1] \tag{2.8a}$$

$$z_p = F^{-1}(p/100), \ p \in [0, \ 100] \tag{2.8b}$$

여러 분위수 중에서 0.25, 0.5, 0.75 분위수를 각각 첫째, 둘째, 셋째 사분위수(quartile) 또는 각각 아래, 중간, 위 사분위수라고 한다(그림 2.4b). 특히 0.5 분위수는 중앙값을 나타낸다. 분위수구간(inter-quartile range, IQR)은 위 사분위수와 아래 사분위수의 차이이다. IQR은 상위 및 하위의 25%를 제외한 중간 50%의 값들이 분포하는 범위로 자료의 흩어진 정도를 나타내는 인자 중 하나이다.

CDF나 PDF가 수식으로 주어지면 분위수를 정의에 따라 직접 계산하거나 수치화된 표로

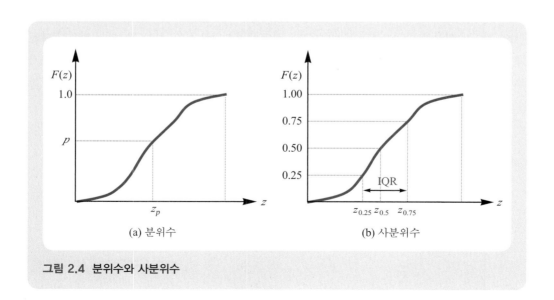

(a) 분위수 (b) 사분위수

그림 2.4 분위수와 사분위수

부터 얻는다. 획득한 자료로부터 〈그림 2.2〉와 같은 경험적 CDF를 얻었다면 보간법으로 분위수를 계산한다. 사분위수는 분위수의 특별한 경우이므로 동일한 원리로 구한다.

이산자료의 경우 CDF를 이용하지 않고 자료로부터 사분위수를 간단히 계산할 수 있다. 이를 위해 먼저 자료를 크기순으로 정렬하고 자료의 중앙값을 구할 수 있어야 한다. 자료의 중앙값은 자료의 개수에 따라 다음의 두 경우로 구한다. 중앙값은 그보다 큰 자료와 작은 자료의 개수가 같은 값이다. 따라서 만약 자료의 개수가 홀수이면 정렬 후 정가운데 값이 중앙값이다. 짝수 개이면 정가운데 값이 없으므로 중간에 위치한 두 값의 산술평균으로 중앙값을 얻는다.

- 자료의 개수가 홀수이면 순서상 정가운데 값
- 자료의 개수가 짝수이면 정렬된 자료의 중간에 있는 두 값의 산술평균

아래 사분위수는 하위 50%에 해당하는 자료의 중앙값이다. 만약 자료수가 짝수이면 오름차순으로 정리된 자료의 앞부분 반이 하위 50%이고, 자료수가 홀수이면 중앙값까지 포함한 자료를 하위 50%로 가정한다. 위 사분위수도 상위 50% 자료에 대하여 동일한 원리를 적용한다.

위에서 설명한 원리로 계산된 분위수는 〈그림 2.2〉의 CDF를 이용한 경우와 다를 수 있다. 또한 CDF를 계산하는 방법에 따라서도 값의 차이가 있다. 따라서 각 방법의 특징을 이해하고 일관성 있게 계산하는 것이 필요하다. 제한된 표본자료만 가지고는 참 CDF를 알 수 없으므로 개인의 선호도에 따라 분위수를 결정할 수 있다.

다음은 〈표 2.1〉의 Data A를 정렬한 자료이고 중앙값과 각 분위수를 구한 예이다. 분위수 구간은 10인데 이는 자료 중에서 매우 크거나 작은 특이값(outlier)을 평가하는 데도 사용된다.

Data A 정렬 : 2, 4, 5, 8, 10, 12, 13, 15, 17, 20
중앙값 = (10 + 12)/2 = 11
아래 사분위수 = 5
위 사분위수 = 15
IQR = 15 − 5 = 10

박스그림(box plot)은 아래 사분위수(Q_1)와 위 사분위수(Q_3)로 박스를 표시하며 중앙값(Q_2)의 위치도 나타낸다(물론 기호가 아닌 해당 값의 위치가 표시됨). 박스의 양 경계값에서 IQR의 1.5배 이내에 있는 자료의 최대 및 최소 값까지 수평 실선으로 표시한다. 만약 자료값이 박스의 양 경계값에서 IQR의 1.5~3배 사이에 있으면 이를 약특이값(mild outlier)이라 하고 그 이상인 경우를 강특이값(extreme outlier)이라 한다. 일반적으로 약특이값은 속이 빈 도형으로,

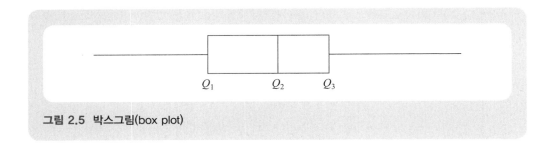

그림 2.5 박스그림(box plot)

강특이값은 속이 찬 도형으로 그 값의 위치를 표시한다.

〈그림 2.5〉는 〈표 2.1〉의 Data B를 이용한 박스그림이다. 아래 사분위수는 92.5, 위 사분위수는 107, IQR은 14.5이다. 따라서 약특이값의 상하단 경계는 각각 128.75, 70.75로 특이값이 없다. 〈표 2.2〉에서도 볼 수 있듯이 많은 값들이 100 주위에 분포한다. 만약 특이값들이 존재하면 각 위치를 도형으로 표시한다. 박스그림은 자료의 분포를 파악하는 데 유용하다.

(2) 편향

모집단에 대한 추정은 대부분 표본을 바탕으로 이루어진다. 구체적으로 표본의 정보를 이용하여 모집단의 인자 또는 모수를 예측한다. 이때 사용되는 수식으로부터 얻은 값은 모집단의 인자를 편향 없이 예측하는 것이 필요하다. 편향(bias)은 다음과 같이 정의되며, 모집단의 특성값 평균과 표본의 특성값 평균과의 차이이다.

> 편향 = 모집단 인자의 평균 − 표본 인자의 평균

여기서 유의할 것은 모집단의 인자값은 하나이고 표본의 인자는 추출의 결과에 따라 매번 다르다는 것이다. 즉, 모집단 인자의 평균은 해당 인자 그 자체가 된다. 간단히 예를 들면 다음과 같다. 평균이 100이고 표준편차가 25인 모집단에서 20개 표본을 임의로 추출했을 때, 모집단의 평균과 분산은 표본에 상관없이 각각 100, 625이다. 하지만 일정한 개수로 추출한 표본의 평균과 분산은, 주어진 모집단의 특성값과 비슷하겠지만, 매번 다른 값을 나타낸다. 이와 같은 시행을 무수히 반복하여 구한 표본평균의 평균은 100에 매우 가까울 것이며 이론적인 값은 100이다.

편향이 0이면 특성값을 얻기 위해 사용한 수식은 편향되지 않는 추정식이 되고 이때를 '편향되지 않음(unbiased)'이라 한다. 편향이 양의 값을 나타내면 '양으로 편향(positively biased)' 그 반대를 '음으로 편향(negatively biased)'이라 한다. 편향은 표본에서 계산한 통계특성치가 모집단의 특성치를 얼마나 잘 대표하는지 나타내는 척도이다. 주어진 수식이 음으로 편향되었다는 것은 표본에서 계산한 인자가 모집단의 인자값을 더 크게 예측한다는 의미이다.

만약 식 (2.9)와 같은 가중선형조합으로 표본평균을 계산하여 모집단의 평균을 예측한다고 가정하자.

$$\bar{z}^* = \lambda_1 z_1 + \lambda_2 z_2 + \cdots + \lambda_n z_n \tag{2.9}$$

여기서 n은 표본자료의 개수, λ는 가중치, z는 확률변수이다.

식 (2.9)의 추정식이 모집단의 평균을 편향 없이 예측할 조건은 식 (2.10)과 같다. 식 (2.9)를 식 (2.10)에 대입하고 기대값의 선형성을 이용하면 식 (2.11)과 같은 조건을 얻는다. 즉, 표본의 자료에 사용된 가중치의 합이 1이 되면 식 (2.9)는 모집단의 평균을 편향 없이 예측한다. 산술평균은 모든 자료에 동일한 가중치를 사용한 특별한 경우이다.

$$\text{편향} = E(\mu) - E(\bar{z}^*) = 0 \tag{2.10}$$

$$\lambda_1 + \lambda_2 + \cdots + \lambda_n = 1 \tag{2.11}$$

여기서, $E(\ )$는 기대값 연산자, μ는 모집단의 평균이다.

〈그림 2.6〉은 참값과 예측값의 차이인 오차(또는 편차)를 개념적으로 나타낸 것이다. 궁극적으로 〈그림 2.6a〉와 같이 편향되지 않으면서 분산도 작은 추정값을 원하지만, 〈그림 2.6b〉나 〈그림 2.6c〉와 같은 양으로 또는 음으로 편향된 결과를 얻기도 한다. 실제적으로는 편향성이 있지만 분산이 작은 결과를 편향성은 없지만 분산이 큰 경우보다 선호할 수도 있다.

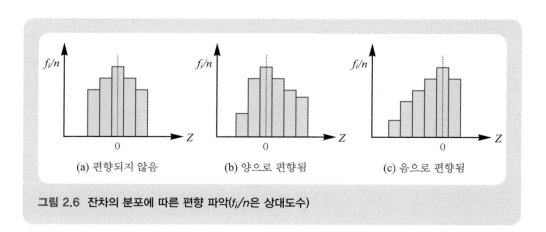

그림 2.6 잔차의 분포에 따른 편향 파악(f_i/n은 상대도수)

(3) 산도를 나타내는 인자

모집단 또는 표본에서 특성값이 흩어져 있는 상태를 산도(dispersion)라 하며, 그 정도를 나타내는 인자들은 다음과 같다.

- 구간(range)
- 분위수구간(IQR)
- 평균절대편차(mean absolute deviation, MAD)
- 변동계수(coefficient of variation)
- 분산(variance)
- 표준편차(standard deviation)

산도를 나타내는 인자 중 하나가 구간이며 이는 모집단의 최대값과 최소값 차이이다. 또 다른 인자는 분위수구간으로 전체구간이 아닌 중간의 50% 자료가 분포하는 범위이다. 모집단을 구성하는 값의 범위가 매우 크거나 비대칭적으로 치우친 분포의 경우 모집단의 전체구간보다는 IQR이 산도를 효과적으로 나타낼 수 있다. 산도를 나타내는 다른 인자로는 평균절대편차가 있으며 식 (2.12)로 정의된다.

$$MAD = \frac{1}{N} \sum_{i=1}^{N} \left| z_i - Q_2 \right| \qquad (2.12)$$

여기서 N은 자료의 총개수이고 Q_2는 중앙값이다. 하지만 평균절대편차는 중앙값에 대한 평가가 어렵고 표본으로부터 모집단의 중앙값을 예측할 수 있는 통계적 추정이론이 뒷받침되지 않아 실제로 잘 사용되지 않는다.

무차원화된 분산계수 중 하나가 변동계수(c_v)이며 식 (2.13)으로 표현된다. 이는 모집단의 표준편차와 평균의 비로 무차원화된 산도이다. 분산에 비하여 평균이 매우 커 식 (2.13)에 100을 곱하여 백분율로 나타내는 경우도 있다(예 : 상업통계 프로그램 SAS의 경우). 따라서 상업용 프로그램을 사용할 때는 각 인자값을 계산하기 위하여 실제로 사용된 수식과 정의에 유의할 필요가 있다.

$$c_v = \frac{\sigma}{\mu} \qquad (2.13)$$

1. 분산

산도를 나타내는 대표적인 인자는 분산과 표준편차이다. 크기가 N인 모집단과 크기가 n인 표본의 표준편차는 각각 식 (2.14a), 식 (2.14b)로 정의된다. 표준편차를 제곱한 값을 분산이라고 하며 기호로도 단순히 표준편차의 제곱형태(σ^2)로 나타낸다. 표준편차의 단위는 모집단의 특성값 단위와 같으며 분산의 단위는 특성값의 단위를 제곱한 것이다. 즉, 길이를 cm 단위로 측정하였다면 표준편차의 단위는 cm이고 분산의 단위는 cm²이다.

$$\sigma^2 = \frac{1}{N}\sum_{i=1}^{N}(z_i - \mu)^2$$

$$\sigma = \sqrt{\frac{1}{N}\sum_{i=1}^{N}(z_i - \mu)^2} \tag{2.14a}$$

$$s = \sqrt{\frac{1}{n-1}\sum_{i=1}^{n}(z_i - \bar{z})^2} \tag{2.14b}$$

$$\text{여기서}\quad \mu = \frac{1}{N}\sum_{i=1}^{N}z_i, \quad \bar{z} = \frac{1}{n}\sum_{i=1}^{n}z_i$$

여기서 주목해야 하는 것은 크기가 n인 표본의 표준편차를 구할 때 n이 아닌 $(n-1)$로 나누어준다는 것이다. 표본의 크기가 커지면 수치적 차이는 작아져 그 중요성이 희석될 수도 있지만 이론적 배경을 아는 것은 매우 중요하다.

단순히 자유도(degree of freedom) 개념을 사용한 설명, 즉 표본의 평균값이 하나의 자유도를 가지므로 표본의 표준편차가 가질 수 있는 자유도는 $(n-1)$개라는 설명은 적절하지 못하다. 식 (2.14b)와 같이 $(n-1)$로 나누어 주어야 표본의 분산식이 모집단의 분산을 편향 없이 예측한다. 만약 $(n-1)$ 대신에 n을 사용하면 모집단의 분산을 더 작게 예측하게 된다.

분산은 확률변수 z와 상수 a, b에 대하여 다음과 같은 성질이 있다. 이들은 식 (2.14a)를 사용하여 유도할 수 있으며 앞으로 공부하게 될 기대값의 성질을 이용하면 쉽게 증명할 수 있다.

- ■ $\text{Var}(a) = 0, a$는 상수
- ■ $\text{Var}(az) = a^2\,\text{Var}(z)$
- ■ $\text{Var}(a + bz) = b^2\,\text{Var}(z), a$와 b는 상수

2. 최우분산

자료가 평균에서 얼마나 떨어져 있는지를 아는 것은 모수를 추정하는 데 유용하다. 표본에서 관측치 z와 표본평균 $\bar{z}$와의 차이를 편차라 하는데, 평균의 성질로부터 편차의 총합은 0이 된다.

$$\sum_{i=1}^{n} (z_i - \bar{z}) = 0$$

따라서 편차의 총합으로는 자료가 평균으로부터 얼마나 떨어져 있는가를 나타내는 산포상태를 알 수가 없다. 그러므로 편차제곱의 총합을 고려하는데, 이를 제곱합(S_{zz})이라 하고 다음과 같이 표현된다.

$$S_{zz} = \sum_{i=1}^{n} (z_i - \bar{z})^2$$

제곱합은 자료가 평균으로부터 얼마나 떨어져 있는가를 표시하는 산포도의 척도가 된다. 그러나 자료수가 다른 두 자료의 산포상태를 비교할 때는 제곱합의 크기가 달라 제곱합을 자료수로 나누는 것을 생각할 수 있다. 그런데 n개 편차의 총합은 항상 0이므로 $n-1$개 편차가 주어지면 나머지 하나는 자연히 결정된다. 이러한 개념을 자유도라 하며, 보통 제곱합을 자유도로 나눈 것을 산포도의 척도로 사용한다.

모평균이 μ이고 모분산이 σ^2인 모집단에서 추출한 n개 표본의 표본평균이 $\bar{z}$일 때 표본분산 s^2은 다음과 같다.

$$s^2 = \frac{S_{zz}}{n-1} = \frac{1}{n-1} \sum_{i=1}^{n} (z_i - \bar{z})^2$$

제곱합을 n으로 나눈 것을 최우분산(maximum likelihood variance) $\hat{s}^2$이라 한다.

$$\hat{s}^2 = \frac{S_{zz}}{n} = \frac{1}{n} \sum_{i=1}^{n} (z_i - \bar{z})^2$$

무한모집단에서 표본분산의 기대값은 모집단의 분산과 같다(즉, $E(\sigma^2) - E(s^2) = 0$). 따라서 표본분산 s^2은 모분산 σ^2의 불편추정량(unbiased estimator)이 되지만 최우분산 $\hat{s}^2$은 모분산 σ^2의 양으로 치우친 추정량이 된다[즉, $E(\sigma^2) - E(\hat{s}^2) > 0$].

〈표 2.1〉의 Data A의 표본자료를 사용하여 산도를 나타내는 인자를 계산하면 다음과 같다. 이 책에서 특별한 언급이 없는 경우에는 엑셀(MS Excel)을 이용하여 계산하였다. 계산의 중

간과정은 엑셀에서 얻은 결과를 3~4개 유효숫자로 표시한 것이며 실제 계산에서는 모든 유효숫자가 사용되었다.

Data A 정렬 : 2, 4, 5, 8, 10, 12, 13, 15, 17, 20

구간 $= 20 - 2 = 18$

분위수구간 $= 15 - 5 = 10$

분산 $= \dfrac{1}{9} \displaystyle\sum_{i=1}^{10} (z_i - \bar{z})^2 = 34.71$, 여기서 $\bar{z} = 10.60$

표준편차 $= 34.71^{0.5} = 5.892$

변동계수 $= 5.892/10.60 = 0.5558$

(4) 대칭을 나타내는 인자

대칭이 아닌 분포를 비대칭분포(non-symmetric or skewed distribution)라 하며 그 정도를 왜도(coefficient of skewness, γ)라 한다. 모집단과 크기가 n인 표본에 대한 왜도는 각각 식 (2.15a)와 식 (2.15b)로 정의된다.

$$\gamma = \frac{\mu'_3}{\mu'^{3/2}_2} \tag{2.15a}$$

$$\text{여기서} \quad \mu'_r = \int_{-\infty}^{\infty} (z - \mu)^r f(z) dz$$

$$C_S = \frac{n^2 M_3}{(n-1)(n-2)s^3} \tag{2.15b}$$

$$\text{여기서} \quad M_3 = \frac{1}{n} \sum_{i=1}^{n} (z_i - \bar{z})^3$$

여기서 μ'_r은 r번째 중심모멘트(r-th centered moment)이고 M_3은 표본의 세 번째 중심모멘트이다. μ는 모집단의 평균, s와 $\bar{z}$는 각각 표본의 표준편차와 평균이다.

〈표 2.1〉의 Data A를 이용하여 계산한 표본의 왜도는 다음과 같이 0.05265이다.

$$C_S = \frac{10^2}{9 \cdot 8 \cdot 5.892^3} \frac{1}{10} \sum_{i=1}^{10} (z_i - 10.6)^3 = 0.05265$$

(5) 중앙대표값을 나타내는 인자

자료의 중앙대표값은 자료의 분포위치를 나타내는 중요한 인자이다. 모집단 및 표본의 중앙대표값을 나타내는 인자는 다음과 같다.

- 산술평균 또는 기대값(expectation)
- 기하평균(geometric mean)
- 중앙값(median)
- 최빈값(mode)

자료의 중앙대표값을 나타내는 가장 대표적인 인자는 산술평균으로 주어지는 기대값이다. 확률변수가 모두 양의 값을 가지며 상대적으로 산도가 큰 경우에 기하평균이 중앙대표값을 잘 나타낸다고 할 수 있다. 중앙값은 주어진 값보다 작거나 같은 모집단(또는 표본)의 구성원 수가 전체의 반이 되는 값으로 0.5 분위수(또는 50 백분위수)이다.

중앙값의 가장 큰 특징은 매우 크거나 작은 특이값들에 영향을 적게 받는다는 것이다. 서울 지역의 아파트 매매가격은 비록 같은 평수라 할지라도 지역과 학군에 따라 큰 차이를 나타낸다. 이때 단순한 산술평균은 매매가격에 대한 좋은 지표가 되지 못하며 또 아파트가 가장 비싼 지역의 매매가격이 산술평균에 큰 영향을 미친다. 이런 경우 중앙값은 특이값들의 영향을 최소화하면서 의미 있는 중앙대표값을 제시한다.

사분위수를 구하는 방법에서 설명한 대로 중앙값을 계산할 수 있다. 유한개의 모집단이나 표본이 주어진 경우에 자료를 크기 순으로 정렬하고 실험적 CDF를 배당한 후에 0.5 분위수를 구할 수 있다. 자료의 개수가 홀수인 경우는 크기 순으로 정렬한 후 간단히 중간값을 중앙값으로 할 수 있으며 그 개수가 짝수인 경우는 중간의 두 수를 산술평균하여 구할 수 있다. 언급한 어느 방법을 사용하든지 일관성을 유지하는 것이 중요하다.

모집단이나 표본을 구성하는 자료 중에서 가장 많은 빈도를 가졌거나 일어날 가망성이 가장 높은 값(most likely value)을 최빈값이라 한다. 이산확률분포의 경우는 도수가 가장 많은 확률변수값이 최빈값이다. 연속확률분포의 경우에도 동일하게 확률분포의 값이 가장 큰 값을 말하며 이는 수학적으로 다음과 같은 조건을 만족하는 값이다.

$$\frac{df(z)}{dz} = 0, \quad \frac{d^2 f(z)}{dz^2} < 0 \tag{2.16}$$

연속확률분포의 PDF가 위로 볼록한 경우에 식 (2.16)을 만족한다. 엄격한 의미로 최빈값은 정의에 따라 PDF의 값이 가장 큰 경우이지만, 식 (2.16)을 만족하는 경우도 지역적 최빈값으로 정의된다. 다수의 지역적 최빈값을 가지면 이를 다중최빈값분포(multimodal distribution)라 한다.

확률분포의 비대칭을 왜도로 나타내며 그 부호는 아래의 정의를 따른다.

> 왜도의 부호 = (평균 − 중앙값)의 부호

〈그림 2.7a〉에서 볼 수 있는 것과 같이, 대칭인 분포는 평균과 중앙값이 같으므로 어느 쪽으로도 치우치지 않는다. 정규분포는 대칭인 분포의 대표적인 예로 평균과 중앙값, 최빈값이 모두 일치한다. 〈그림 2.7b〉와 같은 분포는 오른쪽에 치우쳐 나타나는 큰 값들의 영향으로 평균이 중앙값보다 더 크다. 따라서 왜도의 부호는 양이 되며, 이때를 양으로 치우쳤다고(positively skewed) 한다. 로그정규분포는 양으로 치우친 분포의 대표적인 예이다.

〈그림 2.7c〉와 같은 분포는 위에서 설명한 반대의 현상에 의해 평균이 중앙값보다 작다. 따라서 왜도는 음의 부호를 가지며 이때를 음으로 치우친(negatively skewed) 분포라 한다. 왜도의 부호를 정하는 정의를 다시 한 번 유의하여 부호를 반대로 판별하는 실수가 없어야 한다.

〈표 2.1〉의 Data B를 이용하여 구한 중앙대표값은 다음과 같다. 주어진 Data B는 자료들이 평균을 중심으로 대칭적인 분포를 이루어 계산한 중앙대표값들이 매우 비슷하다.

산술평균 = 100.3
기하평균 = 99.74

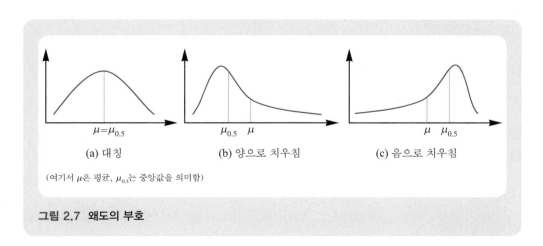

(여기서 μ은 평균, $\mu_{0.5}$는 중앙값을 의미함)

그림 2.7 왜도의 부호

중앙값 = 101.5

최빈값 = 102(5번 나타남)

(6) 분포의 뾰족한 정도를 나타내는 인자

분포가 뾰족하게 분포한 정도를 나타내는 인자가 첨도(kurtosis, κ)이며 식 (2.17a)로 정의된다. 정규분포의 경우 첨도값은 약 3 정도를 나타낸다. 따라서 첨도를 정규분포와 비교하기 위하여 식 (2.17b)로 정의하기도 한다.

정규분포보다 더 뾰족한 분포를 보이는 경우를 밀집분포(leptokurtic)라 하며, 이때는 자료들이 작은 분산을 보이며 평균을 중심으로 밀집해있다. 정규분포보다 덜 뾰족하고 분산이 커 편평한 분포를 퍼짐분포(platykurtic)라 하고, 정규분포와 비슷한 첨도를 나타내는 경우를 보통분포(mesokurtic)라 한다.

$$\kappa = \frac{\mu'_4}{\mu'^2_2} \tag{2.17a}$$

$$\kappa = \frac{\mu'_4}{\mu'^2_2} - 3 = \frac{\mu'_4}{\sigma^4} - 3 \tag{2.17b}$$

표본의 경우는 첨도의 정의가 명확히 확립되어 있지 않으며 실제로 지구통계적 기법에 거의 사용되지 않는다. 다만 분포의 특성을 나타내는 다양한 인자들을 종합적으로 정리하는 의미에서 소개하였다. 표본의 첨도는 표본의 분산과 네 번째 중심모멘트를 이용하여 식 (2.18a)와 식 (2.18b)로 나타낸다.

$$C_k = \frac{M_4}{s^4} \tag{2.18a}$$

$$C_k = \frac{n(n+1)}{(n-1)(n-2)(n-3)} \sum_{i=1}^{n} \left(\frac{z_i - \bar{z}}{s} \right)^4 - \frac{3(n-1)^2}{(n-2)(n-3)} \tag{2.18b}$$

여기서 M_4는 표본의 네 번째 중심모멘트이고, s는 표본의 표준편차, n은 표본수이다. 자료수가 많아지면 표본의 첨도는 모집단의 첨도값으로 수렴함을 알 수 있다. 〈표 2.1〉의 Data A를 이용하여 식 (2.18a)로 구한 첨도값은 1.518이다.

2.3 자료의 생성과 표본의 가시화

(1) 자료의 생성

1. 표본추출 방법과 유의사항

모집단의 특성을 파악하고 예측하기 위해서는 모집단으로부터 획득한 표본이 모집단을 대표해야 한다. 따라서 표본생성의 최대관심사는 "어떻게 표본을 편향되지 않게 추출하느냐?"이다. 이를 위해서는 철저한 준비와 체계적인 조사 그리고 전과정 동안의 세심한 주의가 필요하다. 구체적으로 자료수집을 위해 훈련된 전문가집단의 도움을 받는 것도 현명한 방법 중 하나이다.

표본추출 방법은 크게 다음 두 가지가 있다.

- 자발적 반응표본(voluntary response sample)
- 임의추출(random sampling)

자발적 반응표본은 많은 수의 모집단을 대상으로 의견을 효과적으로 모집하는 장점이 있다. 그러나 많은 경우 반대의견을 가진 추출단위에서 참여가 적극적으로 나타나므로 표본은 전체를 잘 대표하지 못하고 편향된 자료일 가능성이 높다. 또한 시간제약으로 신속하게 응답한 일부의 자료만을 얻을 수 있다. 따라서 특별한 목적이 없거나 구체적으로 계획되지 않은 상태에서는 자발적 반응표본을 사용하지 않아야 한다.

임의추출은 추출단위에 동등한 선출기회를 제공한다. 따라서 미지의 요소로 인한 영향을 최소화하고 편향되지 않은 표본을 구할 수 있게 한다. 전체 모집단의 추출단위에 일련번호를 배당하고 난수표나 난수발생 프로그램을 이용하여 그 난수에 해당하는 추출단위를 추출한다.

모집단을 잘 대표하는 표본을 추출하기 위해서는 여러 가지 준비와 세심한 주의가 필요하다. 특히 다음과 같은 네 항목에 유의한다.

- 사전준비
- 무응답(no response)에 대한 준비
- 응답자나 조사자의 행동으로 인한 편향성에 대비
- 질문의 준비

모집단을 대표하는 표본을 추출하기 위해서는, 사전에 필요한 자료를 수집하여 모집단이 될 대상의 완전한 목록을 작성하는 것이 무엇보다도 필요하다. 단순히 전화나 인터넷을 이용하여 표본조사를 하면, 이들을 이용하지 않는 사람들은 전체 표본대상에서 제외된다는 원칙론적인 이유 외에도 여러 가지 문제점이 있다.

특히 민감한 정부정책에 대하여 전화로 여론조사를 하면, 여론조사기관이 조사대상자의 전화번호를 포함한 정보를 알고있다는 불안심리 때문에 편향된 조사결과가 나타날 수 있다. 또한 전화여론조사를 핑계로 상품선전이나 개인홍보에 사용되는 경우도 있으니 유의해야 한다. 인터넷이 많이 보급되긴 했지만 아직도 제한적이며 또 특정 연령층에서 많이 이용한다. 따라서 인터넷을 통해 표본을 수집할 경우 모집단의 범위에 따라 편향된 조사결과가 나타날 수 있다. 또한 의도하지는 않았지만 그 특성상 자발적 반응표본이 될 수 있다.

추출된 표본으로부터 자료를 수집하지 못한 경우, 즉 무응답의 처리에 대한 구체적 계획이 필요하다. 이는 선정한 표본대상자를 찾지 못했거나 해당 대상자가 표본조사에 응하지 않는 경우이다. 전자의 경우에 시간과 돈을 더 투자하여 찾거나 대체조사를 할 수 있다. 하지만 대체된 표본의 응답은 처음 표본의 응답과 다를 수 있어 역시 편향된 자료를 얻을 수 있다. 표본대상자 중에서 조사에 응답한 사람의 비율을 응답률이라 하는데 의미 있는 자료수집을 위해서 응답률은 일정한 값(예 : 50%) 이상 되어야 한다.

응답자의 행동이나 사회관념에 따라 편향된 조사결과가 나올 수 있다. 인간의 도덕성이나 합법성에 대한 질문의 경우 비록 익명성이 보장된다고 해도 조사결과가 왜곡될 수 있다. 선거에서 사회적 분위기나 출구조사와는 다른 결과가 나오는 것도 이와 같은 이유이다. '지난 3개월 간 영화를 본 횟수'와 같이 기억력을 바탕으로 하는 경우에도 의도하지 않았지만 각자의 기억력과 관심의 차이로 실제와 다른 조사결과를 얻을 수 있다.

마지막으로 질문을 잘 준비해야 한다. 현재 문제가 되고 있는 사회상황, 도덕적 가치, 긍정적 또는 부정적 유익, 호감 또는 비호감 단어를 사용하여 조사대상자가 조사자의 숨은 의도를 따르도록 할 수 있다. 이와 같은 문제는 군사비지출이나 특정사업의 근거를 마련하기 위한 질문에서 관찰되곤 한다. 질문에 대한 답변도 오직 찬성과 반대 같이 반드시 둘 중 하나를 선택하도록 강요하는 것이 아니라 중립적인 답변도 가능해야 한다.

설문조사를 위한 실무에서는 전문조사기관의 도움을 얻어 질문을 잘 준비하고 조사대상자의 일관성을 알아보기 위한 유사질문도 준비한다. 아래의 예문들은 잘못된 질문의 예이다.

〈잘못된 질문의 예〉

찬성유도형 질문 : 장거리 미사일은 군사용 목적뿐만 아니라 인공위성의 발사와 항공산업에도 중요한 역할을 한다. (추가 예산부담이 없다면) 당신은 한국에서 장거리 미사일의 개발에 찬

성하는가?

반대유도형 질문 : 한국에서의 장거리 미사일 개발은 북한과의 군비경쟁을 초래하고 현재 진행되고 있는 남북화해에도 부정적 영향을 미치며 많은 예산을 필요로 한다. (청년실업이 심각한 경제상황에서) 당신은 한국에서의 장거리 미사일 개발에 찬성하는가?

양자택일형 예문 : 대학이 자율적으로 학생을 선발하는 대학입시제도에 찬성하는가?

(1) 예   (2) 아니오

찬성이 어려운 예문 : 정부의 새로운 교육정책으로 사교육비가 필요 없게 되었다고 생각하는가?

(1) 예   (2) 아니오   (3) 모름

언급한 방법에 유의하여 자료를 확보하였다면 이를 정직하게 분석하고 표현한다. 특히 일부 자료나 적은 표본으로 얻은 결과를 일반화하지 말아야 한다. 아래의 설문조사 결과에 대하여 "오직 10%만 반대!" 또는 "55% 찬성" 같이 특정한 목적을 위해 선택적으로 사용하는 표현들에 관해 독자들은 그 의도를 알아야 한다.

- 결과 1 : 35% 찬성, 55% 중립, 10% 반대
- 결과 2 : 55% 찬성, 45% 반대

2. 통계적 실험의 유의사항

물리적 또는 화학적 실험을 통하여 자료를 얻는 것뿐만 아니라 설문조사나 관찰을 통해서도 자료를 얻는다. 이와 같은 통계적 실험에 사용되는 용어는 다음과 같다.

- 실험단위(experimental unit)
- 반응변수(response variable)
- 인자(factor)와 인자수준(factor level)
- 처리(treatment)

온도와 압력의 변화에 따른 유체의 점성을 측정하는 통계실험을 가정하자. 유체의 점성도를 세 가지 압력값에 대하여 각각 여섯 가지 온도값에서 측정한다고 하자. 이때 실험대상이 되는 유체가 실험단위이고 유체점성이 반응변수이다. 온도와 압력을 인자라 하며 각 인자가 가지는 값의 범위를 인자수준이라고 한다. 처리는 점성측정을 위해 필요한 온도와 압력 조건을 실험단위에 설정하는 것이다. 따라서 언급한 실험은 2개 인자, 즉 압력과 온도에 대하여 각각 3개와 6

개 인자수준을 가지며 모두 18번의 처리가 필요하다.

위와 같은 통계실험을 위해 다음과 같은 세 가지를 유의해야 한다.

- 외부인자의 영향을 극소화
- 모든 실험단위에 동등한 처리기회 부여
- 많은 실험단위를 대상으로 반복시험

첫째로 관심인자 이외의 외부인자의 효과를 최소화한다. 특히 사람을 대상으로 하는 실험의 경우 실험대상자가 특정한 처리를 받은 유무를 몰라야 하지만 실험대상자가 알게 되면 실험결과에 긍정 및 부정의 영향을 미쳐 편향된 결과를 나타낼 수 있다. 이를 흔히 '가짜약효과(placebo effect)' 또는 '위약효과'라고 한다.

위약효과는 현재 환자가 앓고 있는 병과는 직접적으로 관계가 없는 약을 환자에게 투여해도 의사와 약에 대한 신뢰와 치료에 대한 기대감으로 환자의 병세가 호전되는 현상이다. 구체적으로 두통이 있는 환자에게 비타민이나 소화제를 주면서 '효과가 아주 좋은 두통약'이라 하면 위에서 설명한 이유로 병세가 호전될 수 있다.

실험대상의 반응변수가 명확한 물리량이 아니라 조사자의 주관적 평가와 판단이 가능한 경우 역으로 조사자에게 나타나는 가짜약효과가 있다. 즉, 개인적으로 조금씩 다를 수 있는 반응변수의 변화를 특정한 처리의 결과로 판단할 수 있다. 이를 막기 위해서는 조사자도 특정한 처리 여부를 몰라야 하며, 이를 이중눈가림실험(double blind experiment)이라 한다. 가짜약효과를 최소화하기 위해서는 실제로 처리를 한 처리집단(treatment group)과 아무런 처리를 하지 않은 대조집단(control group)을 비교하면 그 영향을 효과적으로 분석할 수 있다.

둘째로 모든 실험단위에 특정한 처리를 받을 기회를 동등하게 부여해야 한다[이를 임의화(randomization)라 함]. 전체 모집단에서 실험단위를 임의로 추출하여 특정처리를 하고 그 결과를 관찰해야만 실험자가 인지하지 못한 조건과 영향으로 인한 효과를 최소화할 수 있다. 실험자의 선호도가 관여된 표본에 처리를 할 경우 예상치 못한 인자의 영향이 지속적으로 나타나 편향된 결과를 나타낼 수 있다. 물론 이때에도 외부인자를 최소화하기 위하여 처리집단과 대조집단을 두는 것이 매우 바람직하다.

셋째로 충분히 많은 실험단위에 각 처리를 반복해서 실시한다. 반복실험은 앞으로 공부할 중심극한정리에 의하여 이론적으로도 타당하다. 특히 사람이나 생물체를 대상으로 하는 실험은 개인적 특성과 능력의 차이로 인하여 동일한 조건에서 실험하기 어렵다. 또한 처리 후에 관측되는 결과가 처리의 영향인지 아니면 본래부터 존재하던 개인적인 차이인지를 알기 어렵다. 따라서 복잡한 이론을 사용하지 않더라도 많은 수를 처리하고 반복하여 관찰하면 우연에 의한 오차는 최소화되고 특정한 처리로 인해 나타나는 결과를 관측할 수 있다.

특히 생물을 대상으로 하는 실험에서는 개인차로 나타나는 차이를 반드시 제거해야 한다. 가장 손쉬운 방법은 동일 대상에 처리를 한 경우와 하지 않은 경우를 모두 관찰하는 것이며, 이를 무작위대응비교(randomized paired comparison)라 한다. 물론 처리의 순서를 임의로 바꾸는 것과 가짜약효과를 제거하는 것도 고려한다. 또 다른 방법은 조건이 비슷한 많은 수의 표본에 동일하게 처리하여 대응비교하는 것이다. 많은 표본을 대상으로 비교실험을 하면 우연과 개인차에 의한 오차를 최소화할 수 있다.

생물을 대상으로 하는 실험연구는 처리의 한계가 있는 경우가 많다. 비록 아무리 비싼 대가를 지불한다 해도 자신의 생명과 직접적인 관계가 있는 처리에는 어느 누구도 쉽게 응하지 않을 것이다. 이런 경우는 표본을 추출하여 처리하고 관측하는 것이 아니라 이미 존재하는 표본(예 : 환자)에 필요한 처리를 하고 그 결과를 관측한다.

(2) 표본의 가시화

독자 여러분은 먼저 다음 문제를 읽고 풀어보라.

아래의 도표는 세 군데 지점으로부터 얻은 표본의 성분을 분석한 결과이다. 이를 가시화하라.

표본 #	벤젠(ppm)	톨루엔(ppm)	자일렌(ppm)
1	1.5	15	40
2	3.3	14	30
3	1.6	16	38

만약 구체적으로 시도한 독자가 있다면 매우 칭찬할만하다. 그러나 가시화가 쉽지 않을 것이다. 왜냐하면 수많은 가시화 방법 중에서 어떤 방법을 사용할 것인지 선택하기 어렵기 때문이다. 비록 임의의 방법을 선택한다 하더라도 그에 대한 합리적인 근거를 제시하기 어렵다. 이 모든 문제점은 우리가 가시화의 목적을 분명히 하면 쉽게 해결된다.

1. 표본의 가시화 단계

표본을 도표화하고 가시화하는 것은 자료를 분석하고 자료로부터 얻은 정보를 효과적으로 표현하고 전달하기 위한 수단이다. 표본의 가시화를 위해서는 다음 세 단계를 따른다.

- 목적의 설정
- 표본의 도표화
- 표본의 가시화

제일 먼저 목적을 설정하는 것은 약간은 고전적인 의미를 지닌 것 같지만 그 무엇보다도 중요하다. 목적이 분명히 설정되어야 각 단계에서 필요한 것을 결정할 수 있다. 우리의 목적은 자료의 가시화 자체가 아니라 자료로부터 얻은 정보를 효과적으로 표현하고 전달하는 것이다.

위에 주어진 자료에 대하여, 첫 번째 표본은 주유소 1에서, 두 번째 표본은 주유소 2에서, 그리고 세 번째 표본은 기름이 누출된 인근지역에서 얻은 표본의 분석결과라고 가정하자. 이때 우리의 목적은 분석결과를 바탕으로 누출된 기름이 어느 주유소로부터 왔는지 밝히는 것이라고 하자. 이제는 가시화의 방향과 방법이 명확해질 것이므로 이 문제를 풀어보기 권한다.

가시화의 목적만 명확하면 꼭 보편적이고 전통적인 방법을 따를 필요가 없는 경우도 있다. 궁극적으로 정보를 효과적으로 전달하는 데 초점을 맞추면 여러 가지 참신한 방법과 표현이 가능하다. '창의력'이란 정해진 표준답안식의 방법을 배격하고 문제해결을 위한 다양한 방법과 가능성을 의미하는 것이지, 궁극적으로 해결해야 하는 문제를 거부하고 자신의 의견을 제시하여 이를 고수하는 것이 아니다.

위험한 지역에서 수영을 하지 못하도록 하여 사람들의 안전을 확보하려는 목적이면, 여러 가지 경고문구가 가능하지만 〈그림 2.8a〉보다 〈그림 2.8b〉의 경고문이 더욱 효과적일 것이다. 주차난이 심각한 지역에서 개인주차공간을 보호하기 위한 방법으로, "오후 7시 퇴근입니다. 주차하십시오!"와 같은 남을 배려하는 방법도 탁월하고 멋있다. 〈그림 2.9a〉와 같은 거짓 경고문을 세우진 못하겠지만 〈그림 2.9b〉와 같은 재치 있는 경고문을 세울 수 있다. 당신은 그 차이를 아는가?

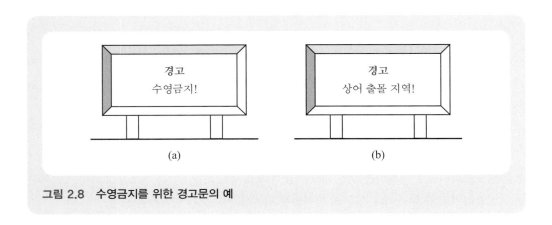

그림 2.8 수영금지를 위한 경고문의 예

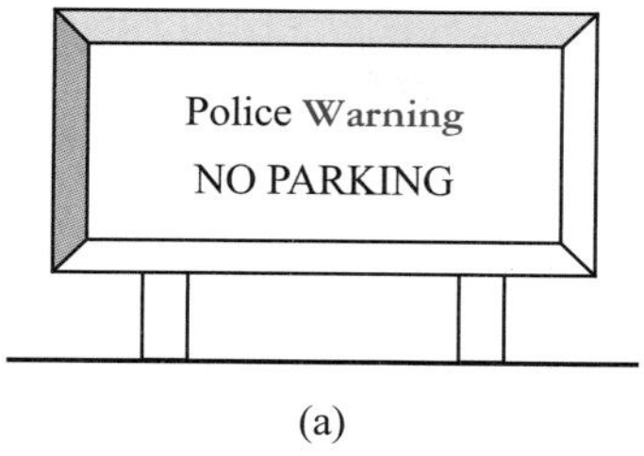

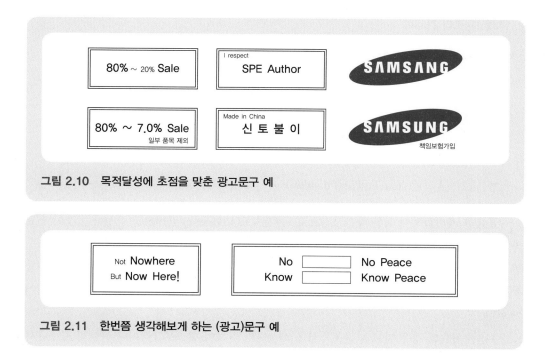

그림 2.9 주차공간을 보호하기 위한 효과적인 경고문의 예

목적은 구체적인 목표를 결정하는데 꼭 필요한데 목표를 이루기 위한 방법과 과정도 중요하다. 왜냐하면 결과에 의해 남에게 평가를 받지만 진정으로 자기에게 가치 있는 것은 과정과 방법이기 때문이다. 비록 결과는 좋더라도 그 과정이 잘못되었다면 결과 자체의 가치도 쉽게 손상된다. 〈그림 2.10〉은 추천하고 싶지 않은 시각화의 예이고 〈그림 2.11〉은 저자가 고안한 것은 아니지만 한번쯤 생각해보게 하는 예이다.

그림 2.10 목적달성에 초점을 맞춘 광고문구 예

그림 2.11 한번쯤 생각해보게 하는 (광고)문구 예

다음과 같은 광고문구나 표현에 대하여 서로의 의견을 나누어 보라.

- Close out SALE !!!
- Chance to win a SMART Phone! Enter your email below and click TRY.
- The Best Coupon for You. Expires June 30, 2012.
- 100% Pure Orange Juice from Concentrate
- 야성으로 승부하라. Animal Spirits
- 당신을 위한 최고의 신발, Let's work!
- 언덕 위의 작은 집, Heal Creek Castle
- 지하 암반수
- 포인트 사용에 한계가 없는 신용카드! 자세한 내용 홈페이지 참조
- 친환경 바나나 맛/향/색깔/모양 우유
- 복권 1등 당첨된 명당 판매소
- 마지막 떨이! 손해보고 팝니다.
- 진짜 100% 순 참기름
- Friends know when to say when.

2. 1차원 자료의 가시화

1차원 자료를 가시화하기 위한 방법은 매우 다양하며 전통적인 기법은 다음과 같다.

- 히스토그램(histogram)
- 막대(bar)그래프
- 원형(pie)그래프
- 선(line)그래프
- 줄기-잎 그림(stem and leaf display)

표본을 가시화하기 위한 중간과정으로 **도수분포표**(frequency table)를 작성하는 것이 필요하고 또 중요하다. 먼저 일정한 크기의 범위, 즉 계급(class)을 정하고 그 계급에 속하는 자료수인 도수(frequency)를 찾는다. 도수의 크기는 절대도수와 상대도수로 나타낼 수 있다. 도수를 확률로 나타낼 때, 히스토그램이 확률분포가 되기 위해서는 반드시 그 면적의 총합이 1이 되어야 한다.

1차원 자료의 경우 자료의 분포특징을 파악하기 위하여 히스토그램이나 간단히 도수다각

형(frequency polygon)으로 나타낼 수 있다. 상호비교를 위해서는 막대그래프, 전체에서 각각이 차지하는 비율을 보이기 위해서는 원형그래프, 어떤 경향을 나타내기 위해서는 선그래프를 사용할 수 있다.

줄기-잎 그림은 각 구간과 구간에 속한 자료를 구체적으로 나열하는 형태이다. 〈그림 2.12〉는 〈표 2.1〉의 Data B를 줄기-잎 그림으로 나타낸 것으로 시작점을 75, 계급크기를 10으로 하였다. 줄기가 7인 경우에 실제값들이 78, 80, 84임을 알 수 있고 최빈값 102를 줄기가 9인 경우에서 찾아낼 수 있다. 줄기-잎 그림은 히스토그램의 형태를 나타내므로 자료의 개략적 분포 파악이 가능하다. 줄기-잎 그림은 자료의 값을 그대로 유지하는 장점이 있지만 표본이 방대하면 그리기 어려운 단점이 있다.

줄기	잎
7	804
8	5688222344
9	678900122222333
10	56891124
11	5024

그림 2.12 〈표 2.1〉의 Data B를 이용한 줄기-잎 그림(시작점 75, 계급크기 10)

| **예제 2.1** | 주어진 11개 자료의 도수분포표를 작성하고 히스토그램을 그려라.
자료 : 6.5, 37, 12.7, 25.5, 10.2, 13.5, 29.8, 26.5, 27.3, 7.4

위의 예제를 읽은 독자 중에서 먼저 자료수가 11개가 아닌 10개라는 사실을 인지했다면 상당한 관찰력이 있는 독자이다. 자료분석 이전에 주어진 자료를 점검하는 것은 아무리 강조해도 지나치지 않다. 왜냐하면 잘못된 자료나 부정확한 자료를 사용한 분석은 의미가 없기 때문이다. 나머지 자료는 20.5이다.

주어진 자료의 히스토그램을 그리면 〈그림 2.13〉과 같이 여러 경우가 가능하다. 〈그림 2.13a〉는 시작점을 0, 계급크기를 10으로 한 경우이고, 〈그림 2.13b〉는 시작점이 5, 계급크기가 10인 경우, 그리고 〈그림 2.13c〉는 시작점을 5, 계급크기를 5로 줄인 경우이다. 이들 그림을 보면서, 비록 같은 자료이지만 조건에 따라 서로 다른 자료들 같은 느낌을 주는 히스토그램이 가능하다는 데 우선 놀랐을 것이다. 독자들은 "이들 중 무엇이 옳은 히스토그램인가?" 하는 의문이 생길 것이다.

3. 히스토그램

히스토그램은 자료의 분포를 개략적으로 파악하는 데 매우 유용하나 〈그림 2.13〉과 같이 여러 인자의 영향을 받는다. 따라서 자료의 분포특성을 잘 대표하는 히스토그램을 그리는 것이 중요하나 그 방법에 대한 만족할 만한 해답은 없다. 단지 실용적인 두 가지 해결책은 다음과 같다.

- 다음에 추천된 방법에 따라 히스토그램 작성
- 자료의 추가 획득

첫 번째 해결책은 다음에 추천된 방법에 따라 도수분포표를 작성하는 것이다. 수학적 이론을 가진 방법은 아니지만 관례적인 방법이다. 너무나 당연한 이야기지만 본인이 구체적으로 연습하여 익숙해져야 한다.

① 최대값과 최소값을 찾아 자료의 구간을 정한다.
② 자료의 양에 따라 5~20개 정도의 계급의 개수를 정한다.
   ㉠ 계급의 크기 = 범위/계급의 개수
   ㉡ 시작점 = 자료의 최소값 − 0.5×자료의 최소 측정단위, 또는
            = 자료의 최소값 − 0.5×계급의 크기
③ 각 계급에 속한 도수를 구한다.
④ 결과를 그래프로 그려보고 필요하면 위의 과정을 반복한다.

자료의 구간을 구하는 것은 비교적 쉬우며 자료의 최대나 최소를 찾아주는 함수를 이용할 수 있다. 자료를 순차적으로 정렬하면 최대나 최소값은 물론 각 계급에 속하는 자료수인 도수를 구하기도 쉽다. 자료정렬은 실험적 누적확률분포를 계산하는 데도 반드시 필요하다. 상용 프로그램이나 스프레드시트(spreadsheet) 프로그램을 활용해도 구간을 쉽게 얻을 수 있다.

계급의 크기나 개수를 결정하는 것이 가장 중요한 부분이며 또한 어렵다. 비록 동일한 자료라 하더라도 그 값에 따라 〈그림 2.13〉과 같이 다양한 결과가 나올 수 있다. 계급크기가 너무 작으면 도수가 없거나 상대적으로 적게 나타나는 구간이 생기므로 〈그림 2.13c〉와 같이 변화가 심하게 된다(bumpy). 반대로 계급크기가 너무 크면 각 계급의 도수가 비슷해져 균일한 분포를 보여 자료의 특성파악이 어렵다.

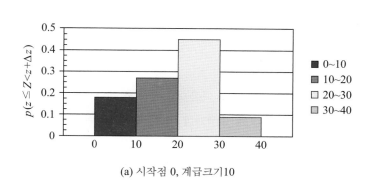

(a) 시작점 0, 계급크기10

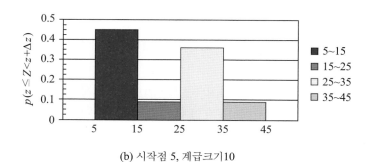

(b) 시작점 5, 계급크기10

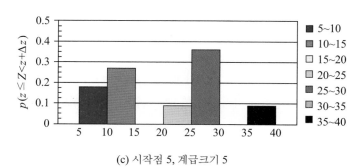

(c) 시작점 5, 계급크기 5

그림 2.13 주어진 11개 자료를 이용한 히스토그램

계급크기(Δz)를 구하는 경험적인 식은 (2.19)이다. 이 식은 각 계급에 평균 5개 정도의 자료가 포함되도록 계급크기를 조절한다는 의미이다.

$$\Delta z = 5 \frac{z_{max} - z_{min}}{n} \tag{2.19}$$

여기서 z_{max}와 z_{min}은 각각 자료의 최대값과 최소값, n은 자료의 총개수이다.

계급의 크기나 개수를 결정했으면 그 다음으로 첫 번째 계급의 시작점을 결정한다. 우리가 자료의 정확한 범위를 알고 있으면(예 : 0점에서 100점까지의 성적 등) 자료가 가질 수 있는 최소값을 시작점으로 할 수 있다.

자료의 크기가 비슷하고 개수가 비교적 많을 때는 자료의 최소값에서 최소 측정단위보다 반이 더 적은 수를 시작점으로 할 수 있다. 여기서 자료의 최소 측정단위란 유효숫자의 마지막 자리를 의미한다. 길이의 최소값이 23cm 같이 일의 자리까지 측정되었다면 최소 측정단위는 1이 되고 22.5cm가 시작점이 된다. 23.0cm와 같이 측정되었다면 0.1이 최소 측정단위이고 시작점은 22.95cm이다. 자료가 비교적 큰 구간을 가지면 현재 자료의 최소값에서 계급크기의 반을 뺀 값을 시작점으로 할 수 있다.

도수분포표는 단 한 번의 과정으로 완성되는 것이 아니라 필요에 따라 앞의 과정을 반복한다. 자료가 적은 경우는 도수계산에 큰 어려움이 없지만 자료수가 많아지면 효율성과 정확성을 위하여 프로그램을 사용하는 것이 좋다. 프로그램을 이용하면 여러 경우를 분석하기에 효과적이다.

위에서 제시한 방법으로 〈예제 2.1〉의 답을 제시하면 〈표 2.3〉의 도수분포표를 얻고 이를 도시하면 〈그림 2.14〉와 같다. 여기서 유의할 점은 〈그림 2.14〉가 유일한 정답이 아니라 가능한 답 중 하나라는 것이며 〈그림 2.13a〉도 무난한 답이 될 수 있다.

두 번째 해결책은 추가 자료를 확보하는 것이다. 자료확보에 필요한 시간과 비용의 문제가 있지만 자료의 개수가 많아지면 그만큼 분포를 쉽게 파악한다. 〈그림 2.13〉과 〈그림 2.14〉와 같이 다양한 변화가 있을 수 있는 이유도 우리가 매우 적은 자료를 가지고 있기 때문이다. 총 11개 자료가 있으므로 계급의 변화에 따라 단순히 1개 도수만 변화되어도 각 해당 구간에서 9%의

표 2.3 〈예제 2.1〉 자료의 도수분포도

계급	자료수
$0 < z \leq 15$	5
$15 < z \leq 30$	5
$30 < z \leq 45$	1

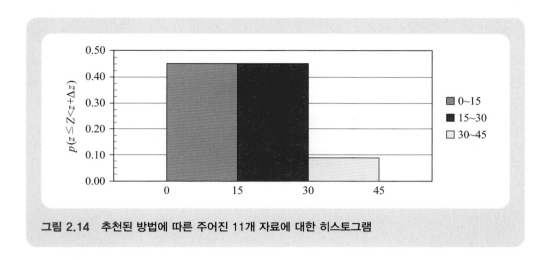

그림 2.14 추천된 방법에 따른 주어진 11개 자료에 대한 히스토그램

차이가 나타나 결과적으로 18%의 차이를 보인다.

지구통계학뿐만 아니라 다른 분야에서도 신뢰할 수 있는 분석을 위해서는 적정량의 자료가 필요하다. 아무리 뛰어난 분석기술이라 할지라도 실제 자료의 중요성과 필요성을 대신하지는 못한다.

〈그림 2.15〉는 0과 100 사이의 수를 임의로 20개 추출하여 도수분포표를 구하고 이를 그래프로 나타낸 것이다. 히스토그램은 절대도수, 상대도수, 해당확률, 확률밀도함수의 형태로 그릴 수 있다. 〈표 2.4〉의 자료를 〈그림 2.15a〉와 같이 상대도수로 나타내거나 절대도수로 나타낼 수 있다. 상대도수는 그 계급 내에 속하는 확률값을 나타낸다. 〈그림 2.15b〉와 같이 확률밀도함수로 나타내는 경우는 전체의 적분값이 1이 되도록 상대도수의 값을 구간의 크기로 나누어준다.

만약 〈그림 2.15a〉와 같이 두고 이를 "PDF"라 기술하면 그 적분값이 25가 되어 틀린 표현이 된다. 히스토그램은 다양한 형태로 표현될 수 있지만 각 명칭에 맞게 함수값이 조절되어야 한다. 특히 확률분포를 나타내는 경우 그래프 면적의 총합이 1이 되도록 유의해야 한다. 〈그림 2.15c〉는 누적확률함수를 나타낸 것이다. 균일분포에서 추출하였으므로 확률밀도함수가 각 계급에서 거의 일정한 값을 갖고 누적확률함수는 선형적으로 증가한다.

표 2.4 난수를 이용하여 0에서 100 사이에서 균일하게 생성한 20개 자료

5.9, 8.8, 9.8, 20.6, 22.8, 36.9, 36.9, 38.2, 38.6, 53.9, 57.0, 59.7, 67.7, 72.1, 74.1, 76.2, 78.1, 80.4, 89.8, 96.6

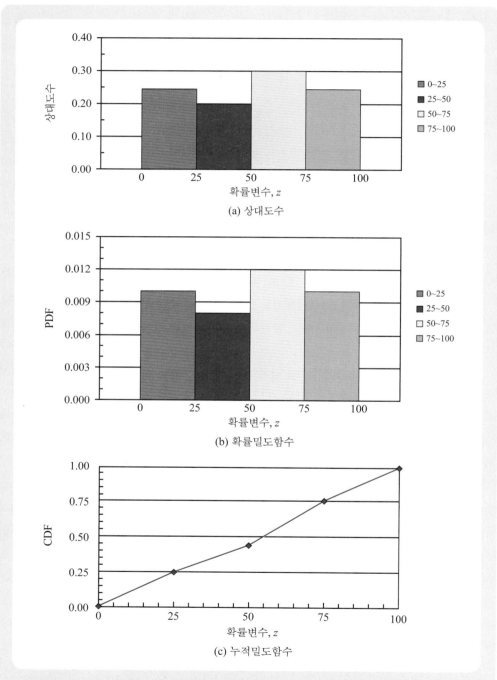

그림 2.15 난수를 이용하여 추출한 20개 자료의 히스토그램과 누적확률함수

4. 2차원 자료의 가시화

2차원 자료를 가시화하기 위한 방법은 매우 다양하며 다음과 같은 방법을 사용할 수 있다.

- 2차원 도수분포표(contingency table)
- 히스토그램
- 산점도(scatter plot)
- 회귀그램(regressogram)
- 2차원 자료의 3차원 도시

    2차원 자료의 경우에도 동일한 원리로 2차원 도수분포표를 작성하고 이를 2차원 히스토그램으로 표시할 수 있다. 자료를 직접 나타낸 산점도나 각 계급의 평균값을 하나의 선분으로 나타낸 회귀그램으로도 나타낼 수 있다.
    ⟨표 2.5⟩의 밀도와 강도의 자료를 회귀그램으로 나타내기 위해서는 먼저 밀도를 일정한 계급으로 나누고 각 계급에 속하는 강도자료를 평균하여 하나의 값으로 나타낸다. 여기서는 시작

표 2.5 밀도와 강도 및 자료(밀도, 강도)

밀도	강도
128	89.6
110	71.3
95	62.9
123	83.4
77	52.7
107	72.0
123	85.5
105	85.3
116	78.4
100	64.9
110	81.7
107	71.6
125	81.0
89	63.1
103	71.7
103	70.6
110	78.4
133	82.8
96	70.0
91	66.9

점은 70, 계급의 크기를 15로 하였다. 〈그림 2.16〉은 〈표 2.5〉 자료의 산점도와 회귀그램을 같이 나타낸 것으로 자료의 전체적인 분포와 각 계급의 평균값을 파악할 수 있다.

2차원 자료는 필요에 따라 3차원으로 나타낼 수 있으며 이를 위해 상용 프로그램을 사용할 수 있다. 상용 프로그램들은 3차원 영상의 확대, 축소는 물론 회전, 이동, 단면도 같은 다양한 기능들을 제공하므로 이를 효과적으로 활용하는 것이 필요하다. 적절한 색상의 조합도 효과적인 가시화를 가능하게 한다.

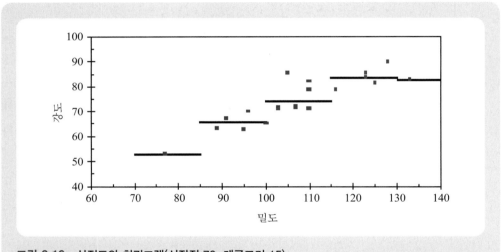

그림 2.16 산점도와 회귀그램(시작점 70, 계급크기 15)

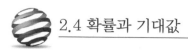 ## 2.4 확률과 기대값

(1) 확률의 정의

독자들의 관심을 모으기 위해 하나의 예를 들어 보자. 정상적인 동전을 던지는 시행을 하면 앞면 또는 뒷면이 나온다. 이와 같은 시행을 N회 반복하면 n번은 앞면이 $N-n$번은 뒷면이 나오고 앞면이 나올 확률은 n/N이 된다.

확률에 대하여 조금만 지식이 있는 사람이라면 동전을 던지는 시행에서 앞면이 나올 확률은 1/2이라는 것을 안다. 실험적 시행에서 얻은 값은 1/2에 매우 근접하겠지만 정확히 1/2은 아닐 것이다. 따라서 "어떠한 값이 이 시행의 참 확률값이고 또 그 차이는 무엇인가?" 하는 질문을 갖게 된다.

동전을 던져 앞면이 나오는 경우를 사건 A라 하자. 동전을 N번 던져서 나오는 앞면의 수 n 번을 이용하여 얻은 확률을 실험적 확률($=n/N$)이라 한다. 정상적인 동전은 앞면과 뒷면이 있고 일어날 가능성이 같다. 따라서 전체 경우의 수를 바탕으로 앞면이 나오는 사건 A의 확률 $p(A)$를 계산하면 1/2이 되며 이를 수학적 확률이라고 한다. 이들 두 확률의 관계는 식 (2.20)과 같다.

$$\lim_{N \to \infty} \left| \frac{n}{N} - p \right| < \varepsilon, \ \varepsilon > o \tag{2.20}$$

사건 A에 대한 시행을 무한히 반복하면 실험적 확률은 수학적 확률과 같은 값을 가진다. 따라서 사건 A에 대한 수학적 확률의 계산이 가능하면 확률 $p(A)$는 수학적 확률값이다. 만약 수학적 확률을 계산할 수 없을 때에는 실험적 확률값을 이용한다.

사건 A에 대한 확률을 정의하는 또 다른 방법은 공리를 이용하는 것이다. 식 (2.21)의 세 조건을 만족하면 이를 사건 A에 대한 확률 $p(A)$로 정의한다.

① $0 \leq p(A) \leq 1$
② $If \ A = U, \ p(A) = 1$
③ $If \ A_i \cap A_j = \phi, \ i \neq j, \ p(A_i \cup A_j) = p(A_i) + p(A_j)$

$\qquad\qquad$ (2.21)

여기서 U는 전체집합이다.

확률의 공리적 정의를 간단히 설명하면 다음과 같다. 사건 A에 대한 확률은 항상 0과 1 사이의 값을 갖고 전체집합에 대한 확률은 1이다. 임의의 두 사건 A_i와 A_j가 공통의 원소가 없는 서로소(mutually exclusive)이면 두 사건의 합집합에 대한 확률은 각각의 확률을 더한 값과 같다.

공리적 정의를 이용하면 임의의 두 사건 A와 B에 대하여 식 (2.22)의 관계식을 유도할 수 있다. 이들은 〈그림 2.17〉과 같은 기하학적 관계를 이용해도 쉽게 설명할 수 있다.

$$p(A \bigcup B) = p(A) + p(B) - p(A \bigcap B)$$
$$p(A^C) = 1 - p(A) \tag{2.22}$$
$$if \ A \subset B, \ p(A) \leq p(B)$$

여기서, A^C는 사건 A의 여집합(complementary set), 즉 전체사건에서 사건 A를 뺀 부분을 의미한다.

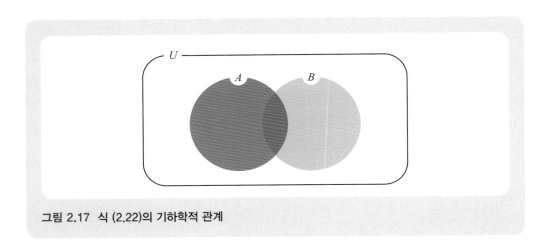

그림 2.17 식 (2.22)의 기하학적 관계

(2) 조건부확률

확률계산에 필요한 중요한 관계식 중 하나가 조건부확률이다. 조건부확률은 사건 A가 일어났다는 조건 하에서 사건 B가 일어날 확률(conditional probability of B given that A has occurred)로 식 (2.23)과 같이 정의된다.

$$p(B \mid A) \equiv \frac{p(A \bigcap B)}{p(A)}, \quad p(A) > 0 \tag{2.23}$$

조건부확률은 다음과 같이 다양한 확률계산에 이용된다.

■ 곱사건의 계산

- 독립사건(independent event)의 판정
- 전확률공식(law of total probability)
- 베이어스 정리(Bayes' theorem)

조건부확률의 정의로부터 두 사건의 곱사건은 식 (2.24)로 계산되며 이는 독립사건과 종속사건에 상관없이 항상 성립한다.

$$p(A \bigcap B) = p(B \mid A) \cdot p(A)$$
$$p(A \bigcap B) = p(A \mid B) \cdot p(B)$$
(2.24)

조건부확률의 중요한 적용 중 하나는 주어진 사건이 독립사건인지 종속사건인지를 판단하는 것이다. 사건 B가 일어난 경우에 A가 일어날 확률(즉 A의 조건부확률)이 단순히 A가 일어날 확률과 같을 때 A와 B를 독립사건이라 정의한다. 이 경우 사건 B가 일어났다고 하더라도 사건 A가 일어날 확률은 변화가 없다.

독립사건은 식 (2.25a)와 같이 정의되며 두 사건이 독립이면 그 정의로부터 곱사건은 식 (2.25b)로 표현된다. 식 (2.25b)는 여러 독립사건의 곱사건 계산에 긴요하게 사용된다.

$$p(A \mid B) = p(A)$$
(2.25a)

$$p(A \bigcap B) = p(A) \cdot p(B)$$
(2.25b)

독립사건이 아닌 경우를 종속사건이라 하며, 사건 A가 일어난 경우와 일어나지 않은 경우에 따라 사건 B가 일어날 확률이 달라진다. 독립사건의 대표적인 예는 복원추출(sampling with replacement)이며 동전과 주사위를 이용한 여러 시행도 독립시행과 독립사건의 좋은 예이다. 종속사건의 대표적인 예는 서로 다른 색의 구슬이 들어있는 주머니에서 먼저 꺼낸 구슬을 다시 집어넣지 않고 다음 구슬을 추출하는 비복원추출이다.

〈그림 2.18〉과 같이 전체집합 U가 각각 서로소인 $A_i(i = 1, n)$로 이루어졌을 때, 사건 B와 A_i의 교집합은 A_i에 대한 B의 조건부확률에 실제 A_i가 일어날 확률을 곱하면 된다. 따라서 사건 B에 대한 확률은 모든 A_i와의 교집합 확률을 더하면 된다. 이를 간단히 나타내면 식 (2.26)의 전확률공식으로 표현된다.

$$p(B) = p(B \mid A_1)p(A_1) + p(B \mid A_2)p(A_2) + \cdots\cdots + p(B \mid A_n)p(A_n)$$
$$= \sum_{i=1}^{n} p(B \mid A_i)p(A_i)$$
(2.26)

여기서 $A_i \bigcap A_j = \phi, \ if \ i \neq j, \ U = A_1 \bigcup A_2 \bigcup A_3 \bigcup \cdots\cdots \bigcup A_n, \ p(A_i) \neq 0$

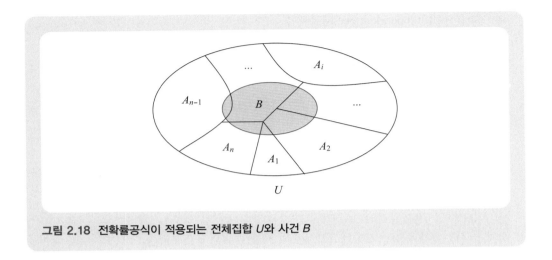

그림 2.18 전확률공식이 적용되는 전체집합 U와 사건 B

전확률공식을 이용하면, 사건 B가 일어났을 때 A_k가 일어날 조건부확률을 식 (2.27)로 나타낼 수 있으며, 이를 베이어스 정리라고 한다.

$$p(A_k \mid B) = \frac{p(A_k \cap B)}{p(B)} = \frac{p(B \mid A_k) \cdot p(A_k)}{\sum p(B \mid A_i) \cdot p(A_i)} \tag{2.27}$$

독자 중에서 혹 "우리는 왜 위의 복잡한 관계식을 배우는가?"라는 질문을 할 수도 있을 것이다. 저자도 확률에 대한 여러 내용과 관련 수식을 배울 때 동일한 질문을 가졌었다. 이에 대한 대답은 아주 간단하다. 우리가 관심 있는 사건에 대한 정보는 정확히 알려져 있는 경우도 있지만 대부분 다른 사건과의 관계 속에서(예 : 합사건, 곱사건, 조건부사건 등) 주어진다. 따라서 원하는 정보를 얻기 위해서는 상관관계를 정확히 알아야 한다. 아래 예제는 그 좋은 예이다.

| **예제 2.2** | 어떤 대학의 에너지자원공학과 학생의 30%는 1학년이고, 25%는 2학년이고, 25%는 3학년이고, 20%는 4학년 학생이라고 하자. 1학년의 10%, 2학년의 55%, 3학년의 15%, 4학년의 4%가 공학수학 수강생이라 하자. 학부학생 중 한 명을 임의로 추출하였을 때 그 학생이 공학수학 수강생일 확률을 구하라.

위의 예제를 풀기 위해 필요한 정보는 전체 학생수와 그 중에서 공학수학을 신청한 학생수이다. 100명의 학생 중에서 20명이 공학수학을 신청하였다고 가정하면, 한 학생을 임의로 추출하였을 때 공학수학을 신청했을 가능성은 단순히 20/100, 즉 0.2이다. 하지만 이와 같은 자료는

주어지지 않았고 이들의 관련 정보만 있다.

뽑힌 학생이 1학년일 사건을 A_1, 2학년일 사건을 A_2, 3학년일 사건을 A_3, 4학년일 사건을 A_4라 하고, 공학수학을 신청한 학생을 B라 하자. 각 사건 A_1, A_2, A_3, A_4는 서로 배반사건이고 이들의 합집합은 전체집합이다. 식 (2.26)의 전확률공식으로 공학수학을 신청한 학생인 사건의 확률 $p(B)$를 아래와 같이 구하면 0.213이다.

$$p(B) = p(B|A_1)p(A_1) + p(B|A_2)p(A_2) + p(B|A_3)p(A_3) + p(B|A_4)p(A_4)$$
$$= 0.1 \times 0.3 + 0.55 \times 0.25 + 0.15 \times 0.25 + 0.04 \times 0.2 = 0.213$$

위의 예제는 전확률공식을 배우지 않은 독자들도 기본적인 상식으로 계산할 수 있다. 모든 정보가 비율로 주어졌으므로 전체학생의 정확한 수는 큰 의미가 없다. 따라서 전체 학생수를 100명이라고 가정하면 1학년은 30명, 2학년은 25명, 3학년은 25명, 나머지는 4학년이며 주어진 정보가 없다고 가정해도 전체의 20%인 20명이다. 1학년의 10%가 공학수학을 신청했으므로 3명, 2학년은 13.75명이 공학수학을 신청했다. 동일한 방법으로 다른 학년에 대하여 계산하면 100명 기준으로 총 21.3명이 공학수학을 신청했다. 따라서 한 학생을 임의추출하였을 때 공학수학을 신청할 확률은 0.213이다.

여기서 강조하고자 하는 중요한 요점은 우리가 알고 있는 합리적인 상식과 계산이 확률과 통계에 사용되는 수식보다 우선한다는 것이다. 아무리 복잡하고 화려한 수식을 활용하여 얻은 결과라 할지라도 그 값이 비록 모든 인자를 다 고려하지는 않았지만 합리적인 논리를 바탕으로 구한 답과 큰 차이가 있다면 그 결과를 신뢰하기 어렵다. 하지만 이것이 확률과 통계 그리고 지구통계학을 공부할 필요가 없다는 뜻은 아니다.

오히려 합리적인 계산을 효율적이고 정확하게 하기 위해서는 더 많은 학습과 훈련이 필요하다. 위에서 임의로 학생 100명을 기준으로 계산한 과정이 사실은 식 (2.26)의 전확률공식을 그대로 따르고 있다. 더 정확히 표현하면 위에서 기술한 논리적 과정이 전확률공식으로 표현되었다.

| **예제 2.3** | 통계적으로 John은 문제의 85%는 정답을 알고 있다. John이 사지선다형 문제를 맞추었을 때, John이 실제로 이 문제의 정답을 알고 맞추었을 확률을 구하라.

〈예제 2.3〉은 베이어스 정리를 적용할 수 있는 전형적인 예이다. 문제의 답을 알고 있는 경우를 A_1, 답을 모르고 있는 경우를 A_2라 하고 답을 맞춘 경우를 B라고 하자. 문제에서 요구하는 조건부확률 $p(A_1|B)$는 식 (2.27)을 이용하여 구한다. 답을 맞춘 확률 $p(B)$는 전확률공식을 이용한다.

아래 내용은 확률과 통계와는 상관이 없다고 말하는 독자들도 있겠지만 휴식하는 기분으로 마음을 열고 읽어주길 바란다. 저자가 아래와 같은 주장을 한다면 믿는 독자가 과연 얼마나 될까?

오랜 옛날 지구상에는 철성분(Fe)이 있었고 특히 고체상태나 해수 속에 있던 철성분이 침전되어 해저면에 모여 뭉쳐졌다. 철덩이로 뭉쳐지는 과정에서 해류유동과 자체의 이동으로 인한 저항을 적게 받도록 모양이 점차 유선형으로 변화되었다. 아주 오랜 시간이 경과되면서 일부분은 침식되거나 부식되어 철덩이 속이 비어졌다. 해수 속에 녹아 있는 공기나 해저면 지층으로부터 분출되는 가스가 철덩이 속의 빈공간으로 들어가면서 부력이 증가되고 철덩이는 해류를 따라 이동할 수 있게 되었을 것이다. 철덩이의 이동으로 인한 충돌, 파손, 합체가 오랜 시간 동안 계속되면서 우연히 내부에 엔진이 생성되고 자체 추진력으로 실제적인 이동도 가능하게 되었을 것이다. 이렇게 환경에 잘 적응한 철덩이는 아마도(probably) 배로 진화되었을 것이다. 어부들이 사는 곳에서는 어선으로, 경치가 좋은 곳에서는 요트로, 사람의 이동이 많은 곳에서는 여객선으로, 정치적으로 불안하거나 전쟁이 있는 곳에서는 군함으로 진화한 것을 사람이 발견하여 사용하기 시작하여 오늘날과 같이 되었다.

위의 이야기를 믿는 독자는 아마도 한 명도 없을 것이다. 그러나 어려서부터 이야기, 동화책, 만화영화, 그리고 무엇보다도 초등학교에서 가르치면 위의 이야기를 믿는 어린이의 수는 생각보다 많을 것이다.

생명의 기원에 대한 사람들의 의견(좀 더 정확하게 표현하면 신념)은 세 가지로 나눌 수 있다: 생명은 아마도 진화했을 것이다(Life may probably evolve); 생명은 진화했다(Life evolved); 생명은 창조되었다(Life is created). 많은 사람들은 첫 번째 주장의 내용과 한계를 정확하게 인식하지 못한 상황에서 진화론의 가설(hypothesis)(또는 주장)을 사실(fact)로 받아들여 두 번째의 신념(faith)을 가지고 있다.

현재 우리의 과학수준과 지식수준으로는 명확한 대답을 줄 수 없다. 논리적이고 확률적으로도 유의미한 가능성이 있으며 자연현상에서나 실험을 통해 관측이 가능한 생명기원에 대한 패러다임이 필요하다. 아래와 같은 현상이 일어날 확률을 계산해보라.

① 자동차를 '최소 부품단위'로 분해하면 3만 개 정도가 된다고 한다. 이들 부품들이 모두

모여 있는 부품보관소에서 (강한) 바람에 의해 부품이 움직여 서로 합체가 가능하다고 가정하자. 한 대의 자동차가 만들어질 확률을 계산하라. 각 부품이 바른 위치에 합체될 확률을 본인의 논리에 근거하여 결정하라. 만약 5분에 한 번씩 충분히 강한 바람이 분다면, 당신이 계산한 확률을 바탕으로 한 대의 자동차가 우연히 만들어지는 데 필요한 시간을 계산하라. 각 부품도 구성물질로부터 우연히 만들어진다고 가정할 때 동일한 계산을 반복하라.

② 사람몸을 이루고 있는 세포는 매우 다양하고 그 개수가 많기 때문에 정확하게 알기 어렵지만 약 60조 개로 예상한다. 단세포 생물이 사람으로 진화할 확률을 계산하라. 각 단세포가 결합하여 정상적인 다세포 생물이 될 확률과 뼈가 구성될 확률을 본인의 논리에 근거하여 결정하라. 당신이 계산한 확률을 바탕으로 한 명의 남자가 우연히 만들어지는 데 필요한 시간을 계산하라. 또한 한 명의 여자가 우연히 만들어지는 데 필요한 시간을 계산하라.

③ 단세포 생물은 단백질 500개로 구성되어 있고 하나의 단백질은 아미노산 400개의 배열로 구성되었다고 가정하자. 우연한 자연현상에 의해 2초에 1개의 아미노산이 생성된다고 가정할 때, 단백질 500개가 구성될 확률을 계산하라. 각 단백질은 특정한 아미노산 배열을 가지고 있음을 유의해야 한다. 계산된 확률을 바탕으로 우연히 하나의 단세포 생물이 만들어지는 데 필요한 시간을 계산하라.

④ 오랜 시간을 걸쳐 단백질 500개가 형성되어 우연히 한 곳에 모였을 때, 무생물인 단백질 덩어리가 생명체가 될 확률을 계산하라. 우연히 모인 단백질 집합체가 핵산(DNA) 속에 필요한 유전정보를 (사람의 경우 약 50억 유전정보로 예상) 갖게 될 확률을 계산하라. 새로운 생명체가, 단백질 덩어리가 모여 생명체를 만드는 이전방식과는 달리, 새로운 생식질서로 자손을 만들 수 있는 확률을 평가하라. 새로운 생식질서를 위해 필요한 요소는 무엇인가?

⑤ 우주비행이 가능한 현대과학시대에서도 이미 존재하는 생명체를 이용하지 않고는, 즉 우연이 아니라 최선의 노력과 조건으로도 가장 단순한 생명체도 만들 수 없는 이유는 무엇인가? 필요한 유전정보와 단백질 구조를 고려하면 언급한 가장 단순한 생명체와 우주왕복선 중 어느 것이 더 복잡하고 만들기 어렵다고 생각하며 그 이유는 무엇인가?

    답을 알고 있을 때는 답을 맞추는 것으로 가정하였고 답을 모를 때에는 보기의 개수에 의해 답을 맞출 확률을 25%로 가정하였다. 아래와 같이 계산하면 John이 답을 맞추었을 때 알고 맞추었을 확률은 95.8%이다. John이 모르고도 행운으로 답을 맞추었을 확률이 4.2%이므로 학생들은 겸손한 마음으로 열심히 공부하길 바란다.

$$p(A_1|B) = \frac{p(A_1 \cap B)}{p(B)} = \frac{p(B|A_1)p(A_1)}{p(B|A_1)p(A_1) + p(B|A_2)p(A_2)} = \frac{1 \times 0.85}{1 \times 0.85 + 0.25 \times 0.15} = 0.958$$

(3) 기대값

한 번의 시행으로 아래와 같은 수익이 예상되는 두 가지 게임을 가정하자. 이 시행을 한 번 시행할 때 기대되는 수익은 얼마인가? 당신은 100달러를 투자하고 이 게임을 시도할 것인가? 위험을 감수하는 선호도에 따라 다르지만 당신의 결정은 당신이 얻게 되는 예상수입, 즉 기대값에 근거할 것이다. 수학적으로 각 경우에 해당 확률을 곱하여 전체를 더하거나 무한히 반복시행하여 그 결과를 평균하면 예상수입을 계산할 수 있다.

게임 1

수입($)	50	140
확률(p)	0.4	0.6

게임 2

수입($)	0	200
확률(p)	0.5	0.5

    이산 및 연속 확률변수 z에 대한 기대값(expectation)은 식 (2.28)과 같이 정의되며 이를 이용하면 식 (2.29)의 여러 성질들을 쉽게 유도할 수 있다.

$$E(z) = \begin{cases} \sum_{all\ z} z p(z), \text{ 이산 확률변수 } z \\ \int_{-\infty}^{\infty} z f(z) dz, \text{ 연속 확률변수 } z \end{cases} \tag{2.28}$$

여기서 $p(z)$는 이산확률, $f(z)$는 확률밀도함수이다.

    상수 a와 b와 확률변수 z에 대하여,

$$\begin{aligned} E(a) &= a \\ E(a+bz) &= a + bE(z) \\ E(az_1 + bz_2) &= aE(z_1) + bE(z_2) \end{aligned} \tag{2.29}$$

식 (2.28)로 정의된 기대값의 가장 중요한 성질은 선형운영자(linear operator)라는 것이다. 식 (2.29)를 한 마디로 요약하면 '기대값은 선형운영자'이다. 기대값을 사용하여 우리는 확률과 통계에서 중요한 많은 용어들을 정의하고 그 성질을 증명할 수 있다.

분산은 식 (2.30a)로 정의되며 기대값의 선형성을 이용하면 식 (2.30b)의 관계식을 얻는다. 이는 이산 및 연속 확률변수에 대하여 유효하다. 또한 기대값의 성질을 이용하면 식 (2.31)에 주어진 분산의 중요한 성질들을 증명할 수 있다.

$$Var(z) = \int_{-\infty}^{\infty} (z - \mu)^2 f(z)dz, \quad \mu = E(z) \tag{2.30a}$$

$$\sigma^2 = E[(z - \mu)^2] = E[z^2 - 2\mu z + \mu^2] = E(z^2) - \mu^2 \tag{2.30b}$$

상수 a, b와 확률변수 z에 대하여,

$$\begin{aligned} Var(a) &= 0 \\ Var(az + b) &= a^2 Var(z) \end{aligned} \tag{2.31}$$

이산 및 연속 확률분포의 경우 k번째 중심모멘트와 비중심모멘트를 기대값을 이용하여 각각 식 (2.32a)와 식 (2.32b)와 같이 정의한다. 이들은 제2장에서 소개된 왜도, 첨도 및 통계학의 여러 용어 정의에 사용된다.

$$\mu'_k = E[(z - \mu)^k] \tag{2.32a}$$

$$\mu_k = E[z^k] \tag{2.32b}$$

k번째 모멘트가 특별한 물리적 의미를 갖는 것은 아니다. 단지 첫 번째 비중심모멘트는 평균이고 두 번째 중심모멘트는 분산이다.

(4) 결합확률분포

지금까지는 하나의 확률변수에 대한 설명이었다. 만약 확률변수 u가 또 다른 확률변수 v와 서로 관계를 가지고 있을 때 결합되었다고 말하고 두 변수에 대한 확률을 결합확률이라고 한다. 주사위를 던져 상금을 정하는 게임에서 확률변수 u와 v를 다음과 같이 정의된 상금이라고 하면 〈표 2.6〉과 같은 결합확률분포를 얻는다.

u : 주사위의 눈에 100을 곱한 값이 상금(달러)

v : 주사위 눈이 홀수이면 100달러, 짝수이면 200달러 상금

표 2.6 상금 *u*, *v*에 대한 결합확률분포

v＼u	100	200	300	400	500	600	합계
100	1/6	0	1/6	0	1/6	0	1/2
200	0	1/6	0	1/6	0	1/6	1/2
합계	1/6	1/6	1/6	1/6	1/6	1/6	1.0

확률변수 *u*와 *v*가 표본공간 *S*에서 정의될 때, 이산확률변수의 **결합확률질량함수**(joint probability mass function) *p*(*u*, *v*)는 식 (2.33a)로 임의의 구간 *A*에 속할 확률은 식 (2.33b)로 정의된다. 연속확률변수의 결합확률은 식 (2.34)와 같이 정의된다.

$$p(u,v) = p(U = u, \ V = v) \tag{2.33a}$$

$$p[(u,v) \in A] = \sum \sum_{(u,v) \in A} p(u,v), \text{이산 확률변수 } u, v \tag{2.33b}$$

$$p[(u,v) \in A] = \iint_A f(u,v)dudv, \text{ 연속 확률변수 } u, v \tag{2.34}$$

여기서 *f*(*u*, *v*)는 결합확률밀도함수이며, 〈그림 2.19〉와 같이 나타낼 수 있다. 결합확률밀도함수의 특징은 식 (2.35)와 같다.

$$f(u,v) \geq 0$$
$$p(a \leq u \leq b, \ c \leq v \leq d) = \int_a^b \int_c^d f(u,v)dvdu \tag{2.35}$$
$$\iint_{-\infty}^{\infty} f(u,v)dudv = 1$$

확률변수 *u*가 주어진 값(또는 구간)을 가질 수 있는 모든 확률을 *u*의 **주변확률밀도함수** (marginal probability density function of *u*)라 하며 식 (2.36a)로 정의된다. 동일한 방법으로 *v*의 주변확률밀도함수는 식 (2.36b)와 같다. 주변확률밀도함수를 이용하여 *u*가 주어졌을 때 *v*가 일어날 수 있는 결합확률분포의 조건부확률 확률밀도함수는 식 (2.37)로 정의된다.

$$f_U(u) = \int_{-\infty}^{\infty} f(u,v)dv \tag{2.36a}$$

$$f_V(v) = \int_{-\infty}^{\infty} f(u,v)du \tag{2.36b}$$

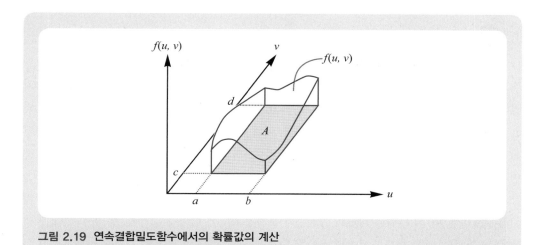

그림 2.19 연속결합밀도함수에서의 확률값의 계산

$$f_{V|U}(v|u) = \frac{f(u,v)}{f_U(u)} \tag{2.37}$$

결합확률분포의 누적확률은 식 (2.38)로 정의되며 식 (2.39)에 요약된 특성을 그 정의로부터 증명할 수 있다.

$$F(u,v) = p(U \le u, V \le v) = \int_{-\infty}^{u}\int_{-\infty}^{v} f(u,v)dvdu \tag{2.38}$$

$$\begin{aligned} F(-\infty,-\infty) &= 0 \\ F(-\infty,v) &= 0 \\ F(u,-\infty) &= 0 \\ F(\infty,\infty) &= 1 \end{aligned} \tag{2.39}$$

결합확률분포의 기대값은 식 (2.40)으로 정의되며 동일하게 선형운영자가 된다. 따라서 선형운영자가 가지는 모든 성질이 여기서도 성립한다.

$$E[g(u,v)] = \int_{-\infty}^{\infty}\int_{-\infty}^{\infty} g(u,v)f(u,v)dudv \tag{2.40}$$

2.5 공분산과 상관계수

직교좌표계에 의하여 나누어지는 각 사분면은 〈그림 2.20〉에서 보는 바와 같이 각각 그 특징이 있다. 보편적으로 사용되는 변수 x와 y 대신에 u, v가 사용되었음을 유의하기 바란다. I 사분면은 변수 u와 v의 값이 모두 0보다 큰 부분이다. 이와 같이 u와 v의 부호를 이용하여 모든 사분면의 특징을 기술할 수 있다. 또 I 과 II사분면은 변수 v의 값이 0보다 큰 부분이다. 그러면 I 사분면과 III사분면의 공통된 특징은 무엇인가? 그것은 바로 변수 u와 v의 부호가 같다는 것이다.

변수 u가 증가할 때 v도 증가한다는 것은 그 값들이 I 사분면과 III사분면에 존재한다는 것이다. 〈그림 2.20〉에 나타난 자료와 같이 u가 증감할 때 v가 얼마나 증감하는지를 나타내는 선형(또는 상관)관계는 각각의 자료에 대하여 평균값만큼 좌표축을 이동한 새로운 좌표축에서 이들 자료가 I 사분면과 III사분면에 선형적으로 분포하는 정도이다. 선형관계가 있는 경우는 두 변수값의 부호가 같기 때문에 두 값을 곱하면 항상 양이 된다.

확률변수 u의 증감에 따른 확률변수 v의 증감의 방향과 정도를 정규화하여 나타낸 것을 상관계수(correlation coefficient)라고 하며, 식 (2.41)로 정의된다. 정규화 없이 상관정도를 나타낸 것이 공분산(covariance)이며 식 (2.42)로 정의된다.

$$Corr(u,v) = E\left[\left(\frac{u-\mu_u}{\sigma_u}\right)\left(\frac{v-\mu_v}{\sigma_v}\right)\right] = \rho(u,v) \qquad (2.41)$$

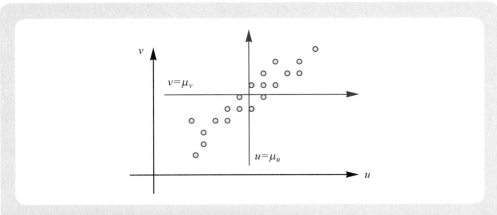

그림 2.20 초기 좌표축과 평균값만큼 좌표축이 이동된 경우

$$Cov(u,v) = E[(u - \mu_u)(v - \mu_v)] \tag{2.42}$$

식 (2.41)과 식 (2.42)에서 명확히 알 수 있듯이, 상관계수와 공분산은 식 (2.43)의 관계가 있고 기대값의 성질을 이용하면 공분산 계산에 필요한 식 (2.44)를 유도할 수 있다. 〈표 2.5〉의 자료를 이용하여 식 (2.44)로부터 공분산을 계산하면 113.6을 얻는다. 식 (2.42)를 사용해도 동일한 결과를 얻지만 실제 계산량이 많다. 하지만 공분산 자체만 가지고는 두 변수가 얼마나 상관관계가 있는지 알기 어렵기 때문에 식 (2.41)의 상관계수를 계산하면 0.8857이다. 이는 〈그림 2.16〉에서 보듯이 양호한 상관관계를 의미한다.

$$Corr(u,v) = \frac{Cov(u,v)}{\sigma_u \sigma_v}, \quad Cov(u,v) = \sigma_u \sigma_v Corr(u,v) \tag{2.43}$$

$$Cov(u,v) = E(uv) - E(u)E(v) \tag{2.44}$$

표본자료 u, v의 표본 공분산과 상관계수는 다음과 같이 정의된다.

$$Cov(u,v) = \frac{1}{n-1} \sum_{i=1}^{n} (u_i - \overline{u})(v_i - \overline{v})$$

$$Corr(u,v) = \frac{1}{n-1} \sum_{i=1}^{n} \left(\frac{u_i - \overline{u}}{s_u} \right) \left(\frac{v_i - \overline{v}}{s_v} \right)$$

여기서 s는 식 (2.14b)로 정의되는 표본의 표준편차이다.

식 (2.42)와 (2.44)로 표시되는 공분산은 분산의 일반식으로 두 변수가 같으면 분산이 된다. 분산은 그 정의에서 알 수 있듯이, 모든 자료가 상수로 일정한 경우를 제외하고는 (이때는 물론 0의 값을 가짐) 항상 양의 값을 가지지만 공분산은 양, 음, 또는 0의 값을 가진다.

두 변수가 동일한 방향으로 증감하면 양의 공분산을 그 반대인 경우는 음의 값을 가진다. 두 변수가 아무런 선형관계가 없는 경우는 0의 공분산을 갖는다. 공분산의 단위는 각 변수단위의 곱을 갖지만 단순히 'u-v'의 단위로 나타낸다. 즉, 무게(g)와 길이(cm)를 나타내는 두 변수의 공분산을 구했다면 단위는 'g-cm'가 된다.

식 (2.42)로 표시되는 공분산의 정의나 식 (2.44)로 표시되는 편리한 관계식을 이용하면 상수 a, b와 변수 u, v에 대하여 식 (2.45)의 공분산 성질들을 증명할 수 있다. 공분산은 교환법칙이 성립하며 변수와 상수 간의 공분산은 항상 0이다. 임의의 변수를 상수배 한 후의 공분산은 공분산에 상수배 한 것과 같으며 변수의 평행이동은 공분산에 아무런 영향을 미치지 않는다.

$$Cov(u,v) = Cov(v,u)$$
$$Cov(a,u) = 0$$
$$Cov(au,bv) = abCov(u,v)$$
$$Cov(u+a,v+b) = Cov(u,v)$$

(2.45)

위의 공분산의 성질을 이용하면 상관계수가 상수 a, b, c, d에 대하여 다음과 같은 특징을 가짐을 증명할 수 있다.

$$Corr(au+b,cv+d) = \begin{cases} Corr(u,v), & if \quad ac > 0 \\ -Corr(u,v), & if \quad ac < 0 \end{cases}$$

$$Corr(u,au+b) = \begin{cases} 1, & if \quad a > 0 \\ -1, & if \quad a < 0 \end{cases}$$

(2.46)

식 (2.46)으로부터 알 수 있는 중요한 점은 주어진 자료에 대하여 임의로 확대 및 축소하거나 좌표축을 이동시켜도 그 상관계수의 절대값은 변하지 않는다는 것이다. 두 변수가 양의 선형관계에 있을 때는(즉, $v = au + b, a > 0$) 상관계수가 1이고 음의 선형관계에 있으면 -1의 값을 갖는다. 상관계수는 -1에서 1 사이의 값을 갖는다.

확률변수 u와 v가 서로 독립인 경우는 식 (2.47)로 정의된다. 이는 독립인 두 변수의 결합확률분포 $f(u, v)$가 각각의 주변확률함수의 곱의 형태로 나타나는 식에서도 이해할 수 있다. 두 변수가 서로 독립이면 공분산은 0이 되며 상관관계가 전혀 없으므로 상관계수도 0이 된다.

$$E(uv) = E(u)E(v)$$

(2.47)

2.6 확률분포함수

통계학에서 많은 자료를 수집하고 분석하는 중요한 이유 중 하나는 확률분포함수를 파악하기 위함이다. 왜냐하면 확률변수의 분포함수를 알면 그 특성을 완전히 알고 모집단에 대한 추정도 쉽게 이루어지기 때문이다. 따라서 지구통계학과 관련하여 자주 사용되는 확률분포함수에 대하여 정의와 특성을 아는 것이 중요하다.

(1) 균일분포

균일분포는 확률변수가 가질 수 있는 전 영역에서 균일한 확률을 가지고 그 외의 영역에서는 0의 값을 가지는 분포(그림 2.21)이다. 확률밀도함수는 식 (2.48)로 표현되고 이를 적분한 누적확률함수는 식 (2.49)와 같다. 균일분포는 가장 간단한 확률분포로서 이를 정의하기 위해서는 오직 최대값과 최소값의 2개 인자만 필요하다.

균일분포는 주어진 대상에 대하여 변수가 가질 수 있는 범위의 한계(즉, 최대값과 최소값) 외에 아무런 정보가 없을 때 사용된다. 변수의 범위는 물리적 또는 수학적 한계나 이제까지의 경험으로 알려진 값에 의해 설정될 수 있다. 복잡한 분포를 가지는 확률변수에 제한적인 자료가 주어졌을 때에도 균일분포로 단순화하여 적용할 수 있다.

$$f(z;a,b) = \begin{cases} \dfrac{1}{b-a}, & if \ a \leq z \leq b \\ 0, & otherwise \end{cases} \tag{2.48}$$

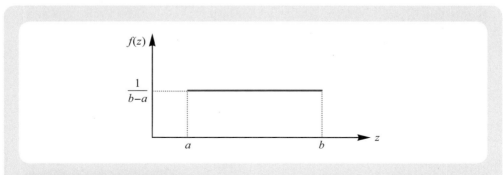

그림 2.21 균일분포의 확률밀도함수

$$F(z;a,b) = \begin{cases} 0, & if \ z < a \\ \dfrac{z-a}{b-a}, & if \ a \le z \le b \\ 1, & if \ z > b \end{cases} \tag{2.49}$$

여기서 a와 b는 상수로 각각 확률변수가 가질 수 있는 최소값과 최대값이다.

균일분포의 평균과 분산은 다음과 같다.

$$E(z) = \frac{a+b}{2}$$

$$Var(z) = \frac{(b-a)^2}{12}$$

(2) 삼각분포

삼각분포(그림 2.22)는 식 (2.50)과 같이 정의되며 자료의 범위와 함께 일어날 가능성이 가장 큰 값을 알고 있을 때 사용될 수 있다. 균일분포와 같이 특별한 사전 정보나 분포에 대한 정보는 없지만 전체구간 중에서 최빈값을 알 때 사용하며 다른 복잡한 분포의 근사식으로도 잘 활용될 수 있다. 확률변수가 취할 수 있는 범위를 최빈값 전후로 나누어서 삼각분포의 밀도함수를 적분하여 누적확률함수를 얻는다.

$$f(z;a,b,c) = \begin{cases} \dfrac{2}{b-a}\left(\dfrac{z-a}{c-a}\right), & if \ a \le z \le c \\ \dfrac{2}{b-a}\left(\dfrac{b-z}{b-c}\right), & if \ c < z \le b \\ 0, & otherwise \end{cases} \tag{2.50}$$

여기서 a와 b는 각각 확률변수 z의 최소값과 최대값이며, c는 최빈값이다.

삼각분포의 평균과 분산은 다음과 같다.

$$E(z) = \frac{a+b+c}{3}$$

$$Var(z) = \frac{(b-a)^2 + (a-c)(b-c)}{18}$$

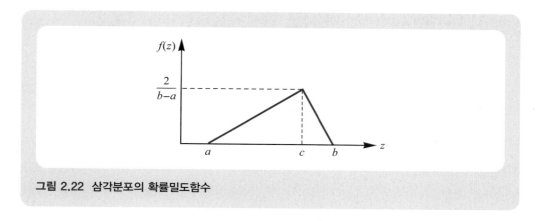

그림 2.22 삼각분포의 확률밀도함수

(3) 지수분포

많은 자연현상은 외부에서 주어지는 입력이 없어지거나 입력지점으로부터 거리(또는 시간)가 멀어지면 그 반응이 점차 감소하는 특징을 보인다. 이와 같은 현상을 기술하기에 적절한 분포가 지수분포이며 확률밀도함수는 식 (2.51)로 CDF는 식 (2.52)로 정의된다. 지수분포는 감마분포의 특수한 경우로서 연속적인 사건이 일어나는 시간간격분포나 장비의 수명 모델링에 적용된다.

지수분포는 수식이 간단하여 수학적 조작이 쉬우며 평균과 표준편차가 $1/a$로 같은 특성이 있다. 식 (2.51)에서 알 수 있듯이 확률밀도함수는 $z=0$일 때 a의 값을 가지고 z가 증가할수록 감소하는데 a가 클수록 빨리 감소한다(그림 2.23).

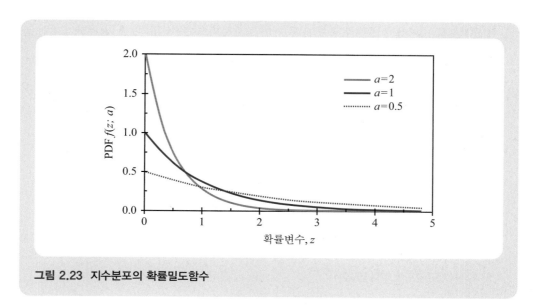

그림 2.23 지수분포의 확률밀도함수

$$f(z;a) = \begin{cases} 0, & if\ z < 0 \\ ae^{-az}, & if\ z \geq 0,\ a > 0 \end{cases} \tag{2.51}$$

$$F(z;a) = \begin{cases} 0, & if\ z < 0 \\ 1 - e^{-az}, & if\ z \geq 0 \end{cases} \tag{2.52}$$

(4) 정규분포

정규분포(normal distribution)는 가우스(Gauss, 1777~1855)가 물리학 실험에서 확률분포를 연구하는 과정에서 발견되었다. 초기 물리학 관련 여러 실험에서 관측된 오차는 임의성이 갖는 특성으로 인하여 대부분 '정규적인' 분포를 나타내게 되었고 이것이 다른 분포를 판단하는 기준이 되면서 정규분포로 불려졌다. 가장 많이 사용되는 분포 중 하나로 가우스분포라고도 한다.

이 글을 읽고 있는 독자나 통계학을 이미 공부한 여러분은 정규분포의 정의를 말할 수 있는가? 정규분포의 정의를 물으면 정의에 대한 답변보다는 대부분 정규분포의 특징을 나열한다. 따라서 여기서 그 정의를 분명히 하고자 한다. 정규분포란 평균이 μ이고 분산이 σ^2인 확률변수 z가 식 (2.53)과 같은 확률밀도함수를 따르는 분포(그림 2.24)이다.

$$f(z;\mu,\sigma) = \frac{1}{\sqrt{2\pi}\sigma} e^{-\frac{1}{2}\left(\frac{z-\mu}{\sigma}\right)^2}, \quad -\infty < z < \infty \tag{2.53}$$

여기서 μ는 평균이고 σ는 표준편차이다.

정규분포를 정의하는 데는 오직 인자 두 개만 필요하며, 그들이 표본분포와 가장 밀접한 관

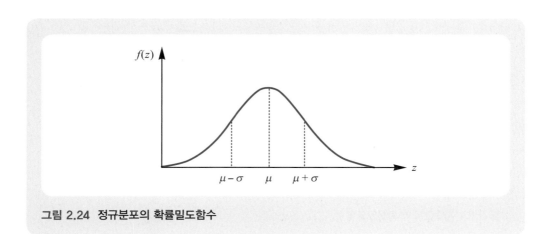

그림 2.24 정규분포의 확률밀도함수

계가 있는 평균과 표준편차이다. 확률변수 z가 식 (2.53)으로 표현되는 정규분포를 따를 때 평균 μ와 분산 σ^2을 갖는다. 이를 간단히 $z \sim N(\mu, \sigma^2)$으로 표현한다. 정규분포는 대칭분포를 이루며 하나의 최빈값(unimodal)을 갖는다. 따라서 변수의 평균, 중앙값, 최빈값이 모두 일치한다.

정규분포 중에서 평균이 0이고 표준편차가 1인 경우를 **표준정규분포**(standard normal distribution)라 하며 식 (2.53)으로부터 다음과 같은 간단한 형태로 표시된다. 이를 간단히 $z \sim N(0, 1)$로 표시하며 식 (2.54)는 $z = 0$ 축을 중심으로 대칭이다.

$$f(z; 0, 1) = \frac{1}{\sqrt{2\pi}} e^{-\frac{1}{2}z^2}, \quad -\infty < z < \infty \tag{2.54}$$

확률변수 $z*$가 평균이 μ이고 표준편차가 σ인 정규분포를 따른다면 아래의 관계식으로 표준정규분포로 변환시킬 수 있다. 확률변수 $z*$는 식 (2.53)으로 주어진 확률분포 $f(z*; \mu, \sigma)$를 따르고 z는 아래에 주어진 변환에 의해 식 (2.54)의 표준정규분포 $f(z; 0, 1)$를 따른다. 기대값과 분산의 성질을 이용하여 다음의 확률변수 z의 평균과 분산을 구해보면 그 관계를 쉽게 알 수 있다.

$$z = \frac{z* - \mu}{\sigma}$$

표준정규분포의 확률밀도함수를 적분하여 얻은 누적밀도함수는 식 (2.55)로 표현된다. 식 (2.55)의 적분은 이론적 계산이 어려워 수치적분을 이용하거나 수치적분으로 얻은 값을 정리한 계산표(부록 II 참조)를 사용한다. 표준정규분포는 $z = 0$ 중심으로 축 대칭이므로 확률변수 z의 값이 음수나 양수인 경우만 주어져도 전 영역에서의 누적확률값을 계산할 수 있다.

$$F(z) = \int_{-\infty}^{z} f(z)dz \tag{2.55}$$

모든 정규분포의 확률계산은 표준정규분포로 환산하여 계산되며 평균과 표준편차가 각각 μ, σ인 정규분포에 대하여 다음이 성립한다.

$$p(\mu - \sigma \le z \le \mu + \sigma) = 0.68$$
$$p(\mu - 1.96\sigma \le z \le \mu + 1.96\sigma) = 0.95$$
$$p(\mu - 2.58\sigma \le z \le \mu + 2.58\sigma) = 0.99$$

$$F(\mu + \sigma) = p(Z \le \mu + \sigma) = 0.84$$
$$p(a \le Z \le b) = F(b) - F(a)$$
$$p(Z \ge a) = 1 - F(a)$$

| 예제 2.4 | 평균이 100, 표준편차가 15인 정규분포를 따르는 z^*에 대하여 다음을 계산하라.
1. $p(90 \leq z^* \leq 105)$
2. $p(z^* \geq 124)$
3. $p(z^* \leq a) = 0.975$를 만족하는 a를 구하라.

정규분포의 확률계산은 모두 표준정규분포로 변환하여 부록 II의 누적확률분포표를 이용한다. 여기서 $F(\ )$는 표준정규분포의 CDF를 의미한다.

1. $p(90 \leq z^* \leq 105) = p[(90 - 100)/15 \leq z \leq (105 - 100)/15] = F(0.333) - F(-0.667)$
   $= 0.6312 - 0.253 = 0.3782$
2. $p(z^* \geq 124) = p[z \geq (124 - 100)/15] = p(z \geq 1.6) = 1.0 - F(1.6) = 0.0548$

3번 문제는 0.975 분위수를 구하는 것과 동일하다. 따라서 $F(z) = 0.975$인 값을 부록 II의 표로부터 구하면 $z = 1.96$이다. 정규분포를 표준정규분포로 변환하는 아래의 수식에서 a를 구하면 129.4가 된다.

$$z = (a - 100)/15 = 1.96$$

특히 앞의 3번 문제는 하나의 난수를 생성하고 이를 CDF값으로 가정한 후에 분위수를 얻어 주어진 확률분포를 따르는 자료를 생성하는 원리와 동일하다. 따라서 이 과정을 반복하면 원하는 수의 인위적인 자료를 얻는다.

(5) 로그정규분포

양의 값만 가지는 변수 w에 로그를 취한 새로운 변수 z가 정규분포를 따를 때, 원래의 변수 w는 로그정규분포를 따른다고 말한다. 즉 $\ln(w)$가 정규분포를 따를 때 w는 로그정규분포를 따른다. 로그정규분포는 정규분포와 더불어 지구통계학분야에서 많이 사용되는 대표적인 분포 중 하나이다. 대부분의 지구물리적 자료들은 여러 인자들의 영향을 받아 형성되었으므로 로그정규분포의 특성을 나타낸다.

두 확률변수 사이에 $z = h(w)$라는 관계가 성립하고, z가 w의 전 영역에 대하여 단조증가나 단조감소의 관계에 있으며 z가 $g(z)$라는 확률분포함수를 가질 때, 확률변수 w의 확률분포함수를 다음의 관계식으로부터 구할 수 있다. 이를 이용하면 로그정규분포의 확률밀도함수는 식

(2.56)과 같다.

$$f(w) = g(z) \left| \frac{dz}{dw} \right|$$

$$f(w; \mu_z, \sigma_z) = \frac{1}{\sqrt{2\pi}\sigma_z w} \exp\left[-\frac{1}{2}\left(\frac{\ln w - \mu_z}{\sigma_z} \right)^2 \right], \ w > 0 \tag{2.56}$$

여기서 $z = \ln w, \ z \sim N(\mu_z, \sigma_z^2)$

여기서 로그정규분포의 PDF는 당연히 w의 함수이지만 사용된 평균(μ_z)과 표준편차(σ_z)는 정규분포로 변환한 변수 z의 특성값임에 유의해야 한다. 이는 로그정규분포의 PDF를 표현하는 표기상의 관례이다.

로그정규분포 w와 그 정규분포 z에 대하여 평균과 분산은 식 (2.57)의 관계가 있으며 한 분포의 정보를 알면 다른 분포의 평균과 분산을 계산할 수 있다.

$$\mu_w = \exp\left(\mu_z + 0.5\sigma_z^2 \right)$$
$$\sigma_w^2 = \mu_w^2 \left[\exp\left(\sigma_z^2 \right) - 1 \right] \tag{2.57a}$$

$$\sigma_z^2 = \ln\left(\sigma_w^2 / \mu_w^2 + 1 \right)$$
$$\mu_z = \ln(\mu_w) - 0.5\sigma_z^2 \tag{2.57b}$$

로그정규분포에 대한 확률계산은 모두 정규분포로 변환된 후에 이루어진다. 이와 같은 계산이 가능한 이유는 두 확률변수가 단조증감의 관계를 가지기 때문이다. 실제 계산과정을 수식으로 표현하면 다음과 같다.

$$p(W \leq w) = p[\ln W \leq \ln w] = p\left[Z \leq \frac{\ln w - \mu_z}{\sigma_z} \right]$$

| **예제 2.5** | 확률변수 w는 주변의 공사로 인한 소음크기로 로그정규분포를 따른다고 가정하자. 새로운 변수 $z^* = \ln(w)$라 하면, z^*는 평균 3.5, 표준편차 1.2를 가질 때 다음을 계산하라.

1. $p(50 \leq w \leq 250)$
2. $p(w \leq \mu_w)$

위의 1번 문제는 비교적 쉽게 풀 수 있으며 2번을 풀기 위해서는 변수 w의 평균을 먼저 계산해야 한다. 구체적인 풀이과정은 아래와 같다.

1. $p(50 \leq w \leq 250) = p[\ln(50) \leq \ln(w) \leq \ln(250)] = p[z^* \leq \ln(250)] - p[z^* \leq \ln(50)]$

   $= p[z \leq (\ln(250) - 3.5)/1.2] - p[z \leq (\ln(50) - 3.5)/1.2]$

   $= F(1.6846) - F(0.3434) = 0.9535 - 0.6311 = 0.3224$

2. $\mu_w = \exp(3.5 + 0.5 \times 1.2^2) = 68.0$

   $p(w \leq 68) = p[\ln(w) \leq \ln(68)] = p[z \leq (\ln(68) - 3.5)/1.2]$

   $\qquad\qquad = F(0.5996) = 0.7257$

로그정규분포는 양의 방향으로 치우친 분포를 보인다. 따라서 위의 예제 2번에서도 확인할 수 있듯이 확률변수 w가 평균보다 작거나 같을 확률이 0.5보다 큰 값을 나타낸다.

이론적으로 로그정규분포는 양의 방향으로 치우쳐 있지만 이 특징을 기준으로 로그분포를 판별해서는 안 된다. 이 책의 전 과정에서 강조하고 있듯이 확률분포뿐만 아니라 모든 지구통계학 용어와 기법의 정의를 먼저 명확히 알아야 한다. 〈그림 2.25〉는 평균과 분산에 따라 상이한 모습을 보이는 로그정규분포의 확률밀도함수를 보여준다. 우리가 단순히 '왼쪽으로 치우침'만으로 분포를 파악할 때 나타날 수 있는 위험성을 잘 보여주는 예이다.

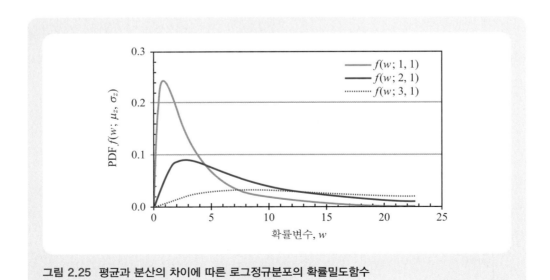

그림 2.25 평균과 분산의 차이에 따른 로그정규분포의 확률밀도함수

(6) p-정규분포

확률분포가 정규분포도 아니고 로그정규분포도 아닌 경우가 많이 존재한다. 하지만 순차 가우스 시뮬레이션(제6장 참조)과 같이 지구통계적 기법의 특성상 정규분포를 따르는 자료에만 유효한 경우가 있다. 이런 경우에는 정규분포를 따르도록 자료를 변환해야 한다.

식 (2.58)의 변환을 통해 얻은 새로운 변수 z가 정규분포를 따를 때 확률변수 w는 p-정규분포(p-normal distribution)를 따른다. 식 (2.58)과 같은 변환을 급수변환(power transformation)이라 한다.

$$z = \begin{cases} \dfrac{w^p - 1}{p}, & if \ p \neq 0 \\ \ln w, & if \ p = 0 \end{cases} \tag{2.58}$$

식 (2.58)을 보며 가지는 첫 번째 질문은 "어떻게 p를 결정하여 z가 정규분포를 따르도록 할 것인가?" 하는 것이다. 이에 대한 명쾌한 답은 없다. 단지 시행착오법을 통하여 적절한 p를 결정해야 한다.

하지만 p를 결정하는 좀 더 구체적인 방법도 있다. 먼저 p를 변화시키면서 편도와 첨도 같은 통계적 특성값을 계산한다. 이들이 정규분포의 특성값을 만족할 때 얻은 변환된 자료를 정규분포와 비교하여 p를 결정한다. 분포의 정규성을 판정하는 방법은 이 장의 마지막 부분에 구체적으로 설명되어 있다.

식 (2.58)에서 알 수 있듯이 p가 1인 경우는 정규분포이다. 로그정규분포는 p-정규분포의 특별한 경우, 즉 p가 0일 때이다. 이는 p가 0으로 수렴할 때 극한값을 구해도 동일한 결과를 얻는다. 만약 p의 값이 0과 1 사이에 있으면 그 분포는 정규분포와 로그정규분포의 사이에 분포한다. 또한 p는 1보다 크거나 음의 값을 나타낼 수 있다.

특히 확률변수 w가 비교적 큰 값을 나타내는 경우 음의 p값을 사용하면 변환된 자료의 값이 매우 작아져 정규성을 나타내는 통계특성치도 작게 계산될 수 있어 주의해야 한다. 모든 자료 변환에서 변환된 자료의 정규성을 구체적으로 확인해야 한다. 자료의 정규성은 변환된 자료를 표준정규분포와 비교하여 파악한다.

위에서 언급한 분포 외에도 통계적 추정과 검증 그리고 공학의 다양한 분야에 적용되는 많은 확률분포가 있다. 만약 분포함수에 관해 더 깊은 공부를 원하는 독자들은 각 분포의 정의, 확률밀도함수의 특성 그리고 정규분포와의 관계 및 각 분포들 간의 상호관계에 유의하며 학습하기 바란다.

(7) 표본평균의 분포

평균이 μ이고 분산이 σ^2인 정규분포를 따르는 모집단에서 n개 표본을 임의로 추출하면 표본평균은 다음과 같이 계산된다.

$$\bar{z} = \frac{1}{n}\sum_{i=1}^{n} z_i$$

기대값의 선형운영자 성질을 이용하면 표본평균 $\bar{z}$의 평균은 μ이고 분산은 σ^2/n인 정규분포를 따름을 알 수 있다. 그러나 모집단이 정규분포를 따르지 않는 경우에는 표본평균이 정규분포를 따르는지를 알 수 없지만 중심극한정리(central limit theorem)에 의하여 매우 유익한 결과를 얻을 수 있다. 중심극한정리는 다음과 같이 정의된다.

> 평균이 μ이고 분산이 σ^2인 무한모집단에서 n개 표본을 임의로 추출하여 얻은 표본평균 $\bar{z}$는 n이 충분히 크면 평균이 μ이고 분산이 σ^2/n인 정규분포로 근사된다.

여기서 모집단은 정규분포를 나타낼 필요가 없다. 일반적으로 표본의 개수가 30보다 크면 충분히 크다고 간주하지만 주어진 조건에 따라 의미 있는 정규분포를 얻기 위해서는 n이 30보다 클 필요도 있다.

중심극한정리의 의미는 무엇인가? 비록 특정 분포가 정규분포를 따르지 않는 분포라 할지라도 많은 수의 표본을 추출하여 평균을 구하면 그 평균값은 모집단의 평균값과 같아지고 또 분산은 표본수가 많을수록 더욱 작아진다. 표본평균은 모집단의 평균을 중심으로 정규분포의 형태로 존재하며 표본수가 많을수록 평균 주위로 더욱 밀집한다. 〈그림 2.26〉은 이를 개념적으로 나타낸 그림이며 표본평균의 표준편차는 $\sigma/\sqrt{n}$이다.

또 다른 의미는 반복하여 얻은 자료의 평균값은 예측하고자 하는 모집단의 평균을 잘 반영하며 자료수가 많을수록 그 결과는 더욱 신빙성이 크다는 것이다. 물리학 관련 많은 실험에서 오차의 분포가 정규분포를 이룬 것은 중심극한정리에 의해 예상된 결과였다.

일정한 범위 내에서 다양한 결과를 나타내는 추계학적 시뮬레이션의 경우 여러 번의 시뮬레이션 결과를 평균하여 대표값을 구하는 것도 중심극한정리의 응용이다. 다음 예제는 저류층(reservoir)에 존재하는 원유부피를 불확실성을 가진 자료를 활용하여 평가한 예이다.

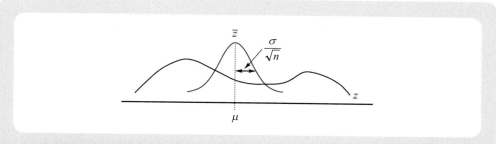

그림 2.26 중심극한정리의 기하학적 의미

| **예제 2.6** | 저류층에 존재하는 원유의 부피(단위 : 배럴, 1배럴＝159리터)는 다음의 수식으로 계산할 수 있다. 저류층의 구조가 복잡하거나 물성변화가 심하면 각 부분으로 나누어 계산하고 합하면 된다.

$$V(bbls) = \frac{7758A(acre)h(ft)\phi(fraction)S_o(fraction)}{B_o(rb/STB)}$$

1. 저류층의 면적(A)이 40acre, 두께(h)가 120ft, 공극률(ϕ)이 30%, 원유의 용적계수(B_o = 저류층 조건에서 부피/지상 표준상태에서의 부피)가 1.2, 원유포화도(S_o)가 75%일 때, 이 저류층에 존재하는 원유부피를 계산하라.
2. 위의 자료의 일부가 다음에 주어진 표와 같이 변화되었을 때 원유부피를 평가하라.

종류	최소	최대	추가 정보
면적, acre	25	50	
높이, ft	100	150	최빈값 = 120
공극률, fraction			N(0.3, 0.0025)를 따름

　　예제의 1번을 풀기 위한 수식과 단위가 모두 일관성 있게 주어져 수치를 단순히 대입하면 6,982,200배럴(1.11E＋09리터)을 얻는다. 2번은 일부의 자료가 정확히 알려지지 않았기 때문에 추계학적 기법을 사용한다.

　　다른 값들은 알려져 있으므로 값을 모르는 면적, 높이, 공극률에 값을 배정해야 한다. 이를 위하여 먼저 난수 3개를 추출하고 CDF값으로 할당하여 각각에 해당하는 분위수를 변수값으로 배정한다. 주어진 값들을 이용하여 계산하면 아래 예에서와 같이 원유부피 5,421,800배럴을 얻는다.

이와 같은 계산은 매번 다른 결과를 주지만 여러 번 반복하면 중심극한정리에 의해 의미 있는 중앙대표값을 구할 수 있다. 〈그림 2.27〉은 동일한 원리로 500번 계산한 결과이며 자료가 가진 불확실성이 고려된 확률분포를 얻으므로 의사결정에 도움을 준다. 저류층에 존재하는 원유부피는 오른쪽에 나타난 큰 값들의 영향을 고려하여 중앙값인 6,588,800배럴로 제시된다.

변수명	난수값=CDF값	변수값(분위수)
면적, acre	0.164	29.1
높이, ft	0.462	121.6
공극률, fraction	0.625	0.316
원유부피, 배럴		5,421,800

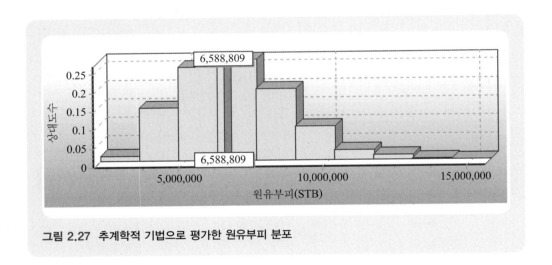

그림 2.27 추계학적 기법으로 평가한 원유부피 분포

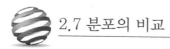 ## 2.7 분포의 비교

실험적 또는 통계적으로 얻은 자료가 기준이 되는 자료와 동일한 분포를 갖는지, 동일하지는 않지만 같은 종류의 분포를 갖는지, 아니면 서로 다른 분포를 가지는지 파악하는 것은 매우 중요하다. 이를 위해 다음과 같은 기법들을 사용할 수 있다.

- 히스토그램
- 분위수대조도(quantile-quantile plot, Q-Q plot)
- 확률그림(probability plot)
- 분포의 특성을 나타내는 여러 인자들의 비교

(1) 분위수대조도

확률밀도함수가 주어지지 않은 경우에 제한된 자료로부터 분포를 가장 쉽게 판단하는 방법 중 하나는 히스토그램을 이용하는 것이다. 히스토그램을 그려보면 자료의 전체적인 분포특성을 알 수 있지만 분포의 미세한 차이를 알기 어렵다. 두 분포의 미세한 차이까지 판정할 수 있는 방법 중 하나가 **분위수대조도**이다. 주어진 자료가 정규분포를 따르는지 여부는 주어진 자료와 표준정규분포와의 분위수대조도를 통하여 판별한다.

각 분포의 평균은 자료가 존재하는 위치를 나타내고 분산은 자료의 산포도를 나타낸다. 평균이나 분산과 같은 여러 통계치는 분포의 전체적인 차이를 나타내는데, 이에 비해 분위수대조도는 각 분포의 미세한 차이를 드러낸다. 평균과 분산이 같은 동일한 분포는 분위수가 같기 때문에 분위수대조도는 선형 직교좌표에서 기울기가 1인 직선으로 나타난다. 동일한 종류의 분포이지만 평균과 분산이 다른 경우에는 그 변수들이 나타나는 위치(~평균)가 다르고 또 퍼짐 정도(~분산)가 다르다. 따라서 이때의 분위수대조도는 기울기가 1이 아닌 직선관계로 나타난다.

주어진 n개 자료와 표준정규분포와의 분위수대조도를 작성하는 과정은 아래와 같다.

① 먼저 주어진 자료를 올림차순으로 정렬
② 정렬된 i번째 자료에 대하여 실험적 누적확률값 $(i-0.5)/n$ 할당
③ 각 누적확률에 해당하는 표준정규분포의 분위수 배정
④ 정렬된 자료와 3번 과정에서 찾은 분위수를 직교좌표에 도시

분위수대조도를 작성하기 위해서 먼저 주어진 자료를 올림차순으로 정렬한다. 정렬된 자료

를 바탕으로 i번째 자료에 대하여 경험적 누적확률값 $(i-0.5)/n$을 배당한다. 누적확률값을 간단히 i/n로 하지 않는 이유는 얻어진 자료의 범위보다 크거나 작은 값이 나타날 수 있음을 고려하기 때문이다.

분위수대조도를 그리기 위해서는 주어진 자료와 비교를 원하는 분포의 분위수를 알아야 한다. 분위수의 정의에 따라 비교를 원하는 분포로부터 배당된 누적확률값에 대응하는 분위수를 얻는다. 〈표 2.7〉은 평균이 100이고 분산이 625인 정규분포에서 추출한 표본 40개를 표준정규분포와 비교하기 위하여 분위수대조도를 구하는 과정을 구체적으로 보여준다.

주어진 자료에 대한 분위수계산은 아주 쉽다. 정렬된 자료를 바탕으로 누적확률을 배당하였기 때문에 자료값 자체가 배당된 누적확률의 분위수가 된다. 위에서 언급된 방법을 사용하면 임의의 자료가 정규분포를 따르는지 평가할 수 있다.

〈그림 2.28〉은 분위수대조도로 처음과 마지막의 양 끝값들을 포함하여 뛰어난 선형성을 보이므로 주어진 자료는 정규분포를 따른다고 판정할 수 있다. 〈그림 2.28〉에서 주어진 선형수식을 참고하면 표본은 평균이 약 104.1이고 분산이 25.5^2임을 알 수 있다. 이들이 모집단의 참값과 완전히 일치하진 않지만 주어진 표본이 정규분포를 따른다는 사실과 평균과 분산을 신빙성 있게 판단할 수 있다.

두 쌍의 자료가 주어졌다면 동일한 원리로 분위수대조도를 이용하여 특정 분포를 따르는지 판단할 수 있다. 만약 주어진 두 쌍의 자료수가 같은 경우, 각각을 정렬하면 동일한 순서에 같은 누적확률을 배정받는다. 따라서 주어진 두 자료가 같은 분포를 나타내는지 알기 원할 때는 두 자료를 정렬한 후에 직교좌표에 그리면 된다. 이 경우에는 분포의 종류는 알 수 없고 단지 동일한 분포인지 여부를 판단할 수 있다.

〈그림 2.29〉는 평균 100, 분산 3600인 로그정규분포에서 추출한 40개 자료에 대한 표준정규분포와의 분위수대조도이다. 이들 두 자료는 선형관계가 약하므로 동일한 종류의 분포가 아니다. 구체적으로 주어진 자료는 최소한 정규분포는 아니다. 특히 양 끝값으로 갈수록 분포의 형태가 다름을 예상할 수 있다.

표 2.7 분위수대조도 계산 예

정렬순서 i	자료정렬	실험적 CDF 배정	표준정규분포 분위수
1	55.4	0.0125	−2.241
2	58.9	0.0375	−1.780
3	68.1	0.0625	−1.534
4	70.7	0.0875	−1.356
5	72.5	0.1125	−1.213
6	73.5	0.1375	−1.092
7	75.0	0.1625	−0.984
8	80.6	0.1875	−0.887
9	88.0	0.2125	−0.798
10	88.4	0.2375	−0.714
11	89.8	0.2625	−0.636
12	91.4	0.2875	−0.561
13	91.4	0.3125	−0.489
14	91.8	0.3375	−0.419
15	93.7	0.3625	−0.352
16	95.5	0.3875	−0.286
17	95.6	0.4125	−0.221
18	100.4	0.4375	−0.157
19	101.0	0.4625	−0.094
20	101.2	0.4875	−0.031
21	101.7	0.5125	0.031
22	103.2	0.5375	0.094
23	105.8	0.5625	0.157
24	107.6	0.5875	0.221
25	109.3	0.6125	0.286
26	109.6	0.6375	0.352
27	111.4	0.6625	0.419
28	119.1	0.6875	0.489
29	119.2	0.7125	0.561
30	119.8	0.7375	0.636
31	120.9	0.7625	0.714
32	124.3	0.7875	0.798
33	126.0	0.8125	0.887
34	126.3	0.8375	0.984
35	132.5	0.8625	1.092
36	136.3	0.8875	1.213
37	139.2	0.9125	1.356
38	147.8	0.9375	1.534
39	155.6	0.9625	1.780
40	165.3	0.9875	2.241

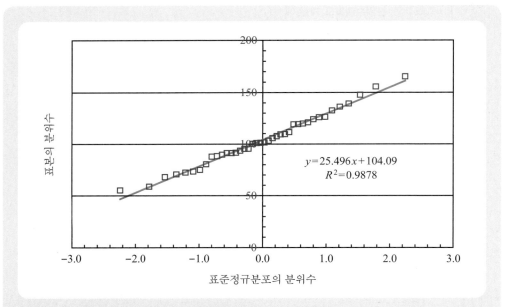

그림 2.28 〈표 2.7〉에 주어진 표본과 표준정규분포의 분위수대조도

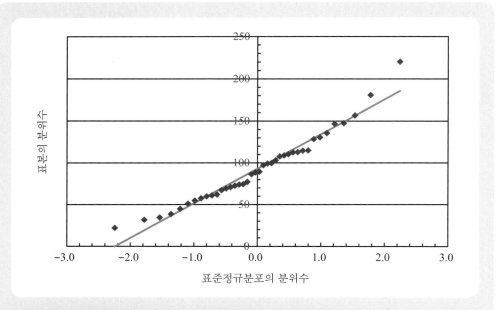

그림 2.29 로그정규분포를 따르는 표본과 표준정규분포의 분위수대조도

(2) 확률그림

중심극한정리를 이용한 정규분포로의 근사성 외에도 정규분포의 다양한 적용으로 인하여 우리는 주어진 자료가 정규분포를 따르는지 판정해야 하는 경우가 많다. 이미 설명한 분위수대조도를 이용할 수 있지만 매번 표준정규분포의 분위수를 계산해야 한다. 이런 번거로움을 없애고 정렬된 자료를 정규분포의 누적확률분포에 바로 대응시킬 수 있는 방법이 확률그림종이(probability paper)를 이용하는 것이다.

분위수대조도는 각각의 분위수를 구하여 선형 직교좌표계에 그리는 것이고 확률그림은 각 분위수의 값이 누적확률로 '선형적으로 환산된'(그림 2.30의 'x축' 참조) 확률그림종이에 그리는 것이다. 이는 주어진 값에 로그를 취하지 않고도 로그척도좌표에 값을 바로 표시할 수 있는 것과 동일한 원리이다.

주어진 자료가 정규분포를 따를 때, 자료의 정렬값과 실험적으로 배정된 누적확률값(즉, $(i-0.5)/n$)을 확률그림종이에 그리면 선형의 관계를 나타낸다. 이러한 그림을 확률그림이라 하고 선형관계를 이용하여 정규분포 여부를 판단한다. 〈그림 2.30〉은 〈표 2.7〉 자료를 이용한 확

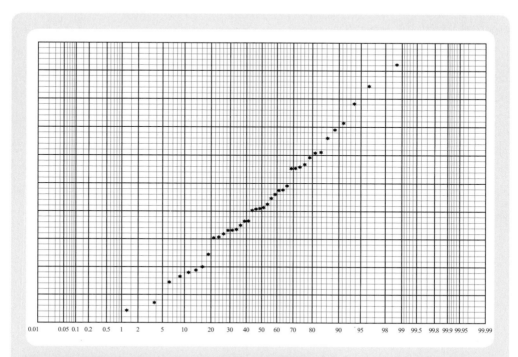

그림 2.30 $N(100, 625)$에서 추출한 40개 자료에 대한 확률그림

률그림으로 그래프에 표시된 좌표값들의 상대적 위치는 〈그림 2.28〉과 동일하다.

로그정규분포를 파악하기 위해서는 로그정규분포 확률그림종이를 이용한다. 또는 주어진 자료를 먼저 로그변환하고 이를 정규분포 확률그림종이에 그려 정규분포 여부를 판단함으로써 결과적으로 로그정규분포 여부를 알 수 있다. 부록 IV에 정규분포와 로그정규분포의 확률그림종이를 첨부하였다.

(3) 정규수치변환

이미 설명한 급수변환으로 정규분포를 따르지 않는 자료를 정규분포로 변환시킬 수 있다. 하지만 적절한 p값을 결정하기 어렵고 변환된 자료의 정규성을 파악하는 것도 쉽지 않다. 따라서 임의의 분포를 따르는 자료를 정규분포로 변환시킬 수 있는 체계적인 방법이 정규수치변환(normal score transformation)이다.

정규수치변환의 원리는 매우 간단하다. 〈그림 2.31〉은 정규분포를 따르지 않는 확률변수 w의 정규수치변환과 그 역변환의 개념을 보여준다. 만약 이론적 CDF가 알려져 있다면 주어진 각 자료값(w_p)에 대한 CDF값을 계산하고 이 값에 대응하는 표준정규분포의 분위수(z_p)를 얻으면 정규수치변환이 된다. 이론적인 CDF값이 알려져 있지 않으면 개별자료나 계급자료를 이용하여 경험적 CDF값을 배정한다.

〈표 2.7〉에서 주어진 자료를 정렬하고 각 자료의 순서에 따라 실험적 CDF를 배정한 후에 표준정규분포의 분위수를 구하는 과정이 정규수치변환의 좋은 예이다. 표준정규분포에서 얻은 분위수는 당연히 정규분포를 만족한다.

만약 특정한 지구통계기법이 정규분포를 따르는 자료에만 적용될 수 있다면, 원래의 자료 대신에 정규수치변환에서 얻은 자료를 사용한다. 이와 같이 변환된 값을 사용하면 특이값의 영향을 줄일 수 있다. 필요한 계산이 완료되면, 표준정규분포에서 결과값(z)의 CDF를 평가하고 이 값에 대응하는 본래 자료의 CDF의 분위수(w)를 계산한다(그림 2.31b). 이를 정규수치역변환(normal score back transformation)이라 한다.

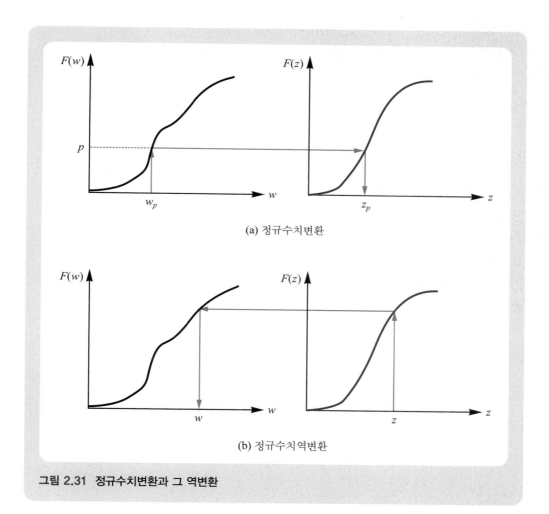

(a) 정규수치변환

(b) 정규수치역변환

그림 2.31 정규수치변환과 그 역변환

2.1 통계학과 지구통계학에 적용되는 전형적인 순서에 대하여 설명하라.

2.2 다음 용어에 대하여 설명하라.
  (1) 확률변수(random variable)
  (2) 통계량(statistic)
  (3) 추정량(estimator)

2.3 〈표 2.1〉에 주어진 Data C에 대하여 다음 물음에 답하라.
  (1) 시작점을 75, 구간의 크기를 10으로 하여 계급, 자료수, (계급의 최대값보다 작거나 같을) 누적확률을 〈표 2.2〉와 같이 작성하라.
  (2) $F(100)$의 값을 개별자료와 구간을 사용한 경우에 각각 구하라.
  (3) $F(z) = 0.5$의 값을 주는 확률변수 z의 값을 개별자료와 구간을 사용한 경우에 각각 계산하라.

2.4 z_1과 z_2는 각각 다음과 같은 분포를 가지는 이산확률변수라고 하자. 새로운 확률변수 $u = \frac{1}{3}z_1 + \frac{2}{3}z_2$로 정의할 때, u의 확률분포와 누적확률을 계산하라. [힌트 : z_1과 z_2가 가질 수 있는 9가지 경우에 u를 계산하고 각 경우에 확률은 각 해당확률의 곱으로 구한다.]

z	0	1	2
$p(z)$	0.1	0.5	0.4

2.5 삼각분포를 따르는 확률변수 z가 2에서 12까지의 값을 가지며 8에서 최대값을 가질 때[즉, $f(z; 2, 12, 8)$], 다음 물음에 답하라.
  (1) 주어진 삼각분포를 수식으로 표현하라.
  (2) PDF와 CDF를 같은 그래프에 그려라.
  (3) 확률변수 z에 대하여 다음을 계산하라.
    1. $p(z = 8)$
    2. $p(7 \leq z \leq 10)$
    3. $F(9) = p(z \leq 9)$
    4. $F(z) = 0.95$를 만족하는 z를 구하라.

2.6 〈표 2.1〉의 Data C를 이용하여, 자료의 평균, 분산, 표준편차, 중앙값, 최빈값, 각 사분위수, 분위수구간, 구간, 변동계수, 왜도, 첨도를 계산하라. 평균과 중앙값을 이용하여 왜도의 부호를 결정하라.

2.7 부록 III에 주어진 1차원 유체투과율 표본자료를 이용하여 〈연구문제 2.6〉을 반복하라.

2.8 다음과 같은 n개 자료가 있다고 가정하자. 이들로부터 표본의 평균을 제시된 수식으로 계산할 때 이들 수식이 모집단의 평균을 예측하는 데 편향되지 않은 수식임을 보여라. [힌트 : 기대값의 선형성을 이용하여 편향이 0임을 보임]

자료 : $z_1, z_2, z_3, \cdots, z_n$ (n은 짝수)

(1) $\bar{z}^* = (z_1 + z_2 + \cdots + z_n)/n$

(2) $\bar{z}^* = (z_2 + z_3 + \cdots + z_{n-1})/(n-2)$

(3) $\bar{z}^* = (z_{n/2} + z_{1+n/2})/2$

(4) $\bar{z}^* = 0.3z_2 + 0.5z_3 + 0.2z_n$

(5) 〈표 2.1〉의 Data A를 오름차순으로 정리한 후에, 위의 각 경우에 해당하는 값을 계산하라.

2.9 아래의 표는 세 군데 지점으로부터 얻은 표본의 성분분석 결과이다. 이를 가시화하라.

표본 번호	벤젠(ppm)	톨루엔(ppm)	자일렌(ppm)
1	1.5	15	40
2	3.3	14	30
3	1.6	16	38

2.10 다음 표본자료의 박스그림을 각각 그려라.
자료 A : 5, 13, 3, 45, −12, 36, 9, 12, 6
자료 B : 5, 13, 3, 6, 45, −12, 36, 6, 9, 12, 6

2.11 다음에 주어진 지구통계학 중간고사 성적의 평균, 분산, 최빈값, 중앙값, 구간, 변동계수를 구하라. 줄기-잎 그림을 그리고 분포의 특징을 설명하라.

> 63, 48, 12, 63, 25, 56, 77, 43, 72, 51, 75,
> 81, 30, 68, 49, 43, 31, 53, 36, 73, 76, 77,
> 54, 45, 74, 39, 79, 14, 80, 2, 27, 50, 89,
> 11, 61, 82, 65, 43, 47, 46, 37, 7, 60

2.12 균일분포를 이용하여 0과 100 사이에서 30개 정수를 추출하여 도수분포표를 작성하고 확률밀도함수와 누적분포함수를 그려라. 동일한 조건에서 100개 정수를 추출하여 위의 과정을 반복하고 자료의 개수 증가에 따른 이점에 대하여 토의하라.

2.13 〈표 2.5〉에 주어진 (밀도, 강도) 자료를 (강도, 밀도)로 변환하여 산점도와 회귀그램을 그려라.

2.14 주어진 제품의 수명(단위 : 시간)을 나타내는 확률변수 z의 확률밀도함수가 다음과 같이 주어졌다고 가정하자.

$$f(z) = ae^{-0.5z}, \; z > 0$$

(1) 주어진 제품을 10시간 이상 사용할 확률을 계산하라.
(2) 제품을 이미 10시간 사용하였을 때 앞으로 10시간 이상 사용할 확률을 평가하라.

2.15 아래의 문제는 확률계산에 자주 등장하는 문제이니 이해하고 풀 수 있기 바란다.
(1) 주사위를 던져 3이 나오는 경우를 A, 4가 나오는 경우를 B라고 하자. B가 발생하였을 때 A가 발생할 확률과 단순히 A가 발생할 확률을 계산하라.
(2) 속이 보이지 않는 주머니 속에 색깔만 다른 11개 구슬이 있다고 가정하자. 노란색 구슬 5개와 파란색 구슬 6개를 계속하여 꺼낼 때 처음에 파란색 구슬이 나올 확률은 얼마인가? 처음에 노란색 구슬이 나왔을 때 두 번째에 파란색 구슬이 나올 확률은 얼마인가? 이 시행은 독립인가?
(3) 정상적인 주사위를 6회 던질 때 1의 눈이 나오는 횟수의 확률분포를 구하라. 또 그 분포의 평균과 분산을 계산하라.

2.16 John은 통계적으로 여섯 장소를 방문하면 가지고 간 우산을 잃어버린다. 오늘 John이 지구통계학 강의실, 학교식당, 도서관을 순차적으로 방문하고 귀가하였을 때 우산을 잃어버

린 사실을 알았다. 다음 각 장소에 John이 우산을 두고 왔을 확률을 계산하라.

(1) 식당

(2) 도서관

2.17 통계적으로 John은 문제의 90%는 정답을 알고 있다. John이 오지선다형 문제를 맞추었을 때, 다음의 경우에 대한 확률을 구하라.

(1) John이 답을 알고 맞추었을 경우

(2) John이 답을 모르고도 맞추었을 경우

2.18 기대값의 선형운영자 성질을 활용하여 식 (2.31)을 증명하라.

2.19 확률변수 z의 분포를 이용하여 다음을 계산하라.

z	0	1	2	3	4	5
$p(z)$	0.1	0.2	0.2	0.3	0.1	0.1

(1) $p(z \geq 3)$

(2) $p(2 \leq z \leq 4)$

(3) 기대값 $E(z)$

2.20 확률변수 z_1, z_2, z_3이 〈연구문제 2.19〉에 주어진 z와 동일한 확률분포를 따른다고 가정하자. 새로운 변수 $z*$를 다음과 같이 정의할 때 다음 물음에 답하라.

$$z* = \frac{1}{2}z_1 + \frac{2}{3}z_2 - \frac{1}{6}z_3$$

(1) 새로운 변수 $z*$의 평균과 분산을 계산하라.

(2) 새로운 변수 $z*$는 모집단의 평균을 편향 없이 예측하는가?

2.21 아래와 같은 상금분포를 가지는 게임을 1회 시도하는 데 50달러가 필요하다고 할 때,

$z(\$)$	0	100,000,000
$p(z)$	0.999999	$1.0E-06$

(1) 언급한 게임의 기대값를 계산하라.

(2) 만약 당신이 이 게임을 5회나 20회 실제로 시도하였을 때 얻는 손익은 얼마인가? 해당 게임을 구체적으로 시행한 과정을 설명하라. 위에서 계산한 기대값과 실제 손익과 차이가 나는 이유는 무엇인가?

(3) 컴퓨터 모델링이나 실제 시행을 통해 한 번 성공하는 데 필요한 시행의 횟수를 예측하라.

2.22 SNU Oil Co.는 새로운 유전을 찾기 위한 조사작업을 하는 데 $1.5M(M = 1.0E + 06)을 사용하였다. 시추할 경우, 좋은 유전을 찾을 확률이 0.1, 보통일 경우가 0.15이다. 좋은 유전일 경우 $20M, 보통일 경우 $10M에 팔 수 있으며, 만약 탐사에 실패하면 $5M의 손실을 입는다.

좋은 유전의 경우, 개발하여 우수한 유전으로 판명되면 $100M(확률 0.3), 보통이면 $50M의 수익이 난다. 보통의 유전일 경우, 개발하면 $20M(확률이 0.6), 보통이면 $5M을 번다. 당신은 이러한 상황에서 시추작업 실시 여부를 결정하고 그러한 결정의 근거를 제시하라.

2.23 확률변수 u, v에 대한 결합분포가 다음과 같다고 가정하자.

v \ u	5	10	20
1	0.05	0.1	0.2
2	0.1	0	0.1
3	0.15	0.2	0.1

(1) $p(u = 10, v \geq 2), p(u \geq 10, v > 2), p(u \leq 10)$을 계산하라.

(2) 확률변수 u, v의 주변확률분포를 구하라.

(3) $E(u), E(u^2), \text{Var}(u), E(v), E(v^2), \text{Var}(v), E(u + v)$를 평가하라.

2.24 〈연구문제 2.23〉에 주어진 u와 v에 대한 결합확률분포를 이용하여 u와 v의 공분산, $\text{Cov}(u, v)$를 계산하라.

2.25 정상적인 주사위를 세 번 던지는 시행에서, 처음 두 시행에서 나온 눈의 수의 합을 u라 하고 마지막 시행에서 나온 눈의 수를 v라 할 때,

(1) 확률변수 $z = u + v$의 기대값을 구하라.

(2) u가 8이 나왔을 때 v가 5가 나올 조건부확률을 계산하라.

2.26 다음 물음에 답하라.

(1) 식 (2.42)를 전개하여 식 (2.44)로 정리됨을 보여라.

(2) 식 (2.44)를 이용하여 식 (2.45)를 증명하라.

(3) 식 (2.45)와 식 (2.43)을 이용하여 식 (2.46)을 유도하라.

2.27 확률변수 u와 v의 합에 대한 분산, $\text{Var}(u+v)$를 각각의 분산과 공분산으로 표시하라.

2.28 주어진 표본자료 z와 u의 공분산과 상관계수를 계산하라.

Data z : $5, 27, 3, 6, 38, -2, 5$

Data u : $0, 12, 2, 3, 25, 0, 5$

2.29 아래의 수식을 이용하여 각각의 경우에 상관계수의 값이 -1에서 1 사이에 있음을 증명하라.

(1) $E\left[\left(\dfrac{u - \mu_u}{\sigma_u} - \rho\dfrac{v - \mu_v}{\sigma_v}\right)^2\right] \geq 0$

(2) $Var\left(\dfrac{\sigma_v}{\sigma_u}u \pm v\right) \geq 0$

2.30 공분산의 정의와 성질을 이용하여 다음 세 가지 관계식을 유도하라. 여기서 a, b, c, d는 상수이고 u, v는 변수이다.

(1) $Cov(au + b, cv + d) = acCov(u, v)$

(2) $Cov\left(\displaystyle\sum_{i=1}^{N} a_i u_i, \sum_{j=1}^{M} b_j v_j\right) = \sum_{i=1}^{N}\sum_{j=1}^{M} a_i b_j Cov(u_i, v_j)$

(3) $Var\left(\displaystyle\sum_{i=1}^{N} a_i u_i\right) = \sum_{i=1}^{N}\sum_{j=1}^{N} a_i a_j Cov(u_i, u_j)$

2.31 $f(z; 4, 10)$으로 주어진 균일분포 확률밀도함수에 대하여,

    (1) $F(z)$과 $f(z)$를 동일한 그래프에 그려라.

    (2) $p(5 \leq z \leq 6)$을 계산하라.

    (3) 사분위수를 모두 구하라.

2.32 식 (2.48)로 주어지는 균일분포함수의 평균이 $E(z) = (a+b)/2$, 분산이 $\mathrm{Var}(z) = (b-a)^2/12$이 됨을 보여라.

2.33 $f(z; 10, 35, 25)$로 주어진 삼각분포 확률밀도함수에 대하여,

    (1) $F(z)$과 $f(z)$를 동일한 그래프에 그려라.

    (2) $p(15 \leq z \leq 20), p(20 \leq z \leq 30), p(z \geq 32)$을 계산하라.

    (3) 사분위수를 모두 계산하라.

2.34 식 (2.50)으로 주어지는 삼각분포함수의 평균이 $E(z) = (a+b+c)/3$, 분산이 $\mathrm{Var}(z) = [(b-a)^2 + (a-c)(b-c)]/18$가 됨을 유도하라.

2.35 연속확률변수 z가 다음과 같은 PDF를 따를 때 물음에 답하라.

$$f(z) = a\,e^{-12(z-5)}, \ z \geq 5$$

    (1) $p(z \geq 5.5), p(6 \leq z \leq 6.5)$를 계산하라.

    (2) $E(z), E(z^2), \mathrm{Var}(z)$를 평가하라.

2.36 복사기의 수명(단위 : 월)이 지수분포 $f(z; 0.02)$로 주어진다고 가정할 때,

    (1) $F(z)$과 $f(z)$를 동일한 그래프에 그려라.

    (2) 복사기를 12개월 이상 사용할 확률을 계산하라.

    (3) 이미 12개월 사용한 복사기를 앞으로 12개월 이상 사용할 확률을 평가하라.

2.37 식 (2.51)로 주어지는 지수분포함수의 평균과 표준편차가 $1/a$로 같음을 보여라.

2.38 평균 3.2, 분산 0.6인 정규분포를 따르는 z에 대하여 다음을 계산하거나 상수 a를 구하라.

(1) $p(z \leq 2.5), p(2.5 \leq z \leq 3.5), p(z \geq 4.2)$

(2) $p(z \leq a) = 0.84, p(z \leq a) = 0.90$

(3) $p(|z - 3.2| \leq a) = 0.90, \quad p(|z - 3.2| \leq a) = 0.99$

2.39 평균 100, 표준편차 15인 정규분포에 대하여,

(1) CDF값 0.025, 0.5, 0.995에 해당하는 변수 z의 값을 구하라.

(2) 난수발생 프로그램을 활용하여 20개 난수를 0과 1 사이에서 균일하게 생성하라. 이들 난수를 누적확률로 배당하고 20개 분위수를 결정하라.

2.40 정규분포에 대한 이해를 돕기 위한 아래의 문제들을 직접 풀어라.

(1) $f(z; 0,1)$ (즉, 평균 0, 표준편차가 1인 정규분포), $f(z; 0, 2), f(z; 15, 2), f(z; 15, 5)$로 표현되는 정규분포의 확률밀도함수를 같은 그래프에 그려서 평균과 분산의 영향을 비교하라.

(2) $f(z; 0, 1), f(z; 0, 2), f(z; 0, 3), f(z; 0, 4)$로 표현되는 정규분포의 누적확률함수를 같은 그래프에 그려서 분산의 영향을 토의하라.

(3) $f(z; 5, 1), f(z; 5, 2), f(z; 15, 3), f(z; 15, 4)$로 표현되는 정규분포의 누적확률함수를 같은 그래프에 그려서 평균과 분산의 영향을 설명하라.

(4) 두 확률변수가 각각 $z_1 \sim N(\mu_1, \sigma_1^2), \ z_2 \sim N(\mu_2, \sigma_2^2)$가 정규분포를 따른다고 가정하자. 확률변수 $z = az_1 + bz_2$로 정의할 때, 확률변수 z의 평균과 분산을 구하라. 여기서 a와 b는 상수이고 z_1과 z_2는 서로 독립이다.

2.41 확률변수 w는 평균이 100, 분산이 625인 로그정규분포를 따를 때 다음을 계산하라.

(1) $p(w \leq 100), p(85 \leq w \leq 115), p(w \geq 120)$

(2) $p(w \leq a) = 0.84, p(w \leq a) = 0.975$

(3) $p(w < \mu), \mu = w$ 평균

(4) $p(w < \mu^*), \mu^* = w$ 최빈값

2.42 다음의 로그정규분포 확률밀도함수를 같은 그래프에 그려라.

(1) $f(w; 1, 1), f(w; 2, 2), f(w; 3, 1)$

(2) $f(w; 1, 2), f(w; 2, 2), f(w; 3, 2)$

2.43 오직 양의 값만을 가지는 무한모집단의 평균은 μ이고 분산이 σ^2이라 하자. 이 모집단으로부터 n개 자료를 취하여 모두를 곱한 값을 z^*라 할 때 z^*는 로그정규분포로 근사됨을 설명하라.

2.44 평균이 100, 분산이 625인 정규분포를 이용하여,
(1) 자료 30개를 생성하고 이들 표본의 평균과 분산을 계산하라.
(2) 생성된 자료의 히스토그램을 그리고 개략적인 정규성을 평가하라.
(3) 분위수대조도를 이용하여 정규성을 파악하라.
(4) 확률그림으로 정규성을 파악하라.

2.45 평균이 100, 분산이 625인 로그정규분포를 따르는 자료에 대하여 〈연구문제 2.44〉를 반복하라.

2.46 다음의 표본자료를 정규수치변환하라.
자료 A : 5, 13, 3, 45, −12, 36, 9, 12, 6
자료 B : 5, 13, 3, 6, 45, −12, 36, 6, 9, 12, 6

제2장 심화문제

아래의 연구문제는 본 교재에서 소개하지 못한 내용으로 심화학습을 위한 것이다. 따라서 학부수업에서는 이들을 무시하여도 수업을 진행하는 데 문제가 없다. 관심 있는 독자들은 추가적인 자료조사와 학습을 통해 지구통계학에 대한 이해를 높일 수 있다.

2.47 식 (2.30a)의 분산의 정의에서 평균을 사용한 경우가 최소의 분산을 나타냄을 증명하라.
[힌트 : 평균 대신 임의의 변수를 사용하고(즉, $\sigma_k^2 = E[(z-k)^2]$) 최소값이 되는 변수조건을 구함]

2.48 저류층에 존재하는 원유부피와 관련된 아래 문제에 답하라.
(1) 저류층의 면적(A)이 95acre, 두께(h)가 200ft, 공극률(ϕ)이 22.5%, 원유의 용적계수가

1.15, 그리고 원유포화도(S_o)가 72%일 때, 이 저류층에 존재하는 원유부피를 계산하라.

(2) 위의 자료의 일부가 다음에 주어진 표와 같이 변화되었을 때 원유부피를 평가하라.

종류	최소	최대	추가 정보
면적, acre	50	120	최빈값 = 100
높이, ft			$N(200, 225)$를 따름
공극률, fraction			$(0.225, 0.002)$인 로그정규분포를 따름

(3) 원유의 회수율이 55%일 때 회수가능한 매장량은 얼마인가(1번 결과를 이용하라)? 현재 유가를 기준으로 평가한 유전의 가치는 얼마인가? 배럴당 총 생산비는 20달러로 가정하라. 새로운 생산기술의 개발로 회수율을 3% 향상시켰을 때 추가로 얻는 이익은 얼마인가?

2.49 평균이 μ이고 분산이 σ^2인 모집단에서 임의추출한 n개 표본에 대하여 표본의 분산을 아래와 같이 정의할 때, 추정식 s^2이 모집단의 분산을 편향 없이 예측함을 증명하라[즉, $E(s^2) = \sigma^2$임을 유도함].

$$\left[\text{힌트} : z_i - \bar{z} = (z_i - \mu) - (\bar{z} - \mu), \ E(\bar{z}) = \mu, \ Var(\bar{z}) = \sigma^2 / n \right]$$
$$s^2 = \frac{1}{n-1}\sum_{i=1}^{n}(z_i - \bar{z})^2, \ \text{여기서} \ \bar{z} = \frac{1}{n}\sum_{i=1}^{n}z_i$$

2.50 부록 Ⅲ에 주어진 유동용량 자료를 이용하여 정규수치변환을 실시하고 변환된 자료의 히스토그램을 그려라.

2.51 다음 적분값을 계산하라. [답 : $\sqrt{\pi}/2$]

$$\int_{-\infty}^{+\infty} x^2 e^{-x^2} dx$$

2.52 표준정규분포에 대하여 다음 질문에 답하라.

(1) $\int_{-\infty}^{\infty} e^{-ax^2} dx = \sqrt{\pi/a}, \ a > 0$ 임을 증명하고 이를 이용하여 누적확률분포 $F(\infty)$의 값이 1이 됨을 보여라.

$$\left[\text{힌트} : \left(\int_{-\infty}^{+\infty} e^{-ax^2} dx \right)^2 = \int_{-\infty}^{+\infty} e^{-ax^2} dx \int_{-\infty}^{+\infty} e^{-ay^2} dy = \int_{-\infty}^{+\infty} \int_{-\infty}^{+\infty} e^{-a(x^2+y^2)} dxdy, \ a > 0 \right]$$

(2) 누적확률분포 식 (2.55)는 에러함수(error function), $erf(z)$를 사용하여 아래의 관계식으로 표시하라.

$$F(z) = \begin{cases} \dfrac{1}{2}[1 + erf(z/\sqrt{2})], & if \quad z \geq 0 \\ \dfrac{1}{2} erfc(-z/\sqrt{2}), & if \quad z < 0 \end{cases}$$

여기서 $erf(z) = \dfrac{2}{\sqrt{\pi}} \int_0^z e^{-x^2} dx, \quad erfc(z) = 1 - erf(z)$

2.53 로그정규분포 확률밀도함수를 이용하여 식 (2.57a)를 증명하라.

$$\left[힌트 : \int_{-\infty}^{\infty} \exp[-(ax^2 + bx + c)]dx = \sqrt{\pi/a} \exp[(b^2 - 4ac)/4a], \ a > 0 \right]$$

2.54 다음의 확률분포에 대하여 특성을 요약하라.

(1) 초기하분포(hypergeometric distribution)

(2) 이항분포(binominal distribution)

(3) 음의 이항분포(negative binominal distribution)

(4) 감마분포(gamma distribution)

(5) 와이블 분포(Weibull distribution)

(6) 푸아송 분포(Poisson distribution)

(7) χ^2 분포

(8) F 분포

(9) t 분포

제3장
회귀분석

3.1 단순선형회귀분석

3.2 중선형회귀분석

상관계수는 두 변수의 선형성 정도를 나타내지만 한 변수의 값을 이용하여 다른 변수값을 예측하지 못한다. 각 변수값들이 주어질 때 원하는 다른 변수값을 예측하기 위해 관계식을 구하는 것을 회귀라 한다. 이 장에서는 변수와 변수 사이의 상관분석과 상관관계를 구체적 수식으로 얻는 회귀분석에 대하여 소개한다. 선형회귀식을 구하는 과정을 통하여 오차를 최소화하는 기본원리를 배운다.

3.1 단순선형회귀분석

(1) 상관분석

두 변수 u와 v의 선형관계 정도를 나타낸 것이 상관계수이며 표 본상관계수는 수식 (3.1a)로 정의 된다. 또한 변수들의 곱의 합 공식을 이용하면 식 (3.1b)로 간단히 표시된다.

$$r = \frac{\sum_{i=1}^{n}(u_i - \overline{u})(v_i - \overline{v})}{\sqrt{\sum_i (u_i - \overline{u})^2}\sqrt{\sum_i (v_i - \overline{v})^2}} \tag{3.1a}$$

$$r = \frac{S_{uv}}{\sqrt{S_{uu}}\sqrt{S_{vv}}}, \text{ 여기서 } S_{uv} = \sum_{i=1}^{n}(u_i - \overline{u})(v_i - \overline{v}) \tag{3.1b}$$

표본의 상관계수는 모집단의 상관계수 $\rho(u,v)$와 같은 의미를 가진다. 상관계수는 두 변수의 선형성을 나타내는 척도로 -1에서 1까지의 값을 가진다. 상관계수값이 1에 가까울수록 강한 양의 선형성을, -1에 가까울수록 강한 음의 상관성을 의미한다. 상관계수값이 0에 가까울수록 선형관계가 약하다는 것이며 아무런 관계가 없다는 것은 아니다. 두 변수가 독립인 경우에도 상관계수가 0이 되지만 2차식과 같은 비선형 관계에 있을 때에도 0에 가깝게 된다.

상관계수는 두 변수의 선형성 정도를 나타내지만 한 변수값을 이용하여 다른 변수값을 예측하지 못한다. 각 변수값들이 주어질 때 원하는 다른 변수값을 예측하기 위해 관계식을 구하는 것을 회귀(regression)라 한다.

우리가 관심을 가지고 예측하고자 하는 변수를 반응변수(response variable), 이에 영향을 미치는 인자를 설명변수(explanatory variable)라 한다. 따라서 회귀의 목적은 설명변수와 반응변수의 관계를 구체적인 함수형태로 나타내고 설명변수의 값으로부터 반응변수의 값을 예측하는 것이다.

(2) 절편이 있는 선형회귀모델

선형 및 비선형 관계식을 포함한 일반적인 회귀식은 식 (3.2)로 표현된다.

$$v = f(u_1, u_2, \ldots, u_m; a_0, a_1, a_2, \ldots) + \varepsilon \tag{3.2}$$

여기서 v는 반응변수, u_i는 설명변수, a_i는 계수, ε은 오차항이다. '오차가 최소로 되고 그 식이 편향되지 않아야 한다(minimum variance unbiased estimator, MVUE)'는 조건을 이용하여 식 (3.2)의 계수를 유일하게 결정한다.

　식 (3.2)로 표현된 수식을 추정식(estimator) 또는 추정자라고 하며 추정식에 의해 예측된 구체적인 값을 추정값(estimate)이라 한다. 단순선형회귀의 경우 식 (3.2)는 식 (3.3a)로 단순화되고 추정식은 식 (3.3b)로 된다. 추정식은 참값을 온전히 예측하지 못하고 오차를 포함한다는 의미에서 식 (3.3b)와 같이 표시되며 〈그림 3.1〉은 그 의미를 보여준다.

　회귀식의 계수는 위에서 언급한 MVUE를 이용하여 결정되며 선형회귀에서는 이 원리를 BLUE(best linear unbiased estimator)라 말하기도 한다.

$$v = a + bu + \varepsilon \qquad\qquad (3.3a)$$

$$\hat{v} = a + bu \qquad\qquad (3.3b)$$

　식 (3.3b)의 두 계수를 결정하기 위하여 편향되지 않는 조건과 참값과 예측값 사이의 오차 분산을 구하면 아래와 같다.

$$bias_{\hat{v}} = E(v) - E(\hat{v}) = E(v) - E(a + bu) = 0$$
$$\sigma_E^2 = E[(v - \hat{v})^2] = E[(v - a - bu)^2]$$

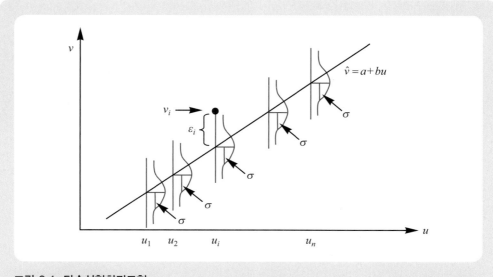

그림 3.1　단순선형회귀모형

앞의 오차분산은 두 계수 a와 b의 함수이다. 추정식이 편향되지 않을 조건이 하나의 관계식을 제공한다. 오차분산을 최소화하기 위해 계수 b에 대하여 편미분하여 0이 되는 조건을 이용하면 두 계수 a와 b는 아래와 같이 결정된다.

$$b = \frac{E(uv) - E(u)E(v)}{E(u^2) - E(u)^2}$$
$$a = E(v) - bE(u)$$

(3.4)

식 (3.3b)로 표현되는 선형회귀식이 얼마나 적합한지를 판단하기 위한 여러 방법이 있다. 만약 설명변수와 반응변수가 아무런 선형관계도 없다면 반응변수에 대한 최소 오차분산을 주는 추정값은 평균 $\bar{v}$이다. 따라서 이들 관계를 비교함으로써 회귀식의 적합성을 판단할 수 있다(그림 3.2).

〈그림 3.2〉에서 주어진 설명변수 u_i를 이용하여 반응변수 v_i의 추정값 $\hat{v}$를 얻는다. 이때 두 변수 사이에 선형관계가 없을 때의 총편차(total deviation) $(v_i - \bar{v})$는 선형회귀식 추정에 의한 오차 $(v_i - \hat{v}_i)$와 회귀오차(regression error) $(\hat{v}_i - \bar{v})$로 나눌 수 있다.

$$v_i - \bar{v} = (v_i - \hat{v}_i) + (\hat{v}_i - \bar{v})$$

위의 식을 제곱하여 모든 자료에 대하여 더하고 임의오차의 특징을 이용하면 식 (3.5)를 얻

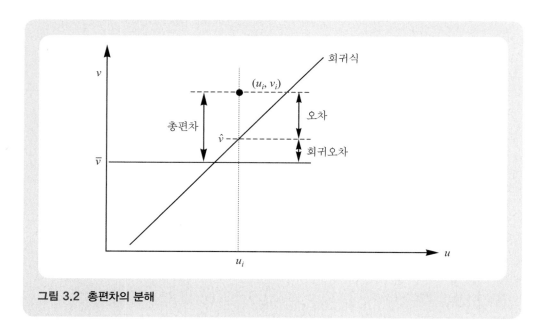

그림 3.2 총편차의 분해

는다. 총편차의 제곱합을 총편차제곱합(sum of squares of total deviation, SST), 오차의 제곱합을 오차제곱합(sum of squares of error, SSE), 회귀오차의 제곱합을 회귀제곱합(sum of squares of regression error, SSR)이라 한다. 주어진 자료수가 n일 때 SST는 $(n-1)$의 자유도를 갖고 SSR은 하나의 자유도를 갖는다. 따라서 SSE는 $(n-2)$의 자유도를 갖는다.

$$\sum_{i=1}^{n}(v_i - \bar{v})^2 = \sum_{i=1}^{n}(v_i - \hat{v}_i)^2 + \sum_{i=1}^{n}(\hat{v}_i - \bar{v})^2$$
$$즉,\ \ \mathrm{SST} = \mathrm{SSE} + \mathrm{SSR}$$
(3.5)

식 (3.1)로 주어진 표본상관계수를 제곱한 것을 결정계수(coefficient of determination)라 하며 이는 SST에 대한 SSR의 비를 나타낸다. 회귀식이 타당할수록 SST에 대한 SSR의 비중은 커지고 (또는 SSE는 작아지고) 또 SST에 접근한다. 따라서 결정계수값이 1에 가까울수록 타당한 선형회귀모델이 된다. 결정계수를 수식으로 표현하면 다음과 같다.

$$r^2 = \frac{\mathrm{SSR}}{\mathrm{SST}} = 1 - \frac{\mathrm{SSE}}{\mathrm{SST}} = 1 - \sum_{i=1}^{n}(v_i - \hat{v}_i)^2 \bigg/ \sum_{i=1}^{n}(v_i - \bar{v})^2$$
(3.6)

(3) 원점을 지나는 선형회귀모델

단순선형회귀의 경우 절편이 0인 경우, $\hat{v} = bu$로 표시된다. 오차분산을 최소화하는 기울기를 구하기 위해, 다음의 오차분산식을 b로 미분하여 0이 되는 조건은 식 (3.7)과 같다.

$$\sigma_E^2 = E[(v - \hat{v})^2] = E[(v - bu)^2]$$

$$b = E(uv)\big/ E(u^2) = \sum_{i=1}^{n} u_i v_i \bigg/ \sum_{i=1}^{n} u_i^2$$
(3.7)

절편이 없는 모델의 경우 선형관계가 없다면 회귀식의 기울기는 0이 되어 반응변수에 대한 최소 오차분산 추정값은 $\bar{v} = 0$이다. 기준으로부터 회귀모델의 이탈을 회귀오차와 추정오차로 설명한다. 이때 절편이 있는 모델은 기준이 $\bar{v}$이고 절편이 없는 모델은 기준이 수평축($v = 0$)이다. 회귀오차와 추정오차를 분리하고 식의 양변을 제곱하면 식 (3.8)의 관계를 구할 수 있다. 이를 통해 결정계수를 구하면 식 (3.9)가 된다.

$$v_i = \hat{v}_i + (v_i - \hat{v}_i)$$

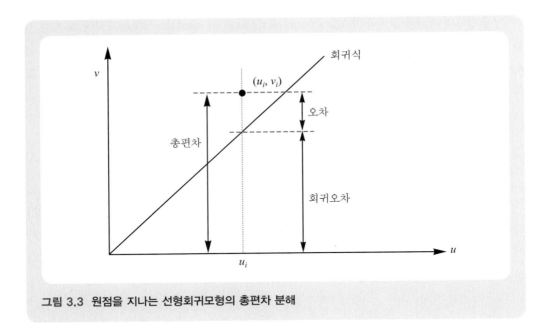

그림 3.3 원점을 지나는 선형회귀모형의 총편차 분해

$$\sum_{i=1}^{n} v_i^{\,2} = \sum_{i=1}^{n} \hat{v}_i^{\,2} + \sum_{i=1}^{n} (v_i - \hat{v}_i)^2 \tag{3.8}$$

$$r^2 = \frac{\text{SSR}}{\text{SST}} = 1 - \frac{\text{SSE}}{\text{SST}} = 1 - \sum_{i=1}^{n} (v_i - \hat{v}_i)^2 \Big/ \sum_{i=1}^{n} v_i^{\,2} \tag{3.9}$$

　결정계수를 이용하여 선형회귀분석을 평가할 때 유의할 사항이 하나 있다. 절편이 없는 모델의 결정계수가 절편이 있는 모델의 결정계수보다 증가하는 경우가 대부분이다. 그러나 이것이 더 타당한 모델이라는 의미가 아님을 분명히 알아야 한다. 왜냐하면 이때 계산된 결정계수는 식 (3.6)이 아니라 식 (3.9)로 정의되기 때문이다. 식 (3.9)에서 두 번째 항의 분모가 크게 증가하므로 결과적으로 더 큰 결정계수를 준다. 이러한 현상은 자료들이 원점에서 멀리 떨어져 있을수록 심해진다.

　결정계수는 추정식의 타당성을 나타내는 좋은 인자 중 하나이지만 오직 결정계수만으로 모델을 선정하는 것은 바람직하지 않다. 동일한 자료를 바탕으로 원점을 지나는 모델과 원점을 지나지 않는 모델의 적절성을 평가할 때는 오차제곱합의 크기를 비교하는 것도 좋은 방법이다. 설명변수와 반응변수의 물리적 관계도 원점을 지나는 모델의 적합여부를 판단하는 데 활용될 수 있다. 다음 예제는 원점을 강제적으로 지나게 하는 모델(즉, $a = 0$)의 한계를 잘 보여준다.

| **예제 3.1** | 〈표 3.1〉의 자료는 평균온도(u)와 팥빙수 판매량(v)을 14일 동안 기록한 자료라고 가정하자. 팥빙수의 판매량을 반응변수로 온도를 설명변수로 할 때, 원점을 지나는 경우와 원점을 지나지 않는 경우의 선형회귀식을 유도하고 그 적절성을 평가하라.

표 3.1 팥빙수 판매량와 온도 자료

팥빙수 판매량(개)	온도(℃)
80	30
63	27
90	35
81	30
55	26
66	28
83	33
77	30
55	25
89	32
50	26
73	30
65	27
80	31

원점을 지나지 않는 추정식은 식 (3.4)를 이용하면 $\hat{v}=4.20u-50.99$이다. 원점을 지나는 추정식은 식 (3.7)로부터 $\hat{v}=2.47u$이다. 〈그림 3.4〉는 자료분포와 두 경우의 직선식을 보여 준다.

식 (3.5)와 식 (3.8)을 이용하여 각각의 SST, SSE, SSR을 계산하면 〈표 3.2〉와 같다. 이때 주의할 점은 강제로 원점을 지나게 한 회귀식의 경우 이들의 관계는 식 (3.5)가 아닌 식 (3.8)을 사용한다는 것이다. 〈표 3.2〉의 값을 바탕으로 결정계수를 구하면 절편이 있는 경우 $r^2=0.889$, 강제로 원점을 지나는 경우 $r^2=0.992$이다. 절편을 강제적으로 0으로 한 회귀모형의 결정계수가 0.103 가량 더 크다. 하지만 이를 근거로 원점을 지나는 회귀모형이 더 적절하다고 판단한다

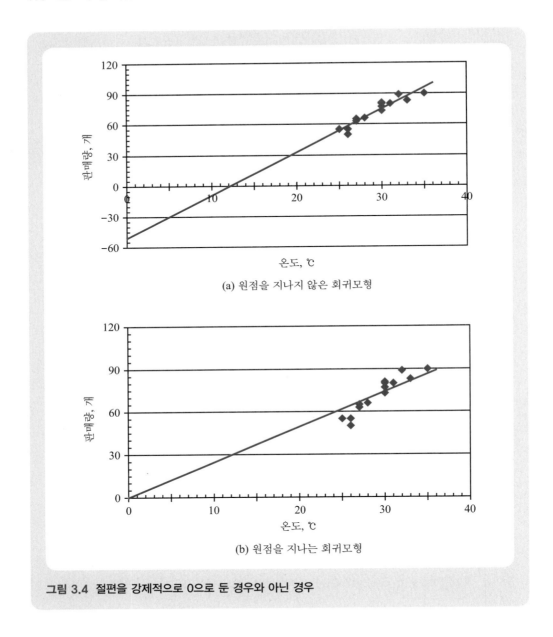

(a) 원점을 지나지 않은 회귀모형

(b) 원점을 지나는 회귀모형

그림 3.4 절편을 강제적으로 0으로 둔 경우와 아닌 경우

면(그림 3.4에서 보듯이) 이는 잘못된 결론이다.

앞서 언급한 바와 같이 원점을 지나는 모형의 경우 그 정의에 의해 원점에서 멀수록 결정계수값이 커진다. 의문이 드는 독자는 〈연구문제 3.3〉을 풀어보고 〈예제 3.1〉 결과와 비교해 보기를 바란다.

원점을 지나는 모형과 그렇지 않은 모형의 적절성을 비교할 때는 결정계수보다는 SSE를 비교하는 것이 적절하다. 〈표 3.2〉에서 원점을 지나지 않은 모형의 SSE가 원점을 지나는 모형에 비해 반 이하의 작은 값을 가지므로 원점을 지나지 않는 모형이 더 적절함을 알 수 있다.

표 3.2 총편차제곱합, 회귀제곱합, 오차제곱합의 비교

구분	SST	SSR	SSE	결정계수
절편 유지	2196.9	1952.9	244.0	0.889
절편＝0	74629.0	74052.0	577.0	0.992

(4) 임의오차

회귀식이 신빙성을 갖기 위해서는 오차 $(v_i - \hat{v}_i)$가 다음과 같은 성질을 만족해야 한다. 〈그림 3.5〉는 이들 조건을 만족하지 않는 경우의 예이다.

- 선형성, $E(\varepsilon) = 0$
- 등분산성, $Var(\varepsilon) = \sigma^2$
- 독립성, $E(\varepsilon x_i) = 0$
- 정규성, $\varepsilon_i \sim N(0, \sigma^2)$

회귀모형이 타당하기 위해서는 회귀식에 의한 오차가 선형성, 등분산성, 독립성, 정규성을 만족해야 한다. 이와 같은 성질을 만족하는 오차가 임의오차(random error) 또는 백색잡음(white noise)이다. 회귀식이 임의오차를 갖는 것은 예측오차가 0을 중심으로 분포하고 평균치가 0이며 분포가 정규성을 보인다는 것이다. 또한 예측치가 특정 방향으로 치우치지 않아 오차가 편향되지 않는다는 의미이다.

〈그림 3.5〉는 회귀식이 타당한지를 판정할 수 있는 예측오차의 분포를 보여준다. 선택한 선형식의 예측오차가 특별한 방향으로 치우쳐 나타난다면 이는 최종 모델식이나 식의 차수가 잘못 선정되어 사용한 모델이 타당하지 않다는 의미이다. 이처럼 예측오차의 분포를 이용하여 회귀식의 적합성을 판별하는 과정을 잔차분석이라 한다. 잔차분석에 의한 회귀식의 검증절차는 일반통계 및 회귀분석 교재를 참고하기 바란다.

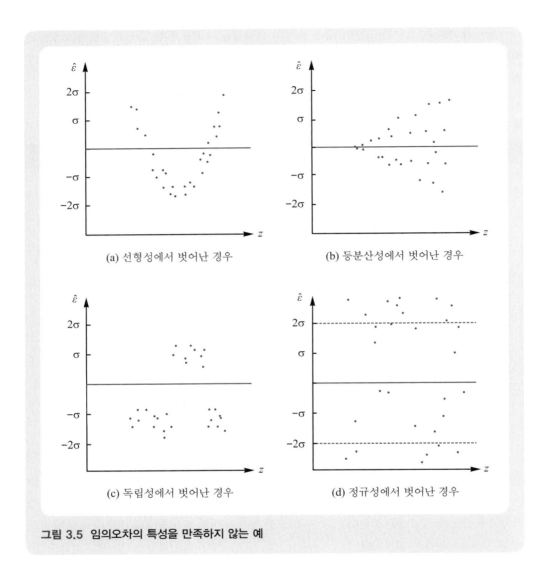

(a) 선형성에서 벗어난 경우

(b) 등분산성에서 벗어난 경우

(c) 독립성에서 벗어난 경우

(d) 정규성에서 벗어난 경우

그림 3.5 임의오차의 특성을 만족하지 않는 예

| **예제 3.2** | 다음 두 조의 자료의 평균과 분산을 비교하라. 단순선형회귀식을 구하고 SST, SSR, SSE, 결정계수를 비교하라. 예측오차를 산포도로 나타내고 예측오차가 임의오차의 특성을 만족하는지 평가하라.

표 3.3 평균과 분산이 같은 자료의 예측오차 비교

u_1	v_1	u_2	v_2
4	5.46	4	4.3
5	6.68	5	5.74
6	8.04	6	6.93
7	5.42	7	7.86
8	7.35	8	8.54
9	9.01	9	8.97
10	8.04	10	9.14
11	8.13	11	9.06
12	10.44	12	8.73
13	6.98	13	8.14
14	9.16	14	7.3

두 자료의 평균과 분산은 각각 7.70, 2.15로 소수점 둘째 자리까지 일치한다. 선형회귀식도 $\hat{v} = 0.03u + 5.0$으로 동일하며 SST, SSR, SSE, 결정계수도 아래와 같이 거의 같다.

오차합	자료 1	자료 2
SST	23.7	23.7
SSR	9.9	9.9
SSE	13.8	13.8
결정계수	**0.42**	**0.42**

하지만 두 자료의 예측오차는 〈그림 3.6〉과 같다. 그림에서 두 번째 자료의 예측오차(그림 3.6b)는 2차다항식 형태이므로 이 자료를 선형회귀모델로 분석하는 것은 적절하지 않다. 따라서 모든 회귀분석에 있어서 예측오차가 임의오차 성질들을 만족하는지 시각적으로 확인하는 것이 중요하다. 회귀분석뿐만 아니라 다양한 자료분석에서 숫자로 주어진 통계치만으로 자료를 비교하는 것이 얼마나 위험한지 독자들은 알아야 한다.

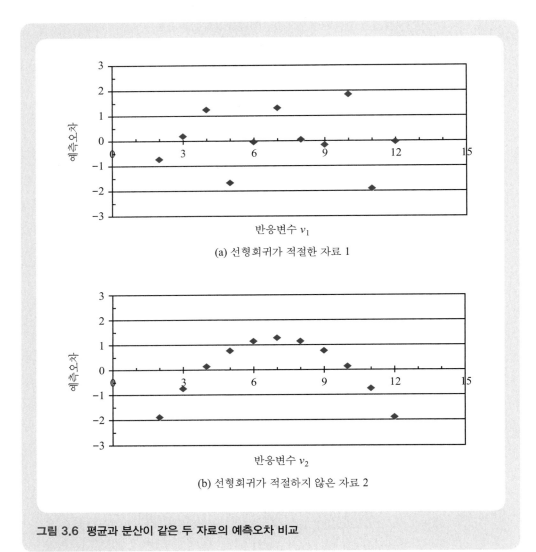

(a) 선형회귀가 적절한 자료 1

(b) 선형회귀가 적절하지 않은 자료 2

그림 3.6 평균과 분산이 같은 두 자료의 예측오차 비교

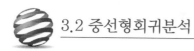

3.2 중선형회귀분석

(1) 중선형회귀모델

가게의 매출액에 영향을 주는 인자는 인접한 전철역과의 거리, 가게의 크기, 특정반경 내 인구수 (또는 유동인구수) 등이 될 수 있다. 아마도 인구수, 가게의 규모는 매출액과 양의 상관관계를, 전철역과의 거리는 음의 상관관계를 가질 것이다. 이처럼 반응변수가 다양한 설명변수들의 영향을 받을 때, 이들을 종합적으로 분석하는 것이 필요하다.

이와 같이 복수의 설명변수를 이용한 선형회귀분석을 중선형회귀분석이라 한다. 식 (3.2) 의 회귀식이 2개 이상의 설명변수를 가지는 경우를 중회귀모델이라 하고 이들이 선형식으로 표현될 때를 중선형회귀모델이라 한다.

설명변수가 M개 있을 때 추정식은 식 (3.10)으로 표현된다. 단순선형회귀모델에서와 같이 중선형회귀모델의 경우에도 오차는 임의오차의 특징을 가진다.

$$\hat{v} = a_0 + \sum_{i=1}^{M} a_i u_i \tag{3.10}$$

여기서 a_i는 계수, u_i는 설명변수, M은 사용한 설명변수의 총수이다.

단순선형회귀모델에서 사용된 조건, 즉 추정식 (3.10)이 편향되지 않고 오차분산을 최소화 하는 동일한 조건으로부터 각 계수를 결정한다. 추정식의 편향이 없다는 조건으로 식 (3.11a)를 구한다. 오차분산을 최소로 하는 계수를 얻기 위하여 식 (3.11b)를 사용한다. 식 (3.11b)에 추정식 (3.10)을 대입하고 임의의 계수 a_j에 대하여 편미분하여 정리하면, 식 (3.11c)의 회귀방정식을 얻는다.

$$a_0 = E(v) - \sum_{i=1}^{M} a_i E(u_i) \tag{3.11a}$$

$$\frac{\partial}{\partial a_j} \sigma_E^2 = \frac{\partial}{\partial a_j} E[(v - \hat{v})^2] = 0, \ \ j = 1, M \tag{3.11b}$$

$$\sum_{i=1}^{M} a_i E(u_j u_i) = E(vu_j) - a_0 E(u_j), \ \ j = 1, M \tag{3.11c}$$

식 (3.11c)에 식 (3.11a)를 대입하고 정리하면, 식 (3.12)와 같은 회귀방정식을 얻으며 이를 정규방정식이라고도 한다. 비선형회귀분석의 경우에도 먼저 변수변환으로 새로운 선형변수를 정의하고 그 변수를 이용하여 비선형회귀분석도 할 수 있다(최종근, 2010).

$$\sum_i^M a_i Cov(u_j, u_i) = Cov(v, u_j), \ \ j = 1, M$$

$$a_0 = E(v) - \sum_i^M a_i E(u_i)$$

(3.12)

정규방정식 (3.12)는 행렬방정식 형태로 표시할 수 있으며 공분산의 특징에 의해 해당 행렬은 대칭행렬이 된다. 각 설명변수가 상호독립이면 서로 다른 변수간의 공분산은 0이다. 따라서 공분산행렬은 단순히 대각행렬이 된다.

식 (3.13a)는 식 (3.12)에서 $M = 3$인 경우, 즉 3개 설명변수를 가지는 경우를 행렬방정식으로 표현한 것이다. 유의할 사항은 행렬방정식으로부터 a_1, a_2, a_3를 구하고 a_0는 식 (3.12)의 두 번째 식으로 구한다는 것이다. 또한 a_0까지 포함시켜 회귀방정식을 만들 수도 있으며 식 (3.13b)와 같은 정규방정식도 가능하다.

$$\begin{bmatrix} C_{11} & C_{12} & C_{13} \\ C_{21} & C_{22} & C_{23} \\ C_{31} & C_{32} & C_{33} \end{bmatrix} \begin{bmatrix} a_1 \\ a_2 \\ a_3 \end{bmatrix} = \begin{bmatrix} C_{1v} \\ C_{2v} \\ C_{3v} \end{bmatrix}$$

(3.13a)

여기서 $C_{ij} = Cov(u_i, u_j), \ C_{iv} = Cov(u_i, v)$

$$\begin{bmatrix} 1 & E(u_1) & E(u_2) & E(u_3) \\ E(u_1) & E(u_1^2) & E(u_1 u_2) & E(u_1 u_3) \\ E(u_2) & E(u_2 u_1) & E(u_2^2) & E(u_2 u_3) \\ E(u_3) & E(u_3 u_1) & E(u_3 u_2) & E(u_3^2) \end{bmatrix} \begin{bmatrix} a_0 \\ a_1 \\ a_2 \\ a_3 \end{bmatrix} = \begin{bmatrix} E(v) \\ E(u_1 v) \\ E(u_2 v) \\ E(u_3 v) \end{bmatrix}$$

(3.13b)

여기서 $E(\ \ )$는 평균값이다.

(2) 중선형회귀모델 선정

선형회귀모델을 선정하는 기준은 여러 가지가 있다. 주어진 n개 자료쌍과 M개 설명변수를 사용한 회귀모델의 선정에 이용되는 인자들은 다음과 같다.

- 다중결정계수, $r^2 = \dfrac{SSE}{SST}$
- 오차제곱합평균, $SSE_M = SSE/(n-1-M)$
- 조정결정계수, $\bar{r}^2 = 1 - \dfrac{n-1}{n-1-M}(1-r^2)$
- 정규화된 총오차, $E(SSE_M)/\sigma^2 + 2(M+1) - n$

여기서 SSE는 M개 인자를 사용한 회귀식의 오차제곱합이다.

다중선형회귀모델을 선정하는 기준 중 하나가 다중결정계수인데 1에 가까울수록 회귀모델이 타당하다. 하지만 그 값은 설명변수의 개수가 많을수록 증가하는 특성이 있다. 따라서 단순히 다중결정계수만 이용할 경우 필요 이상으로 복잡한 모델을 얻으며 또 추정식을 이용하기 위해 많은 설명변수를 필요로 하는 단점이 있다.

다른 판단기준은 오차제곱합을 자유도로 나눈 오차제곱합평균이다. 이는 하나의 설명변수가 추가됨으로써 얻는 오차의 감소영향과 자유도가 1만큼 감소함으로 인한 오차제곱합평균의 증가영향을 동시에 고려한다. 따라서 최소 오차제곱합평균을 나타내는 모델을 선정할 수 있다.

조정결정계수(adjusted coefficient of determination)는 오차제곱합평균과 유사한 개념으로 SSE와 SST를 각각의 자유도인 $(n-1-M)$과 $(n-1)$로 나눈 값이다. 이는 설명변수가 추가될수록 결정계수가 커지는 단점을 보완해준다. 식의 유도과정은 다음과 같다.

$$\bar{r}^2 = 1 - \frac{SSE/(n-1-M)}{SST/(n-1)} = 1 - \frac{n-1}{n-1-M}\frac{SSE}{SST} = 1 - \frac{n-1}{n-1-M}\left(1 - \frac{SSE}{SST}\right)$$
$$= 1 - \frac{n-1}{n-1-M}(1-r^2)$$

회귀식 선정의 또 다른 인자로 정규화된 총오차를 사용할 수 있다. 오차제곱합에 대한 기대값을 파악하기 어려운 경우에는 오차제곱합을 평균으로 근사하여 정규화된 총오차를 계산한다. 자료수 n이 충분히 크면 인자개수 M의 영향은 상대적으로 감소한다. 따라서 주어진 자료수와 회귀모델 선정기준을 잘 활용하여 목적에 맞는 회귀식을 선정한다. 〈예제 3.3〉은 다중회귀분석의 구체적인 과정과 유의사항을 보여주는 예이다. 따라서 독자들이 설명된 각 부분을 이해하여 자신의 학업에 이용하길 기대한다.

| **예제 3.3** | 〈표 3.4〉에 주어진 철강자료를 사용하여 반응변수 Product(예 : 철강제품의 수명 등)를 추정하는 선형회귀식을 구하라. 다중회귀모델 선정기준을 이용하여 적절성을 평가하라.

표 3.4 철강자료

Product	Width	Density	Strength
763	19.8	128	86
650	20.9	110	72
554	15.1	95	62
742	19.8	123	82
470	21.4	77	52
651	19.5	107	72
756	25.2	123	84
563	26.2	95	83
681	26.8	116	76
579	28.8	100	64
716	22.0	110	80
650	24.2	107	71
761	24.9	125	81
549	25.6	89	61
641	24.7	103	71

　　통계자료를 분석할 때는 먼저 주어진 원자료의 분포형태를 파악하고 특이값의 유무 등을 판별해야 한다. 이를 위해 세 설명변수와 반응변수를 각각 그려보면 〈그림 3.7〉과 같다.

　　〈그림 3.7c〉를 보면 (Strength, Product) = (83, 563)의 위치가 다른 자료의 분포에 비해 극단적으로 떨어져 있는 것을 확인할 수 있다. 이 자료는 자료검증의 중요성을 강조하기 위해 임의로 첨가한 값으로 정확한 분석을 위해서는 해당 정보를 제외해야 한다. 특이값을 제외한 14개 자료만으로 다시 도시하면 〈그림 3.8〉과 같다.

　　먼저 설명변수 Width, Density, Strength와 반응변수 Product에 대해 단순선형회귀분석을 수행하면 〈그림 3.8〉과 같이 Strength-Product의 결정계수가 0.988로 가장 크고, Density-Product의 결정계수는 0.956으로 양호하다. 하지만 Width-Product의 결정계수는 0.002로 상관관계가 매우 떨어진다.

　　단순회귀모형에서 가장 높은 결정계수값을 보인 Strength에 나머지 변수들을 추가하여 2개와 3개 설명변수를 사용한 경우, 앞서 언급한 다중회귀모델 선정기준을 이용하여 모델의 적절성을 살펴보자.

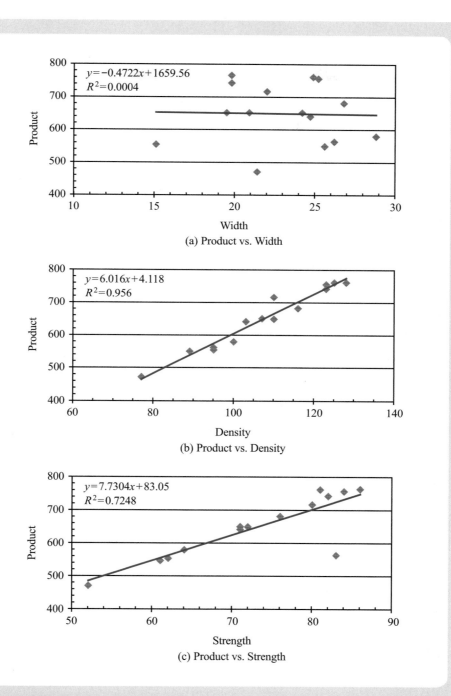

(a) Product vs. Width

(b) Product vs. Density

(c) Product vs. Strength

그림 3.7 주어진 자료의 개별 설명변수 분포

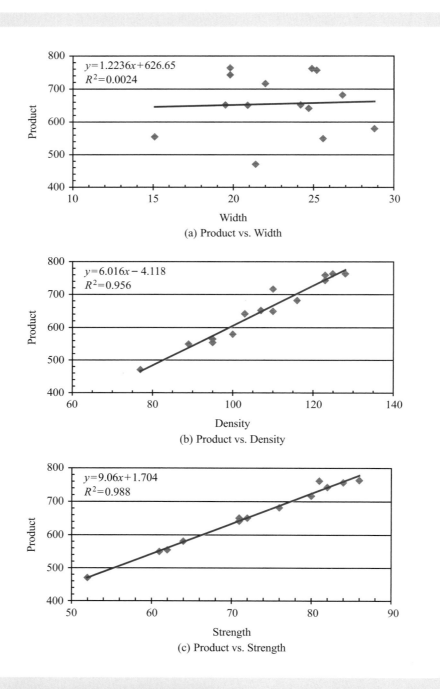

그림 3.8 특이값을 제외한 개별 설명변수의 분포

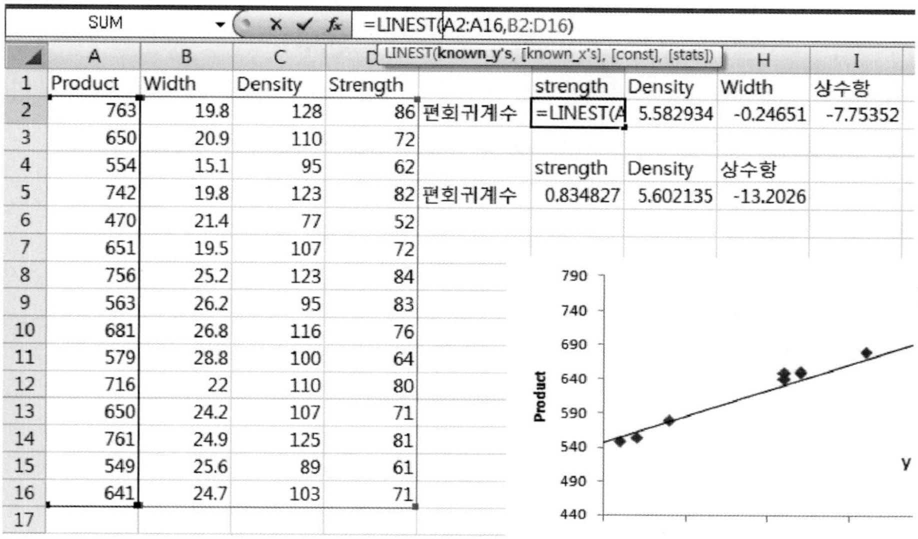

SUM =LINEST(A2:A16,B2:D16)

LINEST(known_y's, [known_x's], [const], [stats])

	A	B	C	D	E	F	G	H	I
1	Product	Width	Density	Strength		strength	Density	Width	상수항
2	763	19.8	128	86	편회귀계수	=LINEST(A	5.582934	-0.24651	-7.75352
3	650	20.9	110	72					
4	554	15.1	95	62		strength	Density	상수항	
5	742	19.8	123	82	편회귀계수	0.834827	5.602135	-13.2026	
6	470	21.4	77	52					
7	651	19.5	107	72					
8	756	25.2	123	84					
9	563	26.2	95	83					
10	681	26.8	116	76					
11	579	28.8	100	64					
12	716	22	110	80					
13	650	24.2	107	71					
14	761	24.9	125	81					
15	549	25.6	89	61					
16	641	24.7	103	71					
17									

그림 3.9 Excel 내장함수를 이용한 다중회귀식 계산

이 예제는 자료수가 많지 않으므로 엑셀이 제공하는 통계함수인 LINEST를 이용하였다. 이때 주의할 점은 설명변수 u, v, w의 순서로 설명변수의 영역을 정하였다면 회귀계수는 w, v, u, 상수항의 순서로 반환된다는 것이다. 〈그림 3.9〉는 주어진 자료를 이용하여 다중회귀식의 계수를 구하는 모습이다. 독자들은 자신에게 익숙한 상용 프로그램을 이용할 수 있다.

Strength와 Density, Strength와 Width, 모든 설명변수를 이용하는 경우의 추정식들은 다음과 같다.

$$P = 1.154D + 7.409S - 6.802$$

$$P = 0.076W + 9.055S - 18.985$$

$$P = 1.087D + 7.501S + 0.673W - 21.506$$

여기서 P = Product, D = Density, S = Strength, W = Width

〈표 3.5〉는 다중결정계수(r^2)를 보여준다. Strength와 더불어 두 설명변수를 이용할 때, Width보다 Density를 추가할 때 더 높은 결정계수를 얻는다. 그러나 Strength만으로 구한 결정

계수보다 Strength와 Width를 사용한 추정식의 결정계수가 매우 미세하게 높게 나타나는데, 이는 Width-Product의 결정계수가 0에 가까운 것과 일치한다. 따라서 Width는 설명변수로서 적절치 못하므로 결정계수만을 근거로 Width를 설명변수로 추가해서는 안 된다.

회귀모형의 결정계수값은 설명변수의 개수가 증가할수록 커지기 때문에 이 점을 유의해야 한다. 조정결정계수를 이용할 경우, Strength만을 이용할 때보다 Width를 추가할 때 결과가 악화된다(표 3.5). 즉, Width를 추가할 경우 오차제곱합평균이 커지므로 Width는 설명변수로서 부적절하다.

세 설명변수를 쓸 경우에도 단순히 결정계수만을 보면 세 변수를 다 이용하는 것이 가장 좋아 보인다. 그러나 조정결정계수 또는 오차제곱합평균을 기준으로 판단하면 Strength와 Density만을 사용하는 회귀식이 최적이다. 제안된 최종 회귀식은 다음과 같다.

$$P = 1.154\,D + 7.409\,S - 6.802$$

표 3.5 결정계수의 비교

사용변수	결정계수	조정결정계수	SSE_M
S	0.9883	0.98731	104.2
S & W	0.9892	0.98729	104.4
S & D	0.9903	0.98852	94.3
S, W & D	0.9910	0.98830	96.1

* 여기서 S는 strength, W는 width, D는 density

3.1 단순선형회귀식에 대하여,

(1) 오차분산식을 최소화하기 위해, 두 계수 a와 b에 대하여 편미분하여 0이 되는 해를 구하고 그 조건이 식 (3.4)와 동일함을 보여라.

(2) 식 (3.4)의 b는 아래와 같은 수식 (즉, $b = S_{uv}/S_{uu}$)으로 표현될 수 있음을 보여라.

$$b = \sum_{i=1}^{n}(u_i - \overline{u})(v_i - \overline{v}) \Big/ \sum_{i=1}^{n}(u_i - \overline{u})^2$$

3.2 다음 물음에 답하라.

(1) 단순선형회귀식 (3.3a)의 잔차, $\varepsilon_i = v_i - \hat{v}_i$ 에 대하여 다음이 성립함을 보여라. 여기서 n은 자료쌍의 총개수이다.

　　1. $\displaystyle\sum_{i=1}^{n}\varepsilon_i = 0$

　　2. $\displaystyle\sum_{i=1}^{n}u_i\varepsilon_i = 0$

(2) 총편차 분해식의 양변을 제곱해서 더할 때 다음의 관계식이 0이 됨을 보여라.

$$\sum_{i=1}^{n}2(v_i - \hat{v}_i)(\hat{v}_i - \overline{v}) = 0$$

(3) 회귀제곱합과 오차제곱합에 대하여 다음 관계식을 유도하라.

　　1. $\mathrm{SSR} = b^2 S_{uu} = \left(\displaystyle\sum_{i=1}^{n}c_i v_i\right)^2$, 여기서 $c_i = (u_i - \overline{u})\big/\sqrt{S_{uu}}$

　　2. $\mathrm{SSE} = S_{vv} - b^2 S_{uu} = S_{vv} - b S_{uv}$

3.3 〈표 3.6〉의 자료를 이용하여 원점을 지날 때와 지나지 않는 경우의 선형회귀모형을 비교하라. 각각의 결정계수값을 〈예제 3.1〉의 결과와 비교하라. [이 연구문제는 반응변수값들을 원점에 가깝게 평행이동하면, 강제적으로 원점을 지나게 한 회귀식은 결정계수가 작아지고 원점을 지나지 않은 회귀식은 그 값이 불변함을 보여준다.]

표 3.6 〈표 3.1〉의 자료를 평행이동한 자료($v^* = v - 48$)

v^*	u
32	30
15	27
42	35
33	30
7	26
18	28
35	33
29	30
7	25
41	32
2	26
25	30
17	27
32	31

3.4 상용 통계프로그램 SAS에서 사용되는 다중선형회귀식의 행렬방정식을 보이고 식 (3.12)와의 관계를 설명하라.

3.5 〈표 3.7〉은 음식점의 매출액, 가까운 지하철역까지의 거리, 점포넓이, 직원의 평균나이에 관한 자료이다. 이를 이용하여 다중선형회귀분석을 수행하고 최종 회귀식을 제시하라.

표 3.7 매출액 자료

매출액	지하철역까지의 거리	점포넓이	직원의 평균나이
938	20	20	45
945	0	21	33
600	110	16	37
416	90	10	44
492	150	14	37
594	115	16	39
726	20	17	44
925	0	20	50
396	165	12	49
728	90	18	38

3.6 확률변수 z는 여러 가지 온도(T)에서 구운 벽돌의 강도를 나타낸다고 가정하자. 10개 자료에 대하여 다음과 같은 통계치가 주어졌을 때 물음에 답하라.

$$\sum_i T_i = 82, \quad \sum_i z_i = 320, \quad \sum_i (T_i - \overline{T})^2 = 123, \quad \sum_i (z_i - \overline{z})^2 = 192$$

$$\sum_i (z_i - \overline{z})(T_i - \overline{T}) = 116$$

(1) 절편이 없는 선형회귀모델 $z = bT$를 가정할 때 기울기 b를 계산하라.

(2) 절편이 있는 모델 $z = a_0 + a_1 T$를 가정할 때 각 계수를 결정하라. 회귀식의 오차제곱합 평균[SSE/$(n-2)$]을 평가하라.

(3) 아래의 식을 사용하여 주어진 회귀분석 결과를 얻었다고 가정하자. 이 모델을 이용하여 새로운 회귀식 $z = a_0 + a_1 T + a_2 T^2$의 계수를 결정하라.

$$z = b_0 + b_1 u + b_2 u^2, \quad \text{여기서} \quad u = T - 8.2$$

$$b_0 = 35.0, \quad b_1 = 1.2, \quad b_2 = -0.24$$

(4) 위에 언급된 회귀식이 타당하다고 가정하고 벽돌의 최대강도를 위한 온도를 예상하라.

3.7 두 설명변수 V_1, V_2에 대하여 반응변수 Z를 가정하자. 주어진 n개 자료에 대하여 각 변수를 정규화하여 이를 각각 v_1, v_2, z라 하였을 때 다음과 같은 값을 얻었다.

$$\sum_{i=1}^{n} z_i v_{1i} = 7, \quad \sum_{i=1}^{n} z_i v_{2i} = 8, \quad \sum_{i=1}^{n} v_{1i} v_{2i} = 0.99$$

$$\left[\text{정규화 예}: z = (Z_i - \overline{Z}) \bigg/ \sqrt{\sum_{i=1}^{n} (Z_i - \overline{Z})^2} \right]$$

(1) 선형회귀식 $z = a_0 + a_1 v_1$을 사용할 때, 계수를 결정하라.

(2) 선형회귀식 $z = a_0 + a_1 v_1 + a_2 v_2$를 사용할 때, 계수를 계산하라.

G E O S T A T I S T I C S

제4장
베리오그램

4.1 공간적 상호관계의 척도
4.2 베리오그램 종류
4.3 베리오그램 모델링
4.4 다점정보 모델링

주어진 자료들을 이용하여 미지값을 예측하기 위해서는 먼저 자료들의 공간적 상호관계를 파악해야 한다. 베리오그램은 일정한 거리만큼 떨어진 자료들의 유사성 정도를 나타내는 지표로 크리깅 기법에 반드시 필요하다.

이 장에서는 공간적 상호관계의 척도를 나타내는 여러 용어들의 정의와 구체적 계산법에 대하여 소개한다. 특히 베리오그램의 종류와 양의 정부호를 만족하는 모델링 기법을 공부한다. 각 용어들에 대한 정의를 중심으로 기술하고 이해를 돕기 위해 구체적 예를 제시하였다.

4.1 공간적 상호관계의 척도

주어진 자료들을 이용하여 미지값을 예측하기 이전에 먼저 자료들의 공간적 상호관계와 연속성의 정도를 파악해야 한다. 그에 대한 척도의 종류는 다음과 같다.

- 상관그램(correlogram)
- 공분산그램(covariogram)
- 매도그램(madogram)
- 베리오그램(variogram)
- 상호 베리오그램(cross variogram)

(1) 자기상관과 공분산

1. 자기상관

우리는 여러 형태의 자료들을 얻고 그들의 상관관계를 분석하고 이용한다. 자료들의 상관관계는 다음과 같은 종류가 있으며 〈그림 4.1〉은 개념적 예를 보여준다.

- 단순상관(simple correlation)
- 상호상관(cross correlation)
- 자기상관(autocorrelation)

〈그림 4.1〉과 같이 시추정 2개를 시추하였을 때, 각 시추정의 암석표본으로 깊이에 따른 지층의 공극률(= 공극부피/총부피)과 유체투과율(permeability)을 얻었다고 하자. 단순상관은 동일한 위치에서 얻은 서로 다른 두 변수 간의 상관관계이다. 구체적으로 시추정의 동일한 심도에서 얻은 공극률과 유체투과율의 상관관계이다.

상호상관은 교차상관이라고도 하며 이 책에서는 의미상으로 더 가까운 상호상관을 사용하였다. 상호상관은 서로 다른 위치에서 얻는 동일한 변수에 대한 상관관계이다. 두 시추정에서 얻은 유체투과율 간의 상관관계가 그 예이다. 이들 사이의 관계식을 알면 하나의 변수를 이용하여 다른 변수값을 예측하는 것이 가능하다.

때로는 서로 다른 위치들에 대하여 오직 하나의 변수값만 알려져 있는 경우, 위치에 따른 동일 변수의 상관관계를 자기상관이라 하고 식 (4.1a)로 정의된다. 예를 들어 〈그림 4.1〉에서와 같

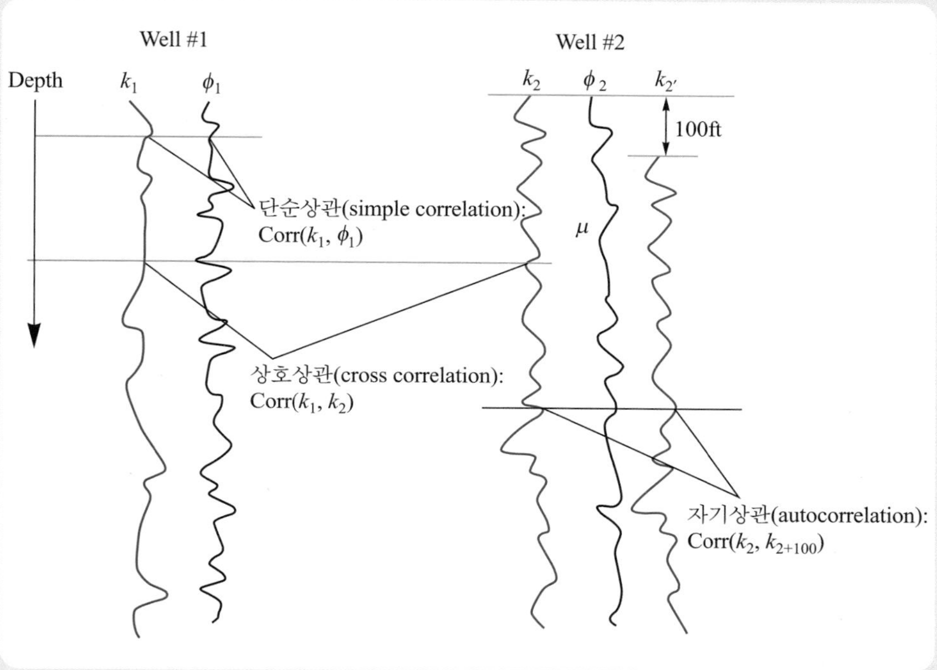

그림 4.1 단순상관, 상호상관, 자기상관

이 두 번째 시추정에서의 유체투과율과 100ft 만큼 깊은 곳에서의 유체투과율(동일 시추정, 동일 변수)의 상관관계를 말한다.

$$\rho(z_i, z_{i+k}) = \frac{Cov(z_i, z_{i+k})}{\sqrt{Var(z_i)Var(z_{i+k})}} \tag{4.1a}$$

여기서 하첨자 k는 두 자료 간의 거리를 나타내는 지연지표(lag index)이다.

지연지표는 특별한 물리적 의미가 있는 것이 아니고 자료의 공간적 거리를 첨자로 나타낸 것이다. 지연지표에 의한 공간적 거리를 지연거리(lag distance) 또는 분리거리(separation distance)라 하며 이는 동일한 의미로 혼용된다. 기하학적 의미로는 분리거리가 더 타당하며 첨자를 이용한 자료의 표현에서는 지연거리가 더 타당하다고 할 수 있다. 따라서 이 책에서도 같은 의미로 혼용되고 있으며 공간자료를 분석한다는 관점에서 분리거리를 선호하였다.

2. 자기공분산

두 변수 사이의 상관계수와 마찬가지로 자기상관계수를 얻기 위해서는 자기공분산(autocovariance)을 계산해야 한다. 자기공분산은 임의의 거리만큼 떨어져 있는 동일한 자료들의 유사성 정도를 나타내며 식 (4.2a)와 같이 정의된다. 서로 다른 두 변수의 공분산 계산과 동일한 원리이지만 일정거리만큼 떨어진 자료의 각 쌍들로 이루어진 값들을 이용한다.

$$Cov(z_i, z_{i+k}) = E[(z_i - \bar{z}_i)(z_{i+k} - \bar{z}_{i+k})]$$
$$= E(z_i z_{i+k}) - E(z_i)E(z_{i+k}) \tag{4.2a}$$

일반적으로 자기공분산은 분리거리가 가까울수록 크고 그 거리가 증가할수록 작아지며 일정거리 이상에서는 아무런 경향을 나타내지 않는다. 더 이상 상관관계를 보이지 않는 일정거리를 상관거리(correlation length), 상관구간(correlation range), 또는 간단히 구간(range)이라 한다.

구체적인 계산예를 위하여 〈표 4.1〉과 같이 등간격으로 분포하는 1차원 자료 n개가 있다고 가정하자. 지연거리가 1인 경우, 자료들의 상호 위치가 1만큼 떨어져 있는 모든 자료쌍이 계산 대상이 된다. 등간격 1차원 자료이므로 모든 자료쌍을 찾으면 〈표 4.1〉의 세 번째 열에 주어진 것 같이 총 $(n-1)$개가 존재한다. 이를 서로 다른 두 변수의 공분산 계산과 비교하여 설명하면, $u = \{z_1, z_2, z_3, \cdots, z_{n-1}\}$와 $v = \{z_2, z_3, z_4, \cdots, z_n\}$의 각각 $(n-1)$개 자료이다.

따라서 이들 두 자료의 (자기)공분산과 (자기)상관계수를 구하는 것은 어려운 일이 아니다. 지연거리가 1인 경우와 마찬가지로 지연거리가 k인 경우에 $(n-k)$개 자료 쌍이 존재한다. 이때 식 (4.2a)로 정의된 공분산은 식 (4.2b)를 이용하여 구체적으로 계산한다.

$$Cov(z_i, z_{i+k}) = \frac{1}{n-k}\sum_{i=1}^{n-k} z_i z_{i+k} - \bar{z}^2 \tag{4.2b}$$

식 (4.2b)에서 특이한 사항은 지연지표가 k인 $(n-k)$개 자료들에 대하여 각각의 평균 대신에 전체 자료에 대한 평균값을 사용한다는 것이다. 이는 앞으로 공부할 불변성(stationarity) 가정에 의한 것이다. 지연거리(또는 분리거리)가 증가할수록 자료의 개수는 줄어든다. 따라서 해당 자료만으로 계산된 평균은 표본의 전체 평균과 다르고 일부 진동할 가능성이 많다. 그러므로 식 (4.2b)는 비교적 합리적이라 할 수 있다.

자기공분산을 얻었으면 이를 정규화시킨 자기상관계수는 식 (4.1b)로 계산된다. 여기서도 동일한 이유로 각 지연거리에 따라 얻은 자료의 분산값 대신에 전체 자료에 대한 분산이 사용된다. 식 (4.1b)와 식 (4.2b)를 비교해보면, 자기상관은 자기공분산을 표본의 분산으로 나눈 값이다.

$$\rho(z_i, z_{i+k}) = \frac{Cov(z_i, z_{i+k})}{s^2} = \frac{\dfrac{1}{n-k}\displaystyle\sum_{i=1}^{n-k} z_i z_{i+k} - \bar{z}^2}{s^2} \tag{4.1b}$$

여기서 s는 자료의 표준편차이다.

표 4.1 등간격으로 분포된 1차원 자료에서의 지연거리에 따른 자료쌍

위치	값	지연거리 1	지연거리 2	지연거리 k
x_1	z_1	z_1 & z_2	z_1 & z_3	z_1 & z_{1+k}
x_2	z_2	z_2 & z_3	z_2 & z_4	z_2 & z_{2+k}
x_3	z_3	z_3 & z_4	z_3 & z_5	z_3 & z_{3+k}
...	...	...	...	...
x_{n-2}	z_{n-2}	z_{n-2} & z_{n-1}	z_{n-2} & z_n	z_{n-k} & z_n
x_{n-1}	z_{n-1}	z_{n-1} & z_n		
x_n	z_n			
자료수	n	$n-1$	$n-2$	$n-k$

식 (4.1b)와 (4.2b)를 이용하면 서로 다른 지연거리에 대하여 〈그림 4.2〉와 같은 자기공분산그램(autocovariogram)과 이를 정규화한 자기상관그램(autocorrelogram)을 그릴 수 있다. 〈그림 4.2〉는 분리거리가 증가할수록 상관성이 약해지는 것을 개념적으로 보여준다. 자기공분산과 자기상관은 분리거리 0에서 각각 분산과 1의 값을 가진다.

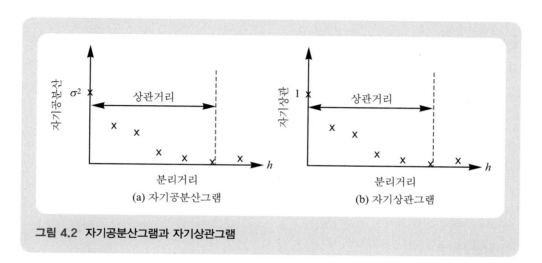

그림 4.2 자기공분산그램과 자기상관그램

(2) 매도그램

매도그램 $2\gamma_M(h)$는 자기공분산이나 자기상관그램과는 달리 분리거리에 따른 자료값의 차이에 대한 지표이다. 구체적으로 분리거리 h만큼 떨어진 두 자료값의 차이의 절대값을 평균한 것이 매도그램이며 그 반이 반매도그램(semimadogram)이다.

상식적으로 변수의 값이 다를수록 매도그램은 커진다. 매도그램이 상대적으로 작다는 것은 해당 분리거리만큼 떨어진 두 값이 비슷하다는 의미이다. 따라서 자료의 유사성에 대한 간접적인 상관관계가 있다고 말할 수 있다.

매도그램은 식 (4.3a)와 같이 정의되고 분리거리 h만큼 떨어진 자료쌍의 수가 n개일 때, 반매도그램의 계산은 식 (4.3b)와 같다.

$$2\gamma_M(h) = E\big[|z(x) - z(x+h)|\big] \qquad (4.3a)$$

$$\gamma_M(h) = \frac{1}{2n}\sum_{i=1}^{n} |z(x_i) - z(x_i + h)| \qquad (4.3b)$$

여기서 h는 분리거리이고 n은 h만큼 떨어진 자료쌍의 수이다.

매도그램은 이후에 설명할 베리오그램과 유사한 형태를 갖지만 지연거리에 대한 평균 편차의 크기를 나타낸다는 점에서 다르다. 매도그램은 분리거리에 따라 변수값의 차이가 큰 경우에 사용하기 편리한 지표이다(Deutsch와 Journel, 1992).

(3) 베리오그램

1. 베리오그램의 정의

베리오그램은 일정한 거리에 있는 자료들의 유사성을 나타내는 척도로 식 (4.4a)로 정의된다. 그 정의에서 알 수 있듯이 베리오그램은 일정거리 h만큼 떨어진 두 자료들 간의 차이를 제곱한 것의 기대값이다. 따라서 베리오그램은 거리가 가까우면 값들이 비슷하므로 일반적으로 작아지고 멀어질수록 커진다.

$$2\gamma(h) = E[(z(x) - z(x+h))^2] \qquad (4.4a)$$

여기서 h를 지연거리 또는 분리거리라 하며 두 자료 간에 떨어져 있는 거리이다.

자기공분산과 매도그램 그리고 베리오그램은 모두 일정거리만큼 떨어진 자료들의 유사성을 나타낸다. 하지만 계산의 편의상 또는 전통적으로 공간자료의 분석을 위해 베리오그램을 많이 사용한다.

베리오그램의 반에 해당하는 값을 반베리오그램(semivariogram)이라 한다. 분리거리 h만큼 떨어진 자료쌍의 수가 n개일 때, 반베리오그램은 식 (4.4b)로 계산된다.

$$\gamma(h) = \frac{1}{2n}\sum_{i=1}^{n}[z(x_i) - z(x_i + h)]^2 \tag{4.4b}$$

〈그림 4.3a〉는 베리오그램의 기하학적 의미를 보여준다. 이와 같이 주어진 분리거리 h에서 얻은 자료쌍, $z(x)$와 $z(x+h)$를 2차원 좌표축에 나타낸 것을 h-산포도(h-scattergram)라 한다. 이는 일정거리만큼 떨어진 자료의 유사성과 특이값을 파악하는 데 도움이 된다. 〈그림 4.3b〉는 유체투과율 자료(부록 III)의 분리거리 4에서 h-산포도이다.

〈그림 4.3a〉에서 각 자료점이 기울기가 1인 직선식(즉, $y=x$)까지의 거리를 구하면 다음과 같다.

$$d = \frac{|z(x_i) - z(x_i + h)|}{\sqrt{2}}$$

위의 식과 식 (4.4b)를 비교하면, 각 자료들이 $y=x$의 직선으로부터 떨어진 거리의 제곱 평균값이 반베리오그램이다. 따라서 베리오그램은 일정거리만큼 떨어져 있는 자료들이 평균적으로 얼마나 다른지를 나타내는 정량적 지표라 할 수 있다. 분리거리 $h=0$일 때는 모든 점들이 $y=x$ 직선상에 있다. 일반적으로 h가 증가할수록 상관관계가 감소하여 $y=x$ 직선에서 멀어진다.

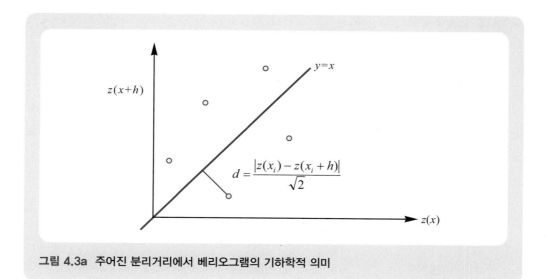

그림 4.3a 주어진 분리거리에서 베리오그램의 기하학적 의미

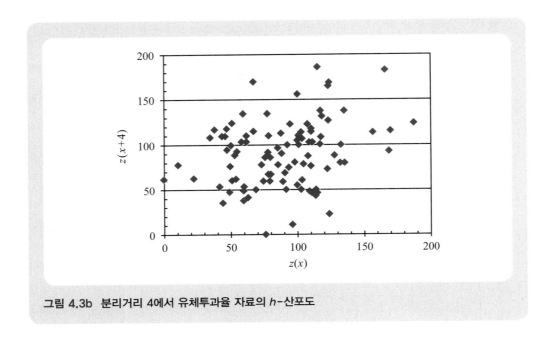

그림 4.3b 분리거리 4에서 유체투과율 자료의 h-산포도

2. 등간격 1차원 자료의 베리오그램 계산

〈표 4.1〉과 같이 등간격으로 주어진 1차원 자료에 대한 베리오그램 계산은 비교적 용이하다. 분리거리가 1로 주어진 경우 〈표 4.1〉에 주어진 각 자료의 차이를 제곱하여 합한 후에 계산에 사용된 자료수로 나누면 베리오그램을 얻는다. 분리거리가 1인 경우에 반베리오그램을 구체적으로 계산하면 다음과 같다.

$$\gamma(1) = \frac{1}{2 \times (n-1)} \left[(z_1 - z_2)^2 + (z_2 - z_3)^2 + (z_3 - z_4)^2 + \cdots + (z_{n-1} - z_n)^2 \right]$$

이와 같은 방법으로 분리거리를 증가시키면서 반베리오그램을 계산하면 〈그림 4.4〉와 같은 전형적인 그래프를 얻는다. 반베리오그램의 모델링을 위해서는 다음과 같은 중요한 인자들을 알아야 한다.

- 문턱값(sill)
- 상관거리
- 모델 수식
- 너깃(nugget)

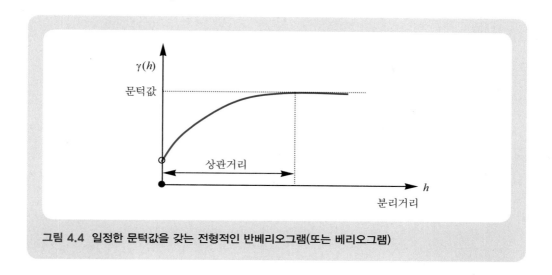

그림 4.4 일정한 문턱값을 갖는 전형적인 반베리오그램(또는 베리오그램)

분리거리가 일정한 거리 이상이면 대부분의 자료들은 아무런 유사성을 나타내지 않는다. 이와 같이 자료들이 상관관계를 보이는 최대 분리거리를 구간, 구간거리 또는 상관거리라 한다. 상관거리에 대한 의미는 자기공분산그램이나 자기상관그램의 경우와 동일하다. 상관거리에서 반베리오그램이 가지는 일정한 값을 문턱값이라 하고 이는 자료의 분산을 나타낸다.

베리오그램 모델링은 실제로 계산된 실험적 베리오그램으로부터 이론적 베리오그램을 찾아내는 과정이다. 베리오그램의 정의에 의하여 분리거리가 0이면 이론적으로 그 값이 0이지만, 수식으로 표현되는 베리오그램이 분리거리 0에서도 상수값을 나타내면 이를 너깃이라 한다. 일반적으로 자료가 적고 넓게 분포하면 너깃이 커지며 자료의 개수와 분포특성에 따라 나타나지 않을 수도 있다.

너깃은 짧은 분리거리에서 자료의 불확실성을 나타낸다. 넓게 분포하는 적은 양의 현장자료로 가까운 거리에서의 자료특성을 찾으려는 한계 때문에 불확실성이 있다. 또는 〈그림 4.5〉와 같이 분리거리는 작으나 실제로 존재하는 자료의 불연속적인 성질로 인해 너깃이 발생할 수도 있다.

〈그림 4.4〉는 명확히 식 (4.4b)로 계산한 반베리오그램이지만 흔히들 이를 단순히 베리오그램, $\gamma(h)$라 부른다. 베리오그램과 반베리오그램은 관례상 혼용되고 주로 베리오그램으로 불려진다. 하지만 관련 수식의 유도와 상관관계를 알기 위해서는 반드시 구분해야 한다. 이 책에서도 베리오그램 $\gamma(h)$은 반베리오그램을 의미하며 이를 단순히 베리오그램이라 하였고 구체적 계산을 위해서는 명확히 분리하였다.

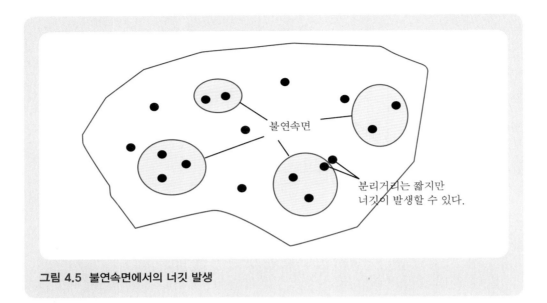

그림 4.5 불연속면에서의 너깃 발생

| **예제 4.1** | 부록 III에 주어진 등간격의 1차원 유체투과율 자료를 이용하여 분리거리 2, 4, 6ft일 때 자기공분산과 베리오그램을 계산하라. 구체적 계산과정을 보이고 계산편의를 위해 초기의 20개 자료만을 사용하라.

〈표 4.2〉는 깊이에 따른 유체투과율 자료와 각 분리거리(h)만큼 이동된 새로운 자료를 보여준다. 분리거리가 2ft인 경우는 깊이가 0.5~17.5ft 사이의 원자료와 2.5~19.5ft의 자료가 18개 새로운 자료쌍을 구성한다. 〈표 4.2〉에서 볼 수 있듯이, 처음 자료수 20개에서 분리거리가 증가하면 자료쌍이 감소하여 20ft 이상에서는 자료쌍이 없다.

식 (4.2b)를 이용하여 $h = 2$ft에서 자기공분산을 구하면 다음과 같고 이를 간단히 $Cov(h = 2)$ 또는 $Cov(2)$로 표시한다. 분리거리가 4, 6ft인 경우에도 동일하게 계산한다. 〈표 4.2〉에서 분리거리가 증가하면 자료수가 감소하고 각 평균값도 변한다. 따라서 새로운 자료쌍의 평균을 사용하는 것이 아니라 식 (4.2b)와 같이 가장 많은 자료수를 가진 원자료의 평균을 사용한다.

$$Cov(z_i, z_{i+2}) = \frac{1}{18}(101.1 \times 132.4 + 116.5 \times 108.1 + \cdots + 92.5 \times 35.0) - 96.08^2$$
$$= 274.2$$
$$Cov(z_i, z_{i+4}) = Cov(4) = 115.6$$
$$Cov(z_i, z_{i+6}) = Cov(6) = 550.3$$

　　분리거리가 4ft일 때 식 (4.4b)를 이용하여 16개 자료쌍의 반베리오그램을 계산하면 다음과 같고, 이를 간단히 $\gamma(h=4)$ 또는 $\gamma(4)$로 표현한다. 분리거리가 2, 6ft인 경우에도 같은 방법으로 계산한다.

$$\gamma(h=4) = \frac{1}{2}\frac{1}{16}[(101.1-110.3)^2 + (116.5-101.3)^2 + \cdots + (44.7-35.0)^2]$$
$$= 478.0$$
$$\gamma(h=2) = 453.4$$
$$\gamma(h=6) = 353.9$$

　　위와 같은 방법으로 분리거리를 변화시키면서 자기공분산과 베리오그램을 계산하면 분리거리에 따른 공간적 상관관계를 파악할 수 있다.

표 4.2 주어진 분리거리에 따른 자료쌍 계산예

깊이 (ft)	유체투과율 (md)	$h=2$ z_{i+2}	$h=4$ z_{i+4}	$h=6$ z_{i+6}
0.5	101.1	132.4	110.3	100.0
1.5	116.5	108.1	101.3	87.8
2.5	132.4	110.3	100.0	118.5
3.5	108.1	101.3	87.8	99.9
4.5	110.3	100.0	118.5	104.7
5.5	101.3	87.8	99.9	113.2
6.5	100.0	118.5	104.7	131.9
7.5	87.8	99.9	113.2	55.1
8.5	118.5	104.7	131.9	78.6
9.5	99.9	113.2	55.1	44.7
10.5	104.7	131.9	78.6	79.7
11.5	113.2	55.1	44.7	92.5
12.5	131.9	78.6	79.7	110.3
13.5	55.1	44.7	92.5	35.0
14.5	78.6	79.7	110.3	
15.5	44.7	92.5	35.0	
16.5	79.7	110.3		
17.5	92.5	35.0		
18.5	110.3			
19.5	35.0			
자료수	**20**	**18**	**16**	**14**
평균	**96.08**	**94.67**	**91.47**	**89.42**

3. 완화된 분리거리를 이용한 베리오그램 계산

만약 등간격으로 주어지지 않은 1차원 자료가 있다면 어떻게 분리거리에 따라 베리오그램을 계산할 수 있겠는가? 이 분야에 익숙하지 않는 독자들은 아마도 내삽법으로 등간격 자료로 변환하려고 시도할 것이다. 하지만 이것은 자료가 가지고 있는 본래의 정보를 변화시키고 또 값들이 선형적으로 변한다는 가정에서 계산되므로 타당한 방법이 아니다.

지구통계학에서 실제로 사용되는 기법은 완화된 분리거리를 사용하는 것으로 크게 두 가지이다. 하나는 허용거리를 이용하는 것이고 다른 하나는 일정한 거리를 지정하는 것이다. 허용거리는 각 분리거리에 50%의 허용한계를 두는 것이다. 즉, 분리거리가 L이면 $0.5L$에서 $1.5L$ 사이에 있는 모든 자료들을 분리거리 L만큼 떨어진 자료로 고려한다. 구체적으로 분리거리가 10m이면 주어진 지점으로부터 5에서 15m 사이에 있는 모든 자료들을 완화된 분리거리 10m의 자료로 선택한다.

한 가지 예로 분리거리가 200m가 되면 유효분리거리는 100에서 300m가 되어 상대적으로 넓은 범위의 값들이 포함될 수 있어, 일정한 거리만큼 떨어진 자료의 유사성을 나타내는 베리오그램의 의미가 약화된다. 따라서 분리거리가 작을 때는 분리거리의 반을 허용한계로 하고 분리거리가 일정한 값 이상이면 최대허용한계(ΔL_{max})를 적용한다. 이를 수학적으로 표현하면 다음과 같다.

분리거리 허용한계 : $\Delta L = \min(0.5L, \Delta L_{max})$, 여기서 L은 주어진 분리거리

완화된 분리거리 : $L - \Delta L < h < L + \Delta L$

분리거리를 10ft 간격으로 주고 분리거리 최대허용한계를 17ft로 가정한 경우 분리거리는 〈표 4.3〉과 같이 만들어질 수 있다.

표 4.3 완화된 분리거리 적용예(단위 : ft)

h	50% 완화된 분리거리	50% & $\Delta L_{max} = 17$
10	5~15	5~15
20	10~30	10~30
30	15~45	15~45
40	20~60	23~57
50	25~75	33~67

허용한계를 분리거리의 50%로 사용하는 것은 절대적인 기준이 아니며 보편적인 방법이다. 필요에 따라서는 분리거리의 40% 또는 30%를 허용한계로 사용할 수도 있으나 50% 이상인 경우는 드물다. 만약 50% 이상이 될 경우 그 근거를 명확히 제시할 필요가 있다.

최대허용한계도 주어진 공간과 자료의 특징에 따라 달라지며 너무 크게 선정하지 않아야 한다. 정량적으로 명시하긴 어렵지만 예상되는 상관거리의 반을 초과하지 않는 것이 합리적이다. 다수의 허용한계값으로 시험계산을 하면 그 영향을 파악할 수 있고 값도 결정할 수 있다. 대부분의 현장자료는 공간적으로 넓게 분포하고 자료의 양이 적기 때문에 허용한계를 잘 결정해야 한다.

다른 분리거리 결정방법으로 사용자가 일정한 거리를 지정하는 것이다. 구체적으로 일정한 단위길이의 상수배를 사용한다. 예를 들면 0∼50, 50∼100 같이 50을 단위길이로 하여 일정하게 증가시킨다. 이는 일정한 간격을 이용하는 것으로 계산이 간편하고 분리거리에 비례하여 허용한계가 커지는 것을 방지한다. 균일하게 분포하는 1차원 자료의 경우에도 완화된 분리거리나 일정거리를 사용할 수 있다.

4. 2차원 자료의 베리오그램 계산

2차원 자료에 대한 베리오그램도 1차원 자료와 동일한 원리로 계산한다. 비록 등간격으로 주어진 자료라 할지라도 2차원 공간에서 계산된 상호간 거리는 일정한 간격을 나타내지 않는다. 따라서 위에서 언급한 완화된 분리거리를 사용하는 것이 합리적이다. 완화된 분리거리를 사용하는 경우에는 분리거리 내에 있는 모든 자료쌍의 평균거리를 분리거리로 사용하여 베리오그램을 나타낸다.

〈그림 4.6〉과 같은 2차원 자료의 임의의 지점(x_i)에 대하여, 완화된 분리거리로 표시되는 두 동심원 사이에 있는 모든 자료점들이 베리오그램을 구하는 $z(x_i)$와 자료쌍이 된다. 구체적 계산을 위해서 구심점과 두 동심원 사이에 포함된 각 자료의 차이를 제곱하여 합하고 누적되는 총 자료수를 계산한다. 이를 간단히 표현하면 다음과 같다.

$$\text{만약 } z(x_j)\text{가 완화된 분리거리에 속하면 :}$$
$$\text{부분 합} = \text{부분 합} + [z(x_i) - z(x_j)]^2$$
$$\text{자료수} = \text{자료수} + 1$$

전능하신 창조주가 창조한 인간은 뛰어난 지적능력과 인지력으로 인하여 패턴인식이 가능하기 때문에 〈그림 4.6〉을 보면 중심점(x_i)에 대하여 총 5개 자료가 완화된 분리거리 내에 있는 것을 쉽게 알 수 있다. 하지만 사람이 만든 컴퓨터는 그렇게 지적이지 않다. 따라서 계산을 위해

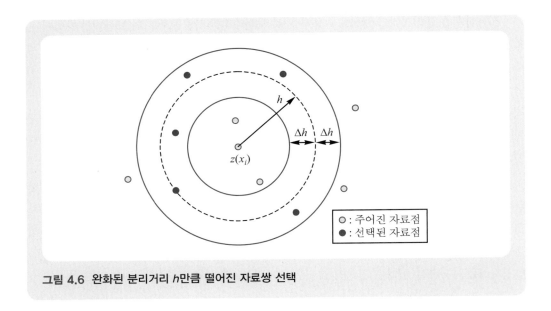

그림 4.6 완화된 분리거리 h만큼 떨어진 자료쌍 선택

서는 중심점에서 각 자료점에 대한 거리를 구체적으로 계산한 후에 그 거리가 분리거리 내에 속하는지 판단해야 한다.

특정한 지점에서 분리거리에 속하는 모든 자료를 찾아내기 위해서는 주어진 지점에서 전체 자료에 대한 거리를 계산하고 분리거리와 비교해야 한다. 또한 동일한 분리거리에서 다른 지점의 자료를 중심으로 거리비교가 이루어져야 한다. 이와 같은 과정으로 전체 자료에 대하여 계산하고 식 (4.4b)의 (반)베리오그램값을 구하면 분리거리 h에 대한 실험적 베리오그램의 한 점이 계산된다.

결과적으로 2차원 자료의 경우 주어진 하나의 분리거리에 대하여 중첩된 반복계산 모듈이 4개 필요하다. 앞으로 공부할 이론적 베리오그램을 구하기 위해서는 분리거리를 변화시키면서 실험적 베리오그램을 계산해야 한다. 그러므로 독자들이 단순히 예상하는 것보다 더 많은 양의 계산이 필요하다.

계산량이 급격히 증가한다는 것을 제외하고는 같은 원리로 3차원 자료의 베리오그램도 계산한다. 3차원 자료의 경우 주어진 지점(x_i)에서 분리거리를 반경으로 하는 동심구(sphere)의 형태를 갖는다. 완화된 분리거리를 적용할 경우 최대 및 최소 분리거리를 반경으로 하는 속이 빈 동심구(shell) 내의 모든 자료들을 베리오그램의 계산에 사용한다. 각 분리거리에 해당하는 베리오그램을 계산하기 위해서는 주어진 모든 자료에 대하여 계산되어야 함을 다시 한 번 유의하기 바란다.

〈그림 4.7〉은 〈예제 4.1〉에서 사용된 부록 III의 1차원 유체투과율 자료에 대한 베리오그램이며, 분리거리 20ft까지 계산된 베리오그램과 자료쌍의 개수를 〈표 4.4〉에 나타내었다. 그림에서 알 수 있듯이 분리거리가 증가할수록 자료들 간의 상관관계가 약화되고 베리오그램은 증가한다. 전반적으로 문턱값은 1450, 상관거리는 13ft 정도로 예상된다.

상관거리 이상에서는 베리오그램이 일정한 값을 나타내지 않고 특정한 경향도 없다. 분리거리가 상당히 큰 범위에서는 그 값이 진동하는 모습을 보인다. 이는 〈그림 4.7〉에서 분리거리가 50 이상일 때 잘 나타난다. 이와 같은 현상이 나타나는 이유는 베리오그램 계산에 사용되는 자료의 상관관계(즉, 유사성)가 약하고 또 자료쌍의 개수가 적기 때문이다. 그러나 베리오그램 모델링에서는 상관거리 이상인 부분을 고려하지 않으므로 별 문제가 없다.

표 4.4 주어진 1차원 자료의 실험적 베리오그램 값

분리거리	반베리오그램	자료쌍 개수
1	602.5	99
2	870.5	98
3	910.5	97
4	936.1	96
5	1067.5	95
6	1036.9	94
7	1133.9	93
8	1236.9	92
9	1413.6	91
10	1392.5	90
11	1423.5	89
12	1467.1	88
13	1455.1	87
14	1289.1	86
15	1513.6	85
16	1676.8	84
17	1467.0	83
18	1366.0	82
19	1330.2	81
20	1278.1	80

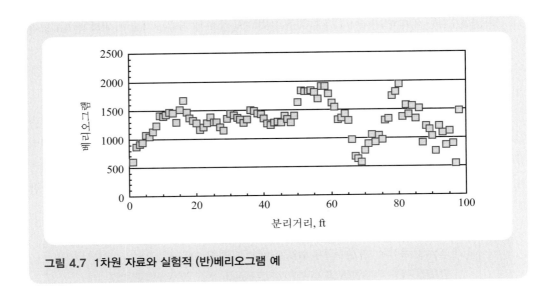

그림 4.7 1차원 자료와 실험적 (반)베리오그램 예

〈그림 4.8〉은 부록 Ⅲ의 카드뮴(Cd) 농도자료에 대한 위치와 값을 보여준다. 〈그림 4.9〉는 분리거리에 따라 계산한 실험적 베리오그램이다. 계산의 편의를 위해 분리거리를 10ft씩 증가시켜 최대 200ft까지 계산하였다. 그림에 표시된 분리거리는 완화된 분리거리 내에 존재하는 모든 자료의 평균 분리거리이다.

분리거리가 증가하면서 자료들의 상관관계가 점차 약화되고 베리오그램이 증가하는 특징을 잘 보여준다. 분리거리가 일정한 값 이상이면 〈그림 4.7〉의 예와 마찬가지로 자료들이 특정한 경향을 보이지 않는다. 이와 같이 실험적 베리오그램이 계산되면 이 장의 후반부에서 설명할 모델링 원리에 따라 이론적 베리오그램을 찾는다.

(4) 이방성 베리오그램

자연에서 얻는 지구물리적 자료는 지층이나 지질구조의 영향으로 방향성을 나타내는 경우가 많다. 구체적으로 유체투과율은 수평방향으로는 강한 상관관계를 보이지만 수직적으로는 약한 상관관계를 나타낸다. 이는 지층의 종류와 구성입자의 크기가 수평으로는 비슷해도 수직으로는 차이를 보이기 때문이다.

이러한 경우에 지금까지 설명한 (등방성) 베리오그램을 사용하면 방향성을 지닌 자료의 특징을 잘 묘사할 수 없다. 자료의 방향성을 조사하기 위하여 〈그림 4.10〉과 같이 일정한 방향에 따라 분리거리 h만큼 떨어진 자료들을 선택하여 이방성(anisotropic) 베리오그램을 계산할 수 있다. 상용 프로그램으로 전체 자료의 등가분포도(contour map)를 그리면 자료의 방향성 여부

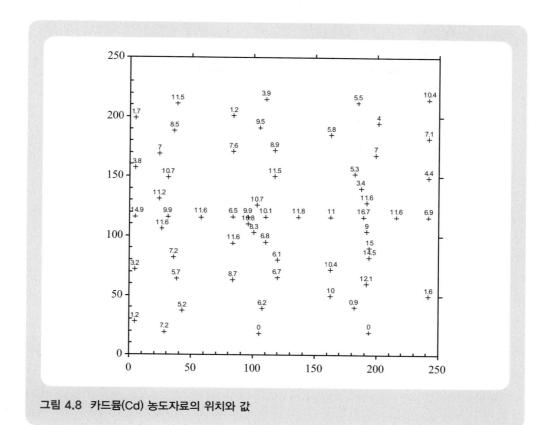

그림 4.8 카드뮴(Cd) 농도자료의 위치와 값

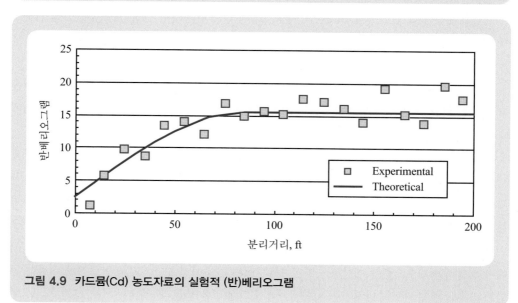

그림 4.9 카드뮴(Cd) 농도자료의 실험적 (반)베리오그램

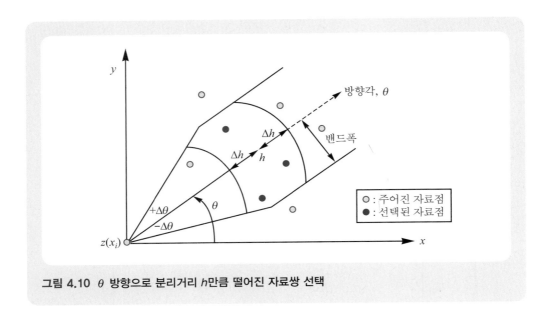

그림 4.10 θ 방향으로 분리거리 h만큼 떨어진 자료쌍 선택

와 상관거리에 대한 개략적 정보를 파악할 수 있다. 이는 실제적으로 자료분석에 중요한 정보를 제공한다.

방향성을 계산하기 위한 방향각(θ)과 허용한계각($\Delta\theta$)의 크기는 임의로 잡을 수 있다. 하지만 너무 작으면 계산의 양은 많아지고 분리거리 이내에 속하는 자료수는 줄어들어 베리오그램이 불안정해진다. 간단한 방법으로는 등가분포도에 의해 방향성이 결정되면 그 방향을 기준으로 일정한 방향간격으로 방향성 베리오그램을 계산할 수 있다. 비록 많은 계산이 필요하지만 모든 방향으로 방향성 베리오그램을 계산한 후에 방향성을 결정하기도 한다.

전통적으로 수평에서 45도씩 증가시켜, 즉 0, 45, 90, 135도 방향으로 방향성 베리오그램을 계산한다. 이때 각 방향에 대하여 각도 증가분의 반인 ±22.5도의 허용한계를 두며 분리거리에 대해서도 완화된 분리거리를 사용한다(그림 4.10).

이방성을 검사하기 위한 방향이 결정되면 그 방향을 중심(θ)으로 일정한 각의 크기로 완화각도($\Delta\theta$)를 주어 완화방향의 크기를 정한다. 분리거리(h)에 대하여도 완화거리(Δh)를 적용하여 〈그림 4.10〉과 같이 계산영역을 결정한다. 분리거리가 증가할수록 완화각도로 인한 영향이 증가하므로 일정한 밴드폭(bandwidth)을 지정하여 그 계산영역이 너무 커지는 것을 방지한다.

〈그림 4.10〉의 경우 주어진 많은 자료 중에서 진한 컬러로 표시된 3개 자료만이 기준점(x_i)에서 방향성 베리오그램을 계산하기 위한 자료가 된다. 주어진 분리거리와 방향각에 대하여 동일한 과정을 전체 자료에 반복하여 실험적 베리오그램의 한 점을 계산한다.

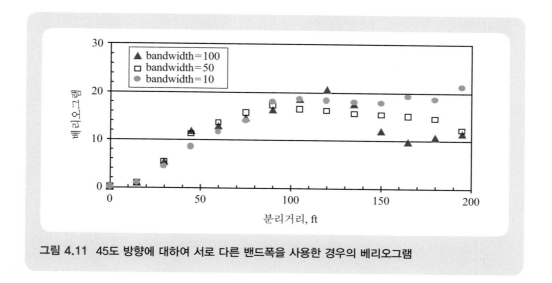

그림 4.11 45도 방향에 대하여 서로 다른 밴드폭을 사용한 경우의 베리오그램

〈그림 4.11〉은 45도 방향에 대하여 서로 다른 밴드폭을 사용한 경우 〈그림 4.8〉 카드뮴자료의 이방성 베리오그램이다. 분리거리가 작을 때에는 최대밴드폭의 영향이 나타나지 않지만 분리거리가 증가하면서 방향성 베리오그램은 차이를 보인다. 특히 최대밴드폭이 10으로 작게 설정된 경우에 차이가 있다.

일반적으로 주어진 자료의 방향성을 판단하기 위하여 먼저 등방성을 가정하고 베리오그램을 구한다. 그 후 네 방향에 대한 방향성 베리오그램을 등방성 베리오그램과 비교하여 자료의 이방성을 결정한다. 분리거리가 작으면, 〈그림 4.10〉에서 볼 수 있는 것과 같은 좁은 '유효검색구간'으로 인하여 자료수는 적어지고 방향성 베리오그램은 불안정해질 수 있으므로 이때는 분리거리를 증가시켜 많은 자료들이 포함되도록 한다.

방향성 모델에서 상관거리가 가장 높게 나타나는 방향이 주방향이 되고 그와 수직인 방향이 방향성의 정도에 무관하게 또 다른 주방향(즉, 종방향)이 된다. 〈그림 4.12〉는 카드뮴 농도자료(그림 4.8)를 네 방향에 대하여 계산한 이방성 베리오그램을 보여준다. 각 방향과 분리거리에 따라 제한된 자료가 사용되었으므로 이방성 베리오그램이 일부 불안정한 모습을 보인다. 이방성 베리오그램을 통하여 판단하면 다른 방향에 비하여 수평과 수평에서 45도 방향으로 방향성을 보인다. 이는 〈그림 4.13〉의 등가분포도에서도 동일한 결과를 유추할 수 있다.

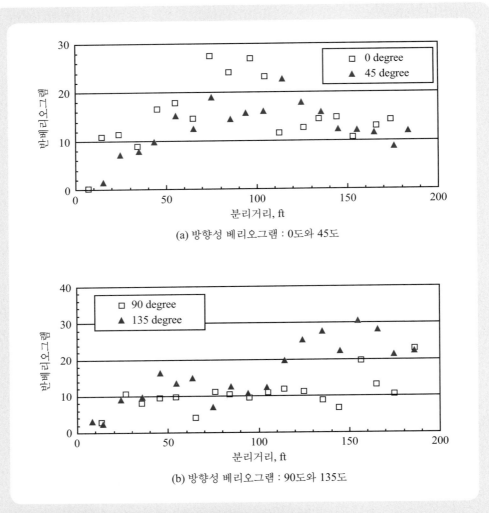

(a) 방향성 베리오그램 : 0도와 45도

(b) 방향성 베리오그램 : 90도와 135도

그림 4.12 네 방향(0, 45, 90, 135도)에 대한 방향성 베리오그램

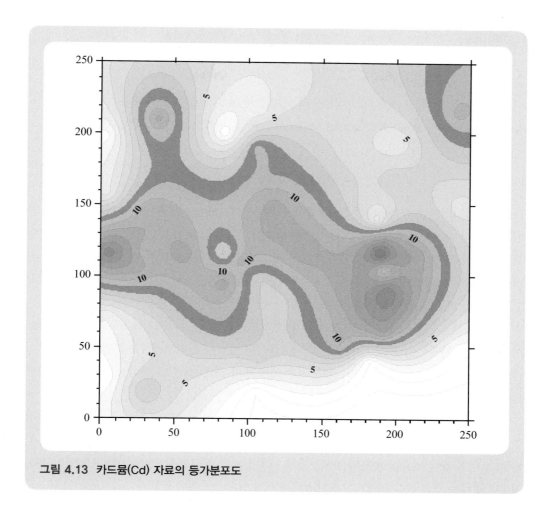

그림 4.13 카드뮴(Cd) 자료의 등가분포도

(5) 불변성

공간정보를 분석하고 그 상관관계를 이용하여 자료가 알려지지 않은 지점에서 값을 예측하기 위한 대부분의 지구통계적 기법은 불변성 가정을 전제로 한다. 불변성이란 값 자체가 변화하지 않는다는 것이 아니라 자료의 분포가 위치에 따라 변화하지 않는다는 의미이며 이를 명확히 인식하는 것이 중요하다.

이론적으로 r차 불변성이란 r번째까지의 모멘트가 위치에 무관하다는 것으로 정의된다. 모멘트에 대한 정의는 식 (2.32)에 주어져 있다. 일반적으로 불변성은 '강한' 불변성을 의미하며 위치에 따라 확률함수의 분포가 변화하지 않는다는 의미로 식 (4.5)와 같이 표현된다.

구체적으로 2차 (강한) 불변성이란 1차 모멘트와 2차 모멘트가 위치에 상관없이 일정하다는 것이다. 따라서 이를 만족하는 자료는 평균과 분산이 위치에 상관없이 일정하다.

$$f(z_1, z_2, ..., z_n; x_1, x_2, ..., x_n) = f(z_1, z_2, ..., z_n; x_1 + c, x_2 + c, ..., x_n + c) \qquad (4.5)$$

우리가 실제적으로 사용하는 대부분의 자료는 식 (4.5)의 강한 불변성을 만족하지 못한다. 따라서 약 2차 불변성(weak 2nd-order stationarity)을 가정하며 이는 식 (4.6)으로 정의된다.

$$Cov[z(x), z(x+h)] = f(h)$$
$$E[z(x)] = E[z(x+h)] = \mu \qquad (4.6)$$

식 (4.6)의 약한 불변성은 두 가지 의미를 포함한다. 첫째로 공분산(엄격히 이야기하면 자기공분산)이 존재하며 이는 분리거리에 대한 함수이다. 분리거리에 대한 함수란 공분산이 주어진 자료들이 떨어져 있는 거리에 따라 변화되지 자료의 절대위치에 따라 변화하지 않는다는 의미이다. 구체적으로 분리거리가 2인 경우 공분산을 계산하면 자료의 위치에 따라 변화하지 않고 일정한 값을 가진다. 둘째로 자료의 평균은 위치에 무관하게 상수로 일정하다는 것이다.

지구통계적 기법의 또 다른 가정으로 식 (4.7a)로 정의되는 내재가정(intrinsic hypothesis)이 있다. 내재가정은 자료값 자체에 대한 분포특성이 아니라 분리거리 h만큼 떨어진 자료값의 차이에 대한 가정이다. 그 의미는 자료값의 차이에 대한 평균은 0이고 분산은 분리거리에 대한 함수라는 것이다. 따라서 식 (4.7a)는 식 (4.7b)로 표시할 수 있다.

내재가정을 만족하면 자료값 자체는 달라도 그 차이는 비슷하다는 것이다. 예를 들어 일정한 거리에 떨어져 있는 자료값이 20과 25, 5와 10일 때, 이들이 다르게 보여도 그 차이는 5로 동일하다. 이와 같이 자료값의 차이를 이용하면 변동성이 적은 자료를 얻을 수 있다. 약 2차 불변성을 만족하는 것은 항상 내재가정을 만족하지만 그 역은 성립하지 않는다.

$$Var[z(x) - z(x+h)] = g(h)$$
$$E[z(x) - z(x+h)] = 0 \qquad (4.7a)$$

$$E[(z(x) - z(x+h))^2] = g(h)$$
$$E[z(x)] = E[z(x+h)] = \mu \qquad (4.7b)$$

식 (4.7b)로부터 우리는 내재가정을 만족하는 경우 베리오그램과 공분산의 중요한 관계식을 유도할 수 있다. 식 (4.7b)의 첫 번째 식은 바로 베리오그램의 정의가 되므로 다음과 같은 관계식으로 쓸 수 있다.

$$2\gamma(h) = E[(z(x) - z(x+h))^2]$$

우변을 전개하고 공분산의 성질과 약한 불변성 가정을 이용하면 다음과 같이 정리된다.

$$2\gamma(h) = E[z^2(x)] + E[z^2(x+h)] - 2\{Cov[z(x), z(x+h)] + E[z(x)]E[z(x+h)]\}$$
$$= 2Var(z(x)) - 2Cov[z(x), z(x+h)]$$

위 식을 간단히 정리하면 식 (4.8a)의 매우 중요한 관계식을 얻는다. 이미 설명한대로 주어진 자료를 이용하여 실험적 베리오그램을 계산하고 이를 바탕으로 이론적인 베리오그램식을 얻는다. 이론적 함수식이 구해지면 식 (4.8a)로부터 임의의 분리거리에 대한 공분산, $Cov(h)$를 계산할 수 있다.

구체적인 계산과정은 다음과 같다. 분리거리가 주어지면 이론적 베리오그램에서 함수값을 계산한다. 표본의 분산값과 베리오그램값으로부터 공분산을 얻는다. 이를 간단히 나타내면 식 (4.8b)와 같다. 공분산의 계산은 크리깅에서 중요하며 구체적 예는 제5장에서 다룬다.

$$\gamma(h) = Var[z(x)] - Cov[z(x), z(x+h)] \qquad (4.8a)$$

$$\gamma(h) = \sigma^2 - Cov(h) \qquad (4.8b)$$

불변성과 함께 에르고딕성(ergodicity) 역시 지구통계학에서 사용되는 가정이다. 에르고딕성이란 임의의 확률과정에서 충분히 긴 계열의 어떤 부분도 동일한 확률적 성질을 지닌 경우, 시간 평균이 집합 평균과 같게 되는 성질이다. 또 다른 설명으로 긴 시간이 지난 후에는 하나의 체계가 처음 상태와 거의 비슷한 상태로 돌아가는 현상이다. 만약 이 성질이 성립하지 않는다면 특정 시점의 정보를 바탕으로 전체를 예측할 수 없다.

4.2 베리오그램 종류

주어진 자료로부터 계산된 베리오그램(이를 일반적으로 실험적 베리오그램이라 부름)을 바탕으로 이를 가장 잘 대표하는 이론적 베리오그램을 찾아내는 것이 필요하다. 왜냐하면 이 과정이 크리깅 예측결과에 직접적인 영향을 미치고 또 주관적인 판단의 영향을 받기 때문이다.

베리오그램 모델링이 성공적으로 수행되면 큰 어려움이나 주관적인 판단 없이 그 다음 과정을 체계적으로 수행할 수 있다. 이론적 베리오그램은 비교적 단순한 수식을 사용하며 그 특징에 따라 크게 세 종류로 나뉜다.

- 문턱값이 있는 모델
- 문턱값이 없는 모델
- 주기성을 갖는 모델

계산된 실험적 베리오그램으로부터 이론적 베리오그램을 찾아낼 때는 아래에 소개된 개별 베리오그램의 선형조합을 이용한다. 처음에는 단순한 모델을 사용하고 점차 복잡한 선형조합으로 실험적 베리오그램을 가장 잘 대표하는 모델을 찾아낸다. 이를 위한 구체적 연습은 매우 중요하며 이 장의 후반부에서 소개된다.

(1) 문턱값이 있는 모델

문턱값이 있는 모델은 분리거리가 증가하면서 자료들의 상관성이 줄어들어 베리오그램의 값이 일정한 값(즉, 문턱값)까지 증가하다가 상관거리 이상에서는 그 값이 일정한 경우에 적용한다. 물론 실제로 계산된 대부분의 실험적 베리오그램은 상관거리 이상에서 특별한 경향없이 진동하는 양상을 보인다. 문턱값이 있는 모델은 다음과 같다.

- 선형모델(linear model)
- 구형모델(spherical model)
- 지수모델(exponential model)
- 가우스모델(Gauss model)
- 5차구형모델(pentaspherical model)
- 큐빅모델(cubic model)
- 너깃모델(nugget model)

가장 간단한 모델은 선형모델이며 이를 삼각모델이라고도 한다. 선형모델은 간단하지만 자료의 상관성이 선형적으로 변화한다는 가정의 한계로 자료의 분포특징을 잘 묘사하지 못한다. 아래의 각 수식에서 C_0는 문턱값, a는 상관거리, h는 분리거리를 나타낸다.

선형모델 : $\gamma(h) = Linear_a(h) = Triang_a(h)$

$$\gamma(h) = C_0 Linear_a(h) = \begin{cases} C_0\left(\dfrac{h}{a}\right), & h \leq a \\ C_0, & h > a \end{cases} \tag{4.9}$$

가장 많이 사용되는 모델로는 구형모델이 있다. 이는 3차 다항식의 형태로 표현되며 식 (4.10)과 같다. 구형모델에서는 선형모델과 마찬가지로 상관거리에서의 베리오그램값이 정확히 문턱값과 일치한다.

구형모델 : $\gamma(h) = Sph_a(h)$

$$\gamma(h) = C_0 Sph_a(h) = \begin{cases} C_0\left[1.5\left(\dfrac{h}{a}\right) - 0.5\left(\dfrac{h}{a}\right)^3\right], & h \leq a \\ C_0, & h > a \end{cases} \tag{4.10}$$

구형모델은 분리거리 $h = 0$에서 그은 접선이 상관거리의 2/3가 되는 위치에서 문턱값과 교차한다. 이를 이용하면 이론적 베리오그램을 찾아내는 데 도움이 될 수 있다.

상관거리 a에서 정확히 문턱값을 갖지 않지만 분리거리가 증가할수록 문턱값에 수렴하는 모델로 지수모델과 가우스모델이 있다. 두 경우 모두 문턱값의 95%에 해당하는 베리오그램값을 주는 분리거리를 실제적인 상관거리로 가정한다.

지수모델 : $\gamma(h) = Exp_a(h)$

$$\gamma(h) = C_0 Exp_a(h) = C_0\left[1 - \exp\left(-3\frac{h}{a}\right)\right] \tag{4.11a}$$

식 (4.11a)로 주어진 지수모델의 경우 분리거리 $h = a$에서 베리오그램의 값이 $0.95C_0$이므로 상관거리가 a이다. 하지만 식 (4.11b)로 표시된 경우는 분리거리 $h = 3a^*$일 때 $0.95C_0$의 값을 가져 상관거리가 $3a^*$이다. 따라서 상관거리가 a^*가 되기 위해서는 함수식에 사용되는 값은

'상관거리/3'이 되어야 한다. 소개한 두 식을 선호도에 따라 사용할 수 있으니 상관거리의 차이에 대하여 분명히 알아야 한다.

수치를 사용하여 구체적인 예를 들면 다음과 같다. 문턱값 C_0, 상관거리가 6인 지수모델이라고 하면 우리는 무의식적으로 식 (4.11c)와 같이 생각할 수 있다. 하지만 식 (4.11c)는 상관거리가 18인 의도하지 않은 지수모델이 된다. 따라서 식 (4.11a)와 같은 표준양식을 따르든지 식 (4.11d)와 같이 수학적으로 동일한 수식이 되어야 한다.

$$\gamma(h) = C_0 Exp_a(h) = C_0\left[1 - \exp\left(-\frac{h}{a*}\right)\right] \tag{4.11b}$$

$$\gamma(h) = C_0 Exp_a(h) = C_0\left[1 - \exp\left(-\frac{h}{6}\right)\right] \tag{4.11c}$$

$$\gamma(h) = C_0 Exp_a(h) = C_0\left[1 - \exp\left(-\frac{h}{2}\right)\right] \tag{4.11d}$$

가우스모델은 작은 분리거리에서 자료들이 강한 상관성을 나타내거나 연속성이 강할 때 사용된다. 가우스모델도 문턱값의 95%에 해당하는 분리거리를 실제적인 상관거리로 사용한다. 식 (4.12a)와 같이 표현된 경우는 상관거리가 a가 되고 식 (4.12b)로 표현된 경우는 상관거리가 $\sqrt{3}a*$가 된다.

가우스모델 : $\gamma(h) = Gauss_a(h)$

$$\gamma(h) = C_0 Gauss_a(h) = C_0\left[1 - \exp\left(-3\left(\frac{h}{a}\right)^2\right)\right] \tag{4.12a}$$

$$\gamma(h) = C_0 Gauss_a(h) = C_0\left[1 - \exp\left(-\left(\frac{h}{a*}\right)^2\right)\right] \tag{4.12b}$$

간단한 모델을 사용하여 이론적 베리오그램을 찾는 접근법으로 인하여 고차식의 이론식을 자주 사용하진 않지만 다음과 같은 5차구형모델과 7차의 큐빅모델도 있다.

5차구형모델 : $\gamma(h) = Pentasph_a(h)$

$$\gamma(h) = \begin{cases} C_0\left[\frac{15}{8}\left(\frac{h}{a}\right) - \frac{5}{4}\left(\frac{h}{a}\right)^3 + \frac{3}{8}\left(\frac{h}{a}\right)^5\right], & h \le a \\ C_0, & h > a \end{cases}$$

큐빅모델 : $\gamma(h) = Cubic_a(h)$

$$\gamma(h) = \begin{cases} C_0 \left[7\left(\dfrac{h}{a}\right)^2 - \dfrac{35}{4}\left(\dfrac{h}{a}\right)^3 + \dfrac{7}{2}\left(\dfrac{h}{a}\right)^5 - \dfrac{3}{4}\left(\dfrac{h}{a}\right)^7 \right], & h \le a \\ C_0, & h > a \end{cases}$$

너깃모델은 문턱값을 가지고 있지만 상관거리가 0인 모델이다. 분리거리가 0인 경우는 베리오그램의 정의에 의하여 0의 값을 가지지만 그 외는 일정한 상수값을 가진다. 수학적으로 너깃모델은 식 (4.9)의 선형모델에서 상관거리가 0으로 수렴하는 경우와 같고 식 (4.13)으로 정의된다.

너깃모델은 자료들의 상관관계가 전혀 없는 경우에 적용된다. 자료의 양이 너무 적어 불확실성이 높거나 특정지역에서 자료의 변화가 심한 경우에도 이용된다. 문턱값을 가지는 모델을 단위상관거리를 사용하여 서로 비교하면 〈그림 4.14〉와 같다.

너깃모델 : $\gamma(h) = C_0$

$$\gamma(h) = \begin{cases} C_0, & h > 0 \\ 0, & h = 0 \end{cases} \tag{4.13}$$

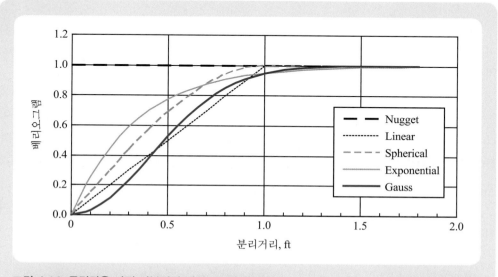

그림 4.14 문턱값을 가진 기본적인 베리오그램의 비교

(2) 문턱값이 없는 모델

자료의 공간적인 분포가 서로 상관성이 뛰어나거나 물리적 성질인 분산성이 매우 큰 경우는 비록 분리거리가 일정한 값 이상으로 증가하더라도 베리오그램이 계속 증가하여 문턱값을 정의할 수 없다. 문턱값이 없는 모델은 다음과 같다.

- 멱급수모델(power model)
- fBm모델(fractional Brownian motion model)
- fGn모델(fractional Gaussian noise model)
- 로그모델(log model)

일반적으로 멱급수모델을 식 (4.14)와 같이 정의한다. 이 경우 상관거리는 무한대가 된다.

$$\text{멱급수모델} : \gamma(h) = C_0 h^\alpha, \ h > 0, \ 0 < \alpha < 2 \tag{4.14}$$

여기서 지수 α는 임의로 변화하지 않고 자연계에서 보는 대부분의 현상과 자료에 대해서는 0과 2 사이의 값을 나타낸다. α가 1인 경우는 문턱값이 없는 선형모델이며 식 (4.9)로 주어진 삼각모델은 멱급수모델의 특수한 경우라 할 수 있다.

멱급수모델의 한 경우로 fBm모델이 있다. fBm모델은 식 (4.15)로 정의되며 변수의 공간분포가 프랙탈(fractal) 특징을 나타낼 때 사용된다(Madelbroat와 Van Ness, 1968).

$$\text{fBm모델} : \gamma(h) = C_0 h^{2H}, \ h > 0, \ 0 < H < 1 \tag{4.15}$$

여기서 H를 간헐도지수(Hurst exponent)라 하며 0과 1 사이의 값을 갖는다.

간헐도지수의 값이 1에 가까울수록 서로 비슷한 값들이 모여서 나타난다. 즉, 큰 값 주위에는 상대적으로 큰 값들이 작은 값 주위에는 작은 값들이 나타나며, 이를 지속성(persistency)이라 한다. H가 0에 가까울수록 서로 다른 값들이 나타나며 이를 반지속성(antipersistency)이라 한다. H의 값이 0.5일 때는 브라운운동을 하는 입자의 위치를 나타낸다. H의 값은 실험적 베리오그램을 로그-로그 그래프에 그려 나타나는 직선의 기울기로부터 구할 수 있다.

fGn모델은 식 (4.16)과 같이 나타낼 수 있다. 멱급수모델의 일반적인 특성과 같이 상관거리가 무한대를 나타낸다.

$$\text{fGn모델} : \gamma(h) = C_0 \delta^{2H-2} - 0.5 C_0 \delta^{-2} [(h+\delta)^{2H} - 2h^{2H} + |h-\delta|^{2H}], \ h > 0 \tag{4.16}$$

여기서 H는 간헐도지수이고 δ는 완화인자(smoothing parameter)로 0보다 크거나 같은 값을 가진다. H가 0.5일 때 브라운운동을 하는 입자의 속도를 나타낸다.

위의 두 모델의 관계는 H가 0.5일 때는 명확하지만 그 외의 경우에는 fGn모델은 fBm모델을 미분한 형태를 가진다고 말한다. 이에 대한 자세한 설명은 이 책의 제6장이나 다른 자료를 참고하기 바란다.

문턱값이 없는 모델로 식 (4.17)로 표시되는 로그모델이 있다.

$$\text{로그모델} : \gamma(h) = C_0 \left| \log h \right|^{\alpha}, \quad h > 0 \tag{4.17}$$

여기서 지수 α는 임의로 변화하지 않고 자연계에서 보는 대부분의 현상과 자료에 대해서는 0과 2 사이의 값을 나타낸다.

로그모델은 잘 사용되지 않으며 실제로 사용되는 경우에도 지수 α가 1인 간단한 경우이다. 또한 분리거리가 0으로 접근하면 베리오그램이 $-\infty$로 발산하므로 분리거리가 1보다 큰 영역에서 주로 사용된다.

(3) 주기성을 갖는 모델

건기와 우기가 반복된 지역의 지질자료와 같이 일정한 분리거리에 따라 반복되는 특성을 가진 자료들에 적용할 수 있는 모델이 주기모델이다. 분리거리가 0에서 일정거리까지는 베리오그램이 증가하지만 그 후에는 감소한다. 분리거리가 계속 증가하면 베리오그램이 다시 증감하는 주기성을 나타내는 경우는 삼각함수로 표시되는 다음의 주기모델을 사용할 수 있다.

사인주기모델 :

$$\gamma(h) = C_0 \left(1 - \frac{\sin\left(\pi \dfrac{h}{a} \right)}{\pi \dfrac{h}{a}} \right), \quad h : \text{라디안} \tag{4.18a}$$

코사인주기모델 :

$$\gamma(h) = C_0 \left(1 - \cos\left(\pi \dfrac{h}{a} \right) \right), \quad h : \text{라디안} \tag{4.18b}$$

여기서 a는 주기모델 주기의 반이다(즉, 주기＝$2a$).

주기모델에서 베리오그램값이 작아지는 움푹한 부분을 '홀(hole)'이라 하며 주기모델을 홀모델(hole model 또는 hole effect model)이라고도 한다. 식 (4.18)의 주기모델은 참고문헌에 따라 약간씩 다른 형태로 표현될 수 있다. 사인과 코사인으로 표시되는 함수양식은 동일하지만 주기를 표시하는 방법에 따라 최종식이 다를 수 있다.

사인주기모델은 분리거리가 증가함에 따라 일정한 값을 나타내는 '문턱값'을 중심으로 진동하면서 그 진폭이 상쇄된다. 이는 주기성을 나타내는 자료의 일반적 현상과 유사하여 코사인주기모델보다 자주 사용된다. 사인주기모델은 분리거리 a에서 C_0의 값을 가지며 분리거리가 증가하면 진동하다 아주 큰 분리거리에서 C_0로 수렴한다.

코사인주기모델은 분리거리에 따라 베리오그램의 경향이 감쇄없이 반복되는 경우에 적용된다. 코사인주기모델은 1차원 자료인 경우에만 양의 정부호를 만족하는 것으로 알려져 있다. 코사인함수가 1에서 −1까지의 값을 가지므로 진폭은 C_0의 두 배가 된다.

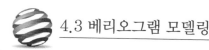

4.3 베리오그램 모델링

(1) 수정 베리오그램

주어진 자료를 이용하여 실험적 베리오그램을 계산한 이후에 가장 중요한 단계 중 하나가 실험적 베리오그램을 잘 대표하는 이론적 베리오그램을 구하는 것이다. 하지만 때로는 지엽적으로 평균의 변화가 심해 실험적 베리오그램으로부터 일정한 경향을 찾기 힘든 경우가 많다. 이런 경우에 사용하는 기법이 수정 베리오그램(modified variogram)이며, 이를 바탕으로 이론적 베리오그램을 결정한다. 대표적인 수정 베리오그램은 다음과 같다(Deutsch와 Journel, 1998).

- 상대 베리오그램(relative variogram)
- 비불변성 베리오그램(non-ergodic variogram)
- 자료변환 베리오그램(variogram of transformed data)

상대 베리오그램은 자료의 지엽적 평균값으로 실험적 베리오그램을 정규화시킨 것이다. 주로 광산자료에 많이 사용되었던 기법으로 각 분리거리에서 베리오그램을 계산하기 위해 실제로 사용된 자료의 평균 제곱으로 정규화한다. 분리거리가 h인 경우에 자료쌍이 n개 있다고 가정하면 상대 베리오그램 $\gamma(h)^*$는 식 (4.19a)와 같이 계산된다.

베리오그램의 정의에 따라 먼저 각 분리거리에 따른 베리오그램을 계산하고 사용된 자료쌍들의 평균을 구한다. 계산된 베리오그램을 이 평균값의 제곱으로 나누어주면 상대 베리오그램이 된다. 기존의 베리오그램과 정규화된 상대 베리오그램을 사용할 때 단순크리깅(simple kriging) 예측값은 동일하다.

상대 베리오그램을 계산하는 다른 방법도 있다. 식 (4.19a)와 같이 사용된 모든 자료에서 구한 평균을 이용하지 않고 각 자료쌍 평균의 제곱으로 정규화하여 식 (4.19b)와 같이 계산할 수도 있다.

$$\gamma(h) = \frac{1}{2n} \sum_{i=1}^{n} [z(x_i) - z(x_i + h)]^2$$

$$\gamma^*(h) = \frac{\gamma(h)}{\mu_L^2}, \quad \mu_L = \frac{1}{n} \sum_{i=1}^{n} \frac{z(x_i) + z(x_i + h)}{2} \tag{4.19a}$$

$$\gamma*(h) = \frac{1}{2n} \sum_{i=1}^{n} \frac{[z(x_i) - z(x_i + h)]^2}{\{[z(x_i) + z(x_i + h)]/2\}^2} \qquad (4.19b)$$

식 (4.8b)에서 알 수 있듯이 베리오그램이 계산되면 임의의 분리거리에 대하여 공분산을 계산할 수 있다. 따라서 먼저 베리오그램을 결정하고 이를 이용하여 공분산을 계산한다. 하지만 주어진 자료들이 지엽적으로 변화가 심할 때는 양질의 실험적 베리오그램을 얻기가 어렵다. 이때 사용할 수 있는 또 다른 기법이 비불변성 베리오그램이다.

비불변성 베리오그램은 먼저 각 분리거리에 따라 주어진 자료쌍들을 이용하여 공분산을 계산한다. 공분산이 계산되면 식 (4.8b)에서 베리오그램을 구하고 이를 실험적 베리오그램으로 사용한다. 분리거리가 h인 경우에 자료쌍이 n개 있다고 가정하고 구체적 수식으로 나타내면 식 (4.20)과 같다.

$$Cov(h) = E[z(x)z(x+h)] - E[z(x)]E[z(x+h)]$$
$$= \frac{1}{n} \sum_{i=1}^{n} z(x_i)z(x_i + h) - \frac{1}{n} \sum_{i=1}^{n} z(x_i) \cdot \frac{1}{n} \sum_{i=1}^{n} z(x_i + h) \qquad (4.20)$$
$$\gamma(h) = \sigma^2 - Cov(h)$$

여러 종류의 자료를 함께 이용하거나 자료값의 범위가 크면 베리오그램은 진동한다. 만약 진동의 정도가 약하면 위에서 설명한 두 기법을 시도할 수 있다. 하지만 자료의 양이 적거나 진동이 심한 경우, 다음과 같이 자료를 먼저 변환하고 베리오그램을 구할 수 있다.

- 스켈일링(scaling)
- 정규화(normalizing)
- 로그변환(log transformation)
- 정규수치변환(normal score transformation)
- 지표변환(indicator transformation)

자료의 범위가 큰 경우에 다음과 같은 선형변환을 하면 새로운 변수 $z*$의 값은 0에서 1까지 변화한다. 이와 같은 스케일링은 특이값의 영향을 줄여주며 서로 다른 범위와 값을 가진 자료들을 함께 분석할 때 유용하다.

$$z* = \frac{z - z_{min}}{z_{max} - z_{min}}$$

여기서 하첨자 max와 min은 각각 자료의 최대값과 최소값을 의미한다.

또한 아래와 같이 평균만큼 이동하고 표준편차만큼 크기를 조절하는 정규화를 이용할 수 있다. 이 방법도 스케일링의 일종이며 변환된 자료가 정규분포를 따르는 것은 아니다.

$$z^* = \frac{z - \bar{z}}{s}$$

여기서 $\bar{z}$와 s는 각각 표본의 평균과 표준편차이다.

주어진 자료를 직접 사용하지 않고 로그변환과 같은 변환을 먼저 시행할 수 있다. 자료를 로그변환하면 대부분 자료의 범위가 줄어들 뿐만 아니라 로그정규분포를 따르는 자료는 정규분포로 변환된다. 또한 임의의 분포를 따르는 자료를 정규분포로 바꾸기 위해 정규수치변환을 사용할 수 있다. 자료의 변화가 아주 심하면 특정한 값을 기준으로 자료값을 0과 1의 지표로 변환하고, 이들 지표를 대상으로 베리오그램을 계산할 수 있다(제6장 참조).

표본자료를 이용하여 계산된 실험적 베리오그램이 안정된 모습으로 일정한 경향을 보일 때 이를 대표하는 이론적 베리오그램을 쉽게 결정할 수 있다. 하지만 현장자료를 분석하면 대부분 안정된 베리오그램을 얻기 어렵다. 따라서 위에서 설명한 다양한 기법으로 자료의 범위나 지엽적인 변화를 완화시킨다. 수정 베리오그램을 사용하면 최종 예측치가 달라질 수 있지만 그 영향은 미미하다. 따라서 수정 베리오그램은 유익하고 합리적인 대안이라 할 수 있다.

(2) 등방성 모델

1. 베리오그램 모델링 원리

주어진 자료가 특정 방향으로 강한 상관관계를 나타내지 않는 경우를 등방성이라 한다. 실험적 베리오그램으로부터 주어진 자료의 특성을 가장 잘 반영하는 이론적 베리오그램을 찾아내는 과정이 베리오그램 모델링이다. 이때 가장 큰 기준이 되는 것이 공분산행렬의 양의 정부호(postive definiteness)이다.

크리깅이나 다른 지구통계적 기법으로 변수값을 예측할 때 공분산행렬(제5장 참조)을 사용한다. 공분산행렬이 양의 정부호를 만족해야 주어진 수식의 해가 유일하게 존재하고 이로부터 얻은 추정값의 오차분산도 음이 되지 않아 물리적으로 의미가 있게 된다.

행렬의 양의 정부호를 만족하는 수학적 필요충분조건은 여러 가지가 있다. 대칭정방행렬의 고유치(eigenvalue)가 모두 양이면 그 행렬은 양의 정부호를 만족한다. 또한 대칭정방행렬의 모든 부분행렬(submatrix)이 양의 행렬식(determinant)을 가지면 양의 정부호를 만족한다.

하지만 이와 같은 조건은 행렬크기가 커지면 양의 정부호를 파악하는 조건으로 사용하기가 어렵다. 따라서 일정한 규칙을 적용하여 베리오그램 모델링을 수행하면 자연히 그 조건을 만족하도록 한다. 등방성 베리오그램 모델에서 양의 정부호를 만족하도록 하는 구체적인 적용원리는 다음과 같다.

- 양의 정부호를 만족하는 개별 모델만 사용
- 양의 정부호를 만족하는 개별 모델을 양의 계수로 선형조합
- 단순한 모델에서 복잡한 선형모델의 조합으로 확장

구체적으로 이미 소개한 세 종류의 모델, 즉 문턱값이 있는 경우와 없는 경우 그리고 주기성을 갖는 각각의 모델만 사용한다. 또한 양의 계수만 사용하여 개별모델의 선형조합을 이용한다. 실험적 베리오그램이 주어지면 단독 모델로 베리오그램 모델링을 시도하고 점차 이들의 선형조합으로 확장한다. 지구물리적 자료에 대하여 너깃모델과 구형모델의 선형조합은 가장 많이 사용되는 모델식 중 하나이다.

이론적 등방성 베리오그램이 정해지면 임의의 위치에서의 베리오그램과 공분산값을 구할 수 있다. 2차원 자료의 경우 위치 (h_x, h_y)에서의 분리거리는 아래의 수식으로 계산된다.

$$h = \sqrt{h_x^2 + h_y^2}$$

〈그림 4.15a〉는 〈그림 4.9〉에 주어진 실험적 베리오그램을 이론적으로 모델링한 결과이다. 여기서 이론적 베리오그램 모델링은 실험적 베리오그램값의 회귀분석이 아니라 이를 잘 대표하는 식을 찾은 것이다. 〈그림 4.9〉에서 분리거리 10ft에서 얻은 값은 오직 세 자료쌍으로 계산되어 이를 무시하였다. 전체 자료 중에서 평가한 상관거리 이내의 자료들을 대표하는 모델을 시각적 판단에 의해 결정하였다.

〈그림 4.15b〉는 분리거리를 15ft씩 증가시키면서 계산한 실험적 베리오그램의 모델링 결과이다. 각 경우 조금씩 다른 결과를 나타내므로 시행과 착오의 반복과정을 거쳐 원하는 식을 찾아 낼 수 있다. 실험적 베리오그램의 변화가 심할 경우, 분리거리를 증가시켜 자료쌍의 수가 증가되면 때로는 안정된 베리오그램을 얻는다. 필요하면 수정 베리오그램을 시도할 수도 있다.

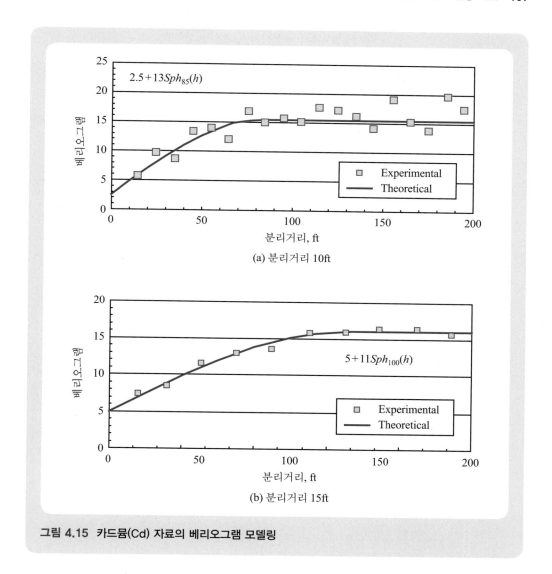

그림 4.15 카드뮴(Cd) 자료의 베리오그램 모델링

2. 최소자승법을 이용한 베리오그램 모델링

보다 정확한 계산을 위해, 실험적 베리오그램 계산에 사용된 자료의 총개수나 분산 등을 가중치로 사용하여 가중최소자승법을 적용할 수 있다. 〈그림 4.15b〉의 경우 시각적 판단에 의해 모델식 $5+11Sph_{100}(h)$를 얻었고 최소자승법을 적용하여 구하면 $5.6+10.49Sph_{106.8}(h)$를 얻는다. 〈그림 4.16〉은 〈표 4.5〉의 실험적 베리오그램 자료를 이론적으로 모델링한 것이다. 시각적 판단에 의해 얻은 모델은 너깃모델과 구형모델의 선형조합으로 다음과 같다.

$$\gamma(h) = 110 + 490Sph_{10000}(h)$$

동일한 자료에 대하여 공분산을 가중치로 사용하여 가중최소자승법으로 얻은 베리오그램 식은 각각 다음과 같고 〈그림 4.17〉에 나타내었다.

너깃모델과 구형모델의 조합 : $\gamma(h) = 114.73 + 486.98Sph_{10411}(h)$

너깃모델과 두 구형모델의 조합 : $\gamma(h) = 99.7 + 338.41Sph_{12339}(h) + 167.85Sph_{6420}(h)$

표 4.5 분리거리에 따른 실험적 베리오그램값과 사용된 자료의 공분산

분리거리	실험적 베리오그램	사용된 자료의 분산
1039	185.6	309.5
1671	222.7	429.6
2412	283.8	546.8
3239	350.4	624.9
3986	409.3	709.3
4798	425.1	700.7
5623	479.8	781.6
6390	515.7	793.6
7220	512.7	754.1
7992	557.2	784.5
8818	553.1	753.5
9594	608.9	793.6
10398	588.8	760.5
11206	603.4	768.4
11991	624.9	794.5
12809	607.1	781.3
13594	622.0	809.5
14406	619.6	802.0
15196	599.4	811.6
15992	589.1	808.2
16799	601.4	818.2
17604	582.4	826.2

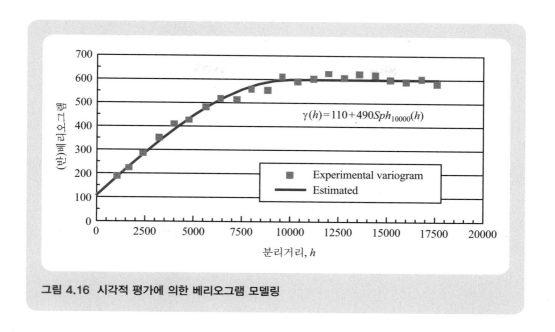

그림 4.16 시각적 평가에 의한 베리오그램 모델링

　　정확한 베리오그램 모델링을 위해 최소자승법을 이용하는 것도 좋은 방법이지만 적절하게 사용되어야 한다. 위의 예에서도 최소자승법으로 베리오그램을 얻은 경우 '오차'는 명백히 줄어들었지만 더 복잡해진 모델과 많은 계산으로 인하여 추가적인 이득은 많지 않다. 특히 모델의 선정, 너깃, 문턱값, 구간의 선정에 대한 세심한 주의가 요구되고 계산된 베리오그램 모델은 반드시 검증이 수반되어야 한다.

　　결론적으로 개략적인 평가와 예측을 위해서는 시각적 평가를 사용하는 것이 효과적이며 '최종적인' 정밀 평가와 예측을 위해서는 가중최소자승법을 적용할 수 있다. 〈그림 4.15〉와 같이 베리오그램을 평가하기 위해서 다양한 분리거리에 대한 계산이 필요하므로 프로그램을 작성하거나 상용 프로그램을 사용하는 것도 효율적이다.

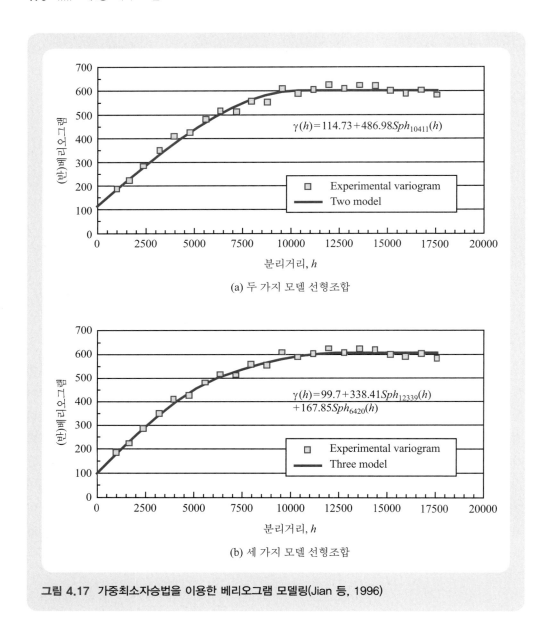

(a) 두 가지 모델 선형조합

(b) 세 가지 모델 선형조합

그림 4.17 가중최소자승법을 이용한 베리오그램 모델링(Jian 등, 1996)

(3) 이방성 모델

지질 및 지구물리적 자료들은 수평 및 수직적으로 각각 다른 특성을 나타내는 경우가 많다. 한 지층 내에서도 수평적으로 퇴적된 입자는 크기가 비슷하지만 수직적으로는 입자의 분포가 변화한다. 이때 수평방향의 유체투과율은 수직방향의 유체투과율보다 크게 나타날 것이다.

지층형성 당시의 영향이나 그 후의 변화에 의하여 반드시 수평이나 수직 방향이 아니라도 특정 방향으로 자료가 강한 상관관계를 나타내는 경우가 많다. 이러한 경우에는 실험적 베리오그램이 방향에 따라 명확한 차이를 나타내므로 등방성 모델로 나타낼 수 없다. 대표적인 이방성 모델은 다음과 같다.

- 기하모델(geometric model)
- 구역모델(zonal model)

기하모델은 주방향과 종방향이 동일한 문턱값을 가지지만 상관거리가 다르다. 구역모델은 더 일반적인 모델로 주방향과 종방향으로 서로 다른 문턱값과 상관거리를 가진다. 하지만 공분산행렬이 양의 정부호를 만족하기 위해서는 반드시 일정한 규칙을 따라 베리오그램 모델링이 이루어져야 한다.

주어진 자료의 이방성을 파악하기 위해 자료를 획득한 지역의 지질적 및 지형적 특징정보를 먼저 활용한다. 또한 자료의 등가분포도를 그려보거나 방향성 베리오그램을 계산하면 그 경향을 정량적으로 알 수 있다.

1. 기하모델

기하모델을 사용할 경우에는 양의 정부호를 만족하기 위해서 다음의 조건들을 적용한다.

- 주방향과 종방향에 동일한 모델을 사용
- 각 모델에 사용된 계수가 양의 값으로 동일
- 상관거리는 다를 수 있음

위의 기준에 따라 베리오그램 모델링을 하면 주방향에 따라 동일한 모델과 계수를 사용하므로 문턱값은 같고 상관거리만 다르다. 주방향을 x방향, 종방향을 y방향이라고 하고 너깃모델, 구형모델, 지수모델의 선형조합으로 기하모델을 나타내면 다음과 같다.

$$\gamma_x(h) = C_0 + C_1 Sph_{a_1}(h) + C_2 Exp_{a_2}(h)$$
$$\gamma_y(h) = C_0 + C_1 Sph_{b_1}(h) + C_2 Exp_{b_2}(h) \tag{4.21}$$

식 (4.21)에서 볼 수 있듯이, 방향성 베리오그램의 모델링에서는 반드시 동일한 모델과 계수를 사용하고 오직 상관거리만 다를 수 있다. 이와 같은 규칙을 적용하면 공분산행렬이 양의 정부호를 항상 만족한다.

2. 상관거리 1인 등가모델

주방향과 종방향에 주어진 자료에 대해서는 식 (4.21)을 이용하여 공분산을 구할 수가 있다. 하지만 주방향과 다른 임의의 방향과 위치의 자료에 대해서는 베리오그램(따라서 공분산)을 구하기 어렵다. 따라서 기하모델의 상관거리를 1로 변화시켜 두 방향으로 주어진 모델을 등가의 등방성 모델로 통합하는 기법을 사용한다.

〈그림 4.18〉에서 상관거리가 a인 모델의 분리거리 h에서 베리오그램값은 상관거리 1인 모델의 분리거리 h/a에서의 베리오그램값과 동일하다. 그 값이 같기 때문에 문턱값이 동일하면 같은 공분산값을 얻는다. 이를 수학적으로 표현하면 식 (4.22)와 같다(Isaaks와 Srivastava, 1989). 구체적으로 동일한 베리오그램값을 얻기 위하여 상관거리를 1로 하고 분리거리를 $1/a$만큼 변환시킨다. 이와 같은 변환기법은 일정한 문턱값을 갖지 않는 경우에도 적용할 수 있다.

$$\gamma_a(h) = \gamma_1(h/a) \tag{4.22}$$

여기서 하첨자는 상관거리를 나타낸다.

식 (4.21)로 주어진 식을 상관거리 1인 등가의 등방성 모델로 변환하면 식 (4.23)과 같다. 2차원 자료의 경우 임의의 거리 (h_x, h_y)만큼 떨어진 지점에서 베리오그램을 계산하기 위하여 각 모델을 상관거리 1인 모델로 변환하고 분리거리는 각각의 상관거리를 이용하여 정규화한다.

$$\gamma(h) = C_0 + C_1 Sph_1(h_1) + C_2 Exp_1(h_2) \tag{4.23}$$

$$h_1 = \sqrt{\left(\frac{h_x}{a_1}\right)^2 + \left(\frac{h_y}{b_1}\right)^2}, \quad h_2 = \sqrt{\left(\frac{h_x}{a_2}\right)^2 + \left(\frac{h_y}{b_2}\right)^2}$$

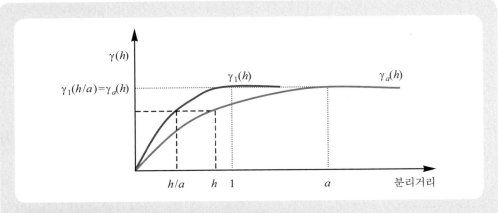

그림 4.18 동일한 모델에 대하여 상관거리가 a인 모델과 1인 모델

3. 좌표축의 회전

자료의 이방성을 나타내는 주축과 종축이 자료의 위치를 나타내는 x, y 직교 좌표축과 다른 경우에는 자료의 좌표값을 먼저 주축과 종축의 좌표값으로 변환한 후에 이들 좌표값을 사용하여 상관거리가 1인 등가의 등방성 모델로 변환한다. 〈그림 4.19〉와 같이 새로운 좌표축이 주어진 x, y 직교좌표축과 θ만큼 반시계방향으로 회전되어 있을 때, 직교좌표계에서 (h_x, h_y)는 새로운 좌표계 x^*, y^*에서 다음과 같이 변환된다.

$$\begin{pmatrix} h_x^* \\ h_y^* \end{pmatrix} = \begin{pmatrix} \cos\theta & \sin\theta \\ -\sin\theta & \cos\theta \end{pmatrix} \begin{pmatrix} h_x \\ h_y \end{pmatrix} \tag{4.24}$$

식 (4.21)로 주어진 이방성 모델의 주축과 종축이 x, y 직교좌표축과 θ만큼 반시계방향으로 회전되어 있다고 가정하면 좌표변환과 상관거리변환을 다음과 같은 행렬변환식으로 표기할 수 있다. 이는 행렬의 곱셈원리를 이용하여 좌표변환을 먼저 시행하고 이어서 상관거리를 1로 변환하는 것을 나타낸 것이다.

$$h_1 = \begin{pmatrix} h_{1x}^* \\ h_{1y}^* \end{pmatrix} = \begin{pmatrix} 1/a_1 & 0 \\ 0 & 1/b_1 \end{pmatrix} \begin{pmatrix} \cos\theta & \sin\theta \\ -\sin\theta & \cos\theta \end{pmatrix} \begin{pmatrix} h_x \\ h_y \end{pmatrix}$$

$$h_2 = \begin{pmatrix} h_{2x}^* \\ h_{2y}^* \end{pmatrix} = \begin{pmatrix} 1/a_2 & 0 \\ 0 & 1/b_2 \end{pmatrix} \begin{pmatrix} \cos\theta & \sin\theta \\ -\sin\theta & \cos\theta \end{pmatrix} \begin{pmatrix} h_x \\ h_y \end{pmatrix} \tag{4.25}$$

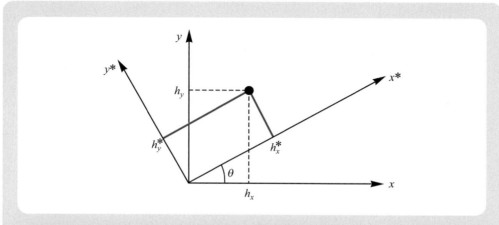

그림 4.19 x, y 좌표축과 자료의 이방성을 나타내는 좌표축이 다른 경우

4. 구역모델

구역모델은 가장 일반화된 모델로 다음과 같은 기준을 따라 베리오그램을 모델링한다. 이 기준을 만족하면 공분산행렬의 양의 정부호도 성립한다.

- 사용된 모델이 동일
- 각 모델은 양의 계수를 사용
- 상관거리는 다를 수 있음

각 방향에 따른 베리오그램을 모델링하기 위해서 사용할 모델은 동일하지만 각 모델의 상관거리와 계수는 다를 수 있다. 각 모델의 계수가 달라지면 자연히 문턱값도 달라진다. 단지 사용된 모델이 같아야 상관거리가 1인 등가의 모델로 변환이 용이하다.

〈그림 4.20〉의 구역모델을 너깃모델과 구형모델을 사용하여 식 (4.26)과 같이 나타내었다고 가정하자. 여기서 너깃모델과 구형모델이 각 경우에 동일하게 사용되었음을 유의하기 바란다. 구역모델에서는 기하모델과는 달리 한쪽 방향으로 (여기서는 y축 방향으로의 베리오그램이 C_2만큼) 더 큰 문턱값을 가지고 상관거리도 다르다. 식 (4.26)에서 문턱값이 간단한 수식적 표현을 위해 그 차이만큼 분리되어 있다.

$$\gamma_x(h) = C_0 + C_1 Sph_{a_1}(h)$$
$$\gamma_y(h) = C_0 + (C_1 + C_2)Sph_{b_1}(h)$$

(4.26)

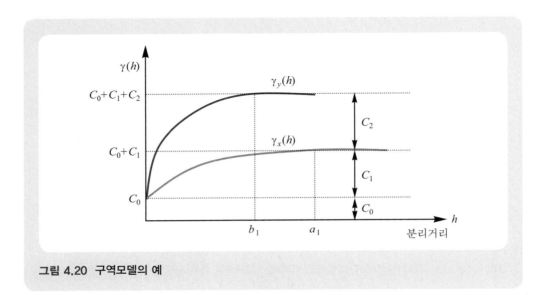

그림 4.20 구역모델의 예

식 (4.26)으로 표현된 이방성 구역모델을 상관거리 1인 등가모델로 변환하면 다음과 같다.

$$\gamma(h) = C_0 + C_1 Sph_1(h_1) + C_2 Sph_1(h_2)$$

$$h_1 = \sqrt{\left(\frac{h_x}{a_1}\right)^2 + \left(\frac{h_y}{b_1}\right)^2}, \quad h_2 = \frac{h_y}{b_1}$$

(4.27)

식 (4.26)에서 더 큰 문턱값을 나타내는 방향(여기서는 y방향)에 사용된 계수를 임의로 (C_1 $+ C_2$)로 분리한 사실을 유의하기 바란다. 식 (4.27)에서 좌표값이 $(0, b_1)$일 때 $h_1 = h_2 = 1$이고 베리오그램값은 $(C_0 + C_1 + C_2)$로 본래 수식의 문턱값과 일치한다. 물론 좌표값이 $(a_1, 0)$일 때 $h_1 = 1, h_2 = 0$이고 베리오그램값은 $(C_0 + C_1)$로 본래의 문턱값과 일치한다.

등방성뿐만 아니라 이방성 베리오그램 변환이 완성된 이후에는 위의 예와 같이 특징적인 값을 사용하여 결과를 검산하는 것이 필요하다. 이는 변환과정에서 생길 수 있는 여러 가지 오류 들을 감지할 수 있게 한다.

자료의 좌표축과 이방성을 나타내는 좌표축이 다를 때는 식 (4.24)에 설명된 원리로 자료의 좌표축을 이방성을 나타내는 좌표축으로 변환한다. 수평적으로는 기하학적 이방성을 보이고 수 직적으로는 구역 이방성을 보이는 경우에도 동일한 원리를 적용할 수 있다. 먼저 수평적(또는 임 의의 정의된 x, y방향)으로 기하학적 이방성 모델을 구하고 이를 상관거리가 1인 등가의 모델로 변환한다. 이 변환된 모델과 수직방향(깊이 방향)의 모델은 구역모델로 나타난다. 따라서 구역 모델의 모델링 기법을 이용하여 상관거리가 1인 등가모델로 변환할 수 있다.

| **예제 4.2** | 다음과 같은 모델이 주어져 있을 때 직교좌표계의 $(3, 4)$ 지점에 해당하는 반베 리오그램을 구하라. 모든 거리의 계산은 원점 $(0, 0)$을 기준으로 하라.

(1) 등방성 모델

$$\gamma(h) = 2 + 3 Linear_{10}(h)$$

(2) 주방향이 N30°E인 기하학적 이방성 모델

$$\gamma_x(h) = 2 + 3 Gauss_{10}(h)$$
$$\gamma_y(h) = 2 + 3 Gauss_5(h)$$

(3) 두 모델로 이루어진 구역모델

$$\gamma_x(h) = 2 + 3 Sph_{10}(h)$$
$$\gamma_y(h) = 2 + 5 Sph_5(h)$$

등방성 모델의 경우 2차원 자료의 위치(h_x, h_y)에서의 분리거리는 다음과 같이 계산된다. 주어진 좌표의 분리거리를 계산하고 선형모델에 대입하면 된다.

$$h = \sqrt{h_x^2 + h_y^2} = \sqrt{3^2 + 4^2} = 5$$

$$\therefore \gamma(5) = 2 + 3Linear_{10}(5) = 2 + 3 \times \frac{5}{10} = 2.5$$

주방향이 x축으로부터 반시계방향으로 $60°$ 기울어졌기 때문에 식 (4.24)를 사용하여 새로운 좌표축에 대한 위치값으로 변환한다.

$$\begin{pmatrix} h_x^* \\ h_y^* \end{pmatrix} = \begin{pmatrix} \cos 60° & \sin 60° \\ -\sin 60° & \cos 60° \end{pmatrix} \begin{pmatrix} 3 \\ 4 \end{pmatrix} = \begin{pmatrix} 4.964 \\ -0.5981 \end{pmatrix}$$

이방성 모델이므로 상관거리가 1인 등가모델로 변환시킨 후 분리거리와 베리오그램값을 계산한다.

$$h_1^* = \sqrt{\left(\frac{4.964}{10}\right)^2 + \left(\frac{-0.5981}{5}\right)^2} = 0.511$$

$$\gamma(0.511) = 2 + 3Gauss_1(0.511) = 2 + 3\left[1 - \exp\left(-3\left(\frac{0.511}{1}\right)^2\right)\right] = 3.628$$

두 모델로 이루어진 구역모델의 상관거리가 1인 등가모델은 다음과 같다.

$$\gamma(h) = C_0 + C_1 Sph_1(h_1) + C_2 Sph_1(h_2)$$

$$h_1 = \sqrt{\left(\frac{3}{10}\right)^2 + \left(\frac{4}{5}\right)^2} = 0.8544, \quad h_2 = \frac{4}{5} = 0.8$$

$$\gamma(h) = 2 + 3Sph_1(0.8544) + 2Sph_1(0.8)$$

$$= 2 + 3\left[1.5\left(\frac{0.8544}{1}\right) - 0.5\left(\frac{0.8544}{1}\right)^3\right] + 2\left[1.5\left(\frac{0.8}{1}\right) - 0.5\left(\frac{0.8}{1}\right)^3\right] = 6.797$$

(4) 상호 베리오그램

베리오그램이 동일한 변수에 대한 공간적 상호관계를 나타내는 반면 서로 다른 변수들 간의 공간적 상호관계를 나타내는 인자 중 하나가 상호 베리오그램이다. 상호 베리오그램은 교차 베리오그램이라 불리기도 한다.

서로 다른 두 변수 u, v의 상호 베리오그램은 식 (4.28a)와 같이 정의된다. 분리거리 h에 자료쌍이 n개 있다면 식 (4.28b)와 같이 실험적 상호 베리오그램을 계산한다. 이를 위해서는 동일한 지점에 두 자료가 모두 알려져야 한다.

$$2\gamma_c(h) = E\{[u(x) - u(x+h)][v(x) - v(x+h)]\} \tag{4.28a}$$

$$2\gamma_c(h) = \frac{1}{n}\sum_{i=1}^{n}[u(x_i) - u(x_i+h)][v(x_i) - v(x_i+h)] \tag{4.28b}$$

사용된 두 변수가 동일하다면 상호 베리오그램은 전통적인 베리오그램이 된다. 또한 베리오그램은 항상 0보다 크거나 같지만 상호 베리오그램은 두 변수가 음의 상관관계를 가질 때 음의 값을 나타낸다. 베리오그램의 계산에 사용된 거리와 방향에 대한 완화된 분리거리와 허용한 계각의 원리가 상호 베리오그램의 계산에도 동일하게 적용된다.

상호 베리오그램은 공동크리깅(cokriging)에 사용된다. 공동크리깅을 위해서는 각각의 변수에 대한 베리오그램과 사용된 변수 상호간의 상호 베리오그램이 필요하다. 주 변수와 하나의 추가 변수가 공동크리깅에 사용된다면 각 변수의 베리오그램과 상호 베리오그램이 필요하다.

상호 베리오그램의 모델링도 공분산행렬의 양의 정부호 제약을 받는다. 이를 만족시키기 위한 상호 베리오그램 모델링의 구체적인 방법은 다음과 같다.

- 각 베리오그램과 상호 베리오그램에 동일한 모델을 사용
- 동일한 모델은 서로 동일한 상관거리를 사용
- 각 모델에 사용된 베리오그램 계수의 곱은 상호 베리오그램 모델에 사용된 계수의 제곱보다 크거나 같아야 한다.

각 변수의 베리오그램에 나타난 모든 모델이 상호 베리오그램에 반드시 사용되기 어려울 때도 있다. 그럴 경우에는 상호 베리오그램을 먼저 구하고 여기에 사용된 각 모델들을 각 변수의 베리오그램 모델링에 포함시키는 방법을 사용하기도 한다. 상호 베리오그램에 사용된 모델의 계수는 변할 수 있는데 세 번째 조건을 고려하면 범위가 제한되어 어려움이 있다. 따라서 상호 베리오그램을 성공적으로 구하기 위해서는 시행과 착오의 과정을 거친다.

두 변수 u와 v에 대한 베리오그램 모델링이 식 (4.29)와 같은 선형결합으로 이루어졌다고 가정하자. 이 경우 동일한 모델에 대해서는 같은 상관거리를 사용함을 유의해야 한다. 두 변수에 대한 상호 베리오그램은 식 (4.30)으로 나타낼 수 있다. 여기서도 동일한 모델을 사용하고 같은 모델은 상관거리가 같다.

문턱값은 서로 다를 수 있는데 임의로 변화하는 것이 아니라 식 (4.31)과 같은 제약조건을 갖는다. 식 (4.31)은 상호 베리오그램을 위하여 세 모델을 사용한 결과이고 선형조합에 사용된 각 모델의 계수에 대하여 주어진 관계식을 만족해야 한다.

$$\gamma_u(h) = C_{0u} + C_{1u}Sph_{a_1}(h) + C_{2u}Exp_{a_2}(h)$$
$$\gamma_v(h) = C_{0v} + C_{1v}Sph_{a_1}(h) + C_{2v}Exp_{a_2}(h)$$
(4.29)

$$\gamma_{uv}(h) = C_{0uv} + C_{1uv}Sph_{a_1}(h) + C_{2uv}Exp_{a_2}(h)$$
(4.30)

$$C_{iuv}^2 \leq C_{iu}C_{iv}, \quad i = 0, 2$$
(4.31)

〈그림 4.21〉은 부록 III에 주어진 초기 퍼텐셜 자료의 위치와 값을, 〈그림 4.22〉는 유동용량 자료의 위치와 값을 보여준다. 이들 자료로 실험적 베리오그램을 구하고 이론적 베리오그램을 나타내면 〈그림 4.23〉, 〈그림 4.24〉와 같고 이들 변수의 상호 베리오그램은 〈그림 4.25〉와 같다.

각각의 베리오그램을 구체적 수식으로 나타내면 다음과 같고 이들은 동일한 모델의 조합과 상관거리를 가지고 있다. 이들 결과는 시각적 판단에 의한 결과이며 상호 베리오그램의 모델링을 위해서는 각각의 모델에 대한 조율이 필요하다. 〈그림 4.23〉~〈그림 4.25〉를 바탕으로 상관거리를 6500에서 7000 사이로 판단하면 타당해 보이며 여기서는 7000으로 결정하였다. 상관거리가 달라지면 더 나은 모델링을 위하여 모델의 계수를 조정하는 것이 필요하다.

초기 퍼텐셜 자료의 베리오그램 : $\gamma_{IP}(h) = 1.3E5 + 4.7E5\,Sph_{7000}(h)$
유동용량 자료의 베리오그램 : $\gamma_{FC}(h) = 1.5E7 + 7.0E7\,Sph_{7000}(h)$
초기 퍼텐셜 자료와 유동능력자료의 상호 베리오그램 : $\gamma_C(h) = 4.5E6\,Sph_{7000}(h)$

〈그림 4.21〉에 주어진 초기 퍼텐셜 자료의 히스토그램을 그려보면 〈그림 4.26a〉와 같다. 전체적으로 로그정규분포의 형상을 따르지만 1500~1800 사이에서 많은 값들이 존재하는 특징을 보인다. 자료의 값도 최소 10에서 최대 2800으로 큰 차이를 보인다. 따라서 원자료를 자연로그변환하여 히스토그램을 그리면 〈그림 4.26b〉와 같다. 변환된 자료에서는 작거나 큰 자료의 영향이 줄어들긴 했지만 여전히 다중최빈값 분포특성을 나타낸다.

〈그림 4.27〉은 유동용량 자료와 로그변환된 자료에 대한 히스토그램이다. 여기서도 원자료는 로그정규분포의 경향을 보이면서 최빈값이 두 번 나타나며 로그변환된 자료에서도 그 경향을 확인할 수 있다.

위의 분석을 바탕으로 하면 〈그림 4.21〉과 〈그림 4.22〉의 두 자료는 값의 범위가 크고 작은 값들이 많으면서 매우 큰 값도 가지는 로그정규분포의 경향을 보인다. 그 결과 〈그림 4.23〉, 〈그림 4.24〉와 같이 계산된 실험적 베리오그램이 매우 큰 값을 나타내 모델링에 어려움이 있다. 따라서 보다 안정된 베리오그램을 얻기 위하여 로그변환된 자료를 사용할 수 있다.

로그변환된 각 자료에 대한 실험적 베리오그램을 도시하면 〈그림 4.28〉~〈그림 4.30〉과 같다. 원자료의 베리오그램과 비교하였을 때, 계산된 베리오그램의 값이 매우 작아졌다. 전체적인 베리오그램의 경향을 바탕으로 7000 내외에서 상관거리를 결정하면 타당해 보인다. 각 베리오그램은 서로 다른 모델과 상관거리를 사용하면 보다 정확한 모델링이 가능하지만 여기서는 제시된 가이드라인을 준수하였다.

〈그림 4.28〉~〈그림 4.30〉을 바탕으로 하고 원자료의 상관거리도 참고하여 상관거리를 7000으로 결정하였다. 이미 언급한 대로 베리오그램의 이론식을 찾는 모델링과정에서는 각 모델에 대한 조율이 필요하다. 시각적 판단에 의해 결정한 베리오그램 최종식은 다음과 같고 동일한 모델의 조합과 상관거리를 사용하였다.

로그변환된 초기 퍼텐셜 자료의 베리오그램 : $\gamma_{IP}(h) = 0.1 + 1.9\,Gauss_{7000}(h)$
로그변환된 유동용량 자료의 베리오그램 : $\gamma_{FC}(h) = 0.17 + 3.63\,Gauss_{7000}(h)$
로그변환된 두 자료의 상호 베리오그램 : $\gamma_C(h) = 0.05 + 1.95\,Gauss_{7000}(h)$

지금까지 설명한 대로 베리오그램의 모델링을 위해서는 주관적인 판단이 개입된다. 또한 한정된 자료로 인하여 시행과 교정의 반복과정을 거친다. 자료의 기본경향을 찾아내고 이를 잘 묘사하는 모델을 선택하면 미지값의 예측에는 큰 차이가 없다. 따라서 중요한 것은 '정확한' 베리오그램이 아니라 주어진 자료를 잘 '대표하는' 베리오그램을 찾아내는 것이다. 이는 베리오그램 모델링의 기본원칙에 따라 자료를 분석하면 그리 어렵지 않다.

수치적으로 좀 더 정확한 모델링을 위해서는 베리오그램 계산에 사용된 자료쌍의 개수나 공분산을 이용한 가중최소자승법을 사용할 수 있다. 또한 상용 프로그램을 이용하는 것도 효과적인 방법 중 하나이다. 가중최소자승법을 적용하는 경우에는 반드시 모델의 타당성을 그래프로 그려서 검증하는 과정이 수반되어야 한다. 특히 사용할 자료의 상관거리를 잘 결정하는 것이 필요하다.

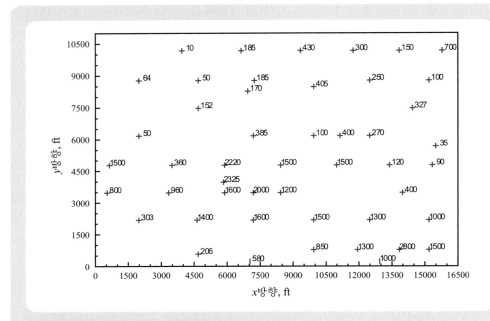

그림 4.21 초기 퍼텐셜 자료의 위치와 값

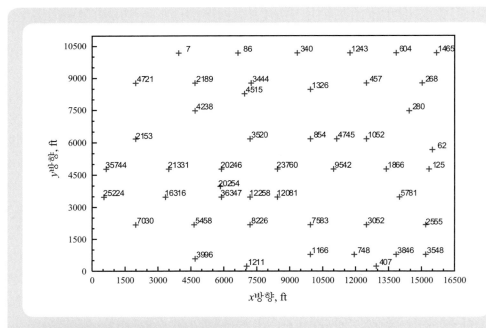

그림 4.22 유동용량 자료의 위치와 값

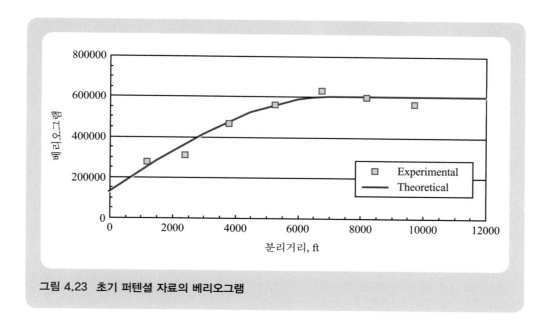

그림 4.23 초기 퍼텐셜 자료의 베리오그램

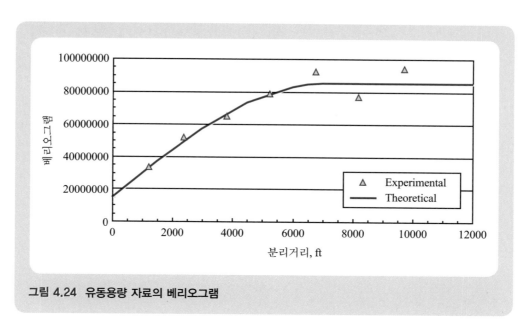

그림 4.24 유동용량 자료의 베리오그램

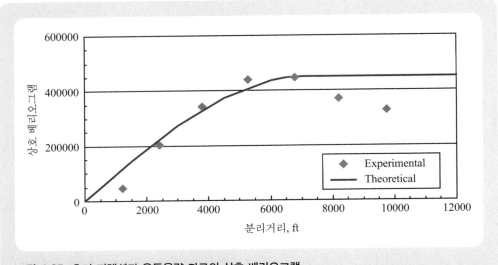

그림 4.25 초기 퍼텐셜과 유동용량 자료의 상호 베리오그램

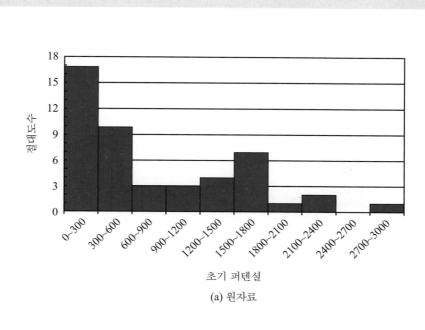

(a) 원자료

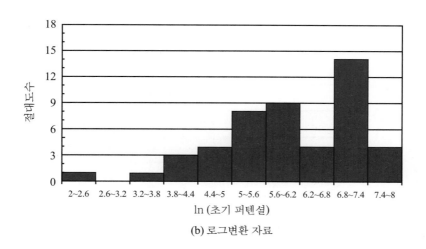

(b) 로그변환 자료

그림 4.26 초기 퍼텐셜 자료의 히스토그램

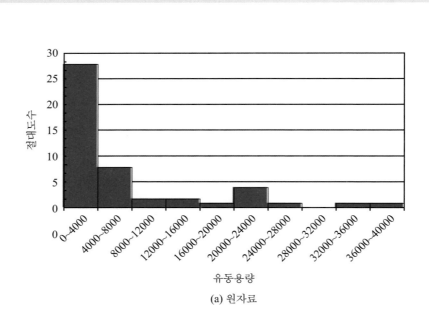

(a) 원자료

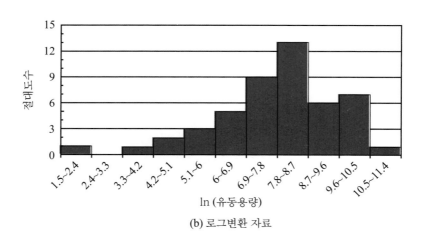

(b) 로그변환 자료

그림 4.27 유동용량 자료의 히스토그램

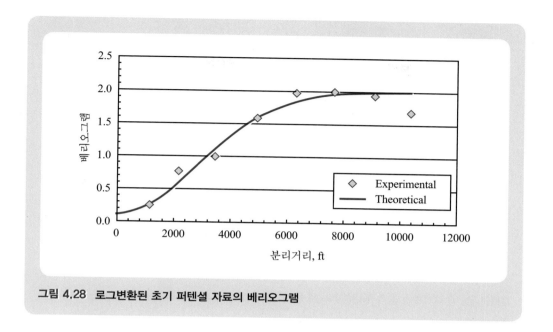

그림 4.28 로그변환된 초기 퍼텐셜 자료의 베리오그램

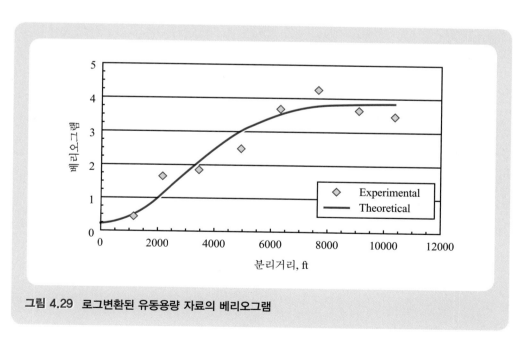

그림 4.29 로그변환된 유동용량 자료의 베리오그램

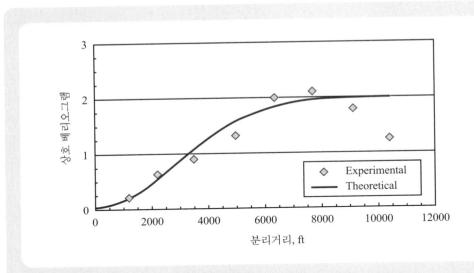

그림 4.30 로그변환된 초기 퍼텐셜 자료와 유동용량 자료의 상호 베리오그램

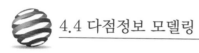

4.4 다점정보 모델링

(1) 전통적인 지구통계기법의 한계

두 지점의 자료값 차이를 이용하는 베리오그램은 자료의 공간적 분포를 파악하는 데 효과적이다. 하지만 전통적인 지구통계기법으로 생성된 모델들은 주어진 자료와는 부합하지만 채널과 같이 강한 연결성이나 패턴을 가진 특성을 반영하지 못한다. 따라서 두 점 기반의 지구통계학은 지질적으로 복잡한 모델을 구현하기 어렵다.

〈그림 4.31a〉의 세 지질모델은 서로 다른 지질분포와 연결성을 보이지만 이들의 베리오그램은 〈그림 4.31b〉와 같이 유사하다. 이와 같은 현상은 이용가능한 많은 정보 중에서 두 점의 관계만 활용하기 때문이다. 결론적으로 두 점 기반 베리오그램으로는 다양한 지질모델의 공간적 분포정보를 모두 담을 수 없다.

〈그림 4.32〉는 9곳의 암상자료와 사암과 셰일의 암상비율(0.28 : 0.72) 정보를 이용하여 지질모델을 생성한 예이다. 〈그림 4.32a〉는 전통적인 두 점 기반의 지시 시뮬레이션(제6장 참조)으로 생성된 지질모델이다. 문턱값 0.8, 너깃 0.2, 상관거리 150인 구형모델을 적용하였다. 지층의 실제 모습을 나타낸 지질적 개념도[이를 트레이닝 이미지(training image)라 함]가 〈그림 4.32c〉와 같다면 〈그림 4.32a〉는 연결성이 강한 패턴을 제대로 모사했다고 할 수 없다.

〈그림 4.32b〉는 〈그림 4.32c〉의 트레이닝 이미지를 이용하여 생성(제5장 참조)한 것이다. 다점정보를 사용하여 채널의 연결성을 보존하며 지질적 관점에서도 의미 있는 모델링결과라 할 수 있다. 〈그림 4.32a〉와 〈그림 4.32b〉에서 만약 같은 위치에 유정이 있다고 하더라도 시간에 따른 저류층의 생산거동은 매우 달라질 것이다. 따라서 이용가능한 자료를 활용한 현실성 있는 모델링이 중요하다.

결론적으로 자료의 공간적 분포특성을 베리오그램으로 설명하는 두 점 기반 지구통계적 기법들은 적용이 쉽고 간단하지만 복잡한 지질모델을 생성하는 데 한계가 있다. 따라서 지질학적 관점에서도 의미 있는 결과를 제시하는 지구통계 모델에 대한 필요와 함께 다점기반의 지구통계기법이 도입되었다.

여러 지점의 정보를 같이 분석하여 미지값을 예측하는 분야를 '다점지구통계학(multiple-point Geostatistics)'이라 한다. 다점기반의 지구통계기법은 1993년에 소개된 후 2000년대 초반부터 활발히 연구되고 있다. 다점지구통계학의 응용범위는 다양하지만 본 교재에서는 석유를 포함하고 있는 저류층이나 지질구조의 모델링에 국한하여 설명한다. 또한 다점지구통계학은 대학원수준의 내용이므로 학부수업에서는 4.4절과 5.4절에 소개된 해당부분을 생략할 수 있다.

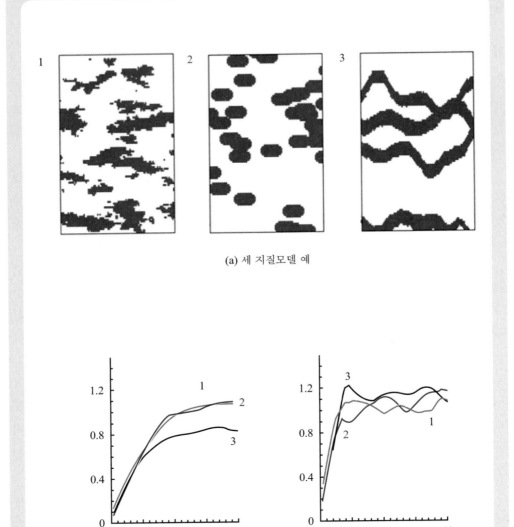

(a) 세 지질모델 예

(b) 세 모델의 베리오그램

그림 4.31 유사한 베리오그램을 가지는 모델의 비교(Caers와 Zhang, 2004)

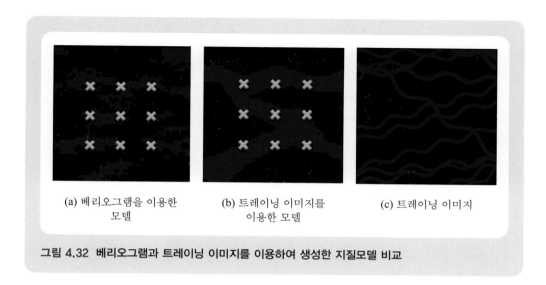

(a) 베리오그램을 이용한 모델

(b) 트레이닝 이미지를 이용한 모델

(c) 트레이닝 이미지

그림 4.32 베리오그램과 트레이닝 이미지를 이용하여 생성한 지질모델 비교

(2) 트레이닝 이미지

전통적인 지구통계학은 자료가 주어진 지점과 자료를 예측하고자 하는 지점 간의 거리에 따라 베리오그램을 계산하므로 많은 자료가 주어지더라도 오직 두 점 간의 직선거리만 사용한다. 〈그림 4.33a〉는 하나의 정보를 이용하여 미지값을 예측하는 경우이다. 세 경우에 두 점의 위치와 분포형태는 서로 달라도 분리거리를 쉽게 계산하고 베리오그램도 얻을 수 있다.

두 점 기반 통계학을 확장한 세 점 기반 통계학에서는 세 점 사이의 베리오그램이 필요하다. 두 점의 경우와는 달리 세 점의 정보가 사용되는 경우는 분리거리뿐만 아니라 이들의 분포형태에 따라 베리오그램이 달라진다. 〈그림 4.33b〉는 두 지점의 정보를 활용하여 미지값을 예측하는 예이다. 자료의 위치가 수평이거나 수직일 때, 직각이거나 예각, 또는 둔각인 경우에 각각의 베리오그램이 필요하다. 같은 둔각에서도 지점 간의 거리에 따라 분포형태가 달라지므로 베리오그램도 달라진다.

〈그림 4.33b〉에서 볼 수 있듯이 공간상에 세 점을 분포시키는 방법은 수없이 많으며 각 경우에 대해 베리오그램을 파악하는 것은 매우 비효율적이다. 따라서 세 점 이상의 다점기반 정보를 베리오그램으로 분석하는 것은 현실적으로 불가능하다.

현재의 다점지구통계기법은 여러 지점의 베리오그램을 계산하는 어려움을 극복하기 위해 트레이닝 이미지라는 지질적 개념도를 대안모델로 이용한다. 트레이닝 이미지는 〈그림 4.32c〉와 같이 우리가 관심을 가지고 있는 실제 지질구조와 유사한 형태를 가진 가상의 이미지이다.

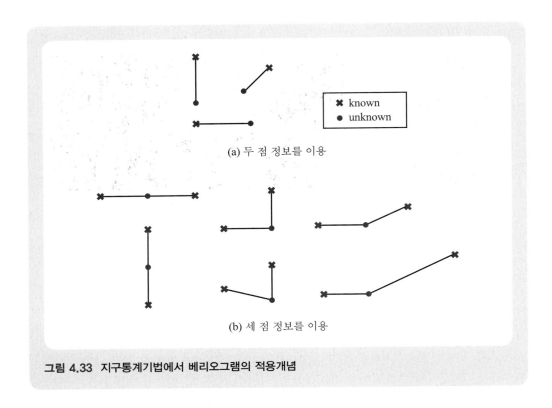

(a) 두 점 정보를 이용

(b) 세 점 정보를 이용

그림 4.33 지구통계기법에서 베리오그램의 적용개념

〈그림 4.34〉의 왼쪽 그림은 복잡한 지질구조의 예로 두 점 기반의 베리오그램으로 모사하는 데 한계가 있다. 이들을 모델링하는 데 필요한 트레이닝 이미지들이 〈그림 4.34〉의 오른쪽 그림이며 왼쪽의 지질구조를 개념적으로 표현한 것이다. 다수의 암상으로 구성된 지질(그림 4.34a)뿐만 아니라 타원형태의 리프구조(그림 4.34b), 굽이쳐 흐르는 강의 채널구조(그림 4.34c), 강하류에서 만들어지는 델타구조(그림 4.34d) 등 복잡한 지질구조 패턴도 트레이닝 이미지로 나타낼 수 있다.

전통적인 베리오그램이 두 지점의 유사성을 분리거리에 대한 함수로 모델링한 것처럼 다점 지구통계학에서는 트레이닝 이미지를 사용한다. 트레이닝 이미지는 자료분포에 대한 공간정보를 모두 포함하고 있다고 가정한다. 5.4절에서는 트레이닝 이미지로부터 필요한 공간정보를 분석하고 활용하는 방법에 대해 설명한다.

실제 지질구조	트레이닝 이미지

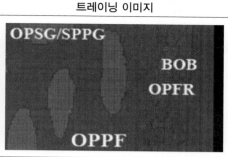

(a) 다양한 암상구조와 트레이닝 이미지(Arslan 등, 2008)

(b) 리프(reef)구조[*]와 트레이닝 이미지[**]

 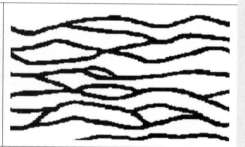

(c) 채널(channel)구조[*]와 트레이닝 이미지[**]

(d) 델타(delta)구조[*]와 트레이닝 이미지[**]

그림 4.34 전통적인 지구통계기법으로 생성하기 어려운 지질구조와 이를 위한 트레이닝 이미지 예
(* 출처 : gettyimage, http://www.gettyimages.com; ** 출처 : Caers와 Zhang, 2004)

4.1 다음 용어의 정의를 기술하라.

   (1) 2차 불변성

   (2) 약2차 불변성

   (3) 내재가정

   (4) 에르고딕성

4.2 주어진 원자료를 변환하는 기법의 예를 5개 이상 들어라.

4.3 섞지 않은 게임용 카드의 각 무늬에 대해 배열순서에 따라 1부터 13까지 배정하고 단위간격의 1차원 자료로 가정하자. 총 52개 자료를 이용하여 자기공분산그램과 자기상관그램을 그려라.

4.4 〈그림 4.14〉에 주어진 모델들을 문턱값 1, 상관거리 2와 4인 경우에 대해 각각 그려라.

4.5 다음 각 경우의 베리오그램을 같은 그래프에 그리고 그 특징을 비교하라.

   (1) 큐빅모델과 5차구형모델 : 문턱값 1, 상관거리 2

   (2) 큐빅모델과 5차구형모델 : 문턱값 2, 상관거리 2

   (3) 사인 및 코사인 주기모델 : $C_0 = 1, a = 1$

   (4) 사인 및 코사인 주기모델 : $C_0 = 1, a = 2$

4.6 부록 III에 주어진 유체투과율 자료를 이용하여 분리거리 2, 20인 경우에 h-산포도를 그리고 분포특성을 비교하라.

4.7 아래의 실험적 베리오그램을 대표하는 이론적 베리오그램을 시각적 판단으로 제시하라. 분리거리에 따라 공분산과 베리오그램을 같은 그래프에 도시하라.

분리거리, ft	베리오그램
5	51.5
10	90.0
15	100.6
20	132.0
25	150.5
30	170.5
35	152.3
40	166.3

4.8 부록 III에 주어진 0.5~49.5ft까지의 50개 유체투과율 자료를 사용하여 분리거리를 2ft씩 증가시키면서 자기공분산과 베리오그램을 계산하고 분리거리에 따라 그래프로 나타내라.

4.9 부록 III에 주어진 100개 유체투과율 자료를 사용하여 다음을 답하라.

(1) 자료의 히스토그램을 그리고 분포특징을 파악하라.

(2) 분리거리 60까지 베리오그램을 계산하고 그래프로 도시하라.

(3) 실험적 베리오그램값을 가장 잘 나타내는 이론적 베리오그램 수식을 시각적 판단에 근거하여 제시하라.

(4) 제시한 이론적 베리오그램으로부터 공분산을 계산하고 동일한 그래프에 나타내라.

4.10 식 (4.23)에 주어진 기하모델을 이용하여 3차원 자료(h_x, h_y, h_z)에 대하여 좌표변환과 상관거리를 1로 변환시키는 관계식을 행렬방정식으로 표현하라.

4.11 〈그림 4.8〉에 주어진 카드뮴 농도자료(부록 III 참조)에 대하여 단위 분리거리를 5, 10, 15, 20, 25ft를 사용하여(즉, 분리거리 = 단위거리×자연수 배) 실험적 베리오그램을 계산하라. 단위 분리거리가 실험적 베리오그램에 미치는 영향을 설명하라. 최대 분리거리는 150ft로 하라.

4.12 다음과 같은 모델이 주어졌을 때 직교좌표계의 (3, 4) 지점에서 (반)베리오그램을 구하라. 거리의 계산은 원점 (0, 0)을 기준으로 하라.

(1) 등방성 모델

$$\gamma(h) = 3 + 4Exp_{10}(h)$$

(2) 주방향이 N45°E인 기하학적 이방성 모델

$$\gamma_x(h) = 3 + 4Exp_{10}(h)$$
$$\gamma_y(h) = 3 + 4Exp_5(h)$$

(3) 세 모델의 선형조합인 이방성 모델

$$\gamma_x(h) = 2 + 3Gauss_{10}(h) + 4Sph_{15}(h)$$
$$\gamma_y(h) = 2 + 3Gauss_5(h) + 4Sph_{10}(h)$$

(4) 세 모델로 구성된 구역모델

$$\gamma_x(h) = 2 + 3Sph_{10}(h) + 4Exp_{15}(h)$$
$$\gamma_y(h) = 2 + 4Sph_5(h) + 5Exp_{10}(h)$$

4.13 전통적인 베리오그램의 한계를 바탕으로 다점지구통계기법이 필요한 이유를 설명하라.

제4장 **심화문제**

아래의 연구문제는 이 책에서 소개하지 못한 내용으로 심화학습을 위한 것이다. 따라서 학부수업에서는 이들을 무시하여도 수업을 진행하는 데 문제가 없다. 관심 있는 독자들은 추가적인 자료조사와 학습을 통해 지구통계학에 대한 이해를 높일 수 있다.

4.14 다음 각 경우에 대하여 양의 정부호 정의를 답하라.

(1) 실수 a

(2) 벡터 $\boldsymbol{a}$

(3) 행렬 $\boldsymbol{A}$

4.15 정방행렬 $\boldsymbol{A}$의 양의 정부호를 판정하는 네 가지 방법에 대하여 구체적으로 설명하라.

4.16 행렬방정식 $\boldsymbol{Ax} = \boldsymbol{b}$에 대하여 다음의 물음에 답하라. 여기서 행렬 $\boldsymbol{A}$의 크기는 $(n \times n)$, 미지수 벡터 $\boldsymbol{x}$와 우측 $\boldsymbol{b}$ 벡터는 $(n \times 1)$의 크기를 갖는다. 다음의 질문들은 공학을 전공하는 학

생들이 자주 접하고 또 실제로 사용하지만, 저자의 경험으로는 명확한 정의와 설명에 어려움을 있는 항목들이다. 복습하는 의미에서 관심을 갖기 바란다.

(1) 행렬과 정방행렬의 정의는 무엇인가?

(2) 정방행렬 A와 행렬 B가 같다는 의미는 무엇인가?

(3) 정방행렬 A의 부분행렬(submatrix)은 무엇인가?

(4) 정방행렬 A의 행렬식(determinant)의 정의는 무엇인가?

(5) 대각우세(diagonal dominant) 행렬의 정의는 무엇인가?

(6) 정방행렬 A의 고유값(eigenvalue)과 고유벡터(eigenvector)의 정의를 설명하고 아래에 주어진 행렬을 이용하여 고유값과 고유벡터를 계산하라.

$$A = \begin{pmatrix} 1 & 2 \\ 5 & 4 \end{pmatrix}$$

4.17 〈연구문제 4.7〉에 주어진 실험적 베리오그램을 가장 잘 대표하는 이론적 베리오그램을 최소자승법으로 결정하라.

4.18 부록 III의 초기 퍼텐셜 자료와 유동용량 자료를 이용하여 각 자료의 히스토그램을 그려라. 실험적 베리오그램을 계산하고 이론적 베리오그램을 제시하라. 또한 상호 베리오그램을 구하여 주어진 결과(그림 4.25)와 비교하라. 본인이 제시한 상호 베리오그램의 최종식이 본문에서 설명한 모델링 조건을 만족하는지 수치적으로 확인하라.

4.19 부록 III의 초기 퍼텐셜 자료와 유동용량 자료를 이용하여 수정 베리오그램을 계산하고 이론적 베리오그램을 제시하라. 또한 상호 베리오그램을 구하여 그 최종식이 본문에서 설명한 모델링 조건을 만족하는지 수치적으로 확인하라.

4.20 〈그림 4.34〉와 같이 실제 지질구조를 모델링하기 위해 사용된 트레이닝 이미지 예를 5개 이상 제시하라.

G E O S T A T I S T I C S

제5장
크리깅

5.1 크리깅의 정의
5.2 크리깅의 종류
5.3 크리깅 이외의 예측기법
5.4 다점지구통계 예측기법

지구통계학에서 사용되는 가장 대표적인 기법은 크리깅이다. 크리깅은 예측지점에서 특성값을 이미 알고 있는 주위값들의 가중선형 조합으로 예측하는 기업이다. 가중치는 오차분산을 최소로 하면서 추정식이 편향되지 않도록 결정된다. 이를 위해 공간적 상호관계를 나타내는 베리오그램이 사용되며 분리거리에 따라 공분산을 계산한다.

    이 장에서는 크리깅의 정의, 이론적 배경, 그리고 다양한 크리깅 기법에 대하여 구체적 수식과 예를 통하여 소개한다. 크리깅 기법의 타당성을 평가하는 교차검증에 대하여 설명하고 크리깅의 특징과 한계에 대하여 언급한다. 끝으로 크리깅 이외의 예측기법과 다점정보를 이용한 모델링 기법을 소개한다.

5.1 크리깅의 정의

공간자료의 처리기법으로 여러 분야에서 크리깅(kriging)이 많이 사용되지만 명확한 정의를 이해하지 못하는 경우가 있다. 크리깅은 예측지점에서 특성값을 이미 값을 알고 있는 주위값들의 가중선형조합으로 예측하는 지구통계적 기법이다. 이를 〈그림 5.1〉에 주어진 자료를 이용하여 수식으로 정의하면 식 (5.1)과 같다.

$$z^* = \sum_{i=1}^{n} \lambda_i z_i \tag{5.1}$$

여기서 z^*는 예측지점에서 크리깅 예측치, z_i는 이미 그 위치와 값을 알고 있는 주위의 자료값, λ_i는 각 자료의 가중치, n은 크리깅 예측을 위해 사용한 자료의 총개수이다.

가중치 결정을 위해 예측값과 참값 사이의 오차가 최소가 되도록 하며(minimum variance) 많은 경우에 추정값이 편향되지 않아야(unbiased) 한다는 조건을 추가로 사용한다. Matheron에 의해 크리깅 이론이 정립되었으며 그 후에 많은 사람들에 의해 추가적인 이론과 방법 그리고 적용예가 소개되었다.

선형회귀나 내삽법은 변수들 사이의 명확한 관계를 이용하는 반면 크리깅은 베리오그램이

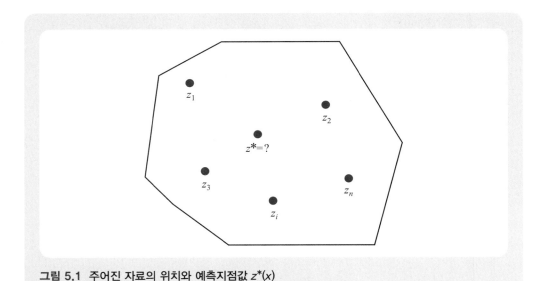

그림 5.1 주어진 자료의 위치와 예측지점값 $z^*(x)$

나 공분산을 통해 내재하는 관계식을 이용한다. 주어진 베리오그램에 대하여 크리깅은 오직 하나의 추정값이 결정론적으로 정해지므로 추계학적(stochastic) 기법과는 명백한 차이가 있다.

지구통계적 분석을 사용하는 과정은 다음과 같다.

① 관심변수의 표본공간 정의
② 자료획득
③ 실험적 베리오그램 계산
④ 이론적 베리오그램 모델링
⑤ 크리깅 기법으로 예측치와 예측오차 계산
⑥ 조건부 시뮬레이션을 이용한 불확실성 평가
⑦ 자료통합을 통한 최적화

지구통계적 기법을 이용한 공간자료의 분석과 응용과정은 다음과 같다. 우선 관심 있는 변수의 표본공간을 정의하는 것이 필요한데 이때 표본공간은 약2차 불변성(weak second order stationarity)을 만족시킬 정도로 균질해야 한다. 만약 그렇지 않은 경우는 그 변화양상을 고려해야 한다. 정의된 표본공간 내에서 얻을 수 있는 자료로 실험적 베리오그램을 계산한다(제4장). 이 단계에서는 많은 계산량이 요구되지만 특별한 어려움이나 주관적인 판단이 큰 영향을 미치지는 않는다.

실험적 베리오그램이 계산되면 이를 가장 잘 대표하는 이론적 베리오그램을 구한다. 이 과정에서 주관적 판단이 영향을 미치는데, 제4장에서 설명한 베리오그램 모델링 기본규칙을 지키고 자료의 특성을 반영하는 모델을 찾는다. 파악된 베리오그램과 주어진 자료를 이용하여 크리깅으로 원하는 지점에서 자료값을 생성하고 오차분산을 파악한다(제5장).

위에서 설명한 과정이 지구통계학의 전통적인 부분이다. 추가적으로 조건부 시뮬레이션을 통하여 주어진 자료의 평균과 분산을 보존하는 다양한 경우를 재생하여 불확실성을 평가한다(제6장). 끝으로, 하나의 값으로 주어진 정적인 자료(static data)나 시간과 관련된 동적자료(dynamic data)를 통합하여 불확실성을 줄인 최적화결과를 제시할 수 있다(제7장).

5.2 크리깅의 종류

(1) 단순크리깅

1. 단순크리깅 방정식

크리깅은 주위에 알려진 값들의 선형조합으로 미지값을 예측하는 기법으로 정의되며 이를 수식으로 나타낸 것이 식 (5.1)이다. 주어진 수식으로 값을 예측하기 위해서는 반드시 가중치를 알아야 한다. 가중치를 결정하는 방법에는 여러 가지가 있으며 단순히 오차분산을 최소로 하는 경우를 단순크리깅(simple kriging, SK)이라 한다.

먼저 단순크리깅에 의해 가중치를 구하는 구체적 관계식을 찾아보자. 이 식은 앞으로 공부할 여러 가지 크리깅 기법에도 적용되는 가장 기본적인 관계식인 만큼 독자들은 이를 명확히 이해해야 한다. 이미 알려진 n개 자료를 이용하여 단순크리깅으로 x_0 지점에서 미지값의 예측식은 (5.2)이고 오차분산식은 (5.3)과 같다.

$$z_0^* = \sum_{i=1}^{n} \lambda_i z_i \tag{5.2}$$

$$\sigma_{SK}^2 = E[(z_0 - z_0^*)^2] \tag{5.3}$$

여기서 z_0는 예측하고자 하는 참값, z_0^*는 단순크리깅에 의한 예측값, n은 사용한 자료의 총개수, σ_{SK}^2는 오차분산이다. z_0는 x_0 위치에서의 특성값으로 $z(x_0)$를 간단히 표시한 것이며 이와 같은 표기법을 추가설명 없이 사용하고자 한다. 위치를 나타내는 x는 위치벡터로 기하학적 차원에 따라 위치성분을 모두 포함한다.

식 (5.3)을 보면 오차분산은 참값과 예측값의 차이의 제곱에 대한 기대값으로 정의되며 가중치의 함수이다. 왜냐하면 참값(z_0)은 지금 알려지지는 않았지만 상수이고 예측값(z_0^*)은 가중치의 함수이기 때문이다. 이들 관계식을 구체적으로 알기 위하여 식 (5.3)을 전개하여 분산과 공분산의 관계식으로 표시하면 식 (5.4)와 같다. 식 (5.4)에 식 (5.2)를 대입하여 정리하면 식 (5.5)를 얻는다.

$$\sigma_{SK}^2 = Var(z_0) - 2Cov(z_0, z_0^*) + Var(z_0^*) \tag{5.4}$$

$$\sigma_{SK}^2 = \sigma^2 - 2\sum_{i=1}^{n} \lambda_i \sigma_{0i}^2 + \sum_{i=1}^{n}\sum_{j=1}^{n} \lambda_i \lambda_j \sigma_{ij}^2 \tag{5.5}$$

$$\text{여기서} \quad \sigma^2 = Var(z_0), \quad \sigma_{0i}^2 = Cov(z_0, z_i), \quad \sigma_{ij}^2 = Cov(z_i, z_j)$$

여기서 $Cov(z_i, z_j)$는 $z(x_i)$와 $z(x_j)$ 사이의 분리거리에 따라 결정되는 공분산이다.

식 (5.5)를 보면 오차분산은 가중치의 함수임을 명백히 알 수 있다. 오차분산을 각 가중치에 대하여 편미분하여 0이 되는 극값을 구하고 두 번 편미분하여 그 값이 0보다 크면 오차분산을 최소로 하는 가중치를 구하게 된다. 이를 수식으로 나타내면 식 (5.6a)와 같고 실제로 편미분하여 정리하면 식 (5.6b)와 같다.

$$\frac{\partial \sigma_{SK}^2}{\partial \lambda_l} = 0, \quad l = 1, n \tag{5.6a}$$

$$\frac{\partial \sigma_{SK}^2}{\partial \lambda_l} = 0 - 2\sigma_{0l}^2 + 2\sum_{i=1}^{n} \lambda_i \sigma_{li}^2 = 0, \quad l = 1, n \tag{5.6b}$$

여기서 $l = 1, n$은 변수 l이 1부터 n까지 변화됨을 의미하며 (즉, $l = 1, 2, \cdots, n$), 본 교재에서 사용된 표기방식이다.

식 (5.6b)를 다시 한 번 λ_l에 대하여 편미분하면 $2Cov(z_l, z_l)$이 되고 이는 분산이므로 그 값이 양이다. 따라서 식 (5.6b)를 만족하는 가중치들이 오차분산을 최소로 한다. 식 (5.6b)를 간단히 정리하면 식 (5.7)이 되며 이를 크리깅방정식 또는 (크리깅) 연립방정식(system of n-equation)이라 한다.

$$\sum_{i=1}^{n} \lambda_i \sigma_{li}^2 = \sigma_{0l}^2, \quad l = 1, \ n$$

$$\text{즉,} \quad \sum_{i=1}^{n} \lambda_i Cov(z_l, z_i) = Cov(z_0, z_l), \quad l = 1, \ n \tag{5.7}$$

식 (5.7)을 구체적으로 나타내면 식 (5.8)과 같은 행렬방정식이 된다. 구체적으로 알려진 자료가 n개 있을 때 각 자료점 사이의 공분산(행렬)과 예측지점과 각 자료점의 공분산(벡터)으로 구성된 크리깅방정식을 풀어 가중치를 구한다. 식 (5.8)에 주어진 행렬의 대각성분은 동일한 위치에 존재하는 자료의 공분산이므로 분산이 된다.

공분산은 베리오그램과 분리거리를 이용하여 계산하므로 크리깅 기법을 사용하기 위해서는 반드시 베리오그램 모델링이 선행되어야 한다. 가중치가 결정되면 식 (5.2)로 원하는 예측지점에서 미지값을 예측한다. 단순크리깅은 예제를 통하여 다음에 구체적으로 설명된다.

$$\begin{pmatrix} \sigma_{11}^2 & \sigma_{12}^2 & \cdots & \sigma_{1n}^2 \\ \sigma_{21}^2 & \sigma_{22}^2 & \cdots & \sigma_{2n}^2 \\ \cdots & \cdots & \cdots & \cdots \\ \sigma_{n1}^2 & \sigma_{n2}^2 & \cdots & \sigma_{nn}^2 \end{pmatrix} \begin{pmatrix} \lambda_1 \\ \lambda_2 \\ \cdots \\ \lambda_n \end{pmatrix} = \begin{pmatrix} \sigma_{01}^2 \\ \sigma_{02}^2 \\ \cdots \\ \sigma_{0n}^2 \end{pmatrix} \tag{5.8}$$

여기서 $\sigma_{ij}^2 = Cov(z_i, z_j), \ \sigma_{0l}^2 = Cov(z_0, z_l)$

2. 단순크리깅 오차분산

크리깅의 특징 중 하나는 미지값을 예측할 뿐만 아니라 그 오차의 정도를 정량적으로 알 수 있다는 것이다. 식 (5.8)에서 가중치를 계산하고 식 (5.2)의 크리깅식으로 미지값을 예측하였을 때 오차분산은 식 (5.5)로 주어진다. 오차분산을 계산하기 위한 모든 공분산값들은 가중치를 계산하는 과정에서 이미 계산되었고 가중치를 알고 있으므로 식 (5.5)로 오차분산을 얻을 수 있다.

식 (5.7)로 주어진 크리깅방정식을 응용하면 오차분산을 계산하기 위한 보다 간단한 식을 유도할 수 있다. 식 (5.7)의 양변에 λ_l을 곱하고 이들 n개 수식을 합하면 식 (5.9)를 얻는다. 합의 표시를 위해 사용된 지표는 임의로 변경할 수 있으므로 이를 식 (5.5)에 대입하면 오차분산을 계산하기 위한 간단한 수식 (5.10)을 얻는다.

식 (5.8)에서 계산된 가중치와 예측지점에서 각 자료점 사이의 공분산[이는 식 (5.8)의 오른쪽에 있는 열벡터임]으로 오차분산을 구할 수 있다. 오차분산은 예측된 값의 불확실성의 정도를 파악하는 데 중요할 뿐만 아니라 제6장에서 공부할 조건부 시뮬레이션에서도 유용하게 사용된다.

$$\sum_{l=1}^{n} \lambda_l \sum_{i=1}^{n} \lambda_i \sigma_{il}^2 = \sum_{l=1}^{n} \lambda_l \sigma_{0l}^2 \tag{5.9}$$

$$\sigma_{SK}^2 = \sigma^2 - \sum_{i=1}^{n} \lambda_i \sigma_{0i}^2, \ \text{여기서} \ \sigma_{0i}^2 = Cov(z_0, z_i) \tag{5.10}$$

| **예제 5.2** | 〈그림 5.2〉와 〈표 5.1〉로 주어진 4개 금품위 샘플자료를 이용하여 단순크리깅으로 5번과 6번 위치에서 금품위를 예측하고 오차분산을 계산하라. 주어진 자료의 특성을 가장 잘 나타내는 베리오그램은 상관거리 120, 문턱값 4, 너깃 1인 구형모델이라고 가정하라[즉, $\gamma(h) = 1 + 3Sph_{120}(h)$].

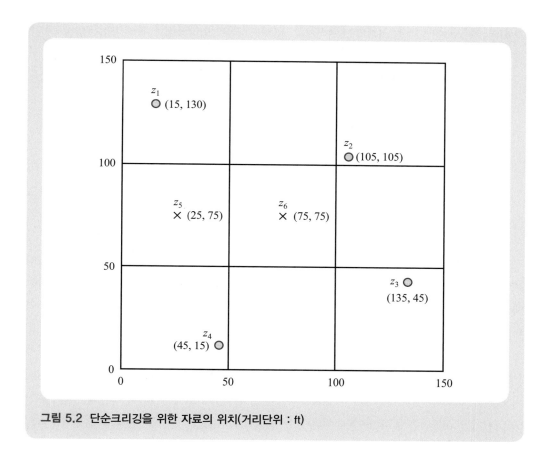

그림 5.2 단순크리깅을 위한 자료의 위치(거리단위 : ft)

표 5.1 금품위 샘플자료와 예측점 위치

자료번호	x(ft)	y(ft)	z(g/ton)
1	15	130	8
2	105	105	9
3	135	45	12
4	45	15	10
5	25	75	예측
6	75	75	예측

우선 5번 지점에서 금품위 예측치를 구하자. 오직 4개 자료만 이용하므로 단순크리깅에 의한 예측식은 식 (5.2)로부터, $z_0{}^* = \sum_{i=1}^{4} \lambda_i z_i$ 가 되고 가중치를 계산하기 위한 크리깅방정식은 식

(5.8)로부터 다음과 같다. 여기서 예측지점을 나타내기 위하여 사용된 하첨자 0은 5번 지점을 의미한다.

$$\begin{pmatrix} \sigma_{11}^2 & \sigma_{12}^2 & \sigma_{13}^2 & \sigma_{14}^2 \\ \sigma_{21}^2 & \sigma_{22}^2 & \sigma_{23}^2 & \sigma_{24}^2 \\ \sigma_{31}^2 & \sigma_{32}^2 & \sigma_{33}^2 & \sigma_{34}^2 \\ \sigma_{41}^2 & \sigma_{42}^2 & \sigma_{43}^2 & \sigma_{44}^2 \end{pmatrix} \begin{pmatrix} \lambda_1 \\ \lambda_2 \\ \lambda_3 \\ \lambda_4 \end{pmatrix} = \begin{pmatrix} \sigma_{01}^2 \\ \sigma_{02}^2 \\ \sigma_{03}^2 \\ \sigma_{04}^2 \end{pmatrix}$$

이미 설명한 대로 크리킹 행렬방정식에서 좌측 행렬과 우측 벡터의 원소는 모두 공분산으로 구성된다. 공분산의 계산은 식 (4.8b)에 주어진 관계식, 즉 $Cov(h) = \sigma^2 - \gamma(h)$를 이용한다. 각 자료들의 분리거리 h를 계산하여 두 지점 간의 베리오그램값을 구하고 공분산을 얻는다.

또 하나 중요한 정보는 분산값이다. 일정한 문턱값을 가지는 경우에 분리거리가 상관거리보다 크면 공분산값은 0이 된다. 따라서 이때의 베리오그램값은 분산값과 같게 된다. 즉, 주어진 베리오그램의 문턱값이 바로 분산값이다. 일정한 문턱값을 가지지 않는 경우에도 비교적 큰 임의의 값을 명목상의 상관거리라 가정하면 동일한 이유로 분산값을 얻을 수 있다.

동일한 지점에 대한 공분산은 분산이 되므로 공분산행렬의 대각항은 4가 된다. 자료 1번과 2번은 93.41ft 떨어져 있고 해당 분리거리에서 베리오그램의 값은 3.795이다. 따라서 식 (4.8b)의 관계식으로부터 공분산의 값은 0.2047이다. 같은 원리로 자료 2와 3의 분리거리를 계산하면 67.08ft이고 공분산은 0.7465이다. 이와 같은 방법으로 공분산을 계산하면 최종 행렬방정식은 다음과 같다.

$$\begin{pmatrix} 4 & 0.2047 & 0 & 0.4129E-3 \\ 0.2047 & 4 & 0.7465 & 0.04232 \\ 0 & 0.7465 & 4 & 0.1836 \\ 0.4129E-3 & 0.04232 & 0.1836 & 4 \end{pmatrix} \begin{pmatrix} \lambda_1 \\ \lambda_2 \\ \lambda_3 \\ \lambda_4 \end{pmatrix} = \begin{pmatrix} 1.055 \\ 0.3374 \\ 0.0110 \\ 0.8479 \end{pmatrix}$$

〈예제 5.1〉의 계산뿐만 아니라 제5장의 모든 예제의 계산은 컴퓨터를 이용하여 계산된 결과를 유효숫자 4자리로 제시하였다. 따라서 제시된 값만 사용하여 계산하면 조금 다를 수 있지만 공학계산용 계산기의 유효숫자로 계산하면 동일한 결과를 얻을 것이다. 고정된 소수점 자리에서 반올림하여 계산하는 방법은 유효숫자의 올바른 사용이 아니며 계산결과도 다를 수 있다.

위의 행렬방정식을 풀어 가중치를 구하고 주어진 자료들의 가중선형조합으로 계산한 z_5의 추정값과 오차분산은 다음과 같다.

$$\lambda_1 = 0.2601, \ \lambda_2 = 0.07264, \ \lambda_3 = -0.02054, \ \lambda_4 = 0.2121$$

$$z_0^* = \sum_{i=1}^{4} \lambda_i z_i = 4.609$$

$$\sigma_{SK}^2 = 4 - \sum_{i=1}^{4} \lambda_i \sigma_{0i}^2 = 3.521$$

같은 방법으로 z_6의 추정값을 구하기 위한 최종 행렬방정식은 다음과 같다. 최종 행렬방정식에서 좌측의 행렬은 주어진 자료들의 상호간 공분산으로 예측지점에 상관없이 동일하다. 행렬방정식의 오른편 열행렬은 주어진 자료점과 예측지점 사이의 공분산이므로 예측지점에 따라 변한다.

$$\begin{pmatrix} 4 & 0.2047 & 0 & 0.4129E-3 \\ 0.2047 & 4 & 0.7465 & 0.04232 \\ 0 & 0.7465 & 4 & 0.1836 \\ 0.4129E-3 & 0.04232 & 0.1836 & 4 \end{pmatrix} \begin{pmatrix} \lambda_1 \\ \lambda_2 \\ \lambda_3 \\ \lambda_4 \end{pmatrix} = \begin{pmatrix} 0.4158 \\ 1.475 \\ 0.7465 \\ 0.7465 \end{pmatrix}$$

최종 행렬방정식을 풀어 가중치를 구하고 예측치와 오차분산을 구하면 다음과 같다.

$$\lambda_1 = 0.08648, \ \lambda_2 = 0.3411, \ \lambda_3 = 0.1148, \ \lambda_4 = 0.1777$$

$$z_0^* = \sum_{i=1}^{4} \lambda_i z_i = 6.917$$

$$\sigma_{SK}^2 = 4 - \sum_{i=1}^{4} \lambda_i \sigma_{0i}^2 = 3.242$$

3. 크리깅의 정확성

크리깅의 중요한 특징 중 하나가 정확성(exactitude, exactness)이다. 이것은 일반 회귀분석과 크게 다른 특징으로, 이미 자료가 알려져 있는 지점에 크리깅으로 값을 예측하면 정확하게 그 값이 재생된다. 이는 수학적으로도 간단히 증명되며 실제계산을 통해서도 실례를 들 수 있다.

값을 예측하고자 하는 지점을 x_{j^*}라 하자. 만약 그 위치가 주어진 자료점들 중 하나라고 가정하면 크리깅방정식 (5.7)을 다음과 같이 분리할 수 있다.

$$\sum_{i=1, i \neq j^*}^{n} \lambda_i \sigma_{il}^2 + \lambda_{j^*} \sigma_{j^*l}^2 = \sigma_{j^*l}^2, \ l = 1, \ n \tag{5.11}$$

식 (5.11)의 자명한 해는 λ_{j*}의 값은 1이고 그 외의 모든 가중치는 0인 것이다. 이 가중치 해는 식 (5.10)으로 주어진 오차분산을 0으로 만들기 때문에 찾고자 하는 참 해가 된다. 따라서 이 가중치로 크리깅 예측치를 구하면 다음과 같이 정확하게 자신의 값이 예측된다.

$$z^* = \sum_{i=1}^{n} \lambda_i z_i = z_{j*}$$

| **예제 5.2** | 〈예제 5.1〉의 자료와 조건을 사용하여 단순크리깅으로 2번 위치에서 금품위를 예측하여 단순크리깅의 정확성을 검증하라.

〈예제 5.1〉의 풀이과정에서 확인한 대로 공분산행렬은 변하지 않고 오른쪽에 예측지점과 자료점 간의 공분산만 구하면 된다. 우변은 예측지점이 x_2이므로 아래 행렬방정식에서 보듯이 공분산행렬의 두 번째 행과 일치한다.

$$\begin{pmatrix} \sigma_{11}^2 & \sigma_{12}^2 & \sigma_{13}^2 & \sigma_{14}^2 \\ \sigma_{21}^2 & \sigma_{22}^2 & \sigma_{23}^2 & \sigma_{24}^2 \\ \sigma_{31}^2 & \sigma_{32}^2 & \sigma_{33}^2 & \sigma_{34}^2 \\ \sigma_{41}^2 & \sigma_{42}^2 & \sigma_{43}^2 & \sigma_{44}^2 \end{pmatrix} \begin{pmatrix} \lambda_1 \\ \lambda_2 \\ \lambda_3 \\ \lambda_4 \end{pmatrix} = \begin{pmatrix} \sigma_{21}^2 \\ \sigma_{22}^2 \\ \sigma_{23}^2 \\ \sigma_{24}^2 \end{pmatrix}$$

최종 행렬방정식을 작성하고 가중치를 계산하면 $\lambda_2 = 1.0$, 나머지 가중치는 0.0이다. 크리깅으로 예측치를 구하면 자료값과 동일한 9를 얻고 예측오차는 0.0이 되어 (예측오차가 없는) 크리깅의 정확성이 검증된다. 이는 자료점이 알려진 임의의 지점에서 계산하여도 동일한 결과를 얻는다.

$$\begin{pmatrix} 4 & 0.2047 & 0 & 0.4129E-3 \\ 0.2047 & 4 & 0.7465 & 0.04232 \\ 0 & 0.7465 & 4 & 0.1836 \\ 0.4129E-3 & 0.04232 & 0.1836 & 4 \end{pmatrix} \begin{pmatrix} \lambda_1 \\ \lambda_2 \\ \lambda_3 \\ \lambda_4 \end{pmatrix} = \begin{pmatrix} 0.2047 \\ 4 \\ 0.7465 \\ 0.04232 \end{pmatrix}$$

$$\lambda_1 = 0.0, \ \lambda_2 = 1.0, \ \lambda_3 = 0.0, \ \lambda_4 = 0.0$$

$$z_0^* = \sum_{i=1}^{4} \lambda_i z_i = 9.0$$

$$\sigma_{SK}^2 = 4 - \sum_{i=1}^{4} \lambda_i \sigma_{0i}^2 = 0.0$$

식 (5.8)로 주어진 크리깅방정식에 대하여 중요한 몇 가지를 언급하고자 한다. 일반 회귀분석의 경우 추정식이 구해지면 이를 바탕으로 추정값을 예측한다. 또한 회귀식은 주어진 자료를 그대로 예측하지 못한다. 그러나 크리깅은 주어진 자료를 그대로 재생하는 정확성이 있다. 반면에 새로운 지점에서 값을 예측할 때마다 크리깅방정식으로부터 가중치를 다시 계산해야 하므로 계산량이 많다.

구체적으로, 식 (5.8)에 주어진 $(n \times n)$ 공분산행렬은 알려진 자료들 상호간의 공분산을 원소로 가지므로 예측지점이 변하더라도 변하지 않는다. 하지만 우측의 열벡터는 예측지점과 각 자료점에 대한 공분산으로 예측지점이 변할 때마다 다시 계산해야 한다.

실제적인 적용에서는 공분산행렬의 역행렬을 오직 한 번만 계산한다. 따라서 비록 새로운 예측지점과 주위의 자료점과의 공분산을 매번 다시 계산하지만 효과적인 가중치계산이 가능하다. 단순크리깅은 오직 오차분산을 최소로 하는 조건에서 가중치를 결정하였기 때문에 그 추정값이 편향되어 있다.

(2) 베리오그램 인자의 영향

제4장에서 소개한 베리오그램은 모델수식, 상관거리, 문턱값을 주요인자로 가진다. 크리깅으로 미지값을 예측하는 경우에 한정하여 베리오그램의 각 인자들이 예측값에 미치는 영향을 알아보자.

〈그림 5.3〉과 같이 동일한 모델이면서 상관거리가 같고 오직 문턱값만 다른 경우, 다른 모든 조건이 동일하다면 식 (5.8)에 주어진 크리깅방정식의 양변에 일정한 상수를 곱한 것과 같다.

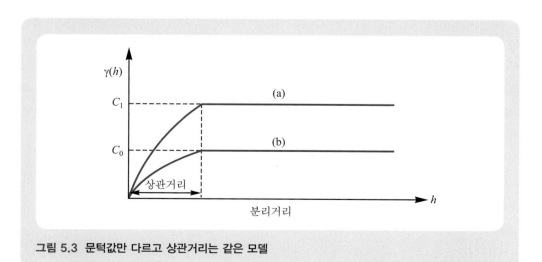

그림 5.3 문턱값만 다르고 상관거리는 같은 모델

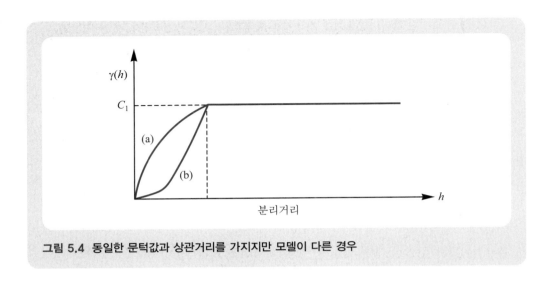

그림 5.4 동일한 문턱값과 상관거리를 가지지만 모델이 다른 경우

따라서 두 경우는 동일한 가중치를 얻어 단순크리깅 예측치는 변하지 않는다. 단지 문턱값이 크면 자료의 불확실성을 나타내는 분산값이 커져[식 (5.10) 참조] 오차분산은 커진다.

〈그림 5.4〉와 같이 동일한 문턱값과 상관거리를 가지는 두 모델을 생각해 보자. 동일한 분리거리에서 베리오그램이 작다는 것은 값들이 비슷하다는 의미이다. 따라서 〈그림 5.4b〉의 경우가 가까운 값들에 더 큰 영향을 받는다. 작은 분리거리에서 큰 베리오그램을 나타내는 〈그림 5.4a〉 경우의 극한개념을 너깃모델이라 한다. 이 경우는 주어진 자료들이 특별한 상관관계가 없다는 뜻이며 예측값도 주어진 자료의 산술평균으로 나타낸다.

〈그림 5.5〉의 경우도 위에서 설명한 동일한 원리로 (b)의 경우가 가까운 자료에 더 큰 영향을 받으며 (a)의 경우보다 작은 오차분산을 나타낸다. 이론적으로 분리거리가 0인 지점에서 베리오그램은 그 정의에 의하여 항상 0을 가진다. 〈그림 5.5〉에서 분리거리가 0인 경우 베리오그램 (a)의 수렴값 C_0를 너깃이라 한다. 너깃은 자료의 불확실성을 나타내며 너깃값과 문턱값의 비(C_0/C_1)를 그 지표로 사용한다. 즉, 그 비가 크면 클수록 주어진 자료들이 가지는 불확실성이 커진다.

상관거리는 자료들의 공분산이 존재하는 최대거리를 의미한다. 따라서 상관거리보다 먼 거리에 있는 자료들을 사용하더라도 이들이 크리깅 예측치에 미치는 영향은 미미하다. 순수한 너깃모델의 경우 상관거리가 0이므로 주위에 알려진 자료들이 모두 상관거리 밖에 있다. 따라서 크리깅에 영향을 미치는 효과가 거리에 상관없이 동일하다.

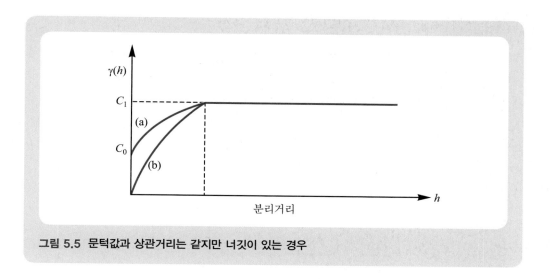

그림 5.5 문턱값과 상관거리는 같지만 너깃이 있는 경우

(3) 정규크리깅

단순크리깅은 오차분산을 최소로 하는 가중치로 주위에 알려진 값들의 선형조합으로 미지값을 예측한다. 하지만 단순크리깅 추정식은 편향되어 추정식의 평균이 모집단의 평균과 일치하지 않는 문제점이 있다. 이를 극복하기 위해 크리깅 추정식이 편향되지 않는 조건이 추가된 크리깅 기법을 정규크리깅(ordinary kriging, OK)이라 한다.

먼저 식 (5.1)로 주어진 크리깅식이 편향되지 않을 조건을 구하자. 편향(bias)은 모집단의 인자 평균과 그 모집단 인자를 예측하기 위한 추정식 평균의 차이로 정의되고 그 차이가 없을 때 편향되지 않았다고 한다. 식 (5.1)이 편향되지 않을 조건은 다음과 같다.

$$b_{z*} = E(z) - E(z^*) = E(z) - E\left(\sum_{i=1}^{n} \lambda_i z_i \right) = 0$$

크리깅식에 사용된 모든 자료는 주어진 자료이므로 동일한 평균값을 가진다. 따라서 식 (5.1)의 크리깅 추정식이 항상 편향되지 않기 위해서는 식 (5.12)와 같이 가중치의 합이 1이 되어야 한다.

$$1 - \sum_{i=1}^{n} \lambda_i = 0 \tag{5.12}$$

1. 정규크리깅 방정식

정규크리깅은 식 (5.12)의 제약조건 하에서 식 (5.3)으로 주어진 오차분산을 최소로 하는 가중치를 구하고 이를 이용하여 알려진 값들의 선형조합으로 미지값을 예측하는 기법이다. 이를 구체적인 수식으로 쓰면 식 (5.13)과 같다. 식 (5.13)으로 표현되는 특징으로 인하여 정규크리깅을 'MVUE(minimum variance unbiased estimator)'라 하며 또 선형조합으로 주어지는 크리깅의 특징을 강조하여 'BLUE(best linear unbiased estimator)'라고도 한다. 발음의 편의상 후자의 표현을 많이 사용한다.

오차분산 최소화 :

$$\sigma_{OK}^2 = \sigma^2 - 2\sum_{i=1}^{n}\lambda_i\sigma_{0i}^2 + \sum_{i=1}^{n}\sum_{j=1}^{n}\lambda_i\lambda_j\sigma_{ij}^2, \quad \text{여기서} \quad \sigma_{ij}^2 = Cov(z_i, z_j) \qquad (5.13)$$

제약조건 : $1 - \sum_{i=1}^{n}\lambda_i = 0$

주어진 제약조건 하에서 최대와 최소를 구하는 문제의 풀이법은 여러 가지가 있다. 간단한 경우에는 대입법이나 그래프를 이용한 기하학적 기법을 이용할 수 있다. 하지만 이와 같은 방법은 변수의 개수가 많거나 복잡한 경우에 사용되기 어렵다.

변수의 개수가 많은 경우에 적용할 수 있는 방법 중 하나가 라그랑제 인자법(Lagrange parameter method)이다. 이를 위해서는 먼저 주어진 제약조건이 0이 되도록 재배열한 후 임의의 인자를 제약조건에 곱하여 주어진 함수에 더하여 새로운 함수를 정의한다. 여기서 도입된 인자를 라그랑제 인자라 하며 새로운 함수를 라그랑제 목적함수라고 한다.

한 가지 유의할 것은 제약조건을 더하여 새로운 함수를 정의하였지만 그 값에는 변화가 없다는 것이다. 새로운 함수는 극값에서 미분값이 0이라는 사실을 이용하여 주어진 변수와 추가한 인자에 대하여 각각 미분하여 극값을 찾아낸다.

최소화시킬 정규크리깅 오차분산식을 수학적으로 표현하면 식 (5.14)와 같다.

$$L(\lambda_1, \lambda_2, ..., \lambda_n; \omega) = \sigma^2 - 2\sum_{i=1}^{n}\lambda_i\sigma_{0i}^2 + \sum_{i=1}^{n}\sum_{j=1}^{n}\lambda_i\lambda_j\sigma_{ij}^2 + 2\omega\left(1 - \sum_{i=1}^{n}\lambda_i\right) \qquad (5.14)$$

여기서 $L(\lambda_1, \lambda_2, ..., \lambda_n; \omega)$은 라그랑제 목적함수, ω는 라그랑제 인자이다. 계수 2는 최종식을 간편하게 유도하기 위해 사용되었다.

식 (5.14)의 최소값은 식 (5.13)의 최소값이며 주어진 제약조건도 만족한다. 주어진 목적함수는 극값에서 최소값을 가지며 극값은 목적함수를 각각 λ와 ω에 대하여 편미분하여 구할 수 있다. 단순크리깅에서 사용한 기법을 그대로 응용하여 식 (5.14)를 편미분하고 정리하면 식 (5.15)를 얻는다. 이는 식 (5.6b)를 유추하여도 쉽게 구할 수 있다.

$$\frac{\partial L}{\partial \lambda_l} = -2\sigma_{0l}^2 + 2\sum_{i=1}^{n} \lambda_i \sigma_{il}^2 - 2\omega = 0, \ l = 1, \ n$$

$$\frac{\partial L}{\partial \omega} = 2\left(1 - \sum_{i=1}^{n} \lambda_i\right) = 0$$

$$(5.15)$$

식 (5.15)를 간단히 정리하면 식 (5.16)이 되며 이를 행렬방정식으로 표시하면 식 (5.17)의 정규크리깅방정식을 얻는다. 정규크리깅의 행렬방정식 (5.17)과 단순크리깅의 행렬방정식 (5.8)을 비교하면 그 형태가 매우 비슷하다. 그러나 크리깅 추정치가 편향되지 않기 위한 제약조건으로 행렬크기가 하나 더 증가하여 $(n+1) \times (n+1)$ 행렬이 되었다. 만약 또 다른 제약조건이 사용된다면 추가적인 라그랑제 인자를 사용하며 행렬크기는 제약조건의 수만큼 증가한다. 행렬방정식이 변하였으므로 당연히 가중치가 달라지고 추정값도 달라진다.

$$\sum_{i=1}^{n} \lambda_i \sigma_{il}^2 - \omega = \sigma_{Al}^2, \ l = 1, \ n$$

$$\sum_{i=1}^{n} \lambda_i = 1$$

$$(5.16)$$

$$\begin{pmatrix} \sigma_{11}^2 & \sigma_{12}^2 & \cdots & \sigma_{1n}^2 & -1 \\ \sigma_{21}^2 & \sigma_{22}^2 & \cdots & \sigma_{1n}^2 & -1 \\ \cdots & \cdots & \cdots & \cdots & \cdots \\ \sigma_{n1}^2 & \sigma_{n2}^2 & \cdots & \sigma_{nn}^2 & -1 \\ 1 & 1 & \cdots & 1 & 0 \end{pmatrix} \begin{pmatrix} \lambda_1 \\ \lambda_2 \\ \cdots \\ \lambda_n \\ \omega \end{pmatrix} = \begin{pmatrix} \sigma_{01}^2 \\ \sigma_{02}^2 \\ \cdots \\ \sigma_{0n}^2 \\ 1 \end{pmatrix} \qquad (5.17)$$

2. 정규크리깅 오차분산

정규크리깅의 경우에도 오차분산의 정의는 동일하므로 오차분산식은 식 (5.5)로 같고 정규크리깅방정식 (5.16)의 관계식을 이용하면 다음과 같은 간단한 식을 얻는다.

$$\sigma_{OK}^2 = Var(z) - \sum_{i=1}^{n} \lambda_i Cov(z_0, z_i) + \omega$$

$$= \sigma^2 - \sum_{i=1}^{n} \lambda_i \sigma_{0i}^2 + \omega \qquad (5.18)$$

식 (5.18)과 단순크리킹의 오차분산식 (5.10)을 비교하면 오직 라그랑제 인자만큼 차이가 나는 것 같지만 실제로 계산된 가중치가 다르기 때문에 직접 비교할 수 없다. 대부분의 경우 단순크리킹의 오차분산이 더 작은 값을 나타내는데, 이는 아무런 제약조건 없이 구한 최소값이 제약조건을 만족하는 최소값보다 작기 때문이다. 정규크리킹의 경우도 단순크리킹과 같이 정확성을 가진다.

| **예제 5.3** | 〈예제 5.1〉의 자료를 이용하여 정규크리킹으로 5번 위치에서 금품위를 예측하고 오차분산을 구하라.

오직 자료 4개만 이용하므로 정규크리킹의 경우에도 단순크리킹과 같이 예측식은 $z_0^* = \sum_{i=1}^{4} \lambda_i z_i$ 이고 가중치를 얻기 위한 크리킹방정식은 식 (5.16) 또는 식 (5.17)로부터 다음과 같다.

$$\begin{pmatrix} \sigma_{11}^2 & \sigma_{12}^2 & \sigma_{13}^2 & \sigma_{14}^2 & -1 \\ \sigma_{21}^2 & \sigma_{22}^2 & \sigma_{23}^2 & \sigma_{24}^2 & -1 \\ \sigma_{31}^2 & \sigma_{32}^2 & \sigma_{33}^2 & \sigma_{34}^2 & -1 \\ \sigma_{41}^2 & \sigma_{42}^2 & \sigma_{43}^2 & \sigma_{44}^2 & -1 \\ 1 & 1 & 1 & 1 & 0 \end{pmatrix} \begin{pmatrix} \lambda_1 \\ \lambda_2 \\ \lambda_3 \\ \lambda_4 \\ \omega \end{pmatrix} = \begin{pmatrix} \sigma_{01}^2 \\ \sigma_{02}^2 \\ \sigma_{03}^2 \\ \sigma_{04}^2 \\ 1 \end{pmatrix}$$

〈예제 5.1〉과 동일한 방법으로 각각의 공분산을 계산하면 (또는 그 결과를 그대로 이용하면) 최종 행렬방정식은 다음과 같다.

$$\begin{pmatrix} 4 & 0.2047 & 0 & 0.4129E-3 & -1 \\ 0.2047 & 4 & 0.7465 & 0.04232 & -1 \\ 0 & 0.7465 & 4 & 0.1836 & -1 \\ 0.4129E-3 & 0.04232 & 0.1836 & 4 & -1 \\ 1 & 1 & 1 & 1 & 0 \end{pmatrix} \begin{pmatrix} \lambda_1 \\ \lambda_2 \\ \lambda_3 \\ \lambda_4 \\ \omega \end{pmatrix} = \begin{pmatrix} 1.055 \\ 0.3374 \\ 0.0110 \\ 0.8479 \\ 1 \end{pmatrix}$$

앞의 행렬방정식을 풀어 가중치를 구하고 z_5의 추정값과 오차분산을 계산하면 다음과 같다. 계산된 가중치를 모두 합하면 1.0000이 됨을 확인할 수 있다.

$$\lambda_1 = 0.3900, \ \lambda_2 = 0.1796, \ \lambda_3 = 0.0890, \ \lambda_4 = 0.3414$$
$$\omega = 0.5417$$
$$\lambda_1 + \lambda_2 + \lambda_3 + \lambda_4 = 1$$

$$z_0^* = \sum_{i=1}^{4} \lambda_i z_i = 9.218$$

$$\sigma_{OK}^2 = 4 - \sum_{i=1}^{4} \lambda_i \sigma_{0i}^2 + \omega = 3.779$$

3. 단순크리깅과 정규크리깅 비교

〈그림 5.6〉은 〈표 5.2〉에 주어진 5개 자료를 이용하여 단순크리깅으로 예측한 결과이다. 관심지역의 크기는 150m×150m이며 각각의 경우에 주어진 5개 자료를 모두 이용하였다. 사용된 베리오그램은 문턱값이 2이고 상관거리가 75인 등방성 지수모델[$\gamma(h) = 2Exp_{75}(h)$]이다. 검산하는 데 도움을 주기 위하여 단순크리깅과 정규크리깅의 계산결과를 〈표 5.3〉에 제시하였다.

〈그림 5.6a〉의 경우에 예측된 자료수가 적기 때문에 그 경향을 파악하기 어렵지만, 격자크기를 줄여 여러 지점에서 예측하면 자료의 분포특성(즉, 값이 높은 곳과 낮은 곳)을 잘 파악할 수 있다(그림 5.6b). 자료들이 비교적 멀리 분포되어 있으므로 자료와 가까운 지점에서는 자료값과 비슷하게 예측되고 분리거리가 증가할수록 그 영향이 작아져서 단순크리깅 예측치가 비교적 작은 값을 나타낸다.

〈그림 5.7〉은 동일한 자료와 베리오그램을 사용하여 정규크리깅으로 예측한 결과이다. 정규크리깅은 편향되지 않을 조건으로 가중치의 합이 1이 되도록 하기 때문에 분리거리가 비교적 큰 자료들에 대한 가중치도 (단순크리깅에 비하여) 상대적으로 증가한다. 따라서 주어진 자료들이 대부분 10 내외이고 가중치의 합이 1이므로 정규크리깅의 예측결과도 대부분 10 부근이다(표 5.3). 〈그림 5.8〉은 상용 프로그램을 이용하여 1.5m 간격으로 예측한 것으로 같은 경향을 볼 수 있다.

표 5.2 크리킹에 사용된 자료 위치와 값

자료 번호	x(m)	y(m)	자료값(ppm)
1	45	15	10
2	135	45	12
3	75	75	11
4	105	105	9
5	15	135	8

표 5.3 단순크리킹과 정규크리킹의 예측결과

x(m)	y(m)	단순크리킹	정규크리킹
15	15	3.2	10.0
75	15	4.4	10.1
105	15	3.6	10.4
135	15	3.9	10.6
15	45	2.6	10.0
45	45	4.9	10.1
75	45	5.7	10.4
105	45	6.0	10.7
15	75	2.3	9.9
45	75	4.5	10.1
105	75	6.8	10.3
135	75	5.3	10.4
15	105	3.2	9.4
45	105	3.9	9.7
75	105	5.5	9.9
135	105	3.6	9.8
45	135	3.4	9.4
75	135	2.8	9.7
105	135	3.0	9.6
135	135	1.8	9.8

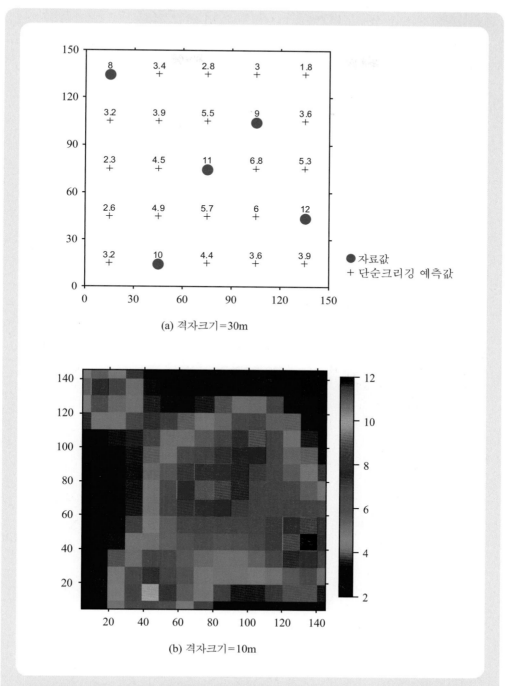

(a) 격자크기=30m

(b) 격자크기=10m

그림 5.6 〈표 5.2〉 자료를 이용한 단순크리깅 예측결과

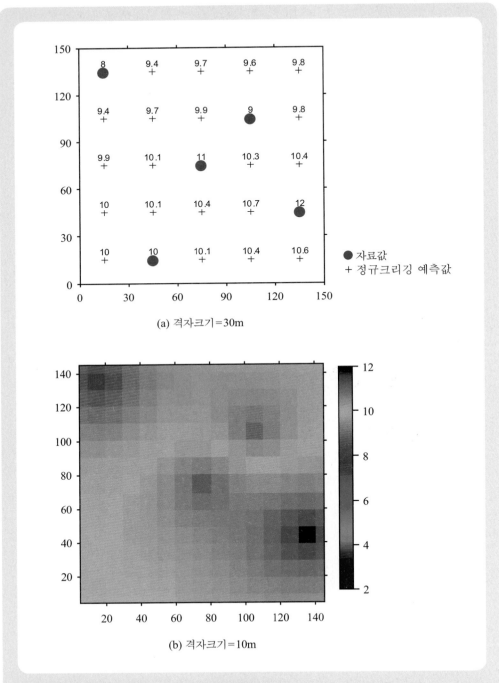

(a) 격자크기=30m

(b) 격자크기=10m

그림 5.7 〈표 5.2〉 자료를 이용한 정규크리깅 예측결과

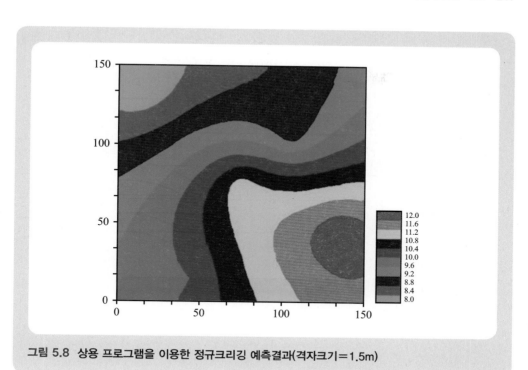

그림 5.8 상용 프로그램을 이용한 정규크리깅 예측결과(격자크기=1.5m)

〈그림 5.9a〉는 〈그림 4.8〉에 주어진 카드뮴 농도자료와 〈그림 4.15b〉에 주어진 베리오그램으로 정규크리깅을 실시한 결과이다. 계산효율을 위해 원점 (0, 0)에서 시작하여 각 방향으로 25ft 간격으로 예측하였고 예측지점에서 가장 가까운 5개 자료를 이용하였다. 〈그림 5.9b〉는 주위에 최대 10개 자료를 사용한 경우이다.

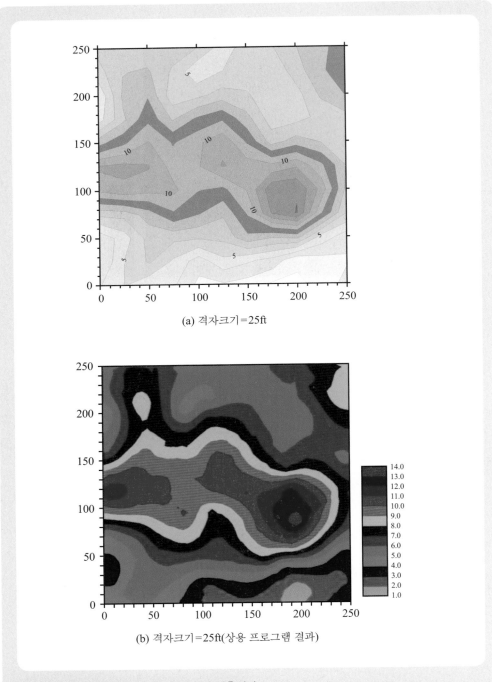

(a) 격자크기=25ft

(b) 격자크기=25ft(상용 프로그램 결과)

그림 5.9 카드뮴 농도자료의 정규크리킹 예측결과

(4) 구역크리킹

단순크리킹과 정규크리킹의 경우는 특정한 지점에서 값을 예측하는 점크리킹(point kriging) 기법이다. 특정지점에서의 값은 일정한 구역(또는 block)의 전체 평균을 대표하지는 못한다. 지층의 공극률이나 함수율 또는 관심지역의 평균오염도를 구할 때, 관심면적(또는 체적)의 평균값을 평가할 필요가 있다.

　이를 위해서는 두 가지 방법이 가능하다. 첫째, 관심지역의 많은 지점에서 정규(또는 단순)크리킹으로 값을 구한 후 이들의 산술평균으로 대표값을 계산하는 것이다. 예측지점이 변할 때마다 크리킹을 위한 가중치를 다시 계산하므로 많은 연산이 필요하다. 둘째, 위의 과정을 원하는 구역에 대하여 하나의 크리킹방정식으로 예측할 수 있으며, 이를 구역크리킹(block kriging, BK)이라 한다. 구역크리킹은 영어표현 그대로 블록크리킹이라 하여도 무방하리라 생각된다.

　산술평균을 적용하기에 큰 어려움이 없는 물성치들은 많은 경우에 구역크리킹이 정규(또는 단순)크리킹보다 더 신뢰할 만한 결과를 준다. 〈그림 5.10〉에서 구역 A를 대표하는 평균값을 구역크리킹으로 예측할 때, 먼저 주어진 전체 공간을 일정한 크기의 구역으로 나눈다. 구역크기는 알려진 자료의 양과 원하는 해상도에 따라 결정된다.

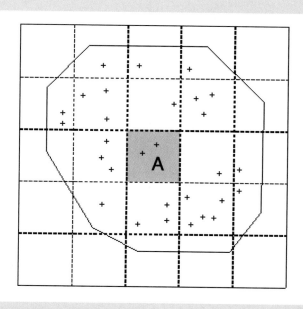

그림 5.10 구역 A를 대표하는 구역크리킹

구역크기가 정해지면 값을 예측하고자 하는 구역에 적당한 수의 계산지점을 정한다. 계산지점이 많을수록 구역크리깅의 정확도는 높아지지만 많은 양의 계산을 요한다. 각 구역에는 이미 알려진 자료가 포함되거나 없을 수도 있으며 기존자료의 존재는 계산지점을 정하는 데 아무런 영향을 미치지 않는다. 구역 내 계산지점은 인위적인 요소로 인한 편향을 방지하기 위하여 반드시 균일하게 분포되어야 한다.

구역크기에 영향을 받지만 대개 매 차원당 4개 계산지점을 사용한다(Isaaks과 Srivastava, 1989). 따라서 1차원 구역의 경우는 4개, 2차원 면적의 경우는 16개, 3차원 체적의 경우는 64개 계산지점을 사용한다. 더 많은 계산지점을 사용하여도 무방하지만 이로 인한 계산값의 변화는 미미하다. 구역의 크기가 큰 경우, 계산지점의 수를 증가시키면서 결과값의 변화를 관찰하는 민감도분석을 통해 그 수를 결정할 수도 있다.

1. 구역크리깅 방정식

구역크리깅도 크리깅의 한 종류이므로 구역 A를 대표하는 예측치는 이미 알려진 자료의 가중선형조합으로 예측하며, n개 자료가 있다면 식 (5.19)와 같다. 오차분산을 계산하기 위해 필요한 구역 A의 참값을 그 구역의 각 계산지점에서 변수값의 산술평균으로 계산하면 식 (5.20)과 같다. 식 (5.3)의 오차분산식으로부터 구역크리깅의 오차분산식은 식 (5.21)과 같이 나타낼 수 있다.

$$z_A{}^* = \sum_{i=1}^{n} \lambda_i z_i \tag{5.19}$$

$$z_A = \frac{1}{|A|}\sum_{j \in A}^{n_b} z_{0j} = \frac{1}{n_b}\sum_{j=1}^{n_b} z_{0j} \tag{5.20}$$

$$\sigma_{BK}^2 = E[(z_A - z_A{}^*)^2] = Var(z_A) - 2Cov(z_A, z_A{}^*) + Var(z_A{}^*) \tag{5.21}$$

여기서 z_{0j}는 구역 A 내에 설정한 j번째 계산지점이고 n_b는 그 총개수이다.

식 (5.19)로 주어진 선형조합식은 정규크리깅의 경우와 동일한 형태를 가지므로 구역크리깅이 편향되지 않을 조건도 식 (5.12)로 주어진다. 정규크리깅에서 설명한 대로 구역크리깅 오차분산식 (5.21)이 최소로 되면서 식 (5.12)를 만족하는 가중치를 구하면 식 (5.22)와 같은 구역크리깅 행렬방정식을 얻는다.

$$\sum_{i=1}^{n} \lambda_i \sigma_{il}^2 - \omega = \sigma_{Al}^2, \quad l = 1, \ n$$

$$\sum_{i=1}^{n} \lambda_i = 1$$

$$\begin{pmatrix} \sigma_{11}^2 & \sigma_{12}^2 & \cdots & \sigma_{1n}^2 & -1 \\ \sigma_{21}^2 & \sigma_{22}^2 & \cdots & \sigma_{1n}^2 & -1 \\ \cdots & \cdots & \cdots & \cdots & \cdots \\ \sigma_{n1}^2 & \sigma_{n2}^2 & \cdots & \sigma_{nn}^2 & -1 \\ 1 & 1 & \cdots & 1 & 0 \end{pmatrix} \begin{pmatrix} \lambda_1 \\ \lambda_2 \\ \cdots \\ \lambda_n \\ \omega \end{pmatrix} = \begin{pmatrix} \sigma_{A1}^2 \\ \sigma_{A2}^2 \\ \cdots \\ \sigma_{An}^2 \\ 1 \end{pmatrix} \tag{5.22}$$

여기서 $\sigma_{Ai}^2 = Cov(z_A, z_i) = \dfrac{1}{n_b} \displaystyle\sum_{j=1}^{n_b} Cov(z_{0j}, z_i)$

식 (5.22)와 정규크리킹 방정식 (5.17)을 비교하면 두 식이 완전히 동일한 형태를 가진다. 특히 주어진 자료들의 공분산행렬은 정확히 일치하며 오직 행렬방정식의 오른쪽 열벡터항만 다르다. 정규크리킹의 경우 행렬방정식의 오른쪽 열벡터항은 한 예측지점과 주어진 자료 사이의 공분산을 계산하는 반면, 구역크리킹의 경우는 주어진 구역 A에 설정한 모든 계산지점에서 각 자료들 사이에 계산된 공분산의 평균값을 사용한다.

〈그림 5.11〉은 구역크리킹을 위해 설정된 계산지점과 주어진 한 자료점 사이의 평균공분산을 계산하는 예를 보여준다. 즉, 구역 A에 균일하게 설정된 모든 지점으로부터 자료 z_i에 각각의 공분산을 계산하고 이들의 산술평균을 구역 A와 자료 z_i 사이의 공분산으로 사용한다. 이와 같이 구역크리킹을 이용하면 각 계산지점에서 크리킹 예측치를 계산할 필요 없이 한 번의 연산으로 주어진 구역의 평균값을 구할 수 있다.

$$\sigma_{Ai}^2 = Cov(z_A, z_i) = \frac{1}{n_b} \sum_{j=1}^{n_b} Cov(z_{0j}, z_i)$$

식 (5.21)의 구역크리킹 오차분산식을 식 (5.22)의 관계식을 이용하여 간단히 정리하면 식 (5.23)과 같다. 식 (5.23)은 식 (5.18)과 동일한 형태를 지니지만 단지 z_A가 구역의 산술평균으로 주어지므로 이를 자세히 풀어서 적은 형태이다.

$$\begin{aligned} \sigma_{BK}^2 &= Var(z_A) - \sum_{k=1}^{n} \lambda_k Cov(z_k, z_A) + \omega \\ &= \frac{1}{n_b^2} \sum_{i=1}^{n_b} \sum_{j=1}^{n_b} Cov(z_{0i}, z_{0j}) - \sum_{k=1}^{n} \lambda_k \left[\frac{1}{n_b} \sum_{j=1}^{n_b} Cov(z_k, z_{0j}) \right] + \omega \end{aligned} \tag{5.23}$$

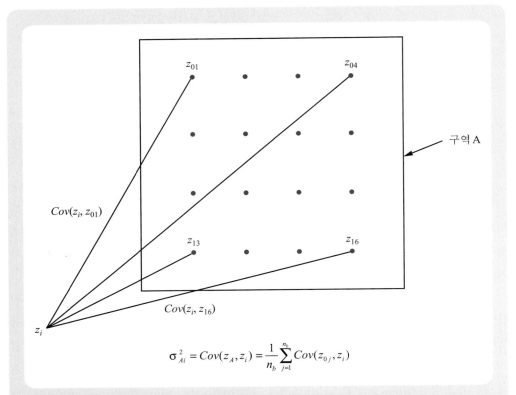

그림 5.11 구역 내에 설정된 n_b개 계산지점과 주어진 자료점(z_i)과의 평균공분산 계산(여기서 n_b=16)

| **예제 5.4** | 〈예제 5.1〉의 자료를 이용하여 구역크리깅으로 5번 격자의 평균 금품위를 예측하고 오차분산을 구하라. 〈그림 5.12〉와 같이 4개 계산지점을 사용하라.

구역크리깅 행렬방정식 (5.22)에서 보듯이 왼쪽 행렬은 정규크리깅의 경우와 완전히 동일하다. 따라서 주어진 자료점 z_1과 구역에 설정한 계산지점 사이의 공분산만 계산하면 된다. 5번 예측점이 속한 격자를 A라 하고 자료점 z_1과 평균공분산을 구체적으로 계산하면 다음과 같이 1.0357을 얻는다. 동일한 원리로 나머지 자료와 격자 A 사이의 평균공분산을 계산하고 행렬방정식을 완성하면 다음과 같다.

자료 z_i 위치	계산지점번호	계산지점위치	z_i과의 거리	베리오그램값	공분산값
(15, 130)	1	(12.5, 87.5)	42.57	2.5295	1.4705
	2	(37.5, 87.5)	48.09	2.7068	1.2932
	3	(12.5, 62.5)	67.55	3.2655	0.7345
	4	(37.5, 62.5)	71.17	3.3555	0.6445
평균					1.0357

$$\sigma_{A1}^2 = 1.036, \quad \sigma_{A2}^2 = 0.3553, \quad \sigma_{A3}^2 = 0.04625, \quad \sigma_{A4}^2 = 0.8398$$

$$\begin{pmatrix} 4 & 0.2047 & 0 & 0.4129E-3 & -1 \\ 0.2047 & 4 & 0.7465 & 0.04232 & -1 \\ 0 & 0.7465 & 4 & 0.1836 & -1 \\ 0.4129E-3 & 0.04232 & 0.1836 & 4 & -1 \\ 1 & 1 & 1 & 1 & 0 \end{pmatrix} \begin{pmatrix} \lambda_1 \\ \lambda_2 \\ \lambda_3 \\ \lambda_4 \\ \omega \end{pmatrix} = \begin{pmatrix} 1.036 \\ 0.3553 \\ 0.04625 \\ 0.8398 \\ 1 \end{pmatrix}$$

위 행렬방정식에서 계산한 인자들은 다음과 같다.

$$\lambda_1 = 0.3839, \lambda_2 = 0.1819, \lambda_3 = 0.09640, \lambda_4 = 0.3378$$
$$\omega = 0.5371$$
$$\lambda_1 + \lambda_2 + \lambda_3 + \lambda_4 = 1$$

따라서 주어진 자료와 가중치를 이용하여 계산한 z_5의 추정값과 오차분산은 다음과 같다.

$$z_A^* = \sum_{i=1}^{4} \lambda_i z_i = 9.243$$

$$\sigma_{BK}^2 = Var(z_A) - \sum_{k=1}^{n} \lambda_k Cov(z_k, z_A) + \omega$$

$$= \frac{1}{4^2} \sum_{i=1}^{4} \sum_{j=1}^{4} Cov(z_{0i}, z_{0j}) - \sum_{k=1}^{4} \lambda_k \left[\frac{1}{n_b} \sum_{j=1}^{n_b} Cov(z_k, z_{0j}) \right] + \omega$$

$$= \frac{1}{16} (4 + 2.076 + 2.076 + 1.712) \times 4 - 0.7504 + 0.5371 = 2.253$$

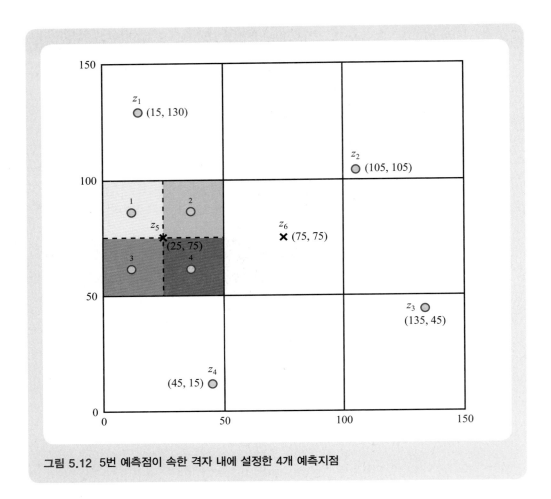

그림 5.12 5번 예측점이 속한 격자 내에 설정한 4개 예측지점

〈그림 5.13〉은 10ft×10ft 크기로 구역을 나누고 각 구역에 16개 계산지점을 설정하고 구역크리깅으로 카드뮴농도를 예측한 결과이다. 계산효율을 높이기 위하여 예측지점에서 가까운 5개 자료만 사용하였다. 좌표축의 하단은 값들이 비교적 낮게 예측되었는데, 이는 주어진 자료값이 그 부근에서 매우 낮고 (실제 2개는 0을 가짐) 또 상대적으로 제한된 자료가 주어졌기 때문이다(그림 4.8).

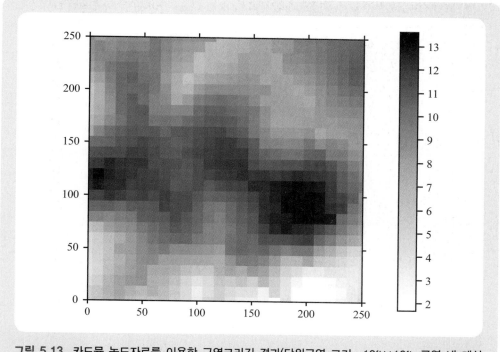

그림 5.13 카드뮴 농도자료를 이용한 구역크리깅 결과(단위구역 크기=10ft×10ft, 구역 내 계산 지점=16)

(5) 공동크리깅

두 개 이상의 변수를 사용하여 미지값을 예측하는 크리깅을 공동크리깅(co-kriging, CK)이라 한다. 이때 예측하고자 하는 변수를 주변수(primary variable)라 한다. 주변수가 아닌 변수를 이 차변수(secondary variable)라 하며 이차변수는 여러 개가 될 수 있다.

구체적으로 유체투과율 자료와 공극률 자료를 이용하여 유체투과율을 예측할 때, 유체투과율은 주변수가 되고 공극률은 이차변수가 된다. 만약 공극률을 예측하는 경우는 당연히 공극률이 주변수가 되고 유체투과율이 이차변수가 된다.

공동크리깅의 일반식은 다음과 같다.

$$z^* = \sum_{i=1}^{n} \lambda_i z_i + \sum_{j=1}^{n_s} \sum_{k=1}^{m_j} \lambda_{jk} u_j(x_{jk}) \tag{5.24}$$

여기서 z는 주변수, n은 사용된 주변수의 총자료수, n_s는 사용된 이차변수의 총개수, u_j는 j번째 이차변수, m_j는 j번째 이차변수의 총자료수, λ는 가중치, x는 각 자료의 위치이다. 따라서 주변수 값을 예측하기 위하여 총 $(n_s + 1)$개의 변수와 $\left(n + \sum_{j=1}^{n_s} m_j \right)$개 자료가 식 (5.24)의 공동크리깅에 사용된다.

공동크리깅은 주변수의 양은 적고 이차변수의 양은 많을 때 사용되며 대개의 경우 이차변수는 정확도가 떨어진다. 하지만 두 변수는 반드시 공간적 상호관계가 있어야 하며 공동크리깅을 통해 이차변수들을 사용하면 불확실성을 줄일 수 있다. 공동크리깅을 이용하기 위해서는 반드시 각 변수들에 대한 베리오그램이 있어야 하고 주변수 및 각 이차변수들 사이의 상호 베리오그램이 필요하다.

각 베리오그램의 모델링도 많은 시간과 노력을 필요로 하는데 모든 상호 베리오그램이 양의 정부호를 만족하도록 모델링하는 것은 쉬운 작업이 아니다. 따라서 특별한 경우를 제외하고는 대부분 주변수와 하나의 이차변수로 공동크리깅을 수행한다.

1. 공동크리깅 방정식 I

주변수 z와 이차변수 u를 사용한다면 식 (5.24)의 공동크리깅은 식 (5.25)로 표현된다.

$$z^* = \sum_{i=1}^{n} \lambda_i z_i + \sum_{j=1}^{m} \kappa_j u_j \tag{5.25}$$

여기서 z는 주변수, n은 주변수의 자료수, u는 이차변수, m은 사용된 이차변수의 자료수, κ는 이차변수에 사용된 가중치이다.

식 (5.25)의 공동크리깅 추정식이 주변수를 편향 없이 추정하는 조건은 식 (5.26)과 같고 이를 항상 만족하는 조건은 식 (5.27)과 같다.

$$b_{z^*} = E(z) \left(1 - \sum_{i=1}^{n} \lambda_i \right) - E(u) \sum_{j=1}^{m} \kappa_j \tag{5.26}$$

$$1 - \sum_{i=1}^{n} \lambda_i = 0, \quad \sum_{j=1}^{m} \kappa_j = 0 \tag{5.27}$$

식 (5.4)를 유추하여 공동크리깅의 오차분산식을 구하면 식 (5.28)과 같다.

$$\sigma_{CK}^2 = \sigma^2 - 2Cov\left(z, \sum_{i=1}^{n}\lambda_i z_i + \sum_{j=1}^{m}\kappa_j u_j\right) + Var\left(\sum_{i=1}^{n}\lambda_i z_i + \sum_{j=1}^{m}\kappa_j u_j\right) \quad (5.28)$$

식 (5.27)을 만족하면서 식 (5.28)을 최소로 하는 가중치 λ와 κ를 구하기 위해서 두 라그랑제 인자가 필요하며 이를 포함한 목적함수를 간단히 표기하면 식 (5.29)와 같다.

$$L(\lambda_1, \lambda_2, ..., \lambda_n;\ \kappa_1, \kappa_2, ...\kappa_m;\ \omega_1, \omega_2) = \sigma_{CK}^2 + 2\omega_1\left(1 - \sum_{i=1}^{n}\lambda_i\right) + 2\omega_2\left(-\sum_{j=1}^{m}\kappa_j\right) \quad (5.29)$$

식 (5.29)로 주어진 목적함수의 최소값을 찾기 위해서는 식 (5.28)을 분산과 공분산의 합으로 전개한 후에 각 가중치와 두 라그랑제 인자로 미분한다. 구체적으로 미분하고 정리하면 식 (5.30)을 얻는다. 그것을 행렬방정식의 형태로 나타내면 식 (5.31)과 같다.

$$\sum_{i=1}^{n}\lambda_i Cov(z_l, z_i) + \sum_{j=1}^{m}\kappa_j Cov(z_l, u_j) - \omega_1 = Cov(z_0, z_l),\ l = 1,\ n$$

$$\sum_{i=1}^{n}\lambda_i Cov(u_l, z_i) + \sum_{j=1}^{m}\kappa_j Cov(u_l, u_j) - \omega_2 = Cov(z_0, u_l),\ l = 1,\ m \quad (5.30)$$

$$\sum_{i=1}^{n}\lambda_i = 1,\ \sum_{j=1}^{m}\kappa_j = 0$$

$$\begin{pmatrix} C_z(x_1,x_1) & ... & C_z(x_1,x_n) & C_{zu}(x_1,x_1') & ... & C_{zu}(x_1,x_m') & -1 & 0 \\ ... & ... & ... & ... & ... & ... & ... & ... \\ C_z(x_n,x_1) & ... & C_z(x_n,x_n) & C_{zu}(x_n,x_1') & ... & C_{zu}(x_n,x_m') & -1 & 0 \\ C_{zu}(x_1,x_1') & ... & C_{zu}(x_n,x_1') & C_u(x_1',x_1') & ... & C_u(x_1',x_m') & 0 & -1 \\ ... & ... & ... & ... & ... & ... & ... & ... \\ C_{zu}(x_1,x_m') & ... & C_{zu}(x_n,x_m') & C_u(x_m',x_1') & ... & C_u(x_m',x_m') & 0 & -1 \\ 1 & ... & 1 & 0 & ... & 0 & 0 & 0 \\ 0 & ... & 0 & 1 & ... & 1 & 0 & 0 \end{pmatrix} \begin{pmatrix} \lambda_1 \\ ... \\ \lambda_n \\ \kappa_1 \\ ... \\ \kappa_m \\ \omega_1 \\ \omega_2 \end{pmatrix} = \begin{pmatrix} C_z(x_0,x_1) \\ ... \\ C_z(x_0,x_n) \\ C_{zu}(x_0,x_1') \\ ... \\ C_{zu}(x_0,x_m') \\ 1 \\ 0 \end{pmatrix}$$

$$(5.31)$$

여기서 C_{zu}는 두 변수 사이의 공분산을 나타내며 x_i는 주변수가 존재하는 위치이고 x_j'은 이차변수가 존재하는 위치이다.

각각의 공분산을 계산하기 위해서는 총 3개 베리오그램, 즉 주변수 z에 대한 베리오그램, 이차변수 u에 대한 베리오그램, 그리고 두 변수의 상관관계를 나타내는 상호 베리오그램이 필요하다. 식 (5.31)에서 공분산행렬의 크기는 $(n+m+2) \times (n+m+2)$이고 사용된 자료의 총개수는 $(n+m)$개이다.

공동크리킹 관계식을 이용하여 오차분산식을 간단히 정리하면 식 (5.32)와 같다. 주어진 식에서 이차변수에 대한 가중치의 합은 0이 되므로 ω_2항은 나타나지 않음을 유의해야 한다.

$$\sigma_{CK}^2 = \sigma^2 - \sum_{i=1}^{n} \lambda_i Cov(z_0, z_i) - \sum_{j=1}^{m} \kappa_j Cov(z_0, u_j) + \omega_1 \tag{5.32}$$

2. 공동크리킹 방정식 ||

공동크리킹 추정식이 편향되지 않기 위한 조건식 (5.27)을 보면 이차변수의 선형조합에 사용되는 가중치의 합은 0이다. 이들을 수학적으로 계산하는 데는 큰 어려움이 없더라도 물리적 의미는 다르다. 가중치의 합이 0이 되기 위해서는 일부의 가중치는 양이 되고 일부의 가중치는 반드시 음이 되어야 한다.

동일한 자료라 할지라도 예측지점과의 분리거리에 따라 음의 가중치를 가질 수 있다. 이는 동일한 자료가 (단순히 가중치를 0으로 만들기 위해) 반대의 영향을 미치고 또 반대로 미친 영향을 보완해 주기 위해 일부 자료는 더 큰 가중치를 가질 수 있다. 이와 같은 문제점을 극복하기 위해 식 (5.33)과 같은 공동크리킹 추정식을 많이 사용한다.

$$z^* = \sum_{i=1}^{n} \lambda_i z_i + \sum_{j=1}^{m} \kappa_j (u_j - \mu_u + \mu_z) \tag{5.33}$$

여기서 μ_z와 μ_u는 각각 주변수와 이차변수의 평균값을 나타내며 실제계산에서는 표본평균을 사용한다.

두 변수 평균의 차이만큼을 고려함으로써 추정식이 편향되지 않을 조건이 식 (5.34)와 같이 하나의 관계식으로 주어진다. 모든 가중치의 합이 1이 되어야 한다는 조건만 사용하므로 특정 가중치가 반드시 음이 되는 강제조건은 없어졌다.

$$\sum_{i=1}^{n} \lambda_i + \sum_{j=1}^{m} \kappa_j = 1 \tag{5.34}$$

오차분산을 최소화하면서 위의 식을 만족하는 가중치를 찾으면 식 (5.35a)와 같다. 식 (5.30)과 비교하면 오직 가중치에 대한 조건만 달라졌다. 그 결과 식 (5.31)로 표시된 행렬방정식은 크기가 $(n+m+1) \times (n+m+1)$로 작아졌으며 크기가 작아진 행렬의 마지막 행과 열은 주어진 가중치조건을 만족하도록 변형하면 식 (5.35b)와 같다. 오차분산식의 최종 형태도 식 (5.32)와 동일함도 쉽게 알 수 있다.

$$\sum_{i=1}^{n} \lambda_i Cov(z_l, z_i) + \sum_{j=1}^{m} \kappa_j Cov(z_l, u_j) - \omega_1 = Cov(z_0, z_l), \ l=1, \ n$$

$$\sum_{i=1}^{n} \lambda_i Cov(u_l, z_i) + \sum_{j=1}^{m} \kappa_j Cov(u_l, u_j) - \omega_1 = Cov(z_0, u_l), \ l=1, \ m \qquad (5.35a)$$

$$\sum_{i=1}^{n} \lambda_i + \sum_{j=1}^{m} \kappa_j = 1$$

$$\begin{pmatrix} C_z(x_1, x_1) & \ldots & C_z(x_1, x_n) & C_{zu}(x_1, x_1') & \ldots & C_{zu}(x_1, x_m') & -1 \\ \ldots & \ldots & \ldots & \ldots & \ldots & \ldots & \ldots \\ C_z(x_n, x_1) & \ldots & C_z(x_n, x_n) & C_{zu}(x_n, x_1') & \ldots & C_{zu}(x_n, x_m') & -1 \\ C_{zu}(x_1, x_1') & \ldots & C_{zu}(x_n, x_1') & C_u(x_1', x_1') & \ldots & C_u(x_1', x_m') & -1 \\ \ldots & \ldots & \ldots & \ldots & \ldots & \ldots & \ldots \\ C_{zu}(x_1, x_m') & \ldots & C_{zu}(x_n, x_m') & C_u(x_m', x_1') & \ldots & C_u(x_m', x_m') & -1 \\ 1 & \ldots & 1 & 1 & \ldots & 1 & 0 \end{pmatrix} \begin{pmatrix} \lambda_1 \\ \ldots \\ \lambda_n \\ \kappa_1 \\ \ldots \\ \kappa_m \\ \omega_1 \end{pmatrix} = \begin{pmatrix} C_z(x_0, x_1) \\ \ldots \\ C_z(x_0, x_n) \\ C_{zu}(x_0, x_1') \\ \ldots \\ C_{zu}(x_0, x_m') \\ 1 \end{pmatrix}$$

$$(5.35b)$$

여기서 C_{zu}는 두 변수 사이의 공분산을 나타내며 x_i는 주변수가 존재하는 위치이고 x_j'은 이차변수가 존재하는 위치이다.

| **예제 5.5** | 〈예제 5.1〉의 자료를 이용하여 공동크리깅으로 5번 위치에서 금품위를 예측하고 오차분산을 구하라. 공동크리깅을 위해 아래에 주어진 한 점의 이차변수와 베리오그램을 사용하라. 자료의 모집단 평균은 주어진 변수값의 산술평균을 이용하라.

$$u(x_3) = 135, \ \gamma_u(h) = 5 + 200 Exp_{100}(h), \ \gamma_{zu}(h) = 5 + 200 Exp_{100}(h)$$

다른 크리깅과 마찬가지로 공동크리깅도 주변수 상호간의 공분산은 동일하다. 따라서 주변수의 이차변수와 공분산 그리고 이차변수의 공분산을 계산해야 한다. 예측점 (25, 75)에서 각 변수간 공분산을 계산하고 행렬방정식을 완성하면 다음과 같다.

$$Cov(z_1, u_3) = Cov(u_3, z_1) = 2.427$$
$$Cov(z_2, u_3) = Cov(u_3, z_2) = 26.73$$
$$Cov(z_3, u_3) = Cov(u_3, z_3) = 205.0$$
$$Cov(z_4, u_3) = Cov(u_3, z_4) = 11.61$$
$$Cov(z_5, u_3) = Cov(u_3, z_5) = 6.539$$

$$
\begin{pmatrix}
4 & 0.2047 & 0 & 0.4129E-3 & 2.427 & -1 \\
0.2047 & 4 & 0.7465 & 0.04232 & 26.73 & -1 \\
0 & 0.7465 & 4 & 0.1836 & 205 & -1 \\
0.4129E-3 & 0.04232 & 0.1836 & 4 & 11.61 & -1 \\
2.427 & 26.73 & 205 & 11.61 & 205 & -1 \\
1 & 1 & 1 & 1 & 1 & 0
\end{pmatrix}
\begin{pmatrix}
\lambda_1 \\ \lambda_2 \\ \lambda_3 \\ \lambda_4 \\ \kappa_1 \\ \omega_1
\end{pmatrix}
=
\begin{pmatrix}
1.055 \\ 0.3374 \\ 0.0110 \\ 0.8479 \\ 6.539 \\ 1
\end{pmatrix}
$$

위 행렬방정식을 풀어 각 인자들을 구하면 다음과 같다.

$$\lambda_1 = 0.4247, \ \lambda_2 = 0.2183, \ \lambda_3 = -0.02228, \ \lambda_4 = 0.3765$$
$$\kappa_1 = 0.002749$$
$$\omega_1 = 0.6954$$

$$\sum_{i=1}^{4} \lambda_i + \sum_{j=1}^{1} \kappa_j = 1$$

따라서 주어진 자료와 가중치를 이용하여 계산한 z_5의 추정값과 오차분산은 다음과 같다.

$$z_5^* = \sum_{i=1}^{4} \lambda_i z_i + \sum_{j=1}^{1} \kappa_j [u_j - (\mu_u - \mu_z)] = 8.887$$

$$\sigma_{CK}^2 = \sigma^2 - \sum_{i=1}^{4} \lambda_i Cov(z_o, z_i) - \sum_{j=1}^{1} \kappa_j Cov(z_o, u_j) + \omega_1 = 3.837$$

〈그림 5.14〉는 〈그림 4.21〉의 초기 퍼텐셜 자료와 〈그림 4.23〉의 베리오그램을 이용하여 정규크리깅 예측치를 구한 결과이다. 계산의 편의를 위해 각 예측점에서 가까운 6개 자료를 사용하였다. 다른 크리깅 예에서와 같이, 중앙 부근과 우측 하부에서 비교적 큰 값들이 분포하고 상부 좌우측에 작은 값들이 분포한다. 〈그림 5.15〉는 〈그림 4.22〉에 주어진 유동용량 자료를 이용하여 초기 퍼텐셜 자료를 식 (5.35b)의 공동크리깅으로 예측한 결과이다.

이미 언급한 대로 공동크리깅을 위해서는 각각의 변수에 대한 베리오그램과 주변수와 이차변수의 상호 베리오그램이 필요한데, 이는 〈그림 4.23〉에서 〈그림 4.25〉에 주어진 모델들을 사용하였고 구체적으로 다음과 같다. 계산효율을 위하여 원점에서 각 방향으로 1500ft씩 변화시키면서 공동크리깅을 수행하였고 가까운 자료점 6개를 사용하였다.

초기 퍼텐셜 자료의 베리오그램 : $\gamma_{IP}(h) = 1.3E5 + 4.7E5Sph_{7000}(h)$

유동능력 자료의 베리오그램 : $\gamma_{FC}(h) = 1.5E7 + 7.0E7Sph_{7000}(h)$

초기 퍼텐셜 자료와 유동능력 자료의 상호 베리오그램 : $\gamma_C(h) = 4.5E6Sph_{7000}(h)$

공동크리깅은 주변수의 자료는 적고 상호관계가 있는 이차변수의 양은 많을 때 이들 자료에 대한 정보를 추가적으로 이용하여 주변수를 예측함으로써 불확실성을 줄일 수 있는 방법이다. 〈그림 5.15〉의 경우는 사용된 주변수의 자료가 비교적 많기 때문에 그 영향이 현저하지 않지만, 〈그림 5.14〉에서 비교적 넓은 범위로 예측되었던 중앙부근과 네 모퉁이 부분이 〈그림 5.15〉에서는 좀 더 세밀하게 예측되었다.

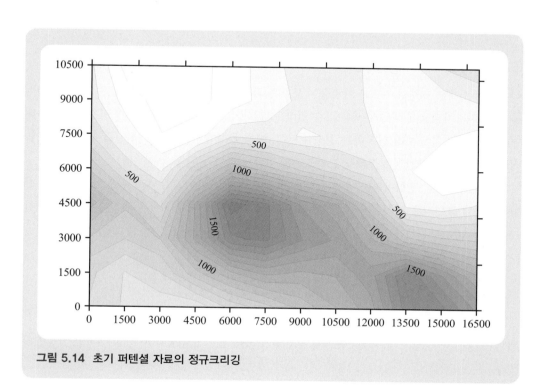

그림 5.14 초기 퍼텐셜 자료의 정규크리깅

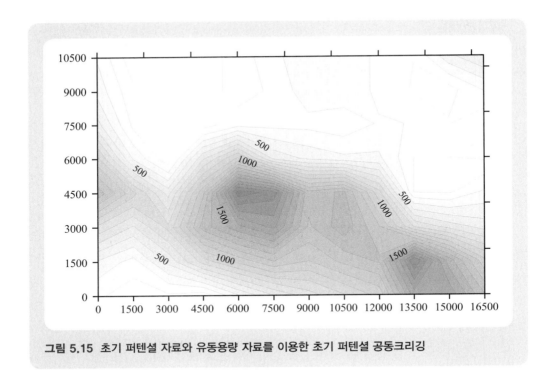

그림 5.15 초기 퍼텐셜 자료와 유동용량 자료를 이용한 초기 퍼텐셜 공동크리깅

(6) 일반크리깅

이제까지 소개한 크리깅 기법은 자료들이 분포한 위치에 상관없이 그 평균이 같은 약2차 불변성을 만족하는 자료들에 대하여 적용할 수 있다. 그러나 실제의 현장자료들은 특정경향을 나타내거나 평균이 위치에 따라 변화하는 경우가 많다. 이때 이제까지 소개한 크리깅을 사용하면 수학적인 답을 얻지만 공간적 분포특성을 반영하지 못해 결국 잘못된 답을 얻는다.

평균이 일정한 경향을 나타내는 경우는 그 특징을 분석하여 찾아내고 이를 제거하면 그 잔차는 약2차 불변성을 만족한다. 이 경우 각 자료점에서 구한 잔차를 이용하여 이제까지 설명한 크리깅 기법으로 원하는 지점에서 잔차값을 예측하고 그 경향을 고려하여 최종적인 자료값을 구할 수 있다.

일정한 경향을 갖는 자료를 경향과 잔차로 표시하면 식 (5.36)과 같다.

$$z(x) = D(x) + R(x) \tag{5.36}$$

여기서 $D(x)$는 자료가 나타나는 공간적 분포경향(drift 또는 trend)이며, $R(x)$는 자료값의 잔차이다.

식 (5.36)에서 중요한 것은 경향을 구하는 것으로 1차원 자료는 그래프를 그려서 경향을 찾아낸다. 2차원 이상의 자료는 일정한 크기의 창(window)을 이용하여 그 창에 들어오는 자료의 평균을 경향의 대표값으로 사용할 수 있다.

공간적으로 변화하거나 특정한 경향을 갖는 평균을 제거하지 않고 크리깅 가중치를 계산하는 기법이 일반크리깅(universal kriging, UK)이다. 일반크리깅도 크리깅의 한 방법이므로 주위에 알려진 자료들의 가중선형조합으로 미지값을 예측한다. 단지 불변성을 만족하지 않고 변화하는 경향을 고려하기 위한 수학적 기법이 가미된 가장 일반화된 크리깅 방법이다.

만약 평균이 임의로 변화한다면 이를 기술할 수 있는 실제적인 방법이 없다. 따라서 일반크리깅을 적용하기 위해서는 그 평균을 알 수는 없지만 공간적으로 부드럽게 변한다고 가정한다. 이는 우리가 알고 있는 간단한 함수들의 선형조합으로 그 변화하는 곡면을 기술할 수 있다는 의미이다.

1. 일반크리깅 추정식이 편향되지 않을 조건

위치에 따른 자료의 경향이 부드럽게 변화하는데, 이는 식 (5.37)과 같이 나타낼 수 있다고 가정한다.

$$E(z) = \sum_{k=0}^{L} a_k f_k(x) \tag{5.37}$$

여기서 a_k는 상수, f_k는 알려져 있는 함수, x는 위치를 나타내는 벡터이다.

중요한 점은 자료가 위치에 따라 변하는 경향은 알 수 없지만 그 경향을 나타내는 기본적인 함수는 알고 있다는 것이다. 예를 들어 2차원 자료에 대하여 평균값이 위치에 따라 최대 2차식의 함수로 표현이 가능하다고 가정하면, 최대 2차식을 나타내는 기본함수들을 이용하여 식 (5.38)과 같이 나타낼 수 있다. 식 (5.38)에서 각 상수항은 여전히 미지수이므로 평균값의 경향도 아직 알 수 없지만 식 (5.37)과 비교하여 사용된 기본함수들이 무엇인지 알 수 있다.

$$E[z(x,y)] = a_0 + a_1 x + a_2 y + a_3 x^2 + a_4 y^2 + a_5 xy \tag{5.38}$$

만약 실제로 자료가 주어진 경우, 그 자료의 변화경향을 파악하기 위해 회귀방정식을 계산할 수 있다. 이와 같은 정보는 식 (5.37)에서 위치에 따라 변화하는 평균의 기본함수를 결정하는 데 사용된다. 회귀식을 결정하는 과정에서 각 계수도 결정되지만 이들 계수는 일반크리깅 방정식에 직접 사용되지는 않는다.

일반크리깅을 사용하여 미지값을 예측하고자 할 때, 크리깅의 정의에 의해 식 (5.1)과 같이 표현된다. 일반크리킹 추정식이 편향되지 않기 위한 조건을 구하면 다음과 같다.

$$b_{z*} = E(z) - E(z^*) = \sum_{k=0}^{L} a_k f_k(x) - \sum_{i=1}^{n} \lambda_i E(z_i) = 0$$

각 자료의 평균은 식 (5.37)과 같은 경향을 가지므로 이를 위의 수식에 대입하고 정리하면 다음과 같다. 이 수식이 임의의 상수계수에 대하여 성립해야 하므로 식 (5.39)와 같은 조건식을 얻는다. 식 (5.39)에 의해, 예측하고자 하는 지점에서 기본함수의 값은 각 자료점에서의 함수값에 일반크리킹 가중치를 이용한 선형조합의 합과 같아야 한다.

$$b_{z*} = \sum_{k=0}^{L} a_k \left[f_k(x_0) - \sum_{i=1}^{n} \lambda_i f_k(x_i) \right] = 0$$

$$f_k(x_0) = \sum_{i=1}^{n} \lambda_i f_k(x_i), \; k = 0, L \tag{5.39}$$

2. 일반크리킹 방정식과 오차분산

식 (5.39)에 의한 $(L+1)$개 제약조건을 만족하면서 오차분산을 최소로 하는 목적함수는 다음과 같고 가중치를 구하면 식 (5.40)과 같은 행렬방정식이 된다.

$$L(\lambda_1,...,\lambda_n; \; \omega_0,...,\omega_L) = \sigma_{SK}^2 + \sum_{k=0}^{L} 2\omega_k \left[f_k(x_0) - \sum_{i=1}^{n} \lambda_i f_k(x_i) \right]$$

$$\begin{pmatrix} \sigma_{11}^2 & ... & \sigma_{1n}^2 & -f_0(x_1) & ... & -f_L(x_1) \\ ... & ... & ... & ... & ... & ... \\ \sigma_{n1}^2 & ... & \sigma_{nn}^2 & -f_0(x_n) & ... & -f_L(x_n) \\ f_0(x_1) & ... & f_0(x_n) & 0 & ... & 0 \\ ... & ... & ... & ... & ... & ... \\ f_L(x_1) & ... & f_L(x_n) & 0 & ... & 0 \end{pmatrix} \begin{pmatrix} \lambda_1 \\ ... \\ \lambda_n \\ \omega_0 \\ ... \\ \omega_L \end{pmatrix} = \begin{pmatrix} \sigma_{01}^2 \\ ... \\ \sigma_{0n}^2 \\ f_0(x_0) \\ ... \\ f_L(x_0) \end{pmatrix} \tag{5.40}$$

일반크리킹의 오차분산식은 식 (5.41)과 같다.

$$\sigma_{UK}^2 = \sigma^2 - \sum_{i=1}^{n} \lambda_i \sigma_{0i}^2 + \sum_{k=0}^{L} \omega_k f_k(x_0) \tag{5.41}$$

일반크리킹은 주어진 자료가 일정한 경향을 나타내는 경우에도 사용할 수 있는 장점이 있다. 일반크리깅 이외의 크리깅 예측치는 사용된 자료의 최대값보다 항상 작거나 같은 값을 예측하지만 일반크리깅 예측치는 주위의 값보다 클 수도 있고 물론 작을 수도 있다. 단점으로는 구체적 모델링을 위해 많은 계산이 요구된다. 또한 자료의 경향을 결정하는 데 더 많은 주관적인 판단이 관여되므로 세심한 주의가 필요하다.

| 예제 5.6 | 〈예제 5.1〉의 자료를 이용하여 일반크리깅으로 5번 위치에서 금품위를 예측하고 오차분산을 구하라. 위치에 따른 평균의 변화경향은 x, y에 대한 1차식으로 표현된다고 가정하라.

자료의 변화경향이 x, y에 대한 일차식으로 표현되므로 기대값은 다음과 같이 표현된다. 따라서 $f_0 = 1, f_1 = x, f_2 = y$이다.

$$E[z(x, y)] = a_0 1 + a_1 x + a_2 y$$

식 (5.40)과 주어진 정보를 이용하여 행렬방정식의 원소를 구체적으로 계산하면 다음과 같다. 각 자료점 사이의 공분산과 예측지점과 자료점 사이의 공분산은 이미 계산된 값을 그대로 사용할 수 있다.

$$\begin{bmatrix} 4 & 0.2047 & 0 & 0.4129E-3 & -1 & -15 & -130 \\ 0.2047 & 4 & 0.7465 & 0.04232 & -1 & -105 & -105 \\ 0 & 0.7465 & 4 & 0.1836 & -1 & -135 & -45 \\ 0.4129E-3 & 0.04232 & 0.1836 & 4 & -1 & -45 & -15 \\ 1 & 1 & 1 & 1 & 0 & 0 & 0 \\ 15 & 105 & 135 & 45 & 0 & 0 & 0 \\ 130 & 105 & 45 & 15 & 0 & 0 & 0 \end{bmatrix} \begin{bmatrix} \lambda_1 \\ \lambda_2 \\ \lambda_3 \\ \lambda_4 \\ \omega_0 \\ \omega_1 \\ \omega_2 \end{bmatrix} = \begin{bmatrix} 1.055 \\ 0.3374 \\ 0.0110 \\ 0.8479 \\ 1 \\ 25 \\ 75 \end{bmatrix}$$

위의 행렬방정식으로부터 미지수를 계산하면 다음과 같다.

$$\lambda_1 = 0.5124, \lambda_2 = 0.03741, \lambda_3 = -0.07637, \lambda_4 = 0.5266$$
$$\omega_0 = 1.9652, \omega_1 = -0.01405, \omega_2 = -0.005787$$
$$\sum_{i=1}^{4} \lambda_i = 1$$

이를 이용하여 z_5의 추정값과 오차분산을 계산하면 다음과 같다.

$$z_0 = \sum_{i=1}^{4} \lambda_i z_i = 8.785$$

$$\sigma_{UK}^2 = \sigma^2 - \sum_{i=1}^{4} \lambda_i \sigma_{0i}^2 + \sum_{k=0}^{2} \omega_k f_k(x_0) = 4.181$$

〈예제 5.3〉에서 정규크리킹으로 예측된 z_5의 값은 9.218이다. 〈표 5.1〉에서 볼 수 있듯이 일정한 경향을 가정한 일반크리킹에서는 큰 값을 가지지만 거리가 먼 z_3의 영향이 현저히 감소한 것을 알 수 있다.

(7) 교차검증

크리킹의 경우 주어진 베리오그램과 사용된 자료가 동일하다면 항상 같은 결과를 얻는다. 이는 이미 설명한 대로 크리킹이 하나의 결정론적인 해를 제공하기 때문이다. 그러나 상관거리 밖에 있는 자료점들은 크리킹 예측치에 영향을 거의 미치지 않으면서 풀어야 하는 행렬크기를 증가시켜 계산량만 증가시킨다. 따라서 상관거리 이내의 일정한 유효반경 내에 존재하는 자료들만 사용하여 크리킹을 수행하는 것이 일반적이다. 크리킹에 이용되는 자료수를 결정하기 위한 유효반경이 변화되면 크리킹 예측치가 달라진다.

교차검증(cross validation)은 크리킹을 통하여 예측된 자료만을 이용하여 본래의 자료를 다시 예측하여 크리킹 방법의 타당성을 검증하는 기술이다. 여기서 중요한 것은 크리킹 예측값 자체에 대한 평가가 아니라 예측값을 계산하기 위해 사용된 크리킹 조건, 즉 베리오그램, 상관거리, 유효반경, 사용된 자료수와 같은 인자의 적절성에 대한 검증이다. 따라서 교차검증 결과가 크리킹 예측값에 대한 정확성 평가수단으로 사용되어서는 안된다.

교차검증을 위한 구체적 순서는 다음과 같다.

① 모든 예측지점에 크리킹 예측치 계산
② 주어진 본래 자료값 제거
③ 동일한 크리킹 조건으로 예측값을 이용하여 자료값 재예측
④ 자료값과 예측값을 비교하여 크리킹 방법의 타당성 평가

먼저 주어진 자료와 베리오그램 그리고 유효반경을 이용하여 관심 있는 영역에서 크리킹 예측값을 계산한다. 주어진 자료를 크리킹으로 재예측하기 위해서 실제 자료를 미지값으로 가정하여 제거한다. 그 다음에는 처음에 사용된 동일한 크리킹 조건과 베리오그램으로 자료값을 재예측한다. 이때 자료가 제거된 지점에서 주위값들의 가중선형조합으로 크리킹이 이루어지므

로 크리깅의 정확성 조건이 성립하지 않는다.

　새롭게 예측된 값을 주어진 참 자료값과 비교하여 편향성이나 종속성을 파악한다. 이를 위해 다음과 같은 방법이 가능하다.

- 참값과 예측값의 비교
- 잔차의 비교
- 잔차를 이용한 베리오그램의 계산

　교차검증을 위해서 참값과 다시 예측된 값을 바로 비교할 수 있다. 구체적으로 두 값을 그래프로 그려서, 기울기가 1인 직선상에서 벗어나는 정도를 보고 평가할 수 있다. 교차검증이 잘 된 경우, 즉 사용된 크리깅 조건이 타당한 경우에는 산점도가 기울기 1인 직선 주위에 고르게 분포한다.

　참값과 예측값을 직접 비교하는 방법 외에도 이들의 차이인 잔차를 이용할 수 있다. 만약 사용한 인자들이 온전히 타당하다면 잔차는 0을 나타낼 것이다. 그러나 이는 실제적으로 매우 어려우므로 잔차가 임의오차를 나타내는 경우가 이상적이다. 잔차가 평균값 0을 중심으로 비교적 작은 분산을 가지면서 대칭적이고 무작위로 분포하면 본 크리깅을 위해 사용된 기법과 유효반경은 타당하다고 할 수 있다. 잔차의 무작위성은 베리오그램으로 검증할 수 있는데, 이때 계산된 베리오그램은 순수한 너깃모델이 나와야 한다.

　〈그림 5.16〉은 카드뮴 농도자료에 대한 교차검증의 결과를 도시한 것이다. 정규크리깅을 사용하였으며 유효반경 100ft 내에 존재하는 가장 가까운 4점을 사용하였다. 〈그림 5.16〉을 보면, 주어진 자료의 참값과 예측값이 기울기가 1인 직선의 양편에 대부분 존재한다. 〈그림 5.16〉에서 부분적으로 참값이 작은 부분에서는 높게 또 참값이 큰 부분에서는 낮게 예측되는 특성을 보였다. 이는 유효반경과 자료수를 변화시켜도 유사한 특성을 보이며 크리깅의 한계라고 할 수 있다. 이는 〈그림 4.8〉과 〈그림 4.13〉에서 볼 수 있듯이 중앙부근에서 자료가 집중되어 있고 또 수평방향으로 일정한 방향성을 보이는 특성으로 인한 결과이기도 하다. 잔차의 표준편차를 구하면 3.44이며 모든 잔차는 그 절대값이 표준편차의 2배수 안에 존재한다. 따라서 사용된 유효반경과 베리오그램은 비교적 타당하다고 할 수 있다.

　〈그림 5.17〉은 〈그림 5.14〉에 사용된 크리깅에 대한 교차검증의 결과이다. 참값이 작을 때와 큰 경우에 오차가 약간의 편향성을 보이지만 전반적으로 사용한 조건이 타당하다고 할 수 있다. 만약 예측값이 일정하게 작은 값으로 나타나면 이는 유효반경이 너무 크게 설정된 경우이다. 따라서 유효반경을 줄여 가까운 자료들의 영향을 증가시킨다.

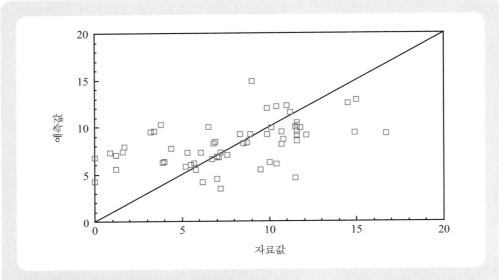

그림 5.16 카드뮴 농도자료에 대한 교차검증의 예

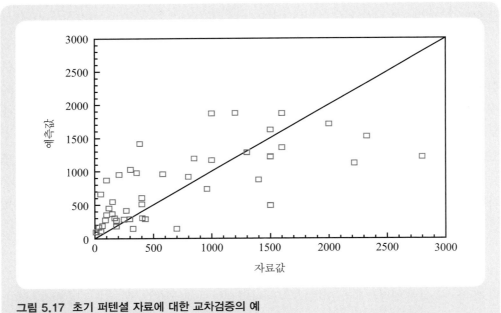

그림 5.17 초기 퍼텐셜 자료에 대한 교차검증의 예

(8) 크리깅의 특징 및 한계

크리깅은 자료들 상호간 공분산관계를 사용하여 주위에 알려진 값들의 가중선형조합으로 미지값을 예측하는 기법으로 다음과 같은 특징이 있다.

- 크리깅은 주위에 알려진 값들의 가중선형조합으로 예측값을 구한다.
- 가중치는 참값과 예측값의 오차를 최소로 하고, 예측값이 편향되지 않아야 한다는 조건으로부터 구한다.
- 크리깅 행렬방정식은 확실한 수학적 배경을 가진다.
- 주어진 자료를 재생하는 정확성이 있다.
- 크리깅 예측값은 조건이 동일하면 언제나 같은 결과를 재생한다.

이와 같은 특성으로 인하여 크리깅은 자료가 완만하게 변하면서 산술평균을 적용하기에 타당한 물성변수에 뛰어난 예측능력을 가진다. 그러나 동일한 평균을 갖더라도 분산이 큰 자료들에 대해서는 크리깅 예측값들의 분산이 급격히 감소하는 경향을 나타낸다. 이는 크리깅의 'BLUE'라는 특징으로 인해 그 값들이 비교적 완만히 변화하도록 예측되기 때문이다.

지층의 유체투과율과 같은 물성은 여러 가지 지질적 인자들의 영향을 받아 결정되므로 대부분 비정규분포를 나타낸다. 이러한 경우 전통적인 크리깅 기법으로 미지값을 예측하면 그 분산이 급격히 감소되어 자료의 특성을 반영하지 못한다.

〈그림 5.18a〉는 카드뮴 농도자료의 히스토그램을, 〈그림 5.18b〉는 〈그림 5.9〉의 정규크리깅 예측치 결과만을 이용한 히스토그램을 나타낸다. 주어진 원자료에 비하여 예측값들은 퍼짐의 정도(분산)가 현저히 감소하였고 평균을 중심으로 밀집되어 분포한다. 또한 자료의 양 끝 값들(즉, 최대와 최소)과 이들이 가지는 특징적인 분포도 예측하지 못하는 한계가 있다. 이는 〈표 5.4〉에 제시된 통계특성치를 비교해도 쉽게 알 수 있다. 이러한 문제점을 극복하기 위하여 사용하는 기법이 제6장에서 공부할 조건부 시뮬레이션이다.

표 5.4 카드뮴 자료와 정규크리깅 예측치의 통계특성치 비교

항목	원자료	정규크리깅
개수	60	121
평균	7.89	6.89
표준편차	3.94	2.59
최대	16.7	13.1
최소	0.	1.86

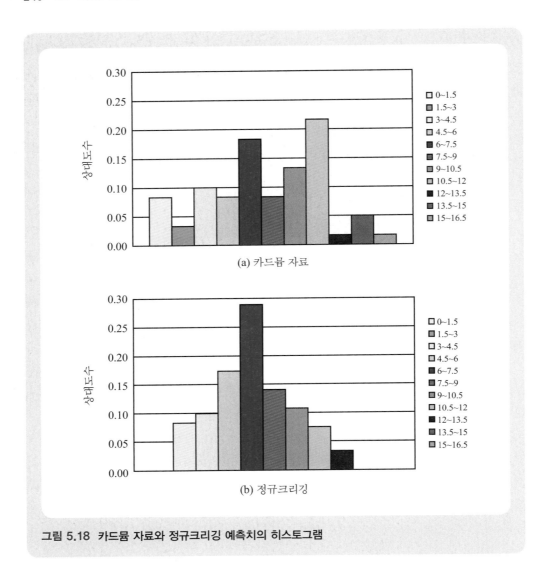

그림 5.18 카드뮴 자료와 정규크리깅 예측치의 히스토그램

5.3 크리킹 이외의 예측기법

크리킹은 지구통계적 기법의 가장 대표적인 예이며 베리오그램으로 공간적 자료들의 상관관계를 파악하고 이를 고려한 예측치를 제공한다. 하지만 안정된 베리오그램을 얻기 위해서는 적당량의 자료가 필요하며 계산량도 많은 한계가 있다. 또한 자료가 한정되어 있다면 베리오그램 모델링 자체가 힘들 수도 있다.

　베리오그램을 사용하지 않고 알려진 주위 값들의 가중선형조합으로 새로운 값을 예측하는 기법은 다음과 같다. 가중치를 결정하는 방법에 따라 그 이름이 붙여졌다고 할 수 있다. 〈표 5.5〉는 크리킹 이외의 예측기법을 적용하기 위한 자료이다. 〈그림 5.19〉는 이들 자료를 2차원 평면에 표시한 것이며 특별한 언급이 없는 경우 이들을 사용하였다.

- 다각형법(polygon method)
- 삼각형법(triangulation method)
- 지역평균법(local sample mean method)
- 역거리가중치법(inverse distance weighting method, IDW)

표 5.5 크리킹 이외의 예측기법에 사용된 자료

x(m)	y(m)	z(ppm)
15	25	15
35	45	11
10	55	8
45	10	5
50	70	23
35	85	16
15	90	10
70	25	2
85	30	9
95	25	12
90	50	17
90	90	7

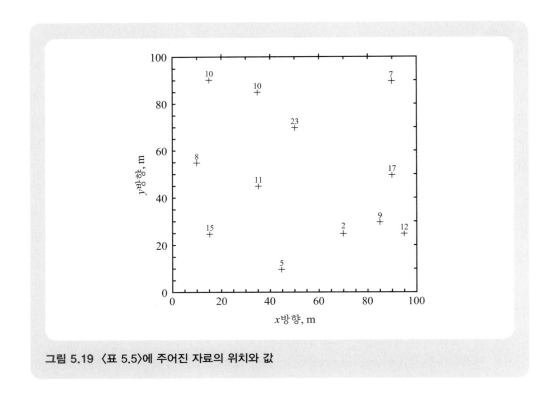

그림 5.19 〈표 5.5〉에 주어진 자료의 위치와 값

(1) 다각형법

다각형법은 가중선형조합법의 특수한 경우로 가장 가까운 자료에 1의 가중치를, 나머지 자료들에 0의 가중치를 배정한다. 〈그림 5.20〉에서 자료 z_3 근방에서 미지값을 예측할 경우 예측지점과 각 자료점 사이의 거리를 계산하고 가장 가까운 위치에 있는 z_3의 값을 예측값으로 한다.

　다각형법에서는 가장 가까운 자료와의 거리가 일정범위 이내에 속하는 모든 지점에서의 예측값은 같다. 동일한 값을 갖는 영역은 알려진 자료점을 서로 연결한 직선의 수직이등분선이 이루는 다각형으로 구성되어(그림 5.20 참조) 다각형법이라 불린다. 다각형법은 쉽고 간편하다는 큰 장점이 있어 영상자료와 같이 해상도는 높고 (즉, 격자의 크기는 작고) 비교적 많은 양의 자료를 가지고 있지만 일부 누락된 자료를 예측할 때 많이 사용된다.

　이론적으로 두 자료로부터 거리가 같은 지점이 존재할 수 있지만, 실제 컴퓨터를 활용한 계산값이 정확히 일치하는 경우는 드물다. 또한 컴퓨터 프로그램상에서는 거리가 최소인 자료를 선택하기 때문에 사용한 조건 [예 : less than(<) 또는 less than or equal(<=)]에 따라 두 값 중에서 하나가 선택된다.

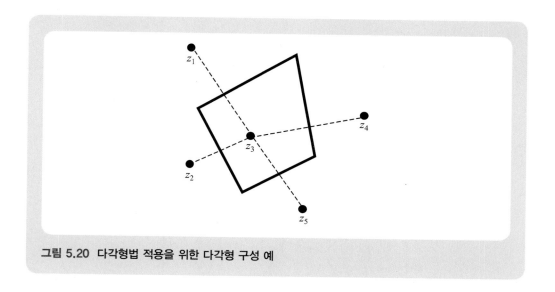

그림 5.20 다각형법 적용을 위한 다각형 구성 예

〈예제 5.1〉의 자료를 이용하여 다각형법으로 5번 위치에서 금품위를 계산하면, 1번 자료가 가장 가까운 위치에 있으므로 예측치는 8g/ton이 된다. 동일한 방법으로 6번 위치에서 예측값은 가장 가까운 2번 자료값인 9g/ton이 된다.

〈그림 5.21〉은 〈표 5.5〉에 주어진 자료를 다각형법으로 예측한 결과이다. 〈그림 5.21a〉는 〈그림 5.20〉에 설명된 원리에 따라 생성된 다각형의 모습을 보여준다. 이를 3차원으로 도시하면 높이가 서로 다른 블록 다각형이 인접하여 놓여진 모습을 보인다(그림 5.21b). 〈그림 5.21a〉는 이론적인 다각형으로 일정한 격자크기를 사용하면 다각형의 경계가 격자단위로 표현된다.

(2) 삼각형법

다각형법은 간단하지만 예측값이 〈그림 5.21b〉에서 볼 수 있듯이 해당 다각형을 경계로 급격하게 변하여 불연속이 된다. 이와 같은 현상은 관찰되는 대부분의 물성변화와 다르다. 따라서 이런 한계를 극복하는 대안이 삼각형법이다. 삼각형법은 〈그림 5.22〉와 같이 미지값 z_0를 예측하기 위하여 주위에 알려진 세 값의 위치를 삼각형으로 연결하여 평면을 생성하고 그 평면방정식의 값으로 미지값을 예측한다.

평면의 일반식은 $z = ax + by + c$로 표시할 수 있으며, 세 점을 지나는 조건으로부터 상수 a, b, c를 결정한다. 구체적으로 아래 수식에서 a, b, c를 구하고, $z_0 = ax_0 + by_0 + c$에서 z_0값을 예측한다.

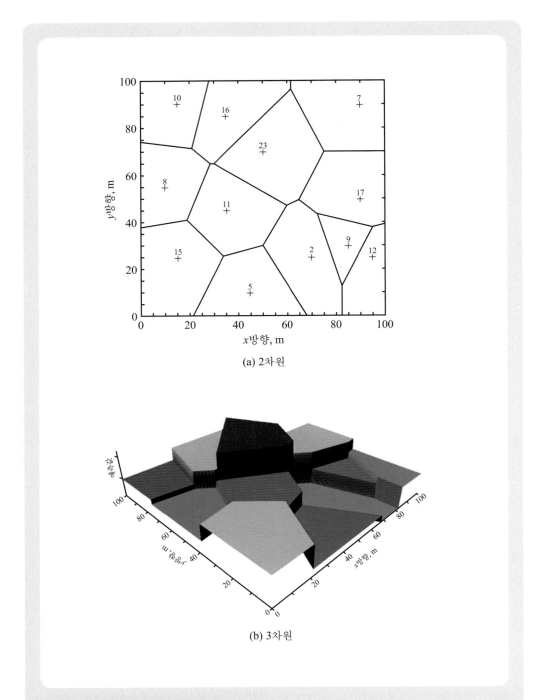

(a) 2차원

(b) 3차원

그림 5.21 다각형법으로 예측한 결과

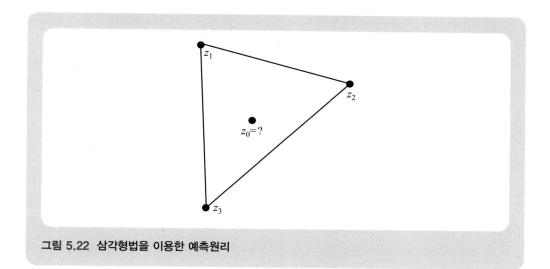

그림 5.22 삼각형법을 이용한 예측원리

$$z_1 = ax_1 + by_1 + c$$
$$z_2 = ax_2 + by_2 + c$$
$$z_3 = ax_3 + by_3 + c$$

| **예제 5.7** | 〈예제 5.1〉의 1번, 2번, 4번 자료를 이용하여 삼각형법으로 6번 위치에서 금품위를 예측하라.

먼저 아래와 같이 세 점을 지나는 평면방정식을 구성하고 행렬방정식을 풀어 상수 a, b, c를 구한다.

$$z_1 = ax_1 + by_1 + c$$
$$z_2 = ax_2 + by_2 + c$$
$$z_4 = ax_4 + by_4 + c$$

$$\begin{pmatrix} 15 & 130 & 1 \\ 105 & 105 & 1 \\ 45 & 15 & 1 \end{pmatrix} \begin{pmatrix} a \\ b \\ c \end{pmatrix} = \begin{pmatrix} 8 \\ 9 \\ 10 \end{pmatrix}$$

$$\therefore a = 0.006771, \ b = -0.01563, \ c = 9.930$$

주어진 세 자료를 지나는 평면식 $z_6 = ax_6 + by_6 + c$를 이용하여 6번 위치에서 예측값을 구하면 9.266g/ton이다.

삼각형법을 적용하기 위해서는 먼저 사용할 세 자료점을 선정하여 〈그림 5.23〉과 같은 삼각형 격자를 구성해야 한다. 이때 생성된 삼각형은 반드시 예측점에서 가까운 세 점을 선택하여 구성하고 또 가능한 예각삼각형이 되어야 한다. 하지만 전체 자료에 대하여 삼각형 격자를 구성할 경우 일부 삼각형은 둔각삼각형이 될 수 있다. 따라서 반드시 예각삼각형으로 구성하고자 할 때는 자료의 샘플링 위치를 미리 고려해야 한다.

〈그림 5.24〉는 〈표 5.5〉의 자료를 이용하여 미지값을 삼각형법으로 예측한 결과이다. 삼각형법으로 예측한 결과를 3차원으로 도시하면 〈그림 5.24b〉와 같다. 삼각형법의 예측영역은 세 점으로 구성된 삼각형 영역으로 한정되므로 자료가 없는 경계부근에서는 값을 예측할 수 없다. 또한 각 삼각형으로 예측되는 값들은 이웃한 삼각형과 다른 경향을 보이므로 외삽법을 사용해서는 안 된다.

삼각형법은 다른 기법과는 달리 자료가 존재하지 않는 경계부근에서는 사용할 수 없는 한계가 있다. 따라서 경계에서 자료를 얻거나 미리 배정하여 삼각형법을 적용하거나 다른 기법으로 미지값을 예측해야 한다.

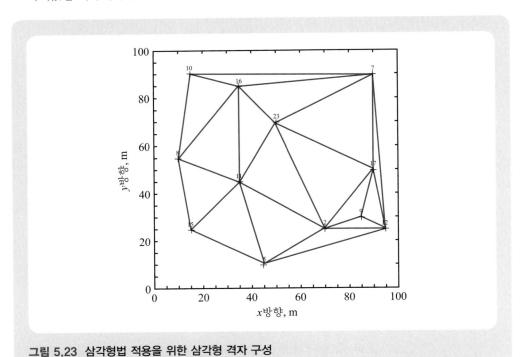

그림 5.23 삼각형법 적용을 위한 삼각형 격자 구성

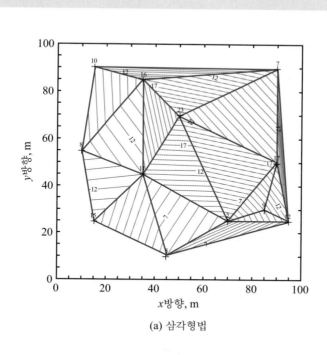

(a) 삼각형법

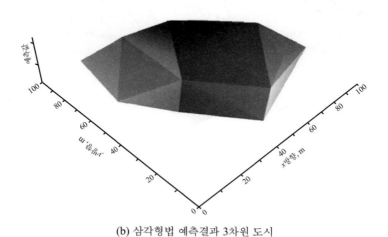

(b) 삼각형법 예측결과 3차원 도시

그림 5.24 삼각형법을 이용한 예측결과

(3) 지역평균법

지역평균법은 예측지점을 중심으로 영향반경을 정하고 반경 내에 위치하는 알려진 자료들의 산술평균으로 미지값을 추정한다. 즉, 설정한 영향반경 내에 있는 자료들의 산술평균을 예측값으로 한다. 〈예제 5.1〉에서 영향반경 100ft를 사용하여 5번 위치의 값을 예측하면, 영향반경 이내에 위치하는 1번, 2번, 4번의 산술평균인 9g/ton이다.

지역평균법에 의한 예측값은 다른 기법을 사용한 예측값과 비교하는 좋은 참고자료가 될 수 있다. 하지만 산술평균은 거리에 상관없이 동일한 가중치를 주는 것과 특이값에 영향을 많이 받는 한계가 있다. 또한 영향반경에 따라 평균값이 변화되며 그 반경을 일관성 있게 결정하기 어려운 단점이 있다.

〈그림 5.25〉는 〈표 5.5〉 자료에 영향반경 40m를 적용하여 예측한 결과이다. 예측지점이 변할 때 해당 영향반경 내에 속한 자료가 동일한 경우 같은 값으로 예측된다. 또한 자료의 수가 적은 경우 계산에 사용된 자료수의 변화에 따라 예측값이 불연속적으로 나타날 수 있다.

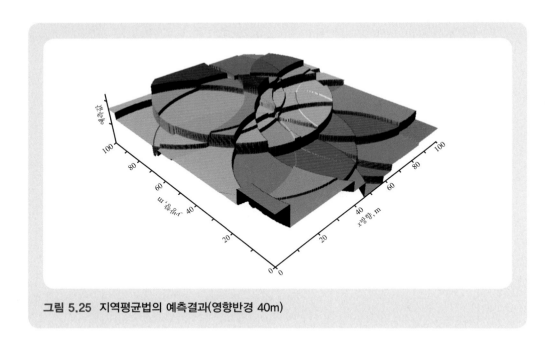

그림 5.25 지역평균법의 예측결과(영향반경 40m)

(4) 역거리가중치법

지역평균법은 영향반경 내에 존재하는 모든 자료에 동일한 가중치를 부여하는 한계가 있다. 이를 개선한 방법이 역거리가중치법(IDW)인데, 그 가중치는 거리의 α승에 반비례한다고 가정한다. 이것은 수학적 배경을 가진 것은 아니고 가까운 거리에 있는 자료에 더 큰 가중치를 배당하는 논리이다.

역거리가중치법을 수식으로 나타내면 식 (5.42)와 같다. 식 (5.42)의 가중치 계산에서 예측식이 편향되지 않도록 계산된 모든 역거리의 합으로 나누어주었다. 승수 α가 0에 가까우면 IDW의 결과는 산술평균이 된다. 승수 α가 커질수록 가까운 지점의 영향이 커지며 만약 α가 무한대로 되면 다각형법의 결과와 같아진다.

일반적으로 역거리가중치법은 가까운 지점의 영향이 지나치게 크게 나타나는 현상이 발생한다(Bull's eye 효과). 이를 방지하기 위하여 계산된 거리에 식 (5.43)과 같이 일정한 완화거리를 더하여 사용한다.

일반적으로 α값의 선택은 임의로 정해진다. IDW의 이름에 충실하여 1을 사용할 수 있다. 또한 α가 2인 경우는 계산이 간단하고 가까운 자료의 영향은 증가하고 멀리 떨어진 자료의 영향은 감소하는 이점이 있다. 하지만 특정한 α값이 더 좋은 결과를 제시한다는 수학적 배경은 없다. 단지 자료의 분포특성과 물리적 의미 또는 각자의 선호도에 따라 적절한 α값을 선택한다.

$$z_0^* = \sum_{i=1}^{n} \lambda_i z_i$$

$$\lambda_i = \frac{\left(\dfrac{1}{d_i}\right)^{\alpha}}{\displaystyle\sum_{j=1}^{n}\left(\dfrac{1}{d_j}\right)^{\alpha}} \tag{5.42}$$

$$d_i = \sqrt{(x_i - x_0)^2 + (y_i - y_0)^2} + \delta \tag{5.43}$$

여기서 d_i는 예측점 x_0와 자료점 x_i 사이의 거리이며 식 (5.43)은 2차원 자료에 대한 수식이다. δ는 완화거리이다.

| **예제 5.8** | 〈예제 5.1〉에 주어진 자료를 사용하여 α값을 1로 가정한 역거리가중치법으로 5번 위치에서 금품위를 예측하라. 완화거리는 0으로 하라.

예측지점에서 자료점과의 거리를 계산하고 각 자료점에 대한 가중치를 구하면 다음과 같다. 이들을 이용한 가중평균으로 예측값을 구하면 9.447g/ton을 얻는다.

$$\lambda_1 = 0.3302, \quad \lambda_2 = 0.2160, \quad \lambda_3 = 0.1619, \quad \lambda_4 = 0.2919$$

$$z_5^* = \sum_{i=1}^{4} \lambda_i z_i = 9.447$$

〈그림 5.26〉은 역거리가중치법으로 예측한 결과이다. IDW 기법도 크리깅과 같이 자료값을 그대로 예측하는 정확성이 있다. IDW의 가중치는 가까운 자료에 영향을 많이 받으므로 각 자료 주위가 모두 자료값과 거의 같게 예측되는 현상을 보인다(그림 5.26a). 〈그림 5.27〉은 완화거리를 사용하여 이런 현상을 줄인 예들이다.

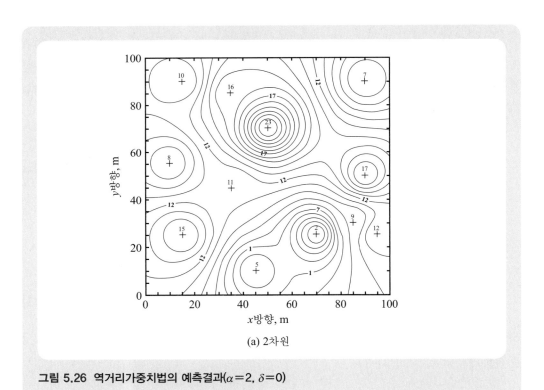

(a) 2차원

그림 5.26 역거리가중치법의 예측결과($\alpha=2$, $\delta=0$)

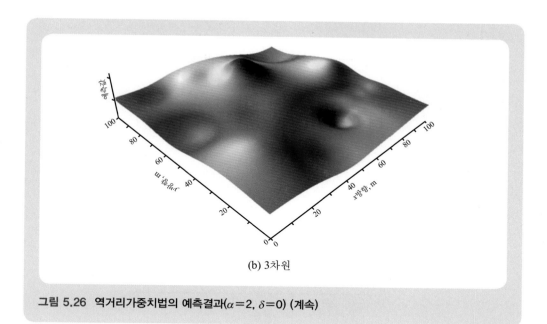

(b) 3차원

그림 5.26 역거리가중치법의 예측결과($\alpha=2$, $\delta=0$) (계속)

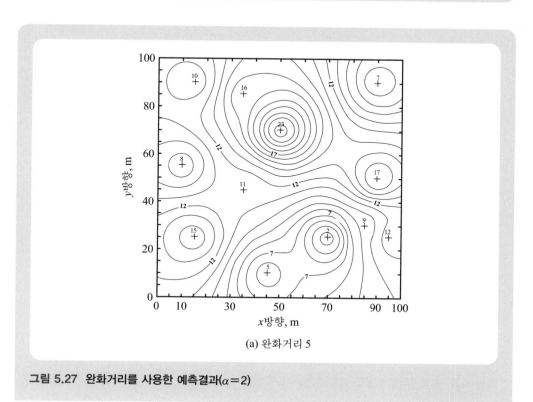

(a) 완화거리 5

그림 5.27 완화거리를 사용한 예측결과($\alpha=2$)

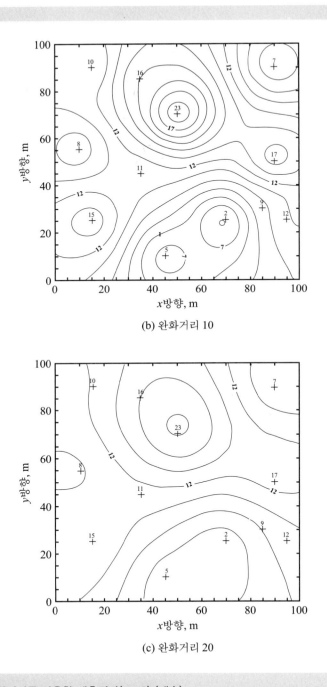

(b) 완화거리 10

(c) 완화거리 20

그림 5.27 완화거리를 사용한 예측결과($\alpha = 2$) (계속)

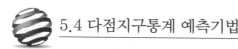

5.4 다점지구통계 예측기법

크리깅은 공간적으로 분포하는 자료의 예측에 매우 유용하며 그 물성계산에 산술평균을 적용할 수 있을 때 예측성능이 뛰어나다. 크리깅처럼 한 번에 한 지점의 값을 예측하는 기법을 픽셀기반기술(pixel-based technique)이라 한다. 이 기법은 주어진 자료를 보존하기 쉬우며 두 점 기반의 베리오그램을 이용하므로 사용이 용이하지만 복잡하거나 채널처럼 패턴이 있는 지질구조를 사실적으로 모사하는 데 한계가 있다.

한 지점이 아니라 여러 지점에 걸쳐 하나의 대상이나 패턴단위로 객체를 배정하는 기법을 객체기반기술(object-based technique)이라 한다. 특정 패턴단위를 바로 이용하므로 지질적 시나리오를 비교적 잘 나타내는 장점이 있다. 하지만 패턴단위로 배정하다 보면 주어진 자료를 보존하기 어려운 단점이 있다. 이를 해결하기 위해서는 여러 번의 시행착오에 따른 반복계산이 필요하므로 많은 시간이 소요된다.

위 두 방법의 단점을 극복한 방법이 다점지구통계기법이다. 다점기반 모델링은 픽셀기반기술 방식에 따라 한 번에 한 지점씩 순차적으로 자료값을 생성한다. 주어진 자료와 예측된 자료들을 다음 예측에 이용하며 이를 순차 시뮬레이션(제6장 참조)이라 한다.

전통적인 기법과의 차이점은 공간정보의 분석에 베리오그램이 아닌 트레이닝 이미지를 사용한다는 것이다. 트레이닝 이미지는 관련 지질구조 전문가의 제안을 따르거나 객체기반기술에서 생성된 모델 혹은 유사 지형의 항공사진 이미지 등을 사용할 수 있다. 다점기반기법은 트레이닝 이미지를 이용하여 주어진 정보와 공간적 분포패턴을 보존한다.

〈그림 5.28〉은 소개된 세 기법으로 3차원 저류층모델을 생성한 예이다. 각 자료의 베리오그램(그림 5.28d)은 유사하지만 이들은 서로 다른 기법으로 생성되었고 또 확연히 다른 특징을 보여준다. 구체적으로 지층의 연결성과 암상구조가 매우 다르다.

〈그림 5.28a〉의 픽셀기반 모델의 경우 주어진 자료를 잘 보존하지만 채널형태를 표현하지 못한다. 만일 채널을 가진 지질구조를 생성하려 했다면 해당 모델은 적절하지 않다. 〈그림 5.28b〉의 경우 주어진 자료를 보존하는 반복과정으로 인해 패턴이 일관되지 못하고 지질적 연계성이 떨어진다. 두 방법에 비해 다점기반 모델의 경우 채널의 연결성을 잘 모사하며 주어진 정보도 그대로 보존한다(그림 5.28c).

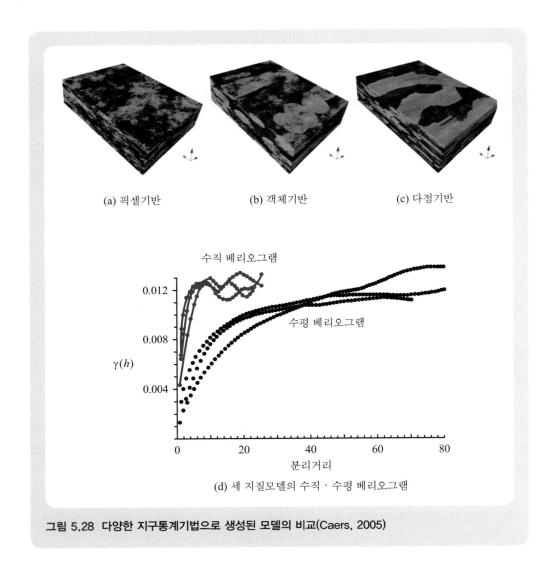

(a) 픽셀기반 (b) 객체기반 (c) 다점기반

(d) 세 지질모델의 수직 · 수평 베리오그램

그림 5.28 다양한 지구통계기법으로 생성된 모델의 비교(Caers, 2005)

(1) 베리오그램의 한계

〈그림 5.29〉와 같이 세 지점(x_1, x_2, x_3)의 자료를 이용하여 x_4에서 값을 예측한다고 가정하자. 여기서 $I(x)$는 암상을 나타내는 확률변수로 식 (5.44)와 같이 정의된다. 암상은 사암과 셰일 (shale) 중 하나이며 사암일 때 1, 셰일일 때 0을 가진다.

$$I(x) = \begin{cases} 1, & x \text{ 지점에서 사암일 때} \\ 0, & x \text{ 지점에서 셰일일 때} \end{cases} \tag{5.44}$$

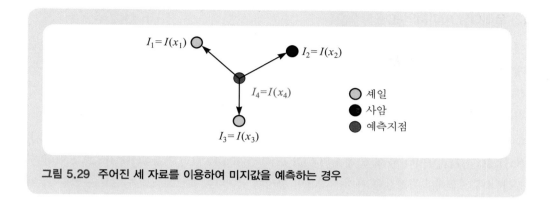

그림 5.29 주어진 세 자료를 이용하여 미지값을 예측하는 경우

단순크리깅은 주어진 자료들의 가중선형조합으로 예측값을 계산한다. 식 (5.2)의 예측식에 식 (5.44)의 확률변수를 사용하고 편향되지 않을 조건을 추가한 크리깅식은 식 (5.45a)이다. 다점지구통계기법에 적용하기 위해 식 (5.45a)를 네 점 지구통계기법으로 확장시키면 식 (5.45b)와 같다.

식 (5.45b)의 처음 두 항목은 식 (5.45a)를 다른 방식으로 정리한 것에 불과하다. 이들은 주어진 자료의 한 지점과 예측지점 간의 관계를 나타낸다(두 점 지구통계부분). 세 번째 항목은 주어진 두 지점과 예측지점 간의 정보를 필요로 하는 세 점 지구통계부분이다. 마지막 항목은 세 개 자료점과 예측지점 간의 관계를 파악하는 네 점 지구통계부분이다.

크리깅에 사용된 자료의 가중치는 식 (5.3)의 오차분산을 최소로 만드는 값이다. 따라서 식 (5.3)의 z_0^*에 식 (5.45b)를 대입하여 가중치를 계산해야 한다. 분산과 공분산뿐만 아니라 수많은 결합공분산이 필요하고 결국 각각의 베리오그램이 필요하다. 이는 수학적으로 정립되어있더라도 계산량이 많아 실제 적용에는 한계가 있다.

$$I_{SK}(x) = \sum_{j=1}^{3} \lambda_j(x) I(x_j) + \left[1 - \sum_{j=1}^{3} \lambda_j(x) \right] E\{I(x)\} \tag{5.45a}$$

$$\overbrace{I_{SK}(x) = E\{I(x)\} + \sum_{j=1}^{3} \lambda_j^{(1)}(x)[I(x_j) - E\{I(x)\}]}^{\text{두 점 지구통계 부분}} + \overbrace{\sum_{j=1}^{3} \lambda_j^{(2)}(x)[I(x_{j1})I(x_{j2}) - E\{I(x_{j1})I(x_{j2})\}]}^{\text{세 점 지구통계 부분}}$$

$$\underbrace{+ \sum_{j=1}^{1} \lambda_j^{(3)}(x)[I(x_{j1})I(x_{j2})I(x_{j3}) - E\{I(x_{j1})I(x_{j2})I(x_{j3})\}]}_{\text{네 점 지구통계 부분}}$$

$$\tag{5.45b}$$

(2) 트레이닝 이미지의 활용

예측지점 x에 특성값 $I(x)$를 배정할 때 그 누적확률분포(CDF)만 안다면 난수를 생성하여 손쉽게 예측값을 얻을 수 있다. 트레이닝 이미지를 이용한 다점지구통계학에서는 조건부확률을 통해 CDF를 구한다. 트레이닝 이미지로부터 조건부확률을 얻는 방법에 앞서 식 (5.45b)의 크리깅식을 조건부확률로 대신할 수 있는 근거를 살펴보자.

〈그림 5.29〉에서 예측지점까지 포함한 총 4개 지점이 특정값을 가질 때, 모델 $m = \{I(x_1), I(x_2), I(x_3), I(x_4)\}$이라 하자. 모델 m의 CDF는 식 (5.46a)와 같이 확률값$[f(m)]$으로 표현할 수 있다. 4개 지점에서 특성값을 가지는 확률이 동시에 일어나야 하므로 교집합으로 표현된다. 여기서 각 경우를 ','로 나열한 것은 교집합을 의미한다.

식 (5.46a)를 조건부확률로 나타내면 식 (5.46b)와 같다. 첫 지점 x_1에서 이벤트가 발생할 확률은 단순히 $Prob\{I(x_1) = 1\}$이다. 두 번째 지점에서 이벤트가 발생할 확률은 첫 지점의 이벤트가 발생한 것을 고려해야 하므로 조건부확률로 $Prob\{I(x_2) = 1 | i(x_1)\}$가 된다. 마찬가지로 네 번째 지점인 x_4에서는 세 지점의 값이 정해졌으므로 확률은 $Prob\{I(x_4) = 1 | i(x_1), i(x_2), i(x_3)\}$와 같다. 〈그림 5.29〉와 같이 세 점의 자료가 주어진 경우에 조건부확률은 식 (5.46b)의 마지막 부분이 된다. 따라서 식 (5.45b)의 크리깅식은 식 (5.46c)와 같이 조건부확률로 나타낼 수 있다.

$$f(m) = Prob\{I(x_1) = i(x_1), I(x_2) = i(x_2), I(x_3) = i(x_3), I(x_4) = i(x_4)\} \tag{5.46a}$$

$$f(m) = Prob\{I(x_1) = 1\} \times Prob\{I(x_2) = 1 | i(x_1)\} \times Prob\{I(x_3) = 1 | i(x_1), i(x_2)\}$$
$$\times \underbrace{Prob\{I(x_4) = 1 | i(x_1), i(x_2), i(x_3)\}}_{\text{그림 5.29의 경우}} \tag{5.46b}$$

$$I_{SK}(x) \equiv Prob\{I(x_4) = 1 | i(x_1), i(x_2), i(x_3)\}$$
$$= \frac{Prob\{I(x_4) = 1, I(x_1) = i(x_1), I(x_2) = i(x_2), I(x_3) = i(x_3)\}}{Prob\{I(x_1) = i(x_1), I(x_2) = i(x_2), I(x_3) = i(x_3)\}} \tag{5.46c}$$

여기서 대문자 I는 변수명, 소문자 i는 주어진 변수값을 나타내며 이는 표기상의 관례이다.

이제 식 (5.46c)를 이용하기 위해 트레이닝 이미지에서 조건부확률을 얻는 방법을 알아보자. 〈그림 5.30〉은 트레이닝 이미지를 활용하는 예이다. 〈그림 5.30b〉의 트레이닝 이미지를 검색할 검색패턴(이를 데이터 템플릿이라 함)은 〈그림 5.30a〉와 같다고 가정하자. 사용될 검색패턴은 〈그림 5.29〉와 동일한 조건의 자료가 주어진 경우이다.

트레이닝 이미지에서 검색패턴을 만족하는 경우가 실제로는 더 많지만 〈그림 5.30b〉와 같이 단 네 번이라 가정하자. 이 중 세 번은 예측지점이 사암이며 다른 한 번은 셰일이다. 따라서 주

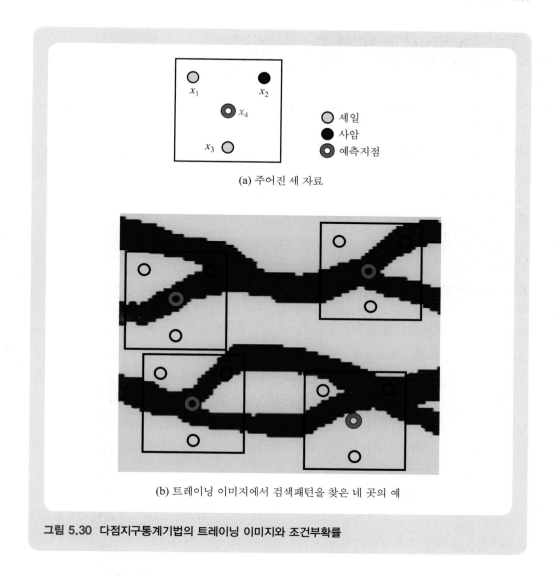

(a) 주어진 세 자료

(b) 트레이닝 이미지에서 검색패턴을 찾은 네 곳의 예

그림 5.30 다점지구통계기법의 트레이닝 이미지와 조건부확률

어진 네 자료를 토대로 예측하고자 하는 중앙점(x_4)의 값은 3/4의 확률로 사암, 1/4의 확률로 셰일이 된다. 만약 사암을 기준으로 하면 조건부확률은 3/4이다.

〈그림 5.30〉의 예에서 트레이닝 이미지를 이용하면 베리오그램이나 크리깅을 사용하지 않고 경우의 수를 통해 조건부확률을 바로 얻을 수 있다. 예측지점 x_4에서는 사암이나 셰일을 가지는 두 경우밖에 없다. 따라서 식 (5.46c)의 조건부확률을 식 (5.47)로 간단하게 계산할 수 있다.

$$I_{SK}(x) = \frac{Prob\{I(x_4)=1, I(x_1)=0, I(x_2)=1, I(x_3)=0\}}{Prob\{I(x_1)=0, I(x_2)=1, I(x_3)=0\}} \approx \frac{d(1)\text{인 경우}}{d(1)\text{인 경우의 수}+d(0)\text{인 경우의 수}}$$

$$(5.47)$$

여기서 $d(1)$은 $\{i(x_1), i(x_2), i(x_3), i(x_4)\} = \{0, 1, 0, 1\}$인 검색패턴 수를 의미하며 $d(0)$는 $\{i(x_1), i(x_2), i(x_3), i(x_4)\} = \{0, 1, 0, 0\}$인 검색패턴 수를 의미한다.

이처럼 트레이닝 이미지로부터 조건부확률을 직접 계산하여 미지값을 예측하는 것이 다점지구통계기법의 가장 주요한 접근방식이다. 이러한 자료생성은 추계학적으로 이루어지며 낮은 확률을 가진 값도 배정될 수 있어 최종 시뮬레이션 결과는 다양성이 확보된다.

(3) 탐색트리

다점지구통계기법은 1993년에 제안되었으며 픽셀기반으로 각각의 픽셀이 하나의 데이터 연산자로 사용된다(Guardiano와 Srivastava, 1993). 구체적으로 한 번에 하나의 지점을 채우는 순차적 방식으로 진행된다. 하지만 초기의 방법은 매 예측과정에서 전체 트레이닝 이미지를 검색하여 매우 느리고 비효율적이었다.

이와 같은 문제점을 해결하기 위해 트레이닝 이미지의 데이터 이벤트를 효율적으로 저장하는 방식인 탐색트리(search tree)가 제안되었다(Strebelle와 Journel, 2001). 이 방법은 트레이닝 이미지에서 발생가능한 이벤트를 세분화하고 빈도를 저장하여 조건부확률을 계산한다. 오직한 번의 트레이닝 이미지 검색만 필요하므로 다점기반 지구통계기법이 가지고 있던 계산량의 한계를 극복하는 획기적인 계기가 되었다.

SNESim(single normal equation simulation)은 탐색트리를 이용한 가장 기본적인 다점지구통계기법이다(Strebelle와 Journel, 2001). 〈그림 5.31a〉와 같은 십자구조의 데이터 템플릿으로 1, 2, 3, 4 네 지점의 정보를 이용하여 가운데 지점의 값을 예측하고자 한다. 〈그림 5.31b〉는 특정 지질구조를 대신하여 사용될 트레이닝 이미지로 동일한 색깔의 격자는 그림과 같은 구조와 연결성을 가진다.

먼저 주위에 자료가 하나도 없는 경우에 중앙지점의 예측값[$I(x)$]이 갖는 조건부확률을 트레이닝 이미지로부터 계산해보자. 오직 한 격자로 구성된 데이터 템플릿으로 5×5 트레이닝 이미지를 검색하면 전체 25번의 이벤트 가운데 한 점이 흰색인 경우가 14회, 노란색인 경우가 11회로 확인된다. 이는 주위에 정보가 될만한 지점이 없는 경우 각각 14/25, 11/25의 확률로 관심지점의 값이 예측됨을 의미한다.

다음으로 우리가 예측하고자 하는 x 지점 바로 위에 지점 1의 값을 안다고 가정하자. 지점

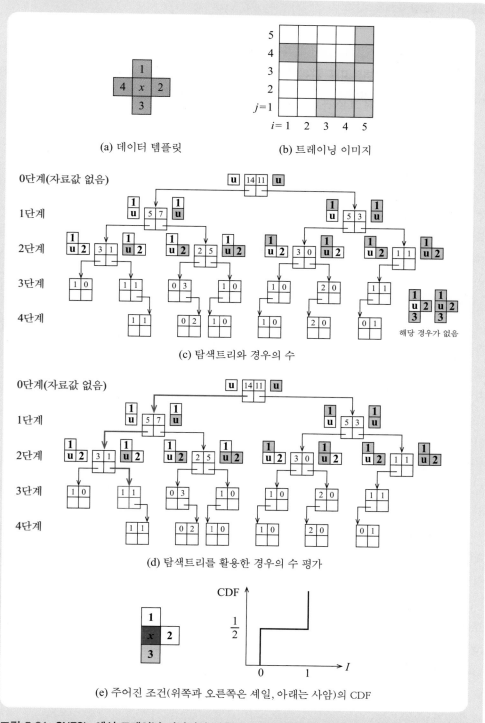

(a) 데이터 템플릿

(b) 트레이닝 이미지

(c) 탐색트리와 경우의 수

(d) 탐색트리를 활용한 경우의 수 평가

(e) 주어진 조건(위쪽과 오른쪽은 셰일, 아래는 사암)의 CDF

그림 5.31 SNESim에서 트레이닝 이미지의 경우의 수를 저장하는 탐색트리의 개념

259

1이 흰색인 경우(그림 5.31c의 1단계 좌측 그림) 트레이닝 이미지에서는 x에서 흰색인 경우가 5번, 노란색인 경우가 7번으로 확인된다. 다른 표현으로 $I(x)$가 노란색이고 그 위(즉 1번 위치)가 흰색인 경우를 전체 트레이닝 이미지에서 일곱 군데 찾을 수 있다.

마찬가지로 지점1이 노란색인 경우(그림 5.31c)의 1단계 우측 그림) $I(x)$는 각각 흰색 5번, 노란색 3번이다. 이와 같이 트레이닝 이미지에서 주어지는 데이터 이벤트 확률을 사용하면 우리는 주어진 정보에 따라 $I(x)$의 값을 예측할 수 있다.

트레이닝 이미지를 이용할 경우 조건부확률값이 영(0)이거나 일(1)인 특수한 경우가 생길 수 있다. 〈그림 5.31c〉에서 지점 1, 2, 3의 값이 노란색이면 트레이닝 이미지에서 이러한 경우를 찾을 수 없다. 즉 트레이닝 이미지에서 불가능한 구조이기 때문에 다점지구통계 시뮬레이션에서는 이 경우가 자동으로 배제된다. 트레이닝 이미지에서 가능한 구조를 생성하고 불가능한 구조를 배제하므로 최종결과는 트레이닝 이미지에 기반한 다점정보가 고려된다.

〈그림 5.31c〉 우측하단에 있는 템플릿은 지점 1, 2는 노란색, 지점 3, 4는 흰색인 경우로서 이 경우 트레이닝 이미지에서 오직 한 번 검색된다. 그 때의 중앙값은 노란색이므로 $I(x)$의 예측값으로 노란색이 바로 배정된다. 비록 이벤트가 오직 한 번인 경우에도 시뮬레이션 과정에서 해당 이벤트가 생기면 그 값이 할당된다. 여러 경우가 존재하는 다른 예에서는 당연히 해당 확률에 따라 값이 정해진다.

탐색트리를 이용하면 시뮬레이션 속도와 저장용량 측면에서 장점을 가진다. 〈그림 5.31c〉의 탐색트리는 0단계에서 2가지, 1단계에서 4가지, 2단계에서 8가지로 4단계까지 총 62개 경우로 구성된다. 이 중에서 실제로 존재하지 않는 경우는 자동으로 배제되므로(구체적으로 그림 5.31c의 3단계 오른쪽 경우) 총 40개 경우만 저장하면 된다. 실제로는 트레이닝 이미지와 데이터 템플릿의 크기가 크기 때문에 배제되는 경우에 의해 메모리용량이 많이 절감된다.

탐색트리가 구축되면 빠른 속도로 경우의 수를 검색할 수 있다. 〈그림 5.31c〉에서 탐색트리를 확장할 때 노란색을 가지면 오른쪽으로 배정된다. 따라서 〈그림 5.31e〉와 같은 조건에서 $I(x)$의 값을 시뮬레이션하기 위해 〈그림 5.31d〉의 탐색트리에서 빨간색 선을 따라가기만 하면 된다.

구체적인 과정은 다음과 같으며 각 색을 암상으로 대신하면 지질모델을 만들 수 있다. 탐색트리에서 1단계에 해당하는 1번(위쪽)의 정보가 셰일(흰색)이므로 0단계에서 1단계로 넘어갈 때 탐색트리의 왼쪽을 따른다. 2단계에 해당하는 2번(오른쪽)의 정보 역시 셰일이므로 2단계로 넘어갈 때 탐색트리의 왼쪽을 선택한다. 마찬가지 이유로 3번(아래쪽)의 정보가 사암(노란색)이므로 3단계에서는 오른쪽 탐색트리를 참고한다. 세 지점의 정보가 셰일, 셰일, 사암이므로 탐색트리의 각 단계에서는 왼쪽, 왼쪽, 오른쪽으로 3단계까지 따라가 경우의 수를 얻는다.

이처럼 탐색트리가 한 번 구축되면 주어진 정보와 해당 이벤트의 경우의 수를 바탕으로 조건부확률을 얻을 수 있다. 식 (5.47)에서 사암을 가질 조건부확률이 $\dfrac{1}{1+1}=\dfrac{1}{2}$이므로 〈그림 5.31e〉와 같은 CDF를 얻는다. CDF가 얻어지면 난수를 발생시켜 암상을 예측하는 작업은 오히려 크리깅에 비해 간단하다.

　　SNESim은 오직 범주변수만 다룰 수 있으므로 암상의 예측에는 유용하나 공극률이나 유체투과율 같이 연속적인 변수값을 얻는 데 직접 적용할 수 없다. 한 가지 가능한 방법은 SNESim으로 암상분포를 파악한 뒤 각각의 암상에서 변수값을 예측하는 것이다. 변수값의 예측은 크리깅이나 제6장에서 공부할 조건부 시뮬레이션을 사용할 수 있다.

(4) 다점지구통계기법의 예

다점지구통계기법을 적용하는 과정을 알아보자. 이를 위해 〈그림 5.32〉와 같이 50개 암상자료와 〈그림 5.31c〉에서 구축한 탐색트리, 〈그림 5.31a〉의 십자구조 데이터 템플릿을 가정하자. 주어진 자료를 이용하여 미지값을 예측하기 위해서는 트레이닝 이미지와 데이터 템플릿을 결정하고 탐색트리(조건부확률)가 먼저 완성되어야 한다.

　　저장해둔 조건부확률을 통해 예측지점에서 암상을 예측해보자. 〈그림 5.32〉에 예시된 첫

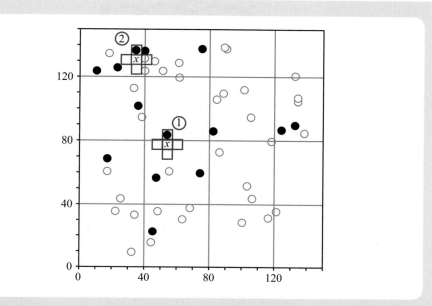

그림 5.32 SNESim에 사용될 50개 암상자료(검은색 : 사암, 흰색 : 셰일)

번째 데이터 템플릿(1번)은 위 격자에 사암이 존재하는 간단한 경우이다. 〈그림 5.31c〉의 탐색 트리에서 확인해보면 3/8의 확률(1단계 오른쪽 참고)로 사암을 예측한다. 두 번째 데이터 템플릿(2번)은 위 격자에는 사암이, 오른쪽 격자에는 셰일이 있는 경우이므로 2단계 정보를 활용하면 셰일인 경우가 3회, 사암인 경우는 0회이므로 이때는 항상 셰일이 배정된다.

〈그림 5.31〉에서 사용된 트레이닝 이미지는 탐색트리의 구성을 개념적으로 설명하기 위한 간단한 예이다. 이용가능한 다양한 자료를 참조하여 두 종류 암상으로 이루어진 지층(또는 구체적으로 저류층)의 개념도를 〈그림 5.33a〉와 같이 제안하였다고 하자. 주어진 트레이닝 이미지와 〈그림 5.32〉의 자료를 사용하면 〈그림 5.33b〉와 같은 다양한 지질모델을 얻을 수 있다. 각 모델은 조금씩 다른 채널모양과 연결성을 갖지만 모두 알려진 자료를 보존하고 트레이닝 이미지를 따른다.

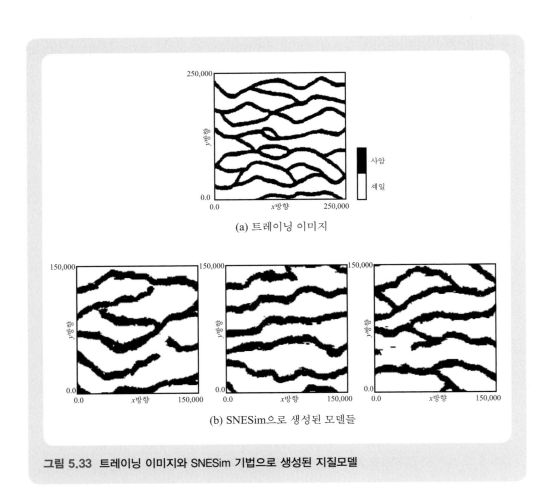

(a) 트레이닝 이미지

(b) SNESim으로 생성된 모델들

그림 5.33 트레이닝 이미지와 SNESim 기법으로 생성된 지질모델

(5) 다점지구통계기법의 주요인자

다점지구통계학의 특징인 트레이닝 이미지의 활용성을 높이고 복잡한 지질구조를 효과적으로 모사하기 위해서는 SNESim의 모델링 인자를 조절해야 한다. Liu(2006)는 다음과 같은 주요인자들의 영향을 자세히 분석하였다.

- 템플릿 지점수와 크기
- 서보시스템(servosystem)
- 적합도(affinity)

템플릿에 사용된 지점수는 시뮬레이션의 효율성 및 모델의 정확도와 관련된 중요한 요소이다. 일반적으로 많은 수의 지점정보를 이용하면 모델의 신뢰성은 높아지지만 탐색트리의 구성과 시뮬레이션에 많은 시간이 소요된다. 또한 너무 많은 지점의 정보를 사용하면 모델의 다양한 변화를 제약할 수 있으므로 적정한 수준의 지점수를 유지하는 것이 필요하다.

〈그림 5.34b〉는 템플릿 지점수는 같지만 다른 크기를 보여준다. 흰색부분은 자료를 사용하지 않는 지점이며 〈그림 5.34a〉는 중간크기의 템플릿으로 트레이닝 이미지를 탐색하는 예이다. 그림에서 알 수 있듯이 템플릿크기에 따라 다른 탐색트리가 만들어지므로 조건부확률도 달라진다.

일반적으로 큰 템플릿은 생성할 모델의 큰 구조를 파악하는 데 사용되고 작은 템플릿은 모델을 마무리하는 데 이용된다. 따라서 보다 정교한 모델링을 위해서는 여러 크기의 템플릿을 활용하는 것이 필요한데, 이를 멀티그리드(multi-grid) 시뮬레이션이라 한다.

트레이닝 이미지와 생성된 모델의 암상비율 보존과 관련된 서보시스템을 설정할 수 있다. 이 변수는 암상에 따른 확률정보를 목표하는 암상비율에 맞게 최종모델을 조율한다. 변수는 0에서 1 사이의 값을 가진다. 해당 변수가 0이면 트레이닝 이미지로부터 얻은 조건부확률을 그대로 사용하며 1에 가까울수록 조건부확률에서 암상비율의 비중이 급격히 증가한다. 일반적으로 0.5로 가정하고 사용자의 목표에 따라 조금씩 증감한다.

트레이닝 이미지는 불변성 가정을 전제한다. 하지만 실제 지질구조들은 이에 위배되는 경우(그림 4.34 참조)가 대부분이다. 이러한 비불변성을 모사하기 위하여 적합도 개념을 이용한다. 〈그림 5.35b〉의 채널두께가 서로 다르므로 이를 모델링하려면 트레이닝 이미지 세 개가 필요하다. 하지만 적합도 개념을 응용하면 하나의 기본 트레이닝 이미지와 적합도맵으로 트레이닝 이미지 세 개를 사용한 것과 같은 효과를 줄 수 있다.

〈그림 5.35a〉는 채널폭에 대한 적합도맵으로 색이 검은 지역일수록 채널폭이 좁아지는

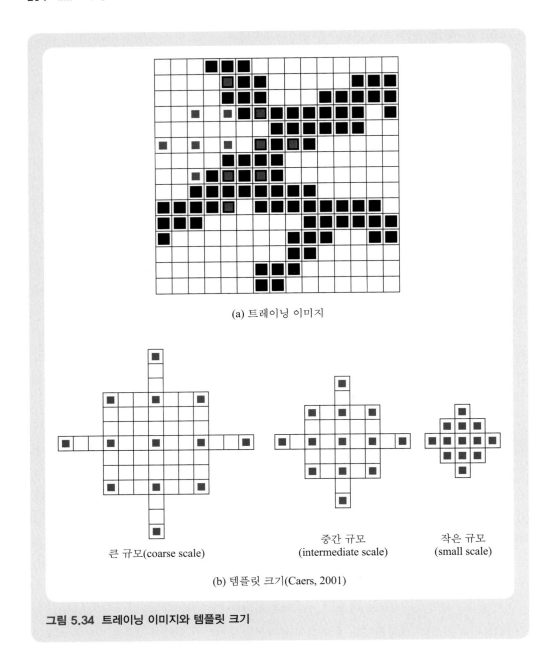

(a) 트레이닝 이미지

큰 규모(coarse scale)

중간 규모
(intermediate scale)

작은 규모
(small scale)

(b) 템플릿 크기(Caers, 2001)

그림 5.34 트레이닝 이미지와 템플릿 크기

구역으로 설정하여 비불변성을 나타내었다. 트레이닝 이미지와 적합도맵을 함께 이용하여 SNESim을 수행한 모델이 〈그림 5.35b〉이다. 채널폭이 적합도맵의 경향을 따르는 것을 확인할 수 있다. 그 결과 생성된 모델은 실제 지질모델을 더 잘 모사하게 된다.

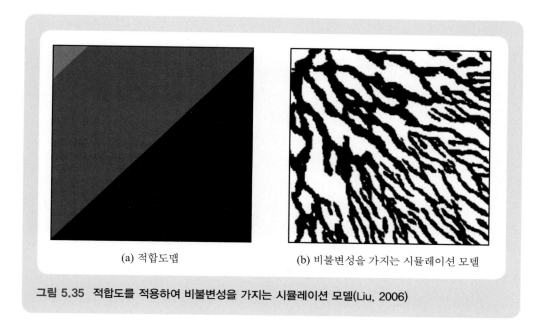

| (a) 적합도맵 | (b) 비불변성을 가지는 시뮬레이션 모델 |

그림 5.35 적합도를 적용하여 비불변성을 가지는 시뮬레이션 모델(Liu, 2006)

(6) 다점지구통계학의 미래

석유자원의 개발과 생산을 위한 사업에는 많은 비용이 소요되므로 정확한 분석과 예측이 의사 결정에 중요하다. 이를 위해서 실제 저류층과 유사하여 신뢰할 수 있는 지질모델이 필수적이다. 하지만 전통적인 지구통계기법은 패턴구조나 복잡한 지질구조를 모사하는 데 한계가 있다.

그에 비해 다점지구통계학은 알려진 자료를 보존하면서 지질적으로 의미 있는 모델을 생성 하므로 매우 매력적이다. 특히 복잡한 저류층을 모델링하는 연구와 실무에서 실제로 이 기법을 적용하고 있기 때문에 실용성에 대해서는 의문의 여지가 없다.

하지만 관심대상의 공간구조를 파악하는 데 결정적인 트레이닝 이미지를 어떻게 획득하는 가에 대해서는 아직도 많은 연구가 필요하다. 이를 위해 이제까지의 경험이나 전형적인 지질구 조를 이용할 수도 있고 인공위성에서 얻은 지질구조를 다양한 트레이닝 이미지로 변환할 수 있 다. 이 책뿐만 아니라 여러 문헌에서 자주 등장하는 채널구조도 현실에 존재하는 지질구조를 바 탕으로 한다.

미국 스탠포드대학교에서 개발한 지구통계 상용 소프트웨어인 SGeMS(Stanford geostatistical modeling software)는 지금까지 설명한 다점기반 지구통계기법과 함께 전통적인 지구통계기법 의 수행이 가능하다. 따라서 대학원수준의 깊이 있는 연구를 위해서는 SGeMS를 이용하여 다 양한 시뮬레이션을 구체적으로 수행해보길 추천한다.

5.1 다음 물음에 답하라.

(1) 크리깅의 정의는 무엇인가?

(2) 크리깅의 특징을 5개 나열하라.

(3) 크리깅의 특징을 10개 이상 제시하라.

(4) 크리깅의 한계나 단점을 5개 이상 언급하라.

5.2 오차분산식 (5.3)을 이용하여 식 (5.5)를 유도하고 [힌트 : 자료의 평균값 $E(z)$를 뺀 후에 다시 더해도 값은 동일함] 크리깅방정식 (5.7)을 구체적으로 유도하라. [힌트 : 곱으로 이루어진 항목을 미분하는 원리를 이용함]

5.3 〈예제 5.1〉의 자료와 조건을 사용하여 단순크리깅으로 z_3의 값을 예측하여 크리깅의 정확성을 확인하라.

5.4 〈예제 5.1〉의 자료와 다음에 주어진 베리오그램으로 z_5의 값을 단순크리깅으로 계산하고 예측값과 오차분산을 서로 비교하라.

(1) $\gamma(h) = 4Sph_{120}(h)$

(2) $\gamma(h) = 2Sph_{120}(h)$

(3) $\gamma(h) = 1 + 3Sph_{150}(h)$

(4) $\gamma(h) = 4Linear_{120}(h)$

5.5 다음 그림과 같이 자료가 3개 알려져 있고 이들 자료특성을 가장 잘 나타내는 베리오그램이 상관거리 400, 문턱값 4인 선형모델이라고 가정하자[즉, $\gamma(h) = 4Linear_{400}(h)$]. 단순크리깅으로 z_0의 값을 예측하고 오차분산을 구하라. 주어진 자료는, $z_1 = 5$, $z_2 = 10$, $z_3 = 15$이다(거리단위 : m).

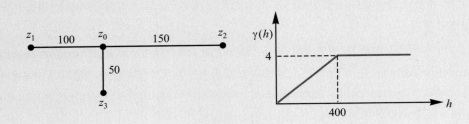

5.6 〈연구문제 5.5〉와 같은 조건에서 정규크리깅으로 z_0의 예측값과 오차분산을 구하라. 소수 넷째자리까지 정확도를 사용하여 가중치의 합이 1.0000이 되는지 확인하라.

5.7 〈예제 5.1〉의 자료와 다음에 주어진 베리오그램을 사용하여 6번 예측지점에서 값을 단순크리깅으로 계산하고 각각의 결과를 비교하라.

(1) $\gamma(h) = 4Sph_{150}(h)$

(2) $\gamma(h) = 2Sph_{150}(h)$

(3) $\gamma(h) = 4Gauss_{150}(h)$

(4) $\gamma(h) = 2 + 2Sph_{150}(h)$

(5) 문턱값 4인 너깃모델

5.8 다음 그림과 같이 자료점이 주어졌을 때 각 경우에 단순크리깅과 정규크리깅 예측값을 계산하라. 예측지점을 원점이고 격자의 크기는 20m이며 베리오그램을 $5Sph_{60}(h)$로 가정하라. 주어진 자료는 $z_1 = 3, z_2 = 5, z_3 = 8, z_4 = 6$이다.

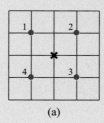 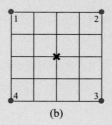

(a) (b)

5.9 다음 그림과 같이 자료점이 주어졌을 때 각 경우에 정규크리깅 가중치를 계산하라. 예측지점을 원점이고 격자의 크기는 10m이며 베리오그램을 $3 + 7Sph_{30}(h)$로 가정하라.

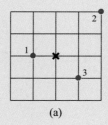 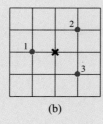 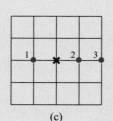 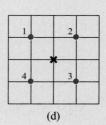

(a) (b) (c) (d)

5.10 제약조건이 있을 때 극값을 구하는 문제를 풀어보자. 모두 양의 값을 가지는 두 변수가 $5z_1 + 3z_2 = 300$을 만족할 때, 함수 $f(z_1, z_2) = z_1 \times z_2$의 최대값을 계산하라. [정답 : 1500]

(1) 함수 f의 최대값을 치환법으로 구하라.

(2) 함수 f의 최대값을 라그랑제 인자법으로 계산하고 그 결과를 비교하라.

5.11 〈예제 5.3〉과 같은 조건에서 정규크리깅으로 z_6의 예측값과 오차분산을 구하라. [정답 : $z_6^* = 9.629, \sigma_{OK}^2 = 3.332$]

5.12 구역크리깅의 행렬방정식 (5.22)와 오차분산식 (5.23)을 유도하라.

5.13 〈예제 5.4〉와 같은 조건을 이용하여 z_6이 속한 격자에서 구역크리깅으로 예측값과 오차분산을 구하라. 구역 내 4개 예측지점을 사용하라. [정답 : $z_6^* = 9.632, \sigma_{BK}^2 = 1.827$]

5.14 〈예제 5.5〉의 조건으로 6번 예측점이 속한 격자의 공동크리깅값을 계산하라.
[정답 : $z_6^* = 9.250, \sigma_{CK}^2 = 3.406$]

5.15 공동크리깅식 (5.25)와 (5.33)의 각 경우에 주변수 3개와 2차변수 7개를 가정하고, 가능한 두 가지 수식에 대하여 다음의 물음에 답하라. 일반식이 아닌 주어진 자료수 $n = 3, m = 7$ 을 사용하라.

(1) 공동크리깅 추정식을 구체적으로 제시하라.

(2) 위의 공동크리깅 추정식이 편향되지 않을 조건식 (5.27)과 (5.34)를 유도하고 구체적 과정을 보여라.

(3) 공동크리깅 추정식이 편향되지 않을 조건식을 이용하여, 라그랑제 인자법을 사용하여 공동크리깅 행렬방정식을 유도하라.

(4) 유도한 공동크리깅 방정식의 오차분산식을 유도하라.

5.16 공동크리깅을 수행하기 위하여 다음의 문제를 순서적으로 답변하라.

(1) 다음에 주어진 자료에 대하여, 공동크리깅 추정식 (5.33)을 사용할 때 크리깅 행렬방정식의 각 원소들을 계산하라.

(2) 주어진 행렬방정식을 풀어 $z(x_0)$의 값과 오차분산을 계산하라.

$$\gamma_z(h) = 10 + 20 Sph_{150}(h)$$
$$\gamma_u(h) = 1 + 5 Sph_{150}(h)$$
$$\gamma_{zu}(h) = 6 Sph_{150}(h)$$

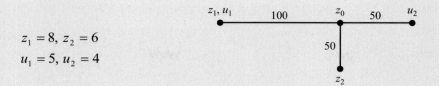

$z_1 = 8, z_2 = 6$
$u_1 = 5, u_2 = 4$

5.17 〈연구문제 5.16〉의 자료를 이용하여 구역공동크리깅(block co-kriging)으로 $z(x_0)$의 대 표값을 계산하고자 한다. 이를 위한 행렬방정식을 구체적으로 제시하라. 구역공동크리깅 을 위하여 4개 계산지점을 사용하고 x_0를 중심으로 구역크기 20×20으로 가정하라.

5.18 〈예제 5.6〉의 자료를 사용하여 일반크리깅으로 z_6을 예측하고 오차분산을 평가하라.

5.19 다음에 주어진 정보를 이용하여 z_0의 값을 예측하고자 한다. 자료는 $z_1 = 30, z_2 = 20, z_3 = 22, u_1 = 7, u_2 = 4.5$이고 그림에 주어진 숫자는 상호간 거리이다. 베리오그램은 $\gamma_z(h) = 2 + 5Sph_{200}(h), \gamma_u(h) = 2 + 3Exp_{160}(h), \gamma_{zu}(h) = 2 + 5Sph_{160}(h)$이다.

   (1) 단순크리깅으로 z_0의 값을 예측하고 오차분산을 평가하라. [정답 : $z_0^* = 14.62$, $\sigma_{SK}^2 = 5.4$]

   (2) 정규크리깅으로 u_0의 값을 예측하고 오차분산을 계산하라. [정답 : $u_0^* = 6.15, \sigma_{OK}^2 = 6.4$]

   (3) 식 (5.33) 공동크리깅으로 z_0의 값을 예측하고 오차분산을 평가하라.

   (4) 구역크리깅으로 z_0의 값을 예측하고 오차분산을 계산하라. 예측지점을 중심으로 20×20 구역을 가정하고 계산지점 4개를 사용하라.

   (5) 문제 (4)와 같은 조건에서 구역공동크리깅으로 z_0의 값을 예측하고 오차분산을 평가 하라.

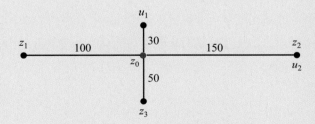

5.20 〈예제 5.1〉의 자료를 이용하여 다각형법으로 자료가 알려지지 않은 모든 격자에서 값을 예측하고 최종결과를 3차원으로 표시하라. 자료를 가진 격자의 대표값은 주어진 자료를 사용하라.

5.21 〈연구문제 5.5〉의 자료를 이용하여,

    (1) z_0의 예측값을 삼각형법으로 구하라. 삼각형법으로 구한 결과와 z_1과 z_2의 값을 사용하여 계산한 선형내삽법의 결과와 비교하라.

    (2) z_0의 위치를 원점이라 가정할 때, $(0, -25)$에서 값을 삼각형법으로 예측하라.

5.22 〈예제 5.1〉자료를 사용하여 다음 문제에 답하라.

    (1) 영향반경을 100ft로 가정하고 자료가 알려지지 않는 모든 격자에서의 값을 지역평균법으로 평가하라.

    (2) 역거리가중치법으로 자료가 알려지지 않는 모든 격자에서의 값을 계산하라. 승수 α를 1, 2, 10으로 변화시켜 그 영향을 비교하라.

5.23 〈그림 5.19〉 자료를 이용하여 다각형법으로 미지값을 예측하고 최종결과를 3차원으로 표시하라. 격자의 크기는 10m×10m로 하고 각 격자의 중앙지점에서 예측하라.

5.24 〈연구문제 5.23〉을 지역평균법으로 반복하라. 영향반경이 35m, 55m인 경우 결과를 비교하라.

5.25 〈연구문제 5.23〉을 역거리가중치법으로 반복하라. 승수 $\alpha = 1, 2, 10$인 경우에 예측값의 변화를 비교하라.

5.26 아래에 주어진 트레이닝 이미지를 이용하여 다음과 같은 정보(또는 암상구조)를 가지는 경우의 수를 구하고 그 위치를 표시하라. 흰색은 셰일, 노란색은 사암으로 가정하라.

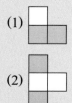

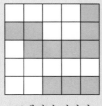

트레이닝 이미지

5.27 아래에 주어진 트레이닝 이미지를 이용하여 〈연구문제 5.26〉을 반복하라.

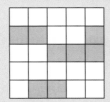

트레이닝 이미지

5.28 〈그림 5.31c〉에 주어진 탐색트리를 이용하여 다음 물음에 답하라. 흰색은 셰일, 노란색은 사암으로 가정하라.

(1) 다음과 같은 정보(즉, 위쪽과 오른쪽이 셰일)를 가지는 경우 CDF를 작성하라.

(2) 작성된 CDF를 바탕으로 호출된 난수가 0.3, 0.8일 때 해당지점에서 암상을 예측하라.

5.29 〈그림 5.31c〉에 주어진 탐색트리와 〈그림 5.31a〉의 데이터 템플릿을 사용하여 다음에 주어진 4×4 모델의 붉은 지점[즉, (2, 2) 지점, (3, 3) 지점]에서 암상을 평가하라. 호출된 난수 0.35, 0.75를 가정하라. 여기서 흰색은 셰일, 노란색은 사암을 의미한다.

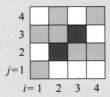

제5장 **심화문제**

아래의 연구문제는 본 교재에서 소개하지 못한 내용으로 심화학습을 위한 것이다. 따라서 학부 수업에서는 이들을 무시하여도 수업을 진행하는데 문제가 없다. 관심 있는 독자들은 추가적인 자료조사와 학습을 통해 지구통계학에 대한 이해를 높일 수 있다.

5.30 크리킹과 등고선도(contour map)의 차이를 설명하라.

5.31 부록 III에 주어진 카드뮴 농도자료를 이용하여 임의로 $50\text{ft} \times 50\text{ft}$ 크기로 하나의 구역을 설정하고, 그 구역 내 계산지점을 4, 9, 16, 25개로 변화시켜 구역크리킹 예측치의 변화를 비교하라. 베리오그램은 $\gamma(h) = 5 + 11Sph_{100}(h)$을 사용하라.

5.32 아래의 수식으로 단순크리킹을 수행하려고 한다. 이때 추정식 $z*$가 편향되지 않을 λ_0의 조건을 구하고 크리킹방정식을 행렬방정식으로 보여라.

$$z* = \sum_{i=1}^{n} \lambda_i z_i + \lambda_0$$

5.33 서로 독립인 자료들의 베리오그램은 순수한 너깃모델의 형태로 나타난다. 문턱값을 C라 하고 n개 자료를 이용하여 정규크리킹으로 미지값 $z(x_0)$를 예측하고자 한다.
  (1) 식 (5.17)로 주어진 정규크리킹 행렬방정식에서 행렬의 원소를 구체적으로 구하라.
  (2) 작성한 행렬방정식을 풀어 가중치와 예측치를 구하고 오차분산을 계산하라.

5.34 일반크리킹방정식 (5.40)과 오차분산식 (5.41)을 유도하라. 다른 크리킹방정식 유도와 동일한 방법으로 $(L+1)$개 제약조건을 가지는 라그랑제 목적함수를 이용하라.

5.35 〈예제 5.6〉에서 자료의 경향이 $E[z(x, y)] = 7 + 0.05x - 0.02y$로 파악되었다고 가정하자. 일반크리킹에서 자료의 경향을 구체적으로 고려하기 위해 각 계수를 1로 하면 $E[z(x, y)] = 1 \times 7 + 1 \times (0.05x) + 1 \times (-0.02y)$이다. 다음 물음에 답하라.
  (1) 위의 식과 식 (5.37)과 비교하여 기본함수를 적어라.
  (2) 식 (5.40)과 같은 행렬방정식을 보이고 각 원소를 계산하라.

(3) 일반크리깅으로 z_5를 예측하고 오차분산을 평가하라.

(4) 만약 〈예제 5.6〉과 같거나 다른 결과를 얻었다면 그 이유를 설명하라.

5.36 〈그림 5.23〉의 삼각형 격자를 이용하여 삼각형법으로 미지값을 예측하라. 격자의 크기는 20×20m로 하고 각 격자의 중앙지점에서 예측하라.

5.37 대표적인 다점지구통계기법인 SNESim에 영향을 미치는 주요인자와 그 영향을 문헌연구를 통해 조사하여 정리하라.

5.38 〈그림 5.31c〉의 탐색트리에서 3, 4단계의 템플릿 모양을 제시하고 주어진 탐색트리를 검증하라.

5.39 다음과 같은 데이터 템플릿이 주어졌을 때 주어진 두 트레이닝 이미지를 이용하여 각 탐색트리를 작성하라.

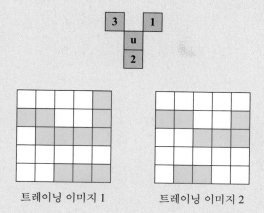

트레이닝 이미지 1　　　　트레이닝 이미지 2

G E O S T A T I S T I C S

제6장
조건부 시뮬레이션

6.1 임의잔차첨가법

6.2 순차 가우스 시뮬레이션

6.3 순차 지표 시뮬레이션

6.4 프랙탈 시뮬레이션

크리깅은 대표적인 지구통계기법이지만 자료의 분산이 큰 경우에 예측값의 분산을 줄이고 확률적으로 등가인 다양한 경우를 생성할 수 없는 한계가 있다. 이에 대한 대안이 조건부 시뮬레이션이다.

조건부 시뮬레이션은 확률변수의 평균과 분산을 유지하면서 주어진 자료를 그대로 보존하는 변수생성기법이다. 이 장에서는 조건부 시뮬레이션의 기본적인 원리를 설명하고 대표적인 네 가지 기법에 대하여 소개하며 구체적 예제를 제시하였다. 제5장까지의 학습내용은 각 기법을 이해하는 데 많은 도움이 될 것이다.

6.1 임의잔차첨가법

(1) 조건부 시뮬레이션의 정의

전통적인 크리깅은 주위에 알려진 값들의 가중선형조합으로 미지값을 예측하는 기법으로 오차분산을 최소로 하고 편향되지 않은 값을 제공한다. 또한 주어진 자료를 그대로 예측하는 정확성이 있다. 하지만 자료의 편차가 큰 경우에 크리깅 예측값은 그 분산을 현저히 감소시키는 경향이 있다. 이와 같은 문제점을 극복하기 위하여 사용하는 기법이 조건부 시뮬레이션(conditional simulation)이며 다음과 같이 정의된다.

> 조건부 시뮬레이션이란 주어진 자료를 그대로 보존하고 변수의 분포특징을 유지하면서 자료를 생성하는 기법이다.

위의 정의에서 중요한 두 요소가 있다. 하나는 주어진 자료를 그대로 보존한다는 것이고 다른 하나는 자료의 평균과 분산, 즉 변수의 분포를 유지한다는 것이다. 조건부 시뮬레이션은 크리깅과 비교하여 다음과 같은 세 가지 큰 특징이 있다.

- 자료와 그 분포특성 보존
- 공간적 상호관계와 비균질성(heterogeneity) 모사
- 확률적 등가치(equi-probable) 필드 구현

조건부 시뮬레이션을 이용하면 주어진 자료의 값과 분포를 그대로 유지할 수 있다. 이는 자료를 재생할 때, 해당 기법의 실제적인 적용을 위해서 반드시 만족되어야 한다. 또한 자료의 공간적 상관관계가 반영되면서 비균질성이 묘사된다. 자료의 비균질성은 주어진 시스템의 거동에 매우 큰 영향을 미치므로 시스템의 미래거동 예측에 중요한 요소 중 하나이다. 동일한 시뮬레이션 조건 하에서도 확률적으로 등가인 결과를 나타내므로 여러 번 생성하여 자료의 불확실성을 평가할 수 있다.

여러 가지 조건부 시뮬레이션 중 지구통계학에서 많이 사용되는 기법은 다음과 같다. 이들은 원리가 간단하여 적용하기 쉬우며 각 자료의 특징에 따라 활용된다.

- 임의잔차첨가법(random residual addition, RRA)

- 순차 가우스 시뮬레이션(sequential Gauss simulation, SGS)
- 순차 지시 시뮬레이션(sequential indicator simulation, SIS)
- 프랙탈 시뮬레이션(fractal simulation)

임의잔차첨가법은 자료가 알려지지 않은 지점에서 예측된 값들에 잔차를 더하여 자료들의 변화를 모델링한다. 순차 가우스 시뮬레이션은 정규분포를 따르는 자료의 조건부 시뮬레이션에 적합하다. 특이값들이 분포하거나 다양한 조건들로 주어진 자료를 통합하여 사용할 수 있는 기법이 순차 지시 시뮬레이션이다. 프랙탈 시뮬레이션은 복잡한 현상을 분석하기에 유용하여 다양한 분야에 적용된다.

(2) 임의잔차첨가법

조건부 시뮬레이션 중 가장 단순한 방법 중 하나가 임의잔차첨가법이다. 이 기법은 자료가 없는 지점에서 예측된 값에 잔차를 더하여 본래의 자료가 나타낼 수 있는 비균질성을 묘사한다. 이때 잔차를 임의로 추가하는 것이 아니라 반드시 수학적 근거를 가지고 체계적인 방법으로 더해야 한다. 크리깅으로 값을 예측한 후에 단순히 임의의 잔차를 바로 더하는 방법을 사용해서는 안 된다.

임의잔차첨가법을 이용한 시뮬레이션의 순서는 다음과 같고 〈예제 6.1〉은 그 과정을 구체적으로 보여준다.

① 알려진 자료를 이용하여 주어진 공간에서 크리깅 예측치 계산
② 자료의 분포를 만족하는 임의의 자료를 전체 공간에서 생성
③ 임의로 생성된 자료 중에서 주어진 자료점에서의 값만 사용하여 전체 공간에 대하여 크리깅 예측치를 다시 계산
④ 위의 ③번의 결과에서 ②번의 결과를 빼 잔차를 계산
⑤ 구한 잔차를 ①번 결과에 첨가
⑥ 위의 ②~⑤ 단계를 반복하여 또 다른 자료를 생성

| **예제 6.1** | 〈예제 5.1〉에서 사용한 아래의 자료를 이용하여 예측지점 5, 6에서 RRA 기법으로 자료를 생성하라.

자료번호	x(ft)	y(ft)	z(g/ton)
1	15	130	8
2	105	105	9
3	135	45	12
4	45	15	10
5	25	75	예측
6	75	75	예측

RRA를 사용하기 위해서는 먼저 주어진 자료를 이용하여 크리깅 예측치를 계산해야 한다. 〈예제 5.3〉의 정규크리깅 결과를 사용하면 다음과 같다.

$$z_5 = 9.22$$
$$z_6 = 9.63$$

다음으로 주어진 자료의 분포, 즉 평균과 분산을 사용하여 그 분포를 만족하는 임의의 자료를 전체 공간에 대하여 생성한다. 0과 1 사이의 난수를 생성하고 이를 평균 9.75, 표본분산 2.917인 정규분포의 누적확률로 가정하여 이에 상응하는 분위수를 자료값으로 생성하면 다음과 같다.

z	z_1	z_2	z_3	z_4	z_5	z_6
난수	0.7189	0.5389	0.2722	0.2077	0.8411	0.1856
생성값	10.74	9.92	8.71	8.36	11.46	8.22

임의로 생성된 자료 중에서 주어진 자료와 일치하는 지점에서의 값만으로 전체 공간에 대하여 크리깅 예측치를 다시 구한다. 즉 z_1, z_2, z_3, z_4를 이용하여 정규크리깅으로 z_5, z_6을 예측한다. 아래의 정규크리깅 방정식을 풀어 가중치를 구하고 크리깅 예측치를 구한다. 표현의 편의상 소수 넷째 자리까지 표기하였다.

$$\begin{pmatrix} 4 & 0.2047 & 0 & 0.0004 & -1 \\ 0.2047 & 4 & 0.7465 & 0.0423 & -1 \\ 0 & 0.7465 & 4 & 0.1836 & -1 \\ 0.0004 & 0.0423 & 0.1836 & 4 & -1 \\ 1 & 1 & 1 & 1 & 0 \end{pmatrix} \begin{pmatrix} \lambda_1 \\ \lambda_2 \\ \lambda_3 \\ \lambda_4 \\ \omega \end{pmatrix} = \begin{pmatrix} 1.0553 \\ 0.3374 \\ 0.0110 \\ 0.8479 \\ 1 \end{pmatrix}$$

$$\lambda_1 = 0.3900, \ \lambda_2 = 0.1796, \ \lambda_3 = 0.0890, \ \lambda_4 = 0.3414, \ \omega = 0.5417$$

$$z_5 = \lambda_1 z_1 + \lambda_2 z_2 + \lambda_3 z_3 + \lambda_4 z_4 = 9.60$$

$$\begin{pmatrix} 4 & 0.2047 & 0 & 0.0004 & -1 \\ 0.2047 & 4 & 0.7465 & 0.0423 & -1 \\ 0 & 0.7465 & 4 & 0.1836 & -1 \\ 0.0004 & 0.0423 & 0.1836 & 4 & -1 \\ 1 & 1 & 1 & 1 & 0 \end{pmatrix} \begin{pmatrix} \lambda_1 \\ \lambda_2 \\ \lambda_3 \\ \lambda_4 \\ \omega \end{pmatrix} = \begin{pmatrix} 0.4158 \\ 1.4753 \\ 0.7465 \\ 0.7465 \\ 1 \end{pmatrix}$$

$$\lambda_1 = 0.1629, \ \lambda_2 = 0.4040, \ \lambda_3 = 0.1793, \ \lambda_4 = 0.2538, \ \omega = 0.3187$$

$$z_6 = \lambda_1 z_1 + \lambda_2 z_2 + \lambda_3 z_3 + \lambda_4 z_4 = 9.44$$

생성된 자료와 크리깅 예측치와의 차이인 잔차를 계산한다. 예상한 대로 크리깅의 정확성에 의하여 자료가 주어진 위치에서는 잔차가 0이고 예측지점에서는 잔차를 가진다.

z	z_1	z_2	z_3	z_4	z_5	z_6
잔차	0	0	0	0	-1.86	1.22

계산된 잔차를 처음 크리깅 예측치에 더하면 RRA 기법에 의한 조건부 시뮬레이션값을 얻는다. 이와 같은 과정을 반복하면 주어진 자료가 동일해도 서로 다른 등가의 예측치를 생성할 수 있다.

$$z_5 = 9.22 - 1.86 = 7.36$$
$$z_6 = 9.63 + 1.22 = 10.85$$

〈예제 6.1〉을 통하여 설명된 임의잔차첨가법을 개념적으로 설명하면 〈그림 6.1〉과 같다.

주어진 1차원 자료에 대하여, 총 5개 자료 중 3개 자료(z_1, z_3, z_4)가 알려져 있다고 가정하자.

RRA의 첫째 단계는 주어진 3개 자료와 베리오그램으로 관심 있는 전체 공간에 크리깅 예측치 z_{OK}(이를 흔히 크리깅곡면(kriging surface)이라고 함)를 구하는 것이다(그림 6.1a). 여러 번 강조한 대로 크리깅 예측치는 결정론적으로 오직 하나의 값으로 정해지며 이를 편의상 1차 크리깅곡면이라 하자.

둘째 단계는 주어진 변수의 평균과 분산을 만족하는 임의의 자료를 재생하는 것이다. 이는 자료의 확률분포를 이용하여 쉽게 구할 수 있다. 구체적으로 난수를 발생시켜 누적확률로 가정하고 이에 상응하는 분위수를 구한다. 이와 같은 과정을 반복하면 주어진 전체 공간에 자료를 생성할 수 있다. 이렇게 재생된 자료는 모두 주어진 자료의 분포를 만족하는 자료임을 유의해야 한다.

셋째 단계로 임의로 재생된 자료 중에서 자료가 알려진 지점(x_1, x_3, x_4)에서의 값들, 즉 여기서는 3개 값들(z_1^*, z_3^*, z_4^*)을 사용하여 전체 영역에 새로운 크리깅곡면 z_{OK}^*를 계산한다(그림 6.1b). 이를 편의상 2차 크리깅곡면이라 하자. 새로운 2차 크리깅곡면은 비록 기존의 자료와 동일한 위치를 사용하였지만 임의로 생성된 자료를 이용하였기 때문에 첫 번째 단계에서 생성된 1차 크리깅곡면과 다르다. 이때 베리오그램 모델은 본래의 자료를 이용하여 계산된 (또는 주어진) 것을 그대로 사용한다.

넷째 단계로 2차 크리깅곡면에서 둘째 단계에서 생성된 자료를 빼 잔차를 구한다(그림 6.1c). 크리깅의 정확성(즉, 주어진 자료를 그대로 재생하는 크리깅 특성)으로 인하여 이미 자료가 알려진 지점에서의 잔차는 항상 0이 된다.

다섯째 단계는 계산된 잔차를 다음 수식과 같이 초기에 생성된 1차 크리깅곡면에 더하여 (또는 빼) 주는 것이다. 위의 과정을 통해 RRA 기법으로 하나의 자료생성이 완료된다(그림 6.1d).

$$z_{RRA} = z_{OK} + (z_{OK}^* - z^*)$$

〈그림 6.1d〉는 〈그림 6.1a〉보다 다양한 변화를 보이며 매 생성마다 다른 결과를 주는 추계학적 특성을 보인다. 이와 같은 RRA 기법은 동일한 원리로 2차원 자료에 대하여 적용할 수 있고 예측치를 계산하기 위해 다양한 크리깅 기법을 적용할 수 있다.

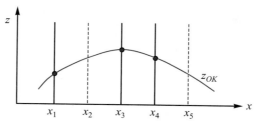

(a) 알려진 값을 이용하여 크리깅 예측값 계산(z_{OK})

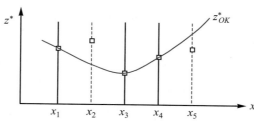

(b) 임의로 생성된 자료(네모로 표시) 중에서 자료가 알려진 지점의
값만 이용하여 크리깅 예측치 계산(z^*_{OK})

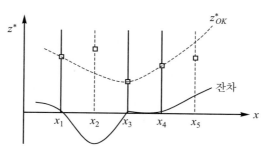

(c) 잔차 계산($=z^*_{OK}-z^*$)

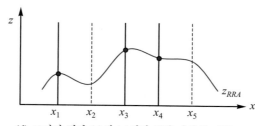

(d) 크리깅 결과 (a)에 (c)에서 구한 잔차를 더함

그림 6.1 임의잔차첨가법을 이용한 1차원 자료의 조건부 시뮬레이션 개념

6.2 순차 가우스 시뮬레이션

(1) 순차 시뮬레이션의 정의

조건부 시뮬레이션의 대표적인 기법인 순차 시뮬레이션(sequential simulation)은 다음과 같이 정의된다.

> 순차 시뮬레이션은 주어진 n개 자료와 공분산을 만족하면서 N개 자료를 순차적으로 생성하는 기법으로 매 단계에서 생성된 자료값을 다음 계산단계에서는 알려진 자료로 가정한다.

확률변수 z에 대하여 주어진 n개 자료를 사용하여 변수값 z_1을 생성하고 그 다음 계산단계에서는 기존의 n개 자료와 z_1을 모두 주어진 자료로 가정하여 또 다른 변수값 z_2를 생성한다. 이와 같은 과정을 N개 자료를 생성할 때까지 반복하면 순차 시뮬레이션이 완료된다. 이를 조건부 확률로 표기하면 식 (6.1)과 같다.

$$f(z_1, z_2, ..., z_N | n) = f(z_N | (N-1) \bigcup n) ... f(z_2 | z_1 \bigcup n) f(z_1 | n)$$
$$\text{여기서 } (N-i) \bigcup n = \{(N-i) \ generated \ data\} \bigcup \{n \ given \ data\}$$

(6.1)

여기서 $(N-i) \bigcup n$은 $(N-i)$개 생성된 자료와 n개 주어진 자료의 합집합이다. 이는 이미 생성된 자료를 다음 단계의 계산을 위해 모두 알려진 자료로 가정하여 $(N-i+1)$번째 자료를 생성한다는 의미이다. 알려진 자료란 자료의 불확실성이 없다는 의미이지 측정오차가 없는 참값이란 뜻은 아니다.

주어진 공간 내에서 순차 시뮬레이션을 이용해 자료를 생성할 때 특정 경향이 나타나는 편향성을 방지하기 위하여 매 시뮬레이션에서 반드시 임의경로를 따라 자료를 생성해야 한다. 순차 시뮬레이션으로 생성되는 자료는 주어진 분포를 만족하며 임의로 생성되므로 추계학적 특징을 나타낸다.

순차 시뮬레이션은 기존의 자료를 그대로 이용하고 자료가 없는 지점에서만 자료값을 순차적으로 생성한다. 따라서 주어진 자료를 보존해야 하는 조건부 시뮬레이션의 특징을 그 과정에 의해 항상 만족한다. 또한 생성과정의 임의성으로 인해 여러 번의 자료생성이 가능하다. 순차 시뮬레이션 과정이 진행될수록 자료의 양이 많아지고 계산량도 급격히 증가한다. 따라서 일정한 검색반경 내에 존재하는 자료나 사용할 최대 자료수를 설정하여 계산량을 줄이는 실용적인 방법을 사용한다.

다양한 순차 시뮬레이션에서 새로운 자료값을 예측하는 구체적인 방법은 조금씩 다르지만 원리는 같다. 기본적으로 관심지점에서 예측값이 가질 수 있는 누적분포를 구하고 난수를 이용하여 그 누적분포로부터 한 값을 생성한다. 대표적인 순차 시뮬레이션 기법은 다음과 같다.

- 순차 가우스 시뮬레이션
- 순차 지표 시뮬레이션
- 프랙탈 시뮬레이션

(2) 순차 가우스 시뮬레이션 과정

순차 시뮬레이션 기법 중 가장 일반적인 방법 중 하나가 순차 가우스 시뮬레이션(SGS)이다. SGS는 주어진 n개 자료와 공분산을 보존하면서 N개 자료를 생성하는 기법이다. SGS는 그 이름에서 알 수 있듯이 자료가 가우스분포를 따를 때 적용하며 새로운 값을 생성할 때 가우스분포를 사용한다.

SGS 기법의 과정은 다음과 같고 〈예제 6.2〉는 구체적 계산예이다.

① 주어진 자료의 정규분포성을 검사하고 필요한 경우 정규분포로 변환
② 자료가 없는 지점을 오직 한 번만 지나도록 임의경로 설정
③ 예측지점에서 검색반경에 따라 사용할 자료수 결정
④ 주위에 주어진 값들을 사용하여 크리깅 예측치 계산
⑤ 계산된 크리깅 예측값과 오차분산을 이용하여 정규분포로부터 한 값을 생성
⑥ 생성된 값을 알려진 자료에 첨가한 후 다음 예측지점에서 변수값 생성
⑦ 위의 ④~⑥ 단계를 반복하여 주어진 전체 공간에 대한 자료생성을 완료

SGS는 정규분포를 따르는 자료에 적용이 가능하므로 자료가 정규분포를 따르는지 먼저 확인해야 한다. 이 책의 제2장에서 소개된 다양한 방법으로 자료의 정규분포성을 검사하고 필요한 경우 정규분포로 변환한다.

다음으로 자료가 없는 지점을 오직 한 번만 지나도록 임의경로를 정한다. 예측지점이 많을 경우에는 경로를 무작위로 결정하는 알고리즘을 활용할 수 있다. 개인의 경험과 선호도에 따라 다양한 방법이 가능하며 시뮬레이션 실행 시마다 다른 경로를 설정할 수 있어야 한다. 간단한 예를 〈표 6.1〉에 소개하였다.

표 6.1 임의경로를 결정하는 방법

1) 예측지점에 번호를 할당하고 각 예측지점에 대해 난수를 할당한 다음, 난수로 예측지점의 번호와 함께 정렬한다.

- 각 예측지점에 난수 할당

예측지점번호	11	21	35	49	58
난수	0.9230	0.4504	0.2299	0.5375	0.8882

- 난수에 따라 예측지점 정렬

예측지점번호	35	21	49	58	11
난수	0.2299	0.4504	0.5375	0.8882	0.9230

- 임의경로 : 35 → 21 → 49 → 58 → 11

2) 스택, 큐 같은 호출(POP)할 수 있는 자료구조를 이용할 수도 있다. 자료번호들을 자료구조에 저장해두고 난수를 발생해 하나씩 호출하여 다른 변수에 저장한다.

- 예측지점 번호에 순서 배열

배열번호	1	2	3	4	5
예측지점번호	11	21	35	49	58

- 1~5 사이의 난수 발생 : POP 3(즉, 자료번호 35 선택)

배열번호	1	2	3	4
예측지점번호	11	21	49	58

- 1~4 사이의 난수 발생 : POP 1

배열번호	1	2	3
예측지점번호	21	49	58

- 1~3 사이의 난수 발생 : POP 2

배열번호	1	3
예측지점번호	21	58

- 1~2 사이의 난수 발생 : POP 1

배열번호	3
예측지점번호	58

- 임의경로 : 35 → 11 → 49 → 21 → 58

〈표 6.1〉에 소개된 방법으로 선정된 경로에 따라 예측지점을 선정한다. 검색반경에 따라 예측지점에서 사용할 자료수를 결정하고 크리깅 예측치를 구한다. 순차 가우스 시뮬레이션에서 크리깅에 사용할 자료수는 여러 가지 기준에 의하여 결정할 수 있다. 계산 시간과 양에 상관없이 전체 자료를 이용할 수 있지만 이는 비효율적이라 거의 사용하지 않는다.

주어진 베리오그램의 상관거리 이내의 점들만을 사용할 수 있는데 이는 매우 합리적이다. 왜냐하면 예측값은 예측지점으로부터 상관거리 이내에 있는 자료들의 영향을 받기 때문이다. 하지만 자료가 많거나 상관거리가 긴 경우에는 계산량이 과도할 수 있다.

때로는 계산효율을 증가시키기 위해 사용되는 최대 자료수를 정할 수 있다. 이는 유효반경 내에 존재하는 자료 중 예측지점으로부터 가까운 한정된 자료만 사용하는 방법이다. 크리깅이 가깝게 분포하는 점들에 큰 영향을 받고 SGS가 추계학적 특성을 나타내는 점을 고려하면, 이 방법은 효과적이라 할 수 있다. 사용할 자료수에 대한 정보는 자신의 경험에 따를 수도 있고 교차검증을 통해 정량적으로 결정할 수 있다.

크리깅으로 얻은 예측값과 오차분산을 각각 정규분포의 평균과 분산으로 가정하는 것이 SGS의 핵심원리이다. 해당 예측지점에서 최종값을 얻기 위해 호출된 난수를 누적분포로 배정하여 가정된 정규분포로부터 하나의 값을 생성한다. 생성된 변수값을 다음 계산단계에서는 알려진 자료로 가정한다. 비록 새로운 값이 자료에 추가되었지만 베리오그램을 다시 계산하지 않는다. 이동경로에 따라 다음 예측지점을 결정하고 위에서 설명된 방법으로 예측값을 구한다. 이와 같은 계산을 반복하여 주어진 전체 공간에 SGS 자료생성을 완료한다.

> | **예제 6.2** | 〈예제 5.1〉의 자료를 이용하여 예측지점 5, 6에서 SGS로 자료를 생성하라. 계산편의를 위해 검색반경은 100, 사용할 자료수는 최대 4개로 하고 주어진 자료를 정규분포로 가정하라.

자료의 정규성은 가정되었으므로 예측지점을 오직 한 번만 지나도록 임의경로를 정한다. 여기서는 2개 예측지점만 있으므로 5, 6번 순서로 결정하였다. 크리깅을 위해 각 지점간 거리를 계산하면 다음과 같다.

자료번호	예측점	거리
1번	5번	55.90
2번	5번	85.44
3번	5번	114.02
4번	5번	63.25
1번	6번	81.39
2번	6번	42.43
3번	6번	67.08
4번	6번	67.08
5번	6번	50.00

자료점 5번과의 거리가 100 이하인 자료는 1, 2, 4번뿐이고 이는 4개 이하이므로 다음과 같이 크리깅 예측치 z_5를 구한다.

$$\begin{pmatrix} 4 & 0.2047 & 0.0004 & -1 \\ 0.2047 & 4 & 0.0423 & -1 \\ 0.0004 & 0.0423 & 4 & -1 \\ 1 & 1 & 1 & 0 \end{pmatrix} \begin{pmatrix} \lambda_1 \\ \lambda_2 \\ \lambda_4 \\ \omega \end{pmatrix} = \begin{pmatrix} 1.0553 \\ 0.3374 \\ 0.8479 \\ 1 \end{pmatrix}$$

$$z_5 = 0.4121 \times 8 + 0.2188 \times 9 + 0.3691 \times 10 = 8.9570$$

$$\sigma_{OK}^2 = 4 - (0.4121 \times 1.0553 + 0.2188 \times 0.3374 + 0.3691 \times 0.8479) + 0.6379$$
$$= 3.8162$$

위의 크리깅 결과로부터 평균 8.957, 분산 3.8162인 정규분포에서 누적확률이 임의로 생성된 난수 0.6507에 해당하는 분위수는 9.71이다. 따라서 SGS에 의한 z_5의 예측값은 9.71이 된다.

자료점 6번과 거리가 100 이하인 자료는 1, 2, 3, 4, 5번이지만 사용할 자료수를 4개로 제한하였으므로 가까운 거리 순서로 2, 3, 4, 5번 자료를 사용한다. 위에서 계산한 z_5가 크리깅 예측을 위한 자료로 사용됨을 유의하기 바란다.

$$\begin{pmatrix} 4 & 0.7465 & 0.0423 & 0.3374 & -1 \\ 0.7465 & 4 & 0.1836 & 0.0110 & -1 \\ 0.0423 & 0.1836 & 4 & 0.8479 & -1 \\ 0.3374 & 0.0110 & 0.8479 & 4 & -1 \\ 1 & 1 & 1 & 1 & 0 \end{pmatrix} \begin{pmatrix} \lambda_2 \\ \lambda_3 \\ \lambda_4 \\ \lambda_5 \\ \omega \end{pmatrix} = \begin{pmatrix} 1.4753 \\ 0.7465 \\ 0.7465 \\ 1.2335 \\ 1 \end{pmatrix}$$

$$z_6 = 0.3675 \times 9 + 0.1661 \times 12 + 0.1686 \times 10 + 0.2978 \times 9.71 = 9.8783$$

$$\sigma_{OK}^2 = 4 - (0.3675 \times 1.4753 + 0.1661 \times 0.7465 + 0.1686 \times 0.7465 + 0.2978 \times 1.2335) + 0.2264$$
$$= 3.0670$$

동일한 원리로 평균 9.8783, 분산 3.067인 정규분포에서 난수 0.7668에 해당하는 누적확률의 분위수는 11.15이고 이는 z_6의 SGS 예측값이다. 자료생성결과는 다음과 같다.

$$z_5 = 9.71$$
$$z_6 = 11.15$$

(3) 크리깅과 순차 가우스 시뮬레이션

⟨그림 6.2⟩는 유동용량 자료와 로그변환된 자료의 히스토그램을 나타낸다. 주어진 자료는 작은 값들이 많이 분포하면서 매우 큰 값들도 분포하는 양으로 치우친 로그정규분포 형태를 보인다. 이들 자료들을 로그변환하면 ⟨그림 6.2b⟩와 같고 전형적인 정규분포는 아니지만 추가적인 변환 없이 SGS를 위한 자료로 사용하였다.

⟨그림 6.3⟩은 변환된 자료의 베리오그램으로 구체적인 수식은 다음과 같다. 격자크기를 가로, 세로 1000ft로 하고 x축 17개, y축 10개 격자로 구성하여 170개 격자의 중심에서 값을 예측하였다. 정규크리깅과 SGS의 두 경우 모두 계산효율을 위하여 예측지점에서 가까운 10개 자료를 사용하였다.

$$\gamma(h) = 4.1 Sph_{10100}(h)$$

⟨그림 6.4⟩는 변환된 자료를 이용하여 정규크리깅과 SGS로 생성한 자료를 비교한 것이다. 두 경우 모두 변환된 값으로 예측치를 구한 후에 본래의 값으로 지수변환하였다. 정규크리깅 예측결과(그림 6.4a)를 보면 큰 값들과 작은 값들이 분포하는 특징을 잘 나타내지만 전체적인 변화는 매우 부드럽다. 이미 언급한 대로 분산이 큰 자료에 대하여 크리깅 예측결과는 지역적으로 변하는 불균질성에 대한 고려가 미약하다.

순차 시뮬레이션의 경우(그림 6.4b) 자료가 가지고 있는 본래의 값을 보존하면서 자료의 불균질성이 효과적으로 묘사된다. 그 결과 SGS는 자료의 분산을 보존한다. 이는 두 경우의 통계 특성값을 비교한 ⟨표 6.2⟩를 통해서도 확인할 수 있다. 정규크리깅의 경우 본래의 자료가 가지고 있는 평균과 분산을 모두 작게 예측하는 반면 SGS는 비록 그 값들이 완전히 일치하지는 않지만 평균과 분산을 효과적으로 재생한다.

⟨그림 6.5⟩는 로그변환된 자료에 대하여 동일조건으로 생성된 SGS 예이다. ⟨그림 6.4b⟩와 비교하여 약간의 차이가 있지만 이는 SGS의 특징으로 자료특성을 보존하면서 각기 다른 결과

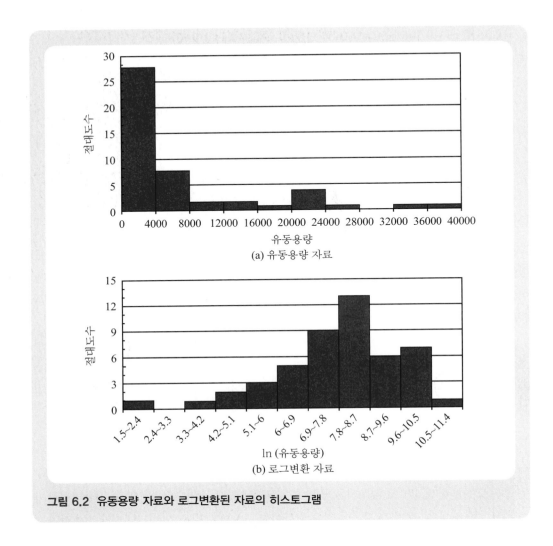

그림 6.2 유동용량 자료와 로그변환된 자료의 히스토그램

를 보여준다. 따라서 확률적으로 등가인 여러 경우를 생성하면 불확실성을 평가할 수 있다.

추가적으로 6번 시뮬레이션을 수행하여 그 통계적 특성치를 〈표 6.3〉에 정리하였다. 처음의 네 경우(SGS 1~4)는 가까운 4점을 사용하였고 나머지 두 경우(SGS 5, 6)는 사용한 자료수의 영향을 보기 위하여 상관거리 10100ft 이내에 있는 모든 자료를 사용하였다. 사용한 자료수가 늘어나도 가까운 값에 큰 영향을 받는 크리깅의 특성과 SGS의 추계학적 속성에 의해 결과에는 큰 차이가 없다.

〈표 6.3〉에 주어진 모든 SGS 결과는 추계학적인 특징으로 인하여 서로 다르지만 자료의 분포특징, 특히 분산을 잘 재생한다. 분산에 변화가 있는 이유는 SGS가 갖는 추계학적인 특성과 주

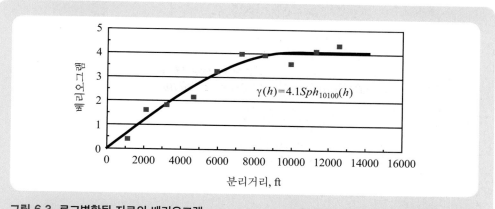

그림 6.3 로그변환된 자료의 베리오그램

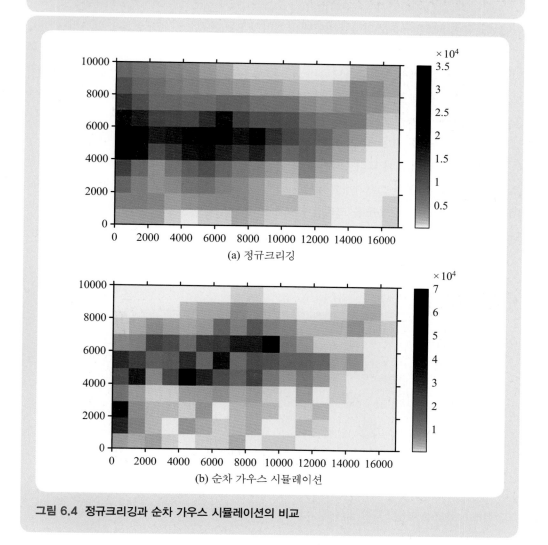

그림 6.4 정규크리깅과 순차 가우스 시뮬레이션의 비교

표 6.2 정규크리깅과 SGS 결과의 통계치 비교

	주어진 자료	정규크리깅	SGS
개수	48	170	170
평균	6818	5376	8346
분산	8.18E07	3.80E07	10.92E07
최대	36347	33606	57834
최소	7	73	19

어진 자료들이 로그정규분포 양상을 나타내 분산이 생성된 큰 값들에 영향을 많이 받기 때문이다.

SGS 시행에서 최대값은 변화를 보이지만 최소값은 대부분 자료의 최소값 7보다 크다. 그 이유는 〈그림 4.22〉에서 최소값을 나타내는 자료의 위치가 주어진 영역의 좌측상단이고 주위값보다 매우 작기 때문이다. 따라서 가중선형조합을 이용한 크리깅 예측치도 7보다 크고 분산을 고려하여 SGS로 값을 생성해도 대부분 7 이상을 나타내었다.

SGS가 매번 다른 값을 생성하기는 하나 SGS를 여러 번 수행하여 해당위치에서 평균을 구하면 중심극한정리에 의해 크리깅 예측값에 수렴한다. 왜냐하면 SGS가 크리깅 예측치를 평균으로 그 오차분산를 분산으로 가정한 정규분포에서 값을 생성하기 때문이다. 〈그림 6.6〉은 부록 III에 주어진 카드뮴 농도분포를 크리깅과 SGS로 생성한 예로 SGS를 여러 번 수행했을 때 그 평균값이 크리깅 결과와 비슷해짐을 확인할 수 있다.

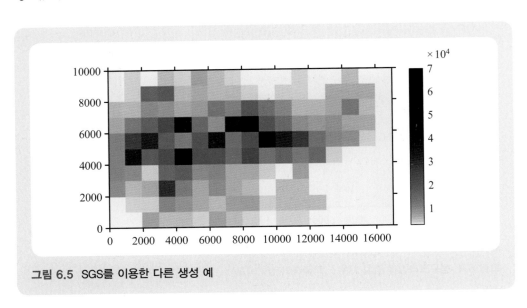

그림 6.5 SGS를 이용한 다른 생성 예

표 6.3 SGS를 이용한 다수의 자료생성에 따른 통계치 비교

	주어진 자료	SGS 1	SGS 2	SGS 3	SGS 4	SGS 5	SGS 6
개수	48	170	170	170	170	170	170
평균	6818	7079	7798	7651	8108	7154	7364
분산	8.18E07	10. 94E07	16.69E07	12.73E07	9.03E07	13.22E07	113.9E07
최대	36347	61387	84680	73016	48056	83123	71646
최소	7	34	20	24	40	4	28

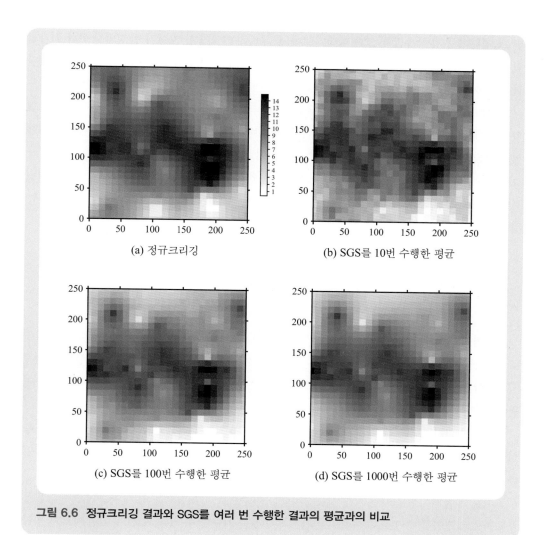

(a) 정규크리깅

(b) SGS를 10번 수행한 평균

(c) SGS를 100번 수행한 평균

(d) SGS를 1000번 수행한 평균

그림 6.6 정규크리깅 결과와 SGS를 여러 번 수행한 결과의 평균과의 비교

6.3 순차 지표 시뮬레이션

정규분포를 따르는 자료에 대하여 적용할 수 있는 순차 가우스 시뮬레이션은 크리깅에 비해 많은 장점이 있다. 하지만 자료가 반드시 정규분포를 따라야 한다는 한계가 있다. 만약 원자료가 정규분포를 따르지 않는다면 이를 정규분포로 변환해야 한다. 따라서 매우 치우친 분포를 갖거나 큰 변동계수를 가지는 분포의 경우 그 적용이 쉽지 않다.

또한 자료분석을 위한 많은 계산들이 특이값에 민감하다. 따라서 매우 크거나 작은 특이값이 존재하면 크리깅이나 SGS로 이들을 모사하는 데 한계가 있다. 주어진 값을 그대로 사용하면 그 영향이 주위 예측값에 크게 나타나고 이를 무시하면 귀중한 자료가 반영되지 못한 결과를 얻는다. 특이하게 작은 값들도 경향은 반대지만 같은 종류의 어려움을 야기한다. 특별히 크거나 작은 값 이외에도 자료가 일정한 범위나 분포로 주어지면 이를 정량적으로 사용하기 어렵다.

많은 지질적 또는 물리적 현장자료들은 크고 작은 특이값이 존재하고 이들이 해당 시스템의 거동에 큰 영향을 미친다. 따라서 시스템거동을 바르게 기술하고 향후 거동을 예측하기 위해서는 이들 특이값들을 효과적으로 재생할 수 있어야 한다.

다공질매질을 통한 유체나 물질 이동의 경우, 유체투과율이 매우 높거나 균열을 가진 채널지역(channel) 또는 유체투과율이 매우 낮은 유동제한지역(barrier)을 효과적으로 모델링하는 것이 중요하다. 이를 위해 지표 시뮬레이션을 사용할 수 있으며 다음과 같이 정의된다.

> 지표 시뮬레이션은 주어진 자료를 대신하는 지표변수(indicator variable)를 이용하여 지표 베리오그램과 지표크리깅 예측치를 구한 후 이를 변환하여 본래의 자료값을 예측하는 기법이다.

구체적으로 주어진 자료를 다수의 지표경계값(indicator threshold)을 사용하여 지표변수로 변환한다. 변환된 지표값을 사용하여 지금까지 설명한 베리오그램 분석과 크리깅으로 예측지점에서 지표값을 계산한다. 지표크리깅으로 얻은 결과를 주어진 자료값으로 다시 변환하면 원하는 최종 결과를 얻는다.

주어진 원자료이든 변환된 지표값이든 구체적인 자료가 주어졌을 때 이들의 공간적 분포특성을 분석하고 크리깅 예측치를 찾는 것은 지금까지 공부한 내용을 바탕으로 어렵지 않다. 동일한 크리깅 원리가 적용되지만 실제 자료가 아닌 단지 변환된 지표를 사용한다는 것만 다르다.

지표 시뮬레이션을 사용하면 지표경계값을 기준으로 지표변환을 하기 때문에 특이값들을 효율적으로 고려할 수 있으며 이들의 공간적 연결성을 기술할 수 있다. 또한 주어진 자료가 정규분포를 따르지 않을 때에도 이 방법을 사용할 수 있다. 누적분포가 알려져 있는 때는 자료값이 가지는 누적분포값을 지표값으로 사용한다. 자료가 일정한 범위나 최대값 또는 최소값의 형태로 주어져도 이를 정량적으로 반영할 수 있다.

　　순차 지표 시뮬레이션은 지표 시뮬레이션을 이용한 순차 시뮬레이션으로 매 단계에서 예측된 자료값을 다음 계산단계에서는 알려진 자료로 가정한다. SIS에서도 새로운 값을 예측하기 위한 경로는 반드시 임의경로를 따라야 한다.

(1) 지표변환

1. 지표변환경계값과 지표변환

본래의 자료를 지표값으로 전환하는 것을 지표변환이라 하며 이는 지표변환경계값(또는 문턱값)을 기준으로 이루어진다. 주어진 자료에 대한 지표변환은 식 (6.2)로 정의되는 이진(binary) 함수이다. 지표변환을 간단히 설명하면 자료값이 지표변환경계값보다 작거나 같으면 지표변수가 1이고 그 외는 0이다.

$$I(x; z_k) = \begin{cases} 0, & if\ z(x) > z_k \\ 1, & if\ z(x) \le z_k \end{cases} \tag{6.2}$$

여기서 $I(x; z_k)$는 지표값, $z(x)$는 주어진 자료값, z_k는 주어진 지표변환경계값, x는 자료위치를 나타내는 벡터이다.

　　지표변환경계값의 결정기준은 다양하며 대개는 자료수와 물리적 의미에 따라 결정된다. 특정 경계값이 물리적 의미가 있을 때 이를 경계값으로 사용할 수 있다. 예를 들어 석유저류층에서 1 milidarcy(md) 유체투과율이 생산을 촉진하기 위한 수압파쇄의 결정기준이 된다면 이를 경계값으로 사용할 수 있다.

　　특별한 물리적 의미가 없을 때는 각 경계값에 따라 지표변환의 개수가 비슷하도록 결정한다. 유의할 점은 경계값을 너무 많이 사용하지 않는다는 것이며 대부분 3개에서 9개를 이용한다. 특별한 경우를 제외하고는 대부분 3~5개 경계값이 적절하다. 제1 사분위수, 중앙값(즉, 제2 사분위수), 제3 사분위수를 경계값으로 사용하는 경우도 흔하다. 이는 지표 시뮬레이션이 후반부에 설명된 대로 계산량이 매우 많기 때문이다.

　　〈표 6.4〉는 가상의 자료에 지표경계값 15를 적용하여 지표변환한 예이다. 자료가 15보다 작거나 같은 경우는 모두 1의 지표값을 갖는다. 지표를 사용하면 0.6에서 35까지 변하던 변수값이 모두 0과 1의 지표로 변환된다. 지표의 평균을 구하면 4/10이며 이는 주어진 자료가 15보다

작거나 같을 누적확률과 동일하다.

표 6.4 간단한 지표변환의 예와 그 의미

위치	자료값	지표값
1	2.8	1
2	0.6	1
3	3.8	1
4	18.6	0
5	19.1	0
6	14.6	1
7	25.5	0
8	30.6	0
9	28.3	0
10	35.0	0

2. 사전분포함수

〈표 6.4〉에서 볼 수 있듯이 지표변수의 평균은 자료가 해당 지표경계값보다 작거나 같을 누적확률을 나타내며 이를 사전분포함수(prior distribution function)라 한다. 자료가 균일하게 분포할 때 수식으로 나타내면 식 (6.3a)와 같다.

$$F(z_k) = \frac{1}{n}\sum_{i=1}^{n} I(x; z_k) = E[I(x; z_k)]$$

$$F(z_k) = p[z(x) \le z_k]$$

(6.3a)

여기서 $F(z_k)$는 사전분포함수, n은 주어진 지표자료의 전체수이다.

대부분의 자료들은 〈그림 6.7〉과 같이 불규칙적으로 분포하는데 이 경우에 누적분포를 구할 수 있는 기법이 군락분해법(declustering technique)이다. 〈그림 6.7〉과 같이 전체 공간을 최소한 하나의 자료를 포함하는 임의의 균일한 격자로 나눈다. 각 격자에서 얻은 지표의 산술평균을 그 격자의 대표값으로 하여 전체 구역의 지표평균값을 구한다. 이를 수학적으로 표현하면 다음과 같다.

$$F(z_k) = \frac{1}{M}\sum_{i=1}^{M}\left\{\frac{1}{n_i}\sum_{j=1}^{n_i} I\big[z(x_{ij}; z_k)\big]\right\}$$

(6.3b)

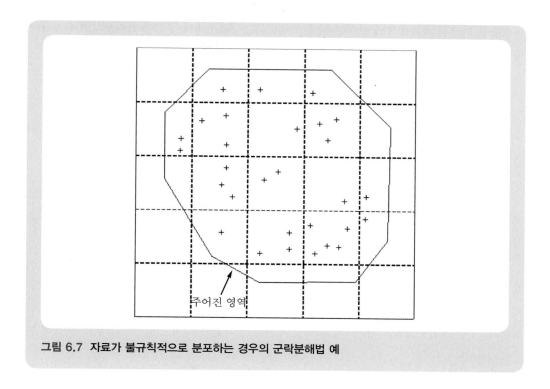

그림 6.7 자료가 불규칙적으로 분포하는 경우의 군락분해법 예

여기서 M은 사용된 균일격자의 총개수, n_i는 i번째 격자에 포함된 자료수이다.

사전분포의 값은 격자크기에 따라 변하는데 그 값이 최소가 될 때 값을 누적분포값으로 사용한다. 이와 같은 군락분해법은 특정지역에 많이 분포하는 자료들로 인한 편향효과를 제거할 수 있다(Journel, 1983). 사전분포함수는 누적확률을 나타내며 또 지표의 평균과 같기 때문에 공분산의 계산에도 사용된다.

$$Cov(h; z_k) = E[I(z(x); z_k)I(z(x+h); z_k)] - F^2(z_k)$$

지표 시뮬레이션에서 공분산함수는 분리거리와 지표경계값의 함수이다. 분리거리만큼 떨어진 두 지점의 값이 모두 특정값보다 작을 때 지표의 곱이 존재하므로 지표공분산은 주어진 변수가 일정한 값보다 작을 확률과 양의 상관관계를 나타낸다. 따라서 이들 공분산은 자료들의 공간적 연결성을 반영한다고 볼 수 있다.

3. 지표 베리오그램

변환된 지표를 사용하여 크리깅 예측치를 구하기 위해서는 지표 베리오그램을 계산해야 한다.

이진수로 변환된 지표를 사용한다는 것을 제외하고는 제4장에서 설명한 베리오그램의 정의와 모델링 원리가 여기서도 그대로 적용된다.

지표 베리오그램은 식 (6.4)와 같이 정의된다.

$$2\gamma(h; z_k) = E\{[I(z(x); z_k) - I(z(x+h); z_k)]^2\}$$
$$= \frac{1}{n}\sum_{i=1}^{n}[I(z(x_i); z_k) - I(z(x_i+h); z_k)]^2$$

(6.4)

식 (6.4)가 복잡해 보이지만 그 의미는 실제 자료가 아닌 변환된 지표값으로 베리오그램을 계산한다는 것이다. 분리거리를 변화시키면서 실험적 베리오그램을 구하고 이를 가장 잘 대표하는 이론적 베리오그램을 모델링한다.

여기서 유의할 점은 SIS를 수행하기 위해서는 주어진 모든 지표경계값에 대하여 자료를 지표변환하고 각각에 대하여 베리오그램을 모델링한다는 것이다. 지표경계값이 많아지면 계산량이 증가하는 이유 중 하나가 이것이다. 따라서 많은 수의 지표경계값을 사용하지 않는 것이 일반적이다. 지표 베리오그램은 항상 1보다 작으며 본래의 자료가 가지고 있던 극값이나 분포에 민감하지 않다.

(2) 순차 지표 시뮬레이션의 순서

순차 지표 시뮬레이션을 위한 구체적인 과정은 다음과 같다.

① 지표경계값의 개수와 값을 결정
② 각 경계값에 대하여 지표변환을 수행하고 지표 베리오그램 계산
③ 예측지점에서 각 지표경계값에 따른 크리깅 예측치 계산
④ 지표경계값을 변수로 하고 크리깅 예측치를 누적확률로 가정하여 하나의 변수값을 생성
⑤ 생성된 변수값을 다음 단계의 계산에서는 주어진 자료로 가정
⑥ 임의경로를 따라 ③~⑤ 과정을 반복하여 주어진 전체 공간에 자료생성 완료

주어진 한 지점에서 지표 시뮬레이션으로 변수값을 생성할 수 있다면 나머지 모든 지점에서의 값도 동일한 방법으로 얻을 수 있다. 따라서 위의 과정 중에서 한 값을 생성하는 구체적 과정이 필요하다.

먼저 각 지표경계값에 따라 지표변환을 수행한다. 변환된 자료를 사용하여 실험적 베리오그램을 계산하고 이론적 베리오그램을 선정한다. 각 지표경계값에 따른 지표값과 베리오그램으

로 지표크리깅 예측치를 구한다. 크리깅을 위해 적절한 조사반경을 적용할 수 있으며 제5장에서 설명된 다양한 크리깅 기법을 이용할 수 있다.

지표값 예측을 위해 다음과 같은 단순크리깅식을 사용할 수 있다.

$$I(x_0; z_k) = \sum_{i=1}^{n} \lambda_i I(x_i; z_k) + \lambda_0$$

$$\sum_{i=1}^{n} C_I(x_l, x_i; z_k)\lambda_i = C_I(x_0, x_l; z_k), \ l = 1, n \tag{6.5}$$

$$\lambda_0 = \left(1 - \sum_{i=1}^{n} \lambda_i\right) F(z_k)$$

여기서 C_I는 지표값을 사용한 두 지점 사이의 지표공분산을 의미하고 x_0는 예측지점이다. λ_0는 단순크리깅을 사용한 경우에 편향성을 방지하기 위한 보정인자이며 이는 정규크리깅을 사용하면 0이 된다.

식 (6.5)는 단순크리깅으로 지표값을 예측하였지만 λ_0의 보정으로 인하여 주어진 단순크리깅식은 편향되지 않은 예측치를 제공한다. 식 (6.5)는 주어진 자료 대신에 변환된 지표를 사용한다는 것과 변환된 지표의 평균이 누적확률분포, 즉 사전확률분포와 같다는 것을 제외하면 전통적인 크리깅과 동일하다.

단순크리깅식이 편향되지 않기 위한 보정치는 다음 식과 같으나 지표를 이용한 크리깅에서는 그 변수의 평균이 사전분포[식 (6.3a)]와 같기 때문에 위와 같은 식을 사용한다.

$$\lambda_0 = \left(1 - \sum_{i=1}^{n} \lambda_i\right) E(z)$$

다음 단계로 예측지점에서 각 지표변환경계값에서 얻은 지표값으로 지표크리깅 예측치를 구한다. 지표변환경계값이 증가할수록 지표크리깅 예측값이 대부분 크게 나오지만 많은 계산을 수행하다 보면 값이 작게 나오는 경우도 있다. 이때는 더 작은 지표변환경계값에서 얻은 크리깅 값을 사용한다. 구체적으로 각각의 지표변환경계값을 사용하여 얻은 지표크리깅 예측치 중에서 그 경계값이 증가할 때 크거나 같은 예측값을 사용한다. 이는 계산된 지표크리깅값을 누적확률로 가정할 것이기 때문에 필요한 보정이다.

설정한 모든 경계값에서 크리깅 예측치를 구하면 〈그림 6.8〉과 같은 누적분포를 구할 수 있다. 간단히 지표경계값 4개를 사용한 예이다. 예측지점에서 누적분포가 정해지면 이를 본래의 자료가 가지는 누적분포라 가정한다. 따라서 난수를 추출하여 누적확률로 배정하고 그 분위수를 생성하면 해당지점에서 SIS의 예측값이 된다.

〈그림 6.8〉에서 각 경계값 사이에서는 확률값이 선형적으로 변한다고 가정하여 선형내삽법을 사용한다. 경계값이 비교적 큰 차이를 나타내면 다른 근사법을 사용할 수 있다. 자료의 최소값에서 처음 지표경계값까지 또는 마지막 경계값에서 자료의 최대값까지는 그 값의 차이가 큰 경우가 많다. 이런 경우에 단순히 내삽법을 사용하지 않고 최대값에 점차 근접하도록 하는 식 (6.6) 근사법을 사용할 수 있다.

$$F(z) = 1 - \frac{z_L}{z}\left[1 - F(z_L)\right], \ z > z_L \tag{6.6}$$

여기서 z_L은 마지막 지표경계값이고 $F(z_L)$은 해당 크리깅 예측치이다.

식 (6.6)은 변수 z가 z_L에서 $F(z_L)$의 값을 가지고 z가 무한히 커지면 1에 수렴하는 특징을 갖는다. 이 식은 비례관계에서 간단히 유도할 수 있으며 자료의 최대값을 알 수 없기 때문에 이와 같이 표현한다. 주어진 자료 중에서 최대값을 사용할 수도 있지만 지시 시뮬레이션이 극값을 포함하거나 변동계수가 큰 치우친 분포에 적용한다는 점을 감안하면 식 (6.6)은 매우 적절한 근사식이다.

순차 시뮬레이션이므로 예측지점에서 자료가 생성되면 이는 다른 지점에서 값을 구하기 위해 (다음 계산 단계에서는) 주어진 자료로 가정된다. 생성된 자료값은 본래의 변수값을 가지나 주어진 지표경계값에 따라 0과 1의 지표로 변환된 후 지표크리깅에 사용된다. 지표경계값의 크기에 따라 실제 예측값이 지표로 변하는 것에 유의해야 한다. 〈예제 6.3〉은 위에서 설명한 SIS의 순서를 따라 구체적 계산과정을 보여준다.

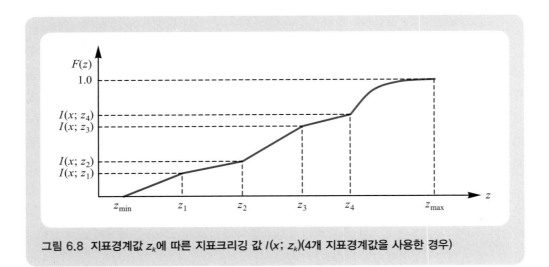

그림 6.8 지표경계값 z_k에 따른 지표크리깅 값 $I(x; z_k)$(4개 지표경계값을 사용한 경우)

| **예제 6.3** | 〈예제 5.1〉의 자료를 이용하여 예측지점 5, 6에서 SIS 기법으로 값을 생성하라. 계산편의를 위해 9.5, 10.5 두 지표경계값을 사용하고 지표 베리오그램으로 각각 $\gamma(h)=0.45Sph_{150.0}(h)$와 $\gamma(h)=0.25Sph_{80.0}(h)$를 가정하라. 임의경로는 5, 6번 순으로 하라.

지표경계값과 지표 베리오그램이 이미 주어졌으므로 각 경계값에 대하여 지표변환을 수행하고 지표크리깅 예측값을 계산한다.

i) 지표경계값=9.5

	x	y	자료값	지표
1	15	130	8	1
2	105	105	9	1
3	135	45	12	0
4	45	15	10	0

ii) 지표경계값=10.5

	x	y	자료값	지표
1	15	130	8	1
2	105	105	9	1
3	135	45	12	0
4	45	15	10	1

예측지점 (25, 75)에서 각 지표경계값에 따른 크리깅 예측치를 구하면 지표가 9.5일 때는 0.61, 지표가 10.5일 때는 0.80이다(그림 6.9).

〈그림 6.9〉와 같은 누적확률을 얻었으므로 생성된 난수 0.4168에 해당하는 분위수 9.02가 예측지점 5번에서 SIS 예측값이다.

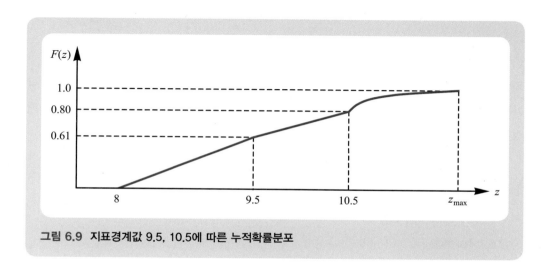

그림 6.9 지표경계값 9.5, 10.5에 따른 누적확률분포

$$z^* = 0.4168 \times \frac{1.5}{0.61} + 8 \approx 9.02$$

생성된 변수값을 다음 예측지점 (75, 75)에서는 주어진 자료로 가정한다. 다음 계산단계에서는 새로운 값이 추가되었기 때문에 각 경우에 지표경계값에 따라 0이나 1의 값을 가진다. 새로운 자료 9.02는 첫 번째 지표경계값보다 작기 때문에 아래와 같이 모두 1의 값을 가진다.

i) 지표경계값=9.5

	x	y	자료값	지표
1	15	130	8	1
2	105	105	9	1
3	135	45	12	0
4	45	15	10	0
5	25	75	9.02	1

ii) 지표경계값=10.5

	x	y	자료값	지표
1	15	130	8	1
2	105	105	9	1
3	135	45	12	0
4	45	15	10	1
5	25	75	9.02	1

처음과 동일한 베리오그램을 사용하여 (75, 75)에서 각 지표경계값에 따른 크리깅 예측치를 구하면 지표가 9.5일 때는 0.72, 지표가 10.5일 때는 0.87이다. 생성된 난수가 0.7701이라면 내삽법으로 구한 예측값은 9.84이다. 다음과 같은 SIS 결과는 조건부 시뮬레이션의 특징에 따라 매번 서로 달라진다.

$$z_5 = 9.02$$
$$z_6 = 9.84$$

(3) 순차 지표 시뮬레이션의 응용

지표 시뮬레이션의 장점 중 하나는 여러 가지 형태로 주어진 자료를 정량적인 지표로 바꿀 수 있다는 것이다. 자료는 존재 특성에 따라 다음과 같이 분류할 수 있으며 그 특징에 따라 지표를 배정한다.

- 강한 자료(hard data)와 약한 자료(soft data)
- 범위로 주어진 자료
- 분포로 주어진 자료
- 기타 자료

일반적으로 표본을 추출하여 직접 측정한 자료는 불확실성이 없는 자료로 가정하며 설정한 지표경계값에 따라 0이나 1을 갖는다. 강한 자료는 단일 값으로 주어진 자료이며 이는 시뮬레이션 과정에서 반드시 존중되고 보존되어야 한다.

이와 반대로 불확실성이 있는 자료나 정성적인 자료들을 약한 자료라 하며 여기에는 검층자료, 추적자시험자료, 압력거동자료, 생산자료, 지질자료 등이 있다. 이들은 주로 특정지점의 자료라기보다는 일정한 부피를 대표하는 자료이다. 약한 자료는 사용자의 주관에 따라 그 가중치를 달리하여 강한 자료로 가정할 수도 있다.

일정한 범위를 가지는 자료들도 지표 시뮬레이션에 사용될 수 있다. 자료범위는 자료가 가질 수 있는 불확실성을 나타내므로 그 범위는 작으면 작을수록 유리하다. 즉 20에서 25%로 주어진 공극률은 5에서 48%로 주어진 자료보다 더 가치가 있다.

범위를 가진 자료를 지표로 변환하는 방법은 다음과 같다. 지표경계치가 주어진 범위의 최소값보다 작으면 0의 지표를 가지고 최대값보다 크면 1의 값을 가진다. 지표경계치가 주어진 범위 내의 값을 가지면 아무런 값을 배당하지 않는다(Kelkar와 Perez, 2002). 즉, 명확히 알려진 자료의 특성만을 이용한다.

자료의 분포특성이 알려진 경우는 누적분포를 지표값으로 할당한다. 따라서 지표경계치가 자료의 최소값보다 작으면 0의 지표를 갖고 최대값보다 크면 1의 지표를 갖는다. 그 외의 값에서는 자료값의 누적확률에 해당하는 0과 1 사이의 값을 갖는다.

〈그림 6.10〉은 유동용량 자료의 제1 사분위수를 지표변환경계값으로 사용하여 얻은 지표변환값과 지표 베리오그램을 나타낸다. 지표변환된 자료를 이용한 〈그림 6.10a〉를 보면 자료의 분포양상을 직관적으로 파악할 수 있다. 구체적으로 우측 상부의 지표값이 대부분 1이므로 비교적 작은 값들이 분포함을 알 수 있다.

〈그림 6.11〉은 제2 사분위수와 제3 사분위수로 얻은 지표 베리오그램을 나타낸다. 지표 베리오그램은 0과 1만 갖는 자료특성으로 인하여 항상 1보다 작으며 대부분의 경우에 0.5보다 작은 값을 나타낸다. 이와 같은 특징은 주어진 3개 베리오그램 모델을 통해서도 확인할 수 있다.

〈그림 6.12〉는 주어진 유동용량 자료의 자료점 (12000, 4000)에서 SIS 예측치를 구하는 과정을 구체적으로 보여준다. 경계값을 3개 사용하여 각각의 지표크리깅 예측치를 구하고 이들을 이용하여 누적확률분포를 작성한다. 마지막 지표경계값 7905 이후부터는 식 (6.6)으로 누적확률을 계산하였다. 이와 같이 관심지점에서 누적분포가 결정되면, 발생한 난수 0.2498에 해당하는 분위수 1698을 최종 예측값으로 배정한다.

〈그림 6.13〉은 SIS 기법으로 유동용량 자료를 예측한 결과이고 〈그림 6.14〉는 생성된 자료의 히스토그램이다. SIS의 결과는 자료의 분포특성을 보존할 뿐만 아니라 지역적으로 변하

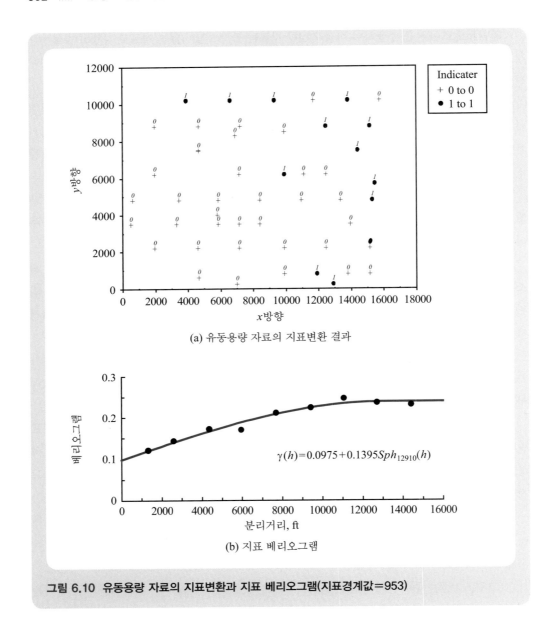

(a) 유동용량 자료의 지표변환 결과

$$\gamma(h) = 0.0975 + 0.1395 Sph_{12910}(h)$$

(b) 지표 베리오그램

그림 6.10 유동용량 자료의 지표변환과 지표 베리오그램(지표경계값＝953)

는 불균질성을 보여준다. 이는 〈그림 6.14〉의 히스토그램과 〈표 6.5〉의 통계치 비교를 통해서도 확인할 수 있으며 〈그림 6.2a〉에 주어진 자료의 히스토그램과도 동일한 분포를 보인다. SIS도 SGS와 같이 추계학적인 특성을 지닌 조건부 시뮬레이션 기법이다.

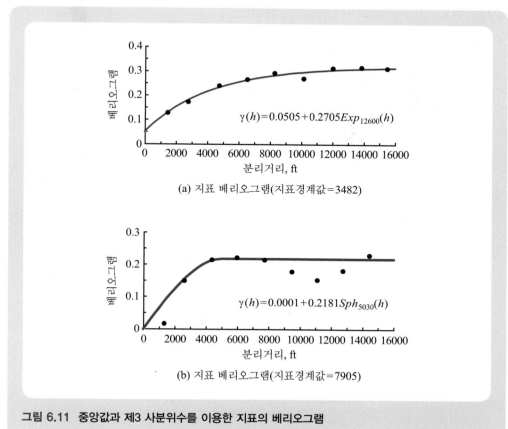

(a) 지표 베리오그램(지표경계값=3482)

(b) 지표 베리오그램(지표경계값=7905)

그림 6.11　중앙값과 제3 사분위수를 이용한 지표의 베리오그램

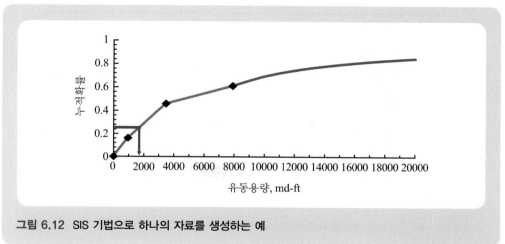

그림 6.12　SIS 기법으로 하나의 자료를 생성하는 예

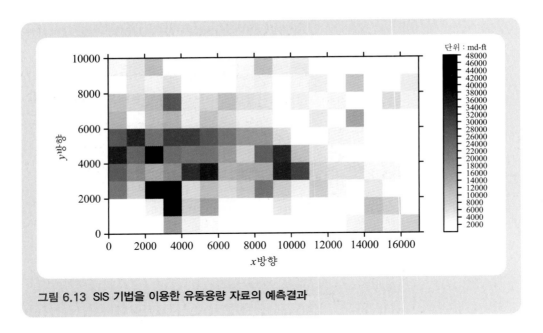

그림 6.13 SIS 기법을 이용한 유동용량 자료의 예측결과

표 6.5 주어진 자료와 SIS 결과의 통계치 비교

	주어진 자료	SIS
개수	48	170
평균	6818	8378
분산	8.18E07	10.59E07
최대값	36347	48060
최소값	7	59

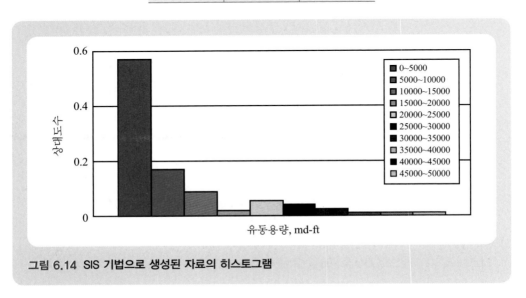

그림 6.14 SIS 기법으로 생성된 자료의 히스토그램

 ## 6.4 프랙탈 시뮬레이션

(1) 카오스와 프랙탈

고대 그리스부터 20세기 현대까지 뉴턴(Newton), 라플라스(Laplace) 등으로 대표되는 과학은 결정론적 학문이었다. 이러한 결정론의 바탕은 예측가능성 그리고 원인과 결과의 선형성이다. 따라서 주어진 시스템의 미래거동은 현재의 조건과 관련 역학이론으로 예측할 수 있다. 예를 들어 현위치에서의 속도와 가속도를 안다면 일정시간 이후의 위치를 예측할 수 있다.

그러나 자연계의 많은 현상은 거동예측이 어려우며 무작위적인 특징이 있다. 이러한 복잡성과 예측불가능성을 설명하기 위해 도입된 것이 바로 카오스이론이다. 카오스이론은 기존의 고전역학계에서 언급한 예측가능성과 선형성에 대치되는 예측불가능과 비선형성을 바탕으로 한다. 6.4절은 대학원수준의 내용이니 독자들은 학습에 참고하기 바란다.

카오스(chaos)는 완전히 무질서한 것은 아니며 고전역학계의 법칙과 완전한 무질서 사이의 중간단계라고 할 수 있다. 시장에서 물건을 사는 사람과 파는 상인이 무질서하고 복잡하게 연관되어 있으나 이들은 물건값의 변동에 따라 대응하는 법칙을 가지고 있다. 이처럼 무질서 속의 질서, 질서 속의 무질서 법칙을 찾는 것이 카오스이론이다.

복잡하다는 것은 해석가능한 정보가 많지 않다는 것을 의미한다. 많은 정보를 가지고 있다면 원인과 결과를 연결시켜 귀납적 추론이 가능하지만 우리는 자연계의 여러 현상에 대하여 부분적인 정보만 갖고 있다. 이러한 자연계의 카오스적 현상을 정량적으로 해석하기 위해 등장한 것이 프랙탈(fractal)이론이다.

프랙탈이론은 카오스적 현상이 복잡하지만 일정한 법칙성을 가지고 있는 점을 감안하여 그 법칙성을 발견하고 정량적으로 해석하고자 한다. 특히 프랙탈이론은 일정한 형태나 법칙이 반복된다는 반복성과 자기닮음성(self similarity or self affinity)을 기본특징으로 한다. 따라서 이 이론은 복잡한 카오스적 현상을 해석하기에 적절하다.

Mandelbrot(1983)는 다음과 같이 프랙탈을 정의하였다.

> It is a branch of a mathematics that deals with objects possessing some scaling property, that is, objects that have some property that is similar to itself after a change in scale. In a more restrictive sense, it is a set of objects that have a fractal(or non-integer) dimension.

프랙탈은 시스템의 크기 혹은 규모(scale)가 변화하면서 동일한 물성이나 법칙이 반복되는 형태를 다루는 수학의 한 분야로 정의된다. 더 엄밀하게는 일정한 프랙탈(또는 비정수형) 차원을 가진 집합을 프랙탈이라 정의한다. 다음은 자연계의 여러 가지 현상 중 프랙탈 특징을 가진다고 알려진 것의 예이다(Hard와 Beier, 1994).

- 암석의 습곡
- 절리와 균열 시스템
- 퇴적구조
- 공극의 크기 분포
- 유체간 계면의 기하학적 형태
- 저류층 내의 원유분포
- 검층기록
- 강수량과 강의 배수
- 지하수 수위
- 토양의 전기전도도
- 토양 중의 모래함량

통계적 프랙탈은 통계학과 프랙탈이론이 결합된 학문분야로 형태학적 특징이 아닌 평균, 분산, 공분산, 스펙트럼밀도 같은 변수의 통계적 특징을 파악한다. 이러한 특징은 규명하고자 하는 변수의 평균치가 규모에 대해 멱급수형태로 대개 일정한 지수값을 가진다. 이와 같은 지수값 중 대표적인 것이 바로 프랙탈 특징을 반영하는 프랙탈차원과 간헐도지수(Hurst exponent)이다. 일반적으로 통계적 프랙탈 특징은 앞으로 설명할 프랙탈차원과 간헐도지수, 그리고 공간적 분포를 표시하는 fGn과 fBm으로 설명할 수 있다.

프랙탈차원은 일반 기하학적 차원[예 : 정수차원만 가지는 유클리디안(Euclidean) 차원]으로 설명할 수 없는 물성의 복잡성을 대표하는 변수이다. 프랙탈차원이 커질수록 대상체의 복잡성이 증가한다. 이와 같이 대상체의 복잡성을 차원개념으로 정량적으로 나타낸 것이 프랙탈차원이며 정수차원을 포함한다.

예를 들어 실을 헝클어서 복잡한 형태로 만든 다음, 실마리를 가지고 다시 풀면 1차원이 되지만 평면적으로 헝클어진 형태는 2차원이다. 본질적으로는 1차원이지만 형태는 2차원과 유사하다. 하지만 위상학적으로 2차원은 아니며 프랙탈 관점에서 1차원과 2차원의 중간형태를 가진다. 프랙탈차원은 1차원인 경우 1과 2 사이, 2차원이면 2와 3 사이의 값을 가진다.

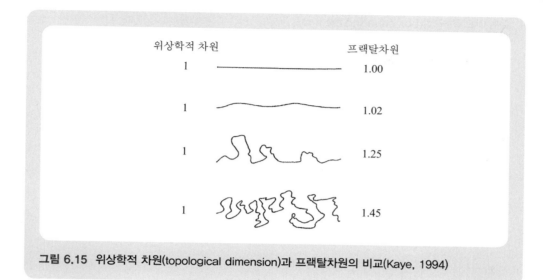

그림 6.15 위상학적 차원(topological dimension)과 프랙탈차원의 비교(Kaye, 1994)

〈그림 6.15〉와 같은 경로는 본질적으로 (또는 위상학적으로) 1차원이다. 경로가 복잡해지면서 프랙탈차원은 증가하며 오른쪽에 제시된 값을 참고하면 그 복잡성의 정도를 이해할 수 있다. 프랙탈차원은 경로의 최종길이와 단위 측정길이의 관계를 나타내는 지수값에서 얻을 수 있다.

간헐도지수는 일반적으로 0과 1 사이이며 그 값이 작으면 작을수록 주변의 값과 차이가 크다. 이는 주변값이 갖는 영향영역이 작다는 것을 의미하기도 한다. 간헐도지수가 0.5인 것은 완전히 무작위한 성질을 지닌 것으로 판단하며, 0.5 이상으로 증가할수록 분포가 부드럽게 변하는 경향을 보인다. 따라서 큰 간헐도지수값은 자료간의 상관거리가 큰 것을 의미한다.

간헐도지수를 사용하여 프랙탈분포를 따르는 자료를 생성하였을 때 간헐도지수가 1에 가까울수록 유사한 크기의 자료가 인접한다. 이와 같이 주변값과의 변동폭이 작은 경우를 지속적(persistency)이라 한다. 반대로 간헐도지수가 0에 가까우면 이웃한 자료간에 변동폭이 커지며 이를 반지속성(antipersistency)이라 한다.

(2) 프랙탈변수 결정법

프랙탈차원을 결정하는 방법은 프랙탈차원이 의미하는 복잡성의 대상이 무엇이냐에 따라 다양하며 일반적으로 많이 사용하는 방법은 다음과 같다.

- 박스계수법(box counting method)
- 구심질량법(radial mass method)
- 스펙트럼밀도법(spectrum density method)
- 규모변화분석법(rescaled range analysis, R/S 분석법)
- 베리오그램 분석법(variogram method)

구심질량법은 저류층 압력거동을 분석할 때 용이하다고 알려져 있다. 간헐도지수는 스펙트럼밀도법을 이용하여 간접적으로 계산할 수 있으나 그 정확도가 떨어진다는 단점이 있다. 간헐도지수를 얻기 위하여 fBm의 경우에는 베리오그램 분석법을 주로 사용한다.

1. 박스계수법

박스계수법은 해안선의 길이 혹은 복잡한 경로의 총길이를 계산하는 데 주로 사용된다. 이 방법은 정사각형(박스) 내를 지나는 길이를 정사각형의 한 변의 길이로 가정한다. 정사각형 내의 개체수 혹은 경로가 지나는 박스의 개수와 박스의 한 변의 길이를 곱한 것으로 최종길이를 계산한다.

〈그림 6.16〉은 이 방법에 대한 개념적 예이다. 그림에서 측정의 기본단위가 되는 직선의 길이가 정사각형 박스의 변의 크기를 나타낸다. 단위길이가 감소할수록 측정횟수는 많아지며 측정횟수와 단위길이는 일정한 지수관계를 보인다.

이와 같은 방법에서 총길이는 단위길이에 측정횟수를 곱하여 계산할 수 있다. 단위길이가 작을수록 더 정확히 측정되며 이를 수식으로 표현하면 다음과 같다.

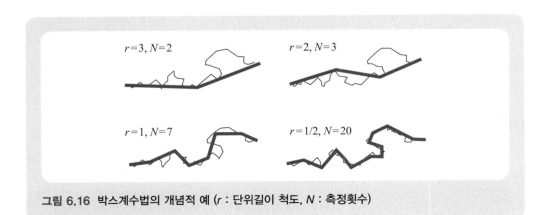

그림 6.16 박스계수법의 개념적 예 (r : 단위길이 척도, N : 측정횟수)

$$N(r) \propto r^{-D} \qquad (6.7)$$

$$L(r) = N(r) \cdot r \qquad (6.8)$$

여기서 r은 단위길이, $N(r)$은 단위길이로 측정한 총횟수, $L(r)$은 경로의 총길이, D는 프랙탈차원이다. 식 (6.7)에서 알 수 있듯이 단위길이 변화에 따른 측정의 총횟수를 로그-로그 그래프에 그려 직선의 기울기로부터 프랙탈차원(D)을 얻을 수 있다.

박스계수법으로 해안선의 프랙탈차원을 계산하는 과정은 다음과 같다. 먼저 원하는 두 지점을 포함하는 해안선 지도에 일정한 크기의 박스를 그린다. 이때 두 지점 사이의 해안선이 통과하는 박스의 개수를 구체적으로 구한다. 그 후 박스크기를 줄이면서 해안선이 통과하는 박스개수를 계산하면 박스크기의 감소율과 해안선이 통과하는 박스개수는 식 (6.7)의 멱급수관계를 가진다. $N(r)$과 r을 로그-로그 그래프로 그리면 선형관계가 나타나는데 그 기울기의 절대값이 바로 프랙탈차원이다.

이와 같이 규모에 따라 특정치가 일정한 기울기를 보이는 것이 프랙탈의 특징이다. 만약 해안선길이의 프랙탈차원을 알고 있다면 박스길이의 변화에 따라 박스개수를 예상할 수 있다. 따라서 해안선의 길이를 예측할 수 있다. 프랙탈차원이 축소율에 따라 다양한 값을 가지는 것을 다중프랙탈(multifractal)이라 한다.

불규칙적인 곡선의 길이뿐만 아니라 자기닮음성을 지닌 〈그림 6.17〉의 프랙탈구조(Sierpinski gasket이라 함)에서도 동일한 방법으로 프랙탈차원을 계산할 수 있다. 이것은 매우

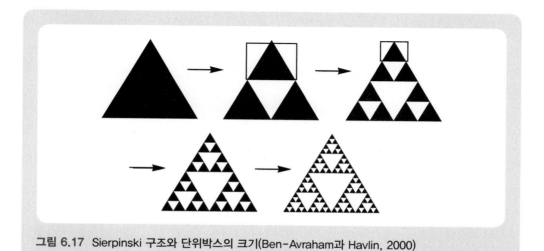

그림 6.17 Sierpinski 구조와 단위박스의 크기(Ben-Avraham과 Havlin, 2000)

규칙적인 형태로 박스크기를 반으로 줄이면서 박스 안에 포함된 검은색 삼각형의 개수를 세면 〈표 6.6〉과 같다. 이들 관계로부터 프랙탈차원을 계산하면 다음과 같이 1.58을 얻는다. 이와 같이 매우 규칙적인 경우는 그 차원이 간단히 계산되지만 대부분은 로그-로그 그래프의 기울기로부터 차원을 얻는다.

$$D = \frac{\log[N(r)]}{\log(1/r)} = \frac{\log 3}{\log 2} = 1.58$$

표 6.6 Sierpinski 구조에서 단위박스의 크기에 따른 검은 삼각형의 개수

$N(r)$	1	3	9	27	81
r	1	1/2	1/4	1/8	1/16

2. 구심질량법

구심질량법은 박스계수법과 유사하지만 경로가 포함된 박스개수를 계산하는 것이 아니라 주어진 중심에서 원을 그려 원 안에 포함된 경로의 질량을 이용한다. 구심질량법은 일반적으로 프랙탈 특성을 지닌 저류층의 압력거동을 분석하기에 유리한 것으로 알려져 있다.

〈그림 6.18〉은 균열을 통한 유체이동경로가 프랙탈 특성을 지닌 비교적 간단한 2차원 분리균열모델이다. 이와 같이 네 면이 처음으로 연결된 상태에 있을 때 스미기상태(percolation threshold)에 있다고 하며 이러한 분리균열모델을 스미기망(percolation network) 혹은 분리격자망(discrete fracture network)이라 한다.

균열 중 어느 특정지점을 중심으로 잡고 원을 그려 원 안에 들어 있는 균열의 질량(=균열의 부피×유체밀도)을 계산하면 다음의 수식에서 프랙탈차원을 계산할 수 있다. 균열부피는 실제 균열의 부피를 사용할 수도 있고 그 부피와 일정한 비례관계에 있는 균열의 길이와 같은 변수를 사용할 수 있다.

$$M(r) \propto r^D \tag{6.9}$$

여기서 $M(r)$은 반지름 r 내에 포함된 균열의 질량이다. D는 프랙탈차원으로 $M(r)$과 r의 로그-로그 그래프에서 기울기값이다.

〈그림 6.18〉은 비교적 간단한 균열망으로 프랙탈차원 1.06을 얻었다. 〈그림 6.19〉는 서로 연결된 복잡한 균열망으로 인하여 비교적 큰 차원을 가짐을 예상할 수 있으며 실제 1.94를 얻었다. 이처럼 프랙탈차원은 특정 영역을 통과하는 개수, 길이, 질량 같이 파악하고자 하는 특징과

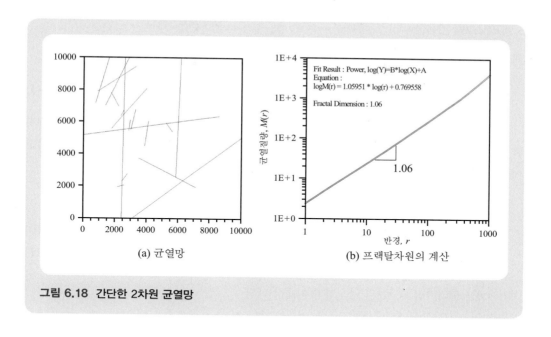

(a) 균열망
(b) 프랙탈차원의 계산

그림 6.18 간단한 2차원 균열망

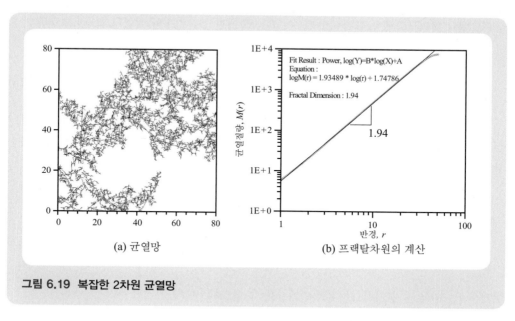

(a) 균열망
(b) 프랙탈차원의 계산

그림 6.19 복잡한 2차원 균열망

영역크기의 멱급수 관계에서 계산된다. 일정한 프랙탈차원을 가지는 경우 주어진 시스템의 거동을 프랙탈이론으로 재구현하고 분석하는 것이 가능하다.

3. 베리오그램 분석법

제4장에서 설명하였듯이 베리오그램의 정의는 식 (4.4a)와 같다.

$$2\gamma(h) = E[(z(x) - z(x+h))^2] \tag{4.4a}$$

공간변수의 베리오그램은 일정한 거리만큼 떨어져 있는 두 값이 평균적으로 얼마나 다른지를 정량적으로 나타내는 지표이다. 분리거리가 증가하면 상관관계가 감소하여 특정한 분리거리 이상에서는 베리오그램값이 일정하거나 계속 증가하기도 한다.

Mandelbrot와 Ness(1968)가 제시한 fBm의 관계식은 다음과 같다.

$$\langle B_H(x+h) - B_H(x) \rangle = 0 \tag{6.10}$$

$$\langle \{B_H(x+h) - B_H(x)\}^2 \rangle = V_H h^{2H} \tag{6.11}$$

여기서 h는 분리거리, $\langle \ \rangle$는 평균운영자(기대값)이다.

식 (6.11)은 식 (4.4a)의 베리오그램 정의와 같다. 또한 공간적으로 분포하는 변수들의 다른 정도는 분리거리의 지수($2H$)에 비례하여 증가한다. 공간변수가 fBm을 따를 때 식 (4.15)의 멱급수모델로 베리오그램을 모델링을 할 수 있다. 주어진 공간변수의 실험적 베리오그램을 계산하고 이를 로그-로그 그래프에 그려 직선의 기울기($2H$)로부터 간헐도지수를 구할 수가 있다.

$$\gamma(h) = C_0 h^{2H}, \quad h > 0, \ 0 < H < 1 \tag{4.15}$$

프랙탈분포는 fGn 혹은 fBm으로 특성화할 수 있다. 개념적으로 fGn과 fBm을 구분한다면, fBm은 fGn의 적분형태로 fGn 자료를 합한 분포를 fBm으로 볼 수 있다. 통계적으로 사용하는 프랙탈 특성치의 평균은 그 규모에 대하여 멱급수형태로 나타난다.

베리오그램으로 주어진 간헐도지수 H에 의한 fGn을 정의하면 식 (6.12)와 같다.

$$\gamma(h) = \frac{1}{2} V_H \delta^{2H-2} \left[2 - \left(\frac{|h|}{\delta} + 1 \right)^{2H} + 2 \left| \frac{h}{\delta} \right|^{2H} - \left(\frac{|h|}{\delta} - 1 \right)^{2H} \right] \tag{6.12}$$

여기서 h는 분리(지연)거리, δ는 완화인자, H는 간헐도지수이다.

fGn의 경우 공간적 분포가 불규칙하며 잡음이 심하다. 자료의 히스토그램을 그려보면 fBm은 박스형태인 반면, fGn은 정규분포를 나타낸다. 베리오그램에서 fBm 분포는 문턱값이 존재하지 않고 멱급수형태로 증가하는 특징을 가진다.

(3) 프랙탈구조

프랙탈 특징은 시스템의 크기, 규모가 변화하여도 동일한 특성을 보이는 자기반복성이다. 자기반복성은 시스템규모를 증가시키면서 동일한 법칙을 사용하면 그 특성을 재현한다. 이러한 법칙의 반복으로 가장 손쉽게 프랙탈구조를 구성하는 방법이 바로 반복함수시스템(iterated function systems, IFS)이다.

2차원 IFS 프랙탈구조는 다음과 같이 좌표변환식과 확률을 이용하여 구성할 수 있다.

$$w_i(x_{i+1}, y_{j+1}) = \begin{bmatrix} a_i & b_i \\ c_i & d_i \end{bmatrix} \begin{bmatrix} x_i \\ y_j \end{bmatrix} + \begin{bmatrix} e_i \\ f_i \end{bmatrix} \tag{6.13}$$

여기서 $w_i(x_{i+1}, y_{j+1})$는 좌표변환식, x_i와 y_i는 현재 위치, 나머지 상수는 각 변환식에 사용되는 값이다. 새로운 좌표 $w_i(x_{i+1}, y_{j+1})$는 0과 1 사이의 난수에 의해 각각의 행렬변환원이 결정된다.

〈표 6.7〉과 〈표 6.8〉은 규칙적 프랙탈구조 중 하나인 Sierpinski 삼각형과 양치류 잎(fern)을 구성하기 위한 IFS 코드이다(Barnsley 등, 1993). 예를 들어 Sierpinski 삼각형을 구성하기 위해서는, 0에서 1 사이의 균일분포에서 획득한 난수가 0~0.33이면 w_1 변환식, 0.33~0.66이면 w_2 변환식, 그 외는 w_3 변환식을 사용한다.

변환식 w_2는 구체적으로 다음과 같다. 현재 주어진 위치의 반에 해당하는 위치에서 각각 1과 50씩 평행이동하여 새로운 좌표점으로 하고 이 과정을 반복수행하여 자기반복성을 나타내는 프랙탈구조를 만든다.

$$w_i(x_{i+1}, y_{j+1}) = \begin{bmatrix} 0.5 & 0 \\ 0 & 0.5 \end{bmatrix} \begin{bmatrix} x_i \\ y_j \end{bmatrix} + \begin{bmatrix} 1 \\ 50 \end{bmatrix} = \begin{bmatrix} 0.5x_i + 1 \\ 0.5y_j + 50 \end{bmatrix}$$

표 6.7 Sierpinski 삼각형을 구성하기 위한 IFS 변환계수

w	a	b	c	d	e	f	p
1	0.5	0	0	0.5	1	1	0.33
2	0.5	0	0	0.5	1	50	0.33
3	0.5	0	0	0.5	50	50	0.34

표 6.8 양치류 잎(fern)을 구성하기 위한 IFS 변환계수

w	a	b	c	d	e	f	p
1	0	0	0	0.16	0	0	0.01
2	0.85	0.04	-0.04	0.85	0	1.6	0.85
3	0.2	-0.26	0.23	0.22	0	1.6	0.07
4	-0.15	0.28	0.26	0.24	0	0.44	0.07

〈그림 6.20〉과 〈그림 6.21〉은 IFS 반복회수에 따른 Sierpinski 삼각형 모습과 양치류 잎의 모습을 각각 보여준다. 두 경우 모두 처음 100번 수행한 경우에는 전체적인 모양이 파악되지 않으며 무작위적으로 좌표점이 표시된 것처럼 보인다. 그러나 향후 많은 횟수를 반복하여도 결코

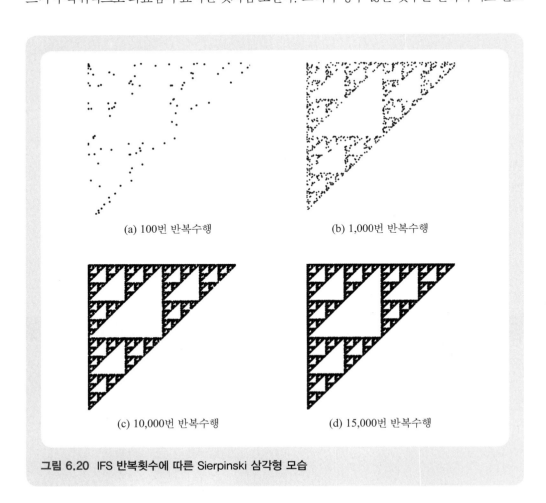

(a) 100번 반복수행   (b) 1,000번 반복수행

(c) 10,000번 반복수행   (d) 15,000번 반복수행

그림 6.20 IFS 반복횟수에 따른 Sierpinski 삼각형 모습

특정지점(빈공간)으로는 이동하지 않는 특징이 있다. 또한 프랙탈의 고유한 특징인 전체의 모양이 국부적인 모양과 일치하는 자기반복성을 보인다.

　　프랙탈은 이와 같이 동일한 법칙성을 가지고 반복되는 특징이 있다. 이러한 특징을 정확히 파악한다면 자연현상을 적절히 재구성하고 설명할 수 있다. 그러나 규칙이 있다는 것은 알지만 그것이 알려져 있지 않은 경우에는 그 규칙을 찾기 결코 쉽지 않다.

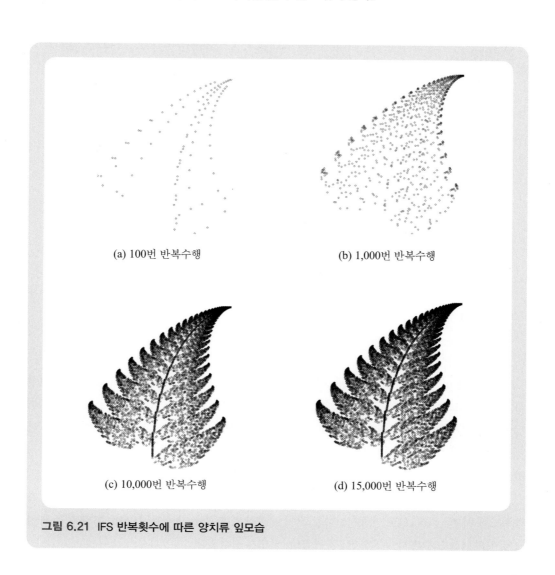

(a) 100번 반복수행

(b) 1,000번 반복수행

(c) 10,000번 반복수행

(d) 15,000번 반복수행

그림 6.21 IFS 반복횟수에 따른 양치류 잎모습

(4) 프랙탈 조건부 시뮬레이션

한정된 개수의 샘플을 가지고 전체 필드를 구현하기 위해서는 주어진 자료들이 갖는 특성을 먼저 파악해야 한다. 어떤 필드가 프랙탈 특성을 가지고 있다면 앞서 설명한 프랙탈변수 결정법으로 프랙탈차원과 간헐도지수를 구할 수 있다.

조건부 시뮬레이션은 주어진 자료를 유지하면서 그들의 분포특성을 보존하는 자료의 생성기법이다. 동일하게 알려진 자료를 보존하면서 프랙탈 특성을 만족하는 자료를 생성하는 것이 프랙탈 조건부 시뮬레이션이다. 이 절에서는 프랙탈 특성 중에서 특히 fBm을 따르는 필드를 구현하는 방법과 fBm의 특성을 반영하는 조건부 시뮬레이션 기법에 대하여 설명하고자 한다.

1. 프랙탈필드 생성법 : 1차원

fBm을 따르는 필드를 생성하는 다양한 방법이 있지만 여기서는 방법이 간단하고 널리 사용되고 있는 연쇄잔차첨가법(successive random addition, SRA)에 대하여 살펴본다.

우선 1차원 fBm 필드를 생성시키는 순서는 다음과 같다.

① 직선상에 N개 노드를 균일한 간격으로 생성시킨 후 각 노드에 0을 할당
② 각 노드에 평균 0, 분산 σ_1^2을 따르는 정규분포로부터 임의잔차 첨가
③ 각 노드 사이의 중간지점에 새로운 노드를 생성하고 앞뒤 노드의 산술평균값 할당
④ 위 단계까지 생성된 모든 노드에 평균 0, 분산 σ_2^2을 따르는 정규분포로부터 임의잔차 첨가
⑤ 원하는 해상도까지 ③과 ④의 과정을 반복

1차원 fBm 필드를 생성하는 과정은 비교적 간단하다. 먼저 균일한 간격으로 노드를 결정하고 초기값으로 0을 배정한다. 노드수는 본인이 원하는 대로 정할 수 있으며 최소로 양끝의 두 점을 이용할 수 있다. 노드생성이 완료되면 평균 0과 일정한 분산 σ_1^2을 갖는 정규분포로부터 잔차를 생성하여 각 격자값에 더한다. 격자를 세분화하기 위하여 노드 중간에 새로운 노드를 생성하고 전후 노드의 산술평균값을 할당한다(즉, $z(x_{i+1/2}) = [z(x_i) + z(x_{i+1})]/2$).

이 때까지 생성된 필드는 식 (6.10)을 만족한다. 생성된 모든 노드값에 대하여 아래 식을 만족하도록 하면 식 (6.11)도 만족시킨다는 것이 알려져 있다(Barnsley 등, 1988). 이와 같은 과정으로 원하는 노드수까지 반복하면 1차원 fBm 필드가 생성된다.

$$\sigma_{k+1}^2 = \alpha^{2H} \sigma_k^2$$

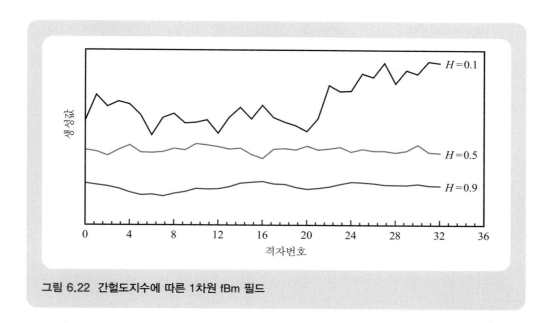

그림 6.22 간헐도지수에 따른 1차원 fBm 필드

여기서 k는 격자크기를 줄여가는 단계이다. 상수 α는 세분화된 후의 노드 사이의 거리를 세분화되기 전 노드 사이의 거리로 나누어 준 값으로서 1차원의 경우 1/2이다.

〈그림 6.22〉는 분산이 1인 경우에 4번의 반복과정을 통하여 생성한 1차원 **fBm** 필드를 보여준다. 초기에 양 끝값과 중앙값으로부터 시작하여 총 31개 자료를 생성하였다. 간헐도지수가 감소할수록 인접한 자료들의 변동폭이 증가함을 볼 수 있다.

2. 프랙탈필드 생성법 : 2차원

2차원 **fBm** 필드를 생성하는 방법도 1차원의 경우와 비슷하다.

① 2차원 평면을 사각형 격자들로 나눈 후 각 노드에 0을 할당(그림 6.23a)
② 각 노드에 평균 0, 분산 σ_1^2을 따르는 정규분포로부터 임의추출된 값 첨가
③ 격자를 세분화하기 위하여 각 사각형 격자의 중앙지점에 새로운 노드를 생성한 후, 그 노드를 포함하는 사각형 꼭지점 노드들의 산술평균값 할당(그림 6.23b)
④ 위 단계까지 생성된 모든 노드에 평균 0, 분산 σ_2^2을 따르는 정규분포로부터 임의잔차 첨가
⑤ 원하는 해상도까지 ③과 ④의 과정을 반복(그림 6.23c)

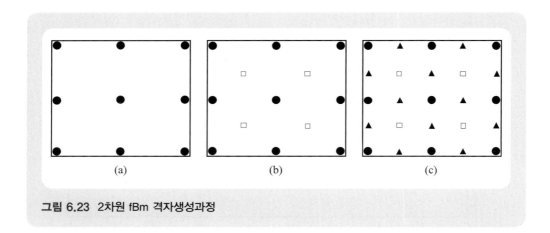

그림 6.23 2차원 fBm 격자생성과정

임의잔차를 첨가할 때 1차원의 경우와 마찬가지로 $\sigma_{k+1}^2 = \alpha^{2H}\sigma_k^2$이 되도록 하며 2차원의 경우 $\alpha = 1/\sqrt{2}$이다. 이상의 과정을 통하여 생성된 변수 z의 fBm 필드 평균값(μ_z)은 0이다.

원하는 평균(μ)과 표준편차(σ)를 가지는 변수 u의 fBm 필드를 생성하기 위해서는 우선 변수 z의 fBm 필드를 구한 후 식 (6.14)와 같은 변환을 이용한다. 변수 u는 변수 z의 선형변환이므로 식 (6.10)과 (6.11)을 만족한다.

$$
\begin{aligned}
u &= az + b \\
a &= \sigma_u / \sigma_z \\
b &= \mu_u - a\mu_z
\end{aligned}
\tag{6.14}
$$

〈그림 6.24〉는 평균 0, 분산 1을 나타내는 2차원 fBm 필드를 생성한 결과이다. 주어진 시

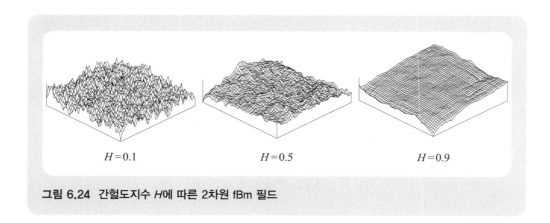

$H=0.1$ $H=0.5$ $H=0.9$

그림 6.24 간헐도지수 H에 따른 2차원 fBm 필드

스템의 크기는 1280×1280이다. 주어진 시스템의 네 모퉁이에서 시작하여 단위크기가 10이 될 때까지 계산을 반복하였다. H의 값이 0.1인 경우는 큰 값을 나타내는 봉우리 부분과 작은 값을 나타내는 골 부분이 반복적으로 나타난다. H가 0.9인 경우는 비슷한 값들이 모여서 나타나는 특징이 있다. H가 0.5인 경우는 무작위적인 분포를 나타낸다.

3. 프랙탈 조건부 시뮬레이션

프랙탈 특성을 만족하는 자료를 생성한다는 것을 제외하고는 일반적인 조건부 시뮬레이션과 그 원리와 과정이 동일하다. 임의경로를 따라 전체 필드의 모든 값을 구현할 때까지 각 단계에서 생성된 자료값을 다음 단계에서는 알려진 자료로 가정하여 시뮬레이션을 수행한다.

프랙탈 조건부 시뮬레이션의 과정을 요약하면 다음과 같다.

① 급수모델을 이용하여 베리오그램 모델링
② 베리오그램으로부터 간헐도지수와 비례상수 같은 특성치 결정
③ 프랙탈 관계식으로부터 구한 공간관계식과 난수를 사용하여 미지값 생성
④ 생성된 변수값을 다음 시뮬레이션 단계에서는 주어진 자료로 가정
⑤ 임의경로를 따라서 ③과 ④ 과정을 반복하여 모든 격자점에 값을 생성

베리오그램이 멱급수모델로 표현되는 공간자료는 크리깅을 이용한 전통적인 조건부 시뮬레이션보다 프랙탈 조건부 시뮬레이션을 적용하는 것이 바람직하다. 프랙탈 조건부 시뮬레이션에서는 불변성을 가정하지 않기 때문에 크리깅에서 사용하는 베리오그램과 공분산 관계식을 유도할 수 없다. 따라서 새로운 공간관계식을 사용해야 한다.

프랙탈 조건부 시뮬레이션을 위한 다양한 기법 중에서 **fBm** 필드구성에 적절한 방법을 소개하고자 한다. Kentwell 등(1999)은 프랙탈 조건부 시뮬레이션을 위해 식 (6.15)를 제시하였다.

$$[z(x)] = \beta[z(x_i)] + \eta\varepsilon \tag{6.15}$$

여기서 $z(x)$는 시뮬레이션을 통해서 구하고자 하는 x 위치에서의 공간변수값, $z(x_i)$는 이미 알고 있거나 혹은 시뮬레이션을 통해서 알고 있는 변수값, β는 각 자료점의 공간거리관계에 따라 결정되는 가중치행렬, η는 무작위성을 담당하는 변수, ε은 표준정규분포 $N(0, 1)$에서 추출한 난수이다. $[z(x)]$와 $[z(x_i)]$는 각각 예측하고자 하는 자료값과 주어진 자료값을 벡터식으로 표현한 것이다. 이 경우에는 η와 ε은 행렬로 주어진다.

식 (6.15)에서 β와 η를 결정하기 위해서 다음과 같이 임의의 기준점(reference point) x_{ref}를

잡고 식 (6.15)를 식 (6.16)과 같이 변형한다(Kentwell 등, 1999). 식 (6.16)의 양변에 좌변의 전치행렬을 곱하고 기대값을 취하면 식 (6.17)을 얻고 η 행렬도 식 (6.18)과 같이 나타낼 수 있다.

$$[z(x) - z(x_{ref})] = \beta'[z(x_i) - z(x_{ref})] + \eta\varepsilon, \ i = 1, n-1 \tag{6.16}$$

$$\beta' = [Cov(x - x_i)][Cov(x_i - x_j)]^{-1}, \ i, j = 1, n-1 \tag{6.17}$$

$$\beta_{ref} = 1 - \sum_{i=1}^{n-1} \beta_i$$

$$\eta\eta^T = [Cov(x - x_i)] - \beta'[Cov(x - x_i)]^T, \ i = 1, n-1 \tag{6.18}$$

여기서 n은 자료값 예측을 위해 사용된 자료의 총개수, β'은 기준점을 제외한 자료들에 대한 가중치벡터, β_{ref}는 기준점에 대한 가중치이다.

기준점에 대한 가중치는 전체 가중치의 합이 1이 되도록 식 (6.17)과 같이 계산한다. 프랙탈 조건부 시뮬레이션의 경우 가중치는 자료 상호간의 거리와 기준점의 위치에 따라 달라지며 양과 음의 값을 모두 가질 수 있다. 따라서 일부의 가중치는 1보다 클 수도 있다.

$Cov(x_i - x_j)$는 임의의 두 지점 (x_i, x_j) 사이의 공간관계를 나타내는 것으로 식 (6.11)을 변형하여 다음과 같이 계산할 수 있다.

$$\begin{aligned} Cov(x_i - x_j) &= E\left\{[z(x_i) - z(x_{ref})][z(x_j) - z(x_{ref})]\right\} \\ &= \frac{1}{2}\left\{E[(z(x_i) - z(x_{ref}))^2] + E[(z(x_j) - z(x_{ref}))^2] - E[(z(x_i) - z(x_j))^2]\right\} \\ &= \frac{1}{2}V_H[|x_i - x_{ref}|^{2H} + |x_j - x_{ref}|^{2H} - |x_i - x_j|^{2H}] \end{aligned} \tag{6.19}$$

여기서 V_H는 자료의 산포도 크기에 관련된 비례상수로 로그-로그 변환한 베리오그램의 절편으로부터 구할 수 있다.

프랙탈 조건부 시뮬레이션을 적용하기 위해서 먼저 전체 필드가 프랙탈 특성을 나타내는지 확인하고 그 특성치를 결정한다. 구체적 계산을 위하여 전체 필드는 멱급수모델로 베리오그램 모델링이 가능하고 비례상수 V_H는 3, 간헐도지수 H는 0.9라고 가정하자.

〈그림 6.25〉와 같이 자료 값과 위치가 주어졌을 때 위에서 설명한 방법으로 하나의 값을 구체적으로 생성해 보자. 사용된 자료의 총수는 기준점을 포함하여 4개이다. 각 자료 간의 거리는 〈표 6.9〉에 주어졌다.

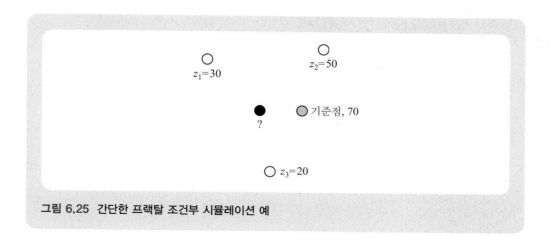

그림 6.25 간단한 프랙탈 조건부 시뮬레이션 예

표 6.9 〈그림 6.25〉에 주어진 각 점들 간의 거리(단위 : m)

	기준점	x_1	x_2	x_3
예측점	5	10	10	10
기준점	0	13	7	7
z_1	13	0	15	15
z_2	7	15	0	11
z_3	7	15	11	0

식 (6.17)과 (6.18)을 이용하여 자료들의 공간관계와 분리거리에 따른 가중치 행렬을 계산할 수 있다. 예를 들어 미지점과 자료 1, 자료 1과 자료 2와의 공간관계(크리깅에서 사용된 공분산의 의미)를 나타내는 $Cov(x - x_1)$, $Cov(x_1 - x_2)$를 다음과 같이 구할 수 있다.

$$Cov(x - x_1) = \frac{1}{2} V_H (|x - x_{ref}|^{2H} + |x_1 - x_{ref}|^{2H} - |x - x_1|^{2H})$$

$$= \frac{1}{2} 3(5^{2H} + 13^{2H} - 10^{2H}) = 84.31$$

$$Cov(x_1 - x_2) = \frac{1}{2} V_H (|x_1 - x_{ref}|^{2H} + |x_2 - x_{ref}|^{2H} - |x_1 - x_2|^{2H}) = 5.21$$

이러한 방법으로 모든 자료점에 대하여 공분산(공간관계)을 계산하면 식 (6.17)로 주어진 β'를 다음과 같이 얻는다.

$$\beta' = [Cov(x - x_i)][Cov(x_i - x_j)]^{-1}, \ i, j = 1, 3$$

$$= \begin{pmatrix} 84.31 & -17.66 & -17.66 \end{pmatrix} \begin{pmatrix} 303.54 & 5.21 & 5.21 \\ 5.21 & 99.61 & -12.75 \\ 5.21 & -12.75 & 99.61 \end{pmatrix}^{-1}$$

$$= \begin{pmatrix} 0.285 & -0.220 & -0.220 \end{pmatrix}$$

$$\beta_{ref} = 1 - \sum_{i=1}^{3} \beta_i = 1 - (0.285 - 0.220 - 0.220) = 1.156$$

$$Cov(x - x) = \frac{1}{2} V_H (\mid x - x_{ref} \mid^{2H} + \mid x - x_{ref} \mid^{2H} - \mid x - x \mid^{2H}) = 54.36$$

$$\eta^2 = [Cov(x - x)] - \beta'[Cov(x - x_i)]^T, \ i = 1, 3$$

$$= 54.36 - \begin{pmatrix} 0.285 & -0.220 & -0.220 \end{pmatrix} \begin{pmatrix} 84.31 \\ -17.66 \\ -17.66 \end{pmatrix} = 22.52$$

$$\eta = 4.745$$

여기서 정규분포 $N(0, 1)$의 난수 ε의 값이 -0.23이면, 예측하려는 공간변수값은 식 (6.16)으로부터 다음과 같이 결정된다.

$$z(x) = \beta[z(x_i)] + \eta\varepsilon$$

$$= \begin{pmatrix} 0.285 & -0.2 & -0.2 & 1.156 \end{pmatrix} \begin{pmatrix} 30 \\ 50 \\ 20 \\ 70 \end{pmatrix} + 4.745 \times (-0.23) = 72.93$$

이상의 과정을 한 점이 아닌 전체 필드에 적용하기 위해서는 순차 시뮬레이션을 사용한다. 〈그림 6.26〉은 33×33 크기를 가진 필드에 연쇄잔차첨가법으로 1,089개 자료를 생성한 후에 임의로 40개 자료를 선택한 것이다. 자료생성을 위해서 평균 100, 표준편차 25, 간헐도지수 0.8을 사용하였다.

〈그림 6.27〉은 주어진 자료들만을 사용하여 계산한 베리오그램을 로그-로그 좌표축에 나타낸 것이다. 이를 이용하여 직선식을 구하면 기울기가 1.53, 절편이 0.52이다. 직선의 기울기로부터 계산된 간헐도지수는 0.77, 절편에서 계산된 V_H는 6.6이다.

〈그림 6.28〉은 〈그림 6.26〉의 자료와 〈그림 6.27〉의 베리오그램 분석에서 얻은 프랙탈 특

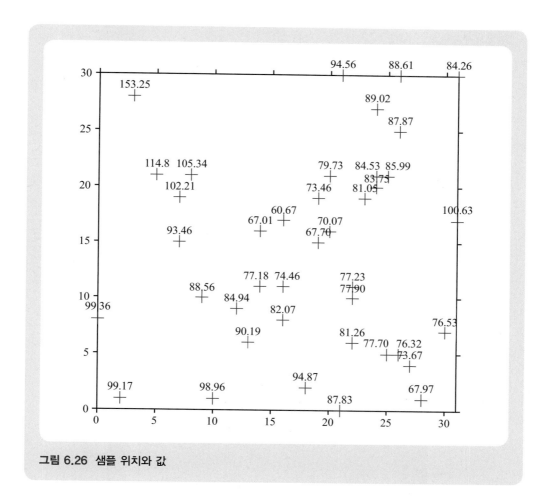

그림 6.26 샘플 위치와 값

성치로 프랙탈 조건부 시뮬레이션을 수행한 결과이다. 주어진 자료의 간헐도지수가 크기 때문에 예측값들도 비슷한 값들이 모여서 나타나는 경향을 잘 보여준다. 프랙탈 조건부 시뮬레이션도 각각의 생성결과가 다른 추계학적 특성을 보인다. 생성된 자료들을 바탕으로 계산된 통계특성치도 주어진 자료와 비슷한 범위 안에 있지만 완전히 일치하지 않는다. 이는 프랙탈 특성을 보이는 자료의 복잡성과 추계학적 특성으로 인한 결과이다.

　　제6장에 소개한 내용을 통하여 이제 다양한 분포특성을 보이는 자료를 분석하고 그 특성치를 평가할 뿐만 아니라 이들을 활용하여 등가의 예측치를 재생하는 조건부 시뮬레이션이 가능할 것이다. 복잡하고 어려워 보이는 계산과정도 실제로 수행해보면 생각보다 쉽다는 사실을 모든 독자들이 깨닫길 희망한다.

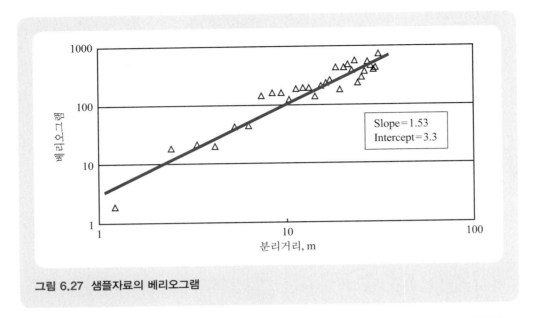

그림 6.27 샘플자료의 베리오그램

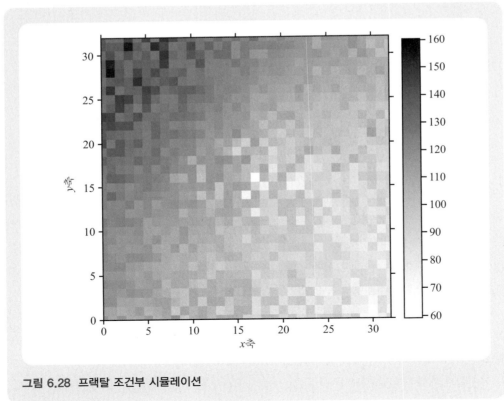

그림 6.28 프랙탈 조건부 시뮬레이션

6.1 다음 용어를 설명하라.
   (1) 조건부 시뮬레이션
   (2) 순차 시뮬레이션
   (3) 지표 시뮬레이션
   (4) 프랙탈

6.2 다음에 언급된 시뮬레이션이 이루어지는 과정을 간단히 설명하라. 대상영역을 2차원으로 가정하라.
   (1) 임의잔차첨가법
   (2) 순차 가우스 시뮬레이션
   (3) 순차 지표 시뮬레이션

6.3 식 (6.6)을 유도하라.

6.4 깊이에 따른 1차원 유체투과율 자료가 아래와 같을 때 임의잔차첨가법으로 깊이 1.5, 3.5, 4.5, 6.5ft에서 유체투과율을 예측하라. 자료의 평균은 100, 표준편차는 25로 가정하고 베리오그램은 $\gamma(h) = 550 + 900Sph_{13}(h)$를 사용하라.

깊이(ft)	유체투과율(md)
0.5	101.1
2.5	132.4
5.5	101.3
7.5	87.8

6.5 다음과 같이 5×5로 이루어진 25개 격자를 임의경로로 방문하고자 한다. 〈표 6.1〉에 제시된 방법에 따라 각 격자를 방문하는 순서를 결정하라. 사용된 가정과 방법을 구체적으로 설명하라.

1	2	3	4	5
6	7	8	9	10
11	12	13	14	15
16	17	18	19	20
21	22	23	24	25

6.6 〈예제 5.1〉의 자료를 사용하여 z_5의 값을 SGS로 예측하라. SGS로 10, 20, 30회 예측하여 그 평균을 구하고 정규크리깅 결과와 비교하라.

6.7 부록 III에 주어진 유동용량 자료의 정규성을 평가하라. 만약 정규분포를 따르지 않으면 정규분포를 따르도록 변환하라. 사용한 방법을 구체적으로 명시하라.

6.8 깊이에 따른 1차원 유체투과율 자료가 아래와 같을 때 정규크리깅으로 깊이 5ft에서의 유체투과율을 예측하라. 만약 예상하지 못한 결과가 나타나면 이를 개선시킬 수 있는 방법에 대하여 설명하라. 베리오그램은 $\gamma(h) = 2.7 + 53.7 Gauss_{4.72}(h)$를 사용하라.

깊이(ft)	유체투과율(md)
1.0	10.0
2.0	9.0
3.0	6.0
4.0	1.0
6.0	2.0
7.0	6.0
8.0	14.0
9.0	15.0
10.0	16.0

6.9 〈표 6.4〉의 자료를 이용하고 지표경계값을 각각 10, 20으로 하여 다음 물음에 답하라.

(1) 전통적인 크리깅 기법과 비교하여 SIS의 특징을 기술하라.

(2) 각 경계값을 이용하여 사전분포함수를 계산하라.

(3) SIS 기법으로 한 값을 예측하는 과정을 위의 자료들을 사용하여 구체적으로 설명하라.

6.10 Sierpinski 구조를 만들 수 있는 구체적인 방법을 설명하고 그 방법에 따라 6, 10회 시행하여 〈그림 6.17〉의 모습을 만들어라.

6.11 fBm을 따르는 1차원 필드를 H에 따라 〈그림 6.22〉와 같이 생성하고 분산을 1, 2, 4로 변화시켜 그 영향을 구체적으로 평가하라.

제6장 심화문제

아래의 연구문제는 이 책에서 소개하지 못한 내용으로 심화학습을 위한 것이다. 따라서 학부수업에서는 이들을 무시하여도 수업을 진행하는데 문제가 없다. 관심 있는 독자들은 추가적인 자료조사와 학습을 통해 지구통계학에 대한 이해를 높일 수 있다.

6.12 임의의 크기로 10×10 구역을 가진 격자를 만들고, 평균 20, 분산 5인 정규분포자료를 10개 생성하여 주어진 구역에 임의로 배당하라. 이들 자료와 베리오그램 $5\text{Exp}_a(h)$를(여기서 $a = 3 \times$단위격자크기) 이용하여 순차 가우스 시뮬레이션으로 나머지 값들을 생성하라. 생성된 자료를 바탕으로 평균과 분산을 계산하고 베리오그램 모델링을 통하여 상관거리를 구하라.

6.13 부록 III에 주어진 카드뮴 농도 자료에서, 임의로 50×50 구역을 선택하라. 선택된 구역에 20개 예측지점을 정하여 정규크리깅 예측치와 SGS 예측치를 비교하라. 전체 자료에서 얻은 베리오그램을 사용하라.

6.14 부록 III에 주어진 초기 퍼텐셜 자료를 이용하여 일정한 경로와 임의경로를 따를 때 SGS의 통계 특성치를 비교하라. 먼저 자료의 정규성을 판정하고 필요하면 자료를 정규분포로 변환하라. 격자크기는 1000×1000ft로 하고 격자의 중앙에서 값을 예측하라.

6.15 부록 III에 주어진 유동용량 자료의 정규수치변환을 실시하라. 변환된 자료를 이용하여 SGS로 자료를 생성하고 정규수치역변환으로 값을 예측하라. 격자크기는 1000×1000ft로 하고 격자의 중앙에서 값을 예측하라.

6.16 부록 III에 주어진 유동용량 자료를 사용하여 SIS 기법으로 변수값을 예측하고 그 결과를 〈그림 6.14〉와 〈표 6.5〉의 통계치와 비교하라. 〈그림 6.10〉과 〈그림 6.11〉에 주어진 지표 베리오그램을 사용하라. 격자크기는 1000×1000ft로 하고 격자의 중앙에서 값을 예측하라.

6.17 'Koch curve'가 무엇인지 그 형태를 보이고 수평선에서 'Koch curve'를 만드는 원리에 대하여 설명하라. 박스계수법으로 그 곡선의 프랙탈차원이 1.26임을 보여라.

6.18 푸리에변환(Fourier transformation)과 그 역변환의 정의를 설명하라. 특정 구간 내 변화하는 자료의 진폭과 주파수 관계를 이용하여 분포특징을 파악하는 스펙트럼밀도법에 대하여 다음 질문을 바탕으로 설명하라.
(1) 스펙트럼밀도의 정의는 무엇인가?
(2) 스펙트럼밀도와 주파수의 멱급수관계는 무엇인가?
(3) 파악된 멱급수관계에서 알 수 있는 공간적 분포(fGn 또는 fBm)의 특징은 무엇인가?
(4) 스펙트럼밀도법에서 멱급수의 지수와 간헐도지수와의 관계는 무엇인가?

6.19 규모변화분석법을 이용하여 간헐도지수를 구하는 원리를 설명하고 구체적 과정을 예제를 통하여 보여라.

6.20 식 (6.13)과 〈표 6.10〉에 주어진 변환식을 사용하여 자기반복성을 보이는 프랙탈구조를 생성하라. 반복횟수 100, 1000, 10000번 경우를 서로 비교하라.

표 6.10 사각형구조를 위한 IFS 변환 관계식(Barnsley 등, 1993)

w	a	b	c	d	e	f	p
1	0.5	0	0	0.5	1	1	0.25
2	0.5	0	0	0.5	50	1	0.25
3	0.5	0	0	0.5	1	50	0.25
4	0.5	0	0	0.5	50	50	0.25

6.21 〈표 6.11〉의 자료를 이용하여 〈연구문제 6.20〉을 반복하라.

표 6.11 프랙탈나무(fractal tree) 구조를 위한 IFS 변환 관계식(Barnsley 등, 1993)

w	a	b	c	d	e	f	p
1	0.5	0	0	0.5	0	0	0.05
2	0.42	−0.42	0.42	0.42	0	0.2	0.4
3	0.42	0.42	−0.42	0.42	0	0.2	0.4
4	0.1	0	0	0.1	0	0.2	0.15

6.22 FFT(Fast Fourier transformation) 기법으로 프랙탈 필드를 구현하는 방법에 대하여 설명하라.

제7장
자료통합 및 최적화 기법

7.1 최적화 기법의 종류

7.2 동적자료를 포함한 역산 기법

주어진 자료를 효과적으로 결합하여 신뢰할 수 있는 결과를 얻는 것은 의사결정에 중요하다. 이를 위해 이용가능한 자료를 통합하는 최적화 과정이 필요하다. 최적화 기법은 목적함수의 변화율을 이용하는 방법과 목적함수값을 이용하는 방법으로 분류된다.

이 장에서는 주어진 시스템의 관심인자를 수식적으로 나타낸 목적함수를 최적화하는 담금질모사 기법과 유전알고리즘 기법에 대하여 설명한다. 이들은 다양한 분야에 적용되므로 기본적인 원리와 구체적 계산과정을 알아야 한다.

한정된 정보로부터 주어진 시스템을 보다 정확히 예측하기 위해서는 시스템의 거동과 관련된 동적자료가 필요하다. 이들 정보를 목적함수에 포함시켜 역산을 수행하면 불확실성을 현저히 줄인 결과를 제시할 수 있다. 이와 같은 과정을 통하여 주어진 시스템의 특성화가 이루어지면 시스템의 향후 거동을 예측하고 이를 바탕으로 의사결정이 가능하다.

7.1 최적화 기법의 종류

최적화는 주어진 정보를 이용하여 원하는 결과(최대 또는 최소)를 만족하는 조건들을 찾아내는 것이다. 지금까지 설명한 많은 방법들도 여러 형태의 최적화 기법이다. 회귀분석(제3장)에서도 자료들의 상관관계를 가장 잘 표현하는 회귀식을 찾는다. 이를 위하여 회귀식이 오차를 최소로 하고 편향되지 않도록 각 계수들을 결정한다. 독립변수(설명변수)가 주어지면 최적화 결과인 회귀식으로 종속변수(반응변수)의 값을 예측할 수 있다.

분리거리에 따른 공간자료의 특성을 나타내는 베리오그램 모델링(제4장)도 최적화 과정을 거친다. 구체적으로 실험적 베리오그램을 계산하고 이를 가장 잘 대표하는 이론적 베리오그램을 찾는다. 양의 정부호를 만족하기 위한 여러 모델링 기법도 최적화 과정 중 하나로 볼 수 있다.

크리깅(제5장)은 여러 가지 제약조건을 만족하면서 주어진 목적함수를 최소화하는 가중치를 계산한다. 이는 전형적인 최적화의 예이다. 조건부 시뮬레이션(제6장)은 최적화를 통해 생성된 결과들이 어떠한 불확실성을 나타내는지 파악하기 위하여 같은 확률적 가능성을 가진 여러 경우를 재생한다.

크리깅과 조건부 시뮬레이션은 각각 고유한 특징과 장점을 가지지만 복잡한 지질구조를 재생하기 어렵다. 무엇보다도 시스템의 거동과 관련된 동적자료를 활용하여 시스템의 특징을 기술하는 데 한계가 있다. 따라서 신뢰할 수 있는 시스템 거동예측을 위해서는 다양한 자료를 통합하는 최적화가 필수적이다.

이제까지 설명한 여러 내용들이 최적화와 연관되지만 이 장은 전통적인 지구통계기법과는 별도로 하나의 독립된 분야라 할 수 있다. 주어진 자료의 통합적 이용과 최적화는 공간자료의 활용뿐만 아니라 다양한 학문분야에서도 적용된다. 따라서 여기서는 기본원리와 간단한 적용을 설명하여 심화학습의 기초를 제공하고자 한다.

최적화 기법은 목적과 필요한 정보의 종류와 양에 따라 다양하다. 여기서는 담금질모사 기법(simulated annealing, SA)과 유전알고리즘 기법(genetic algorithm, GA)에 대하여 기본이론과 간단한 예를 소개한다. 담금질모사 기법은 'simulated annealing'이라는 영어명칭 그대로 사용하는 경우도 많다. 이들 두 방법은 함수의 변화율을 이용하지 않는 최적화 기법의 대표적인 예이며 다수의 지역적 최적값(local optimum)을 갖는 최적화 문제에 효과적이다.

(1) 담금질모사 기법

담금질모사 기법은 주로 광역최적화에 사용되며 원하는 목적함수를 최소화하기 위하여 관심 있는 변수의 일부를 임의로 교란(perturbation)하여 목적함수가 최소값에 도달하도록 한다. 시뮬레이션 과정 중에는 목적함수가 증가하더라도 일정한 확률로 그 변화를 수용하여 지역적 최소값을 벗어나 광역적 최소값(global minimum)에 수렴하게 한다. 하지만 많은 계산을 필요로 하는 단점이 있다.

고온으로 가열되어 분자의 운동상태가 자유로웠던 물질이 서서히 냉각되면서 에너지가 최소화되고 안정되는 담금질현상과 유사한 원리를 보이므로 담금질모사 기법이라 한다. 고온상태에서 움직임이 자유로운 물질은 해당온도에서 에너지가 최소로 되는 방향으로 분자들이 배열된다. 그 상태에서 온도가 다시 하강하면 에너지를 최소로 하는 방향으로 분자들이 재배열된다. 이와 같이 일정한 계획에 따라 온도를 낮추어 주면 최종상태에서는 에너지가 가장 낮은 상태로 분자가 배열되어 안정한 상태가 된다.

1. 담금질모사 기법의 과정

SA 기법은 특별히 다른 모델이나 추가적인 시뮬레이션 없이 목적함수를 설정할 수 있고 적용이 용이하여 공학, 컴퓨터 시뮬레이션, 경제학, 사회학 등 많은 분야의 최적화에 사용된다. 최적경로탐색, 회로설계, 자료처리는 SA를 적용할 수 있는 대표적인 예이다.

SA를 사용한 최적화 과정은 다음과 같다.

① 자료가 없는 지점에서 알려진 분포특성을 이용하여 자료 생성
② 생성된 자료로 목적함수값 계산
③ 임의로 한 지점을 선택하고 값을 변화(교란)
④ 변화된 값으로 목적함수를 다시 계산
⑤ 목적함수의 변화에 따라 교란된 값의 수용여부 결정
⑥ 일정한 횟수를 반복한 후 온도감소
⑦ 목적함수가 원하는 기준으로 수렴할 때까지 ③~⑥ 과정을 반복

SA 기법의 최적화 과정은 위에서 설명한 것 같이 단순하지만 실제적인 적용을 위해서는 추가적인 정보가 필요하다. 주어진 자료의 여러 특성 중에서도 그 분포특성을 아는 것이 중요하다. 분포특성을 알면 누적확률분포를 계산할 수 있고 난수를 이용하여 어렵지 않게 자료를 생성할 수 있다.

자료를 생성할 때 평균과 분산 그리고 상관거리와 같은 제약조건을 우선적으로 만족하는 초기 자료를 생성하면 그 다음 계산들이 비교적 효율적으로 진행될 수 있다. 임의로 초기값을 할

당할 수도 있지만 효과적인 수렴을 위해서 이미 소개한 크리깅이나 조건부 시뮬레이션으로 주어진 자료의 공간적 분포특성을 보존하는 자료들을 생성할 수도 있다. 정규분포를 따르는 자료의 경우 순차 가우스 시뮬레이션을 이용한 자료생성은 매우 유효하며 효과적이다.

문제의 특성에 따라 자료의 통계치나 예측값과 관측값의 차이인 오차를 목적함수로 사용할 수 있다. 자료의 분포특성이나 베리오그램과 같은 정보를 목적함수에 포함시킬 수도 있다. 여러 가지 항목들을 목적함수로 사용할 때는 가중선형조합으로 나타내며 중요한 인자에 더 큰 가중치를 부여한다. 여기서 더 큰 가중치란 가중치값 자체가 아니라 결과적인 최종값(＝가중치×해당 항목)이 전체 목적함수에서 큰 비중을 차지한다는 것이다. 따라서 목적함수에 사용한 각 항목이 동일한 비중을 갖기 위해서는 각 가중치가 해당항목의 절대값 크기에 반비례하게 정해져야 한다.

2. 관심인자의 갱신

SA 기법에서 자료갱신은 자료값의 교란과 수용으로 이루어진다. 초기에 주어진 자료를 변화(또는 교란)시키는 방법에는 크게 다음 두 가지가 있다.

- 기존 자료의 상호교환(swapping)
- 새로운 자료의 생성(generation)

자료를 교란시키는 방법 중 하나는 이미 생성된 두 지점의 자료를 서로 바꾸는 것이다. 이는 주어진 자료의 분포, 통계특성값, 누적확률을 그대로 보존하며 매 계산단계마다 자료를 생성할 필요가 없다는 장점이 있다. 그러므로 전체 자료의 통계특성이나 히스토그램을 변화시키고자 할 경우에는 사용할 수 없다.

이 방법으로 자료를 교란시켰을 때 SA 기법의 최종결과는 초기에 생성된 자료의 재배열에 의하여 결정되므로 초기의 자료가 참값과 다른 경우 수렴해를 구하는 데 어려움이 있을 수 있다. 따라서, 자료를 상호교환하는 경우는 크리깅보다 조건부 시뮬레이션으로 초기값을 생성하는 것이 유리하다.

다른 방법으로는 주어진 분포특성이나 상관거리를 이용하여 새로운 값을 생성하는 것이다. 이제까지 소개된 여러 지구통계적 기법들을 사용할 수 있으며 전체 자료의 통계치는 변화된다. 이 방법은 초기 자료값이 참값과 비교적 다를 경우에도 새로운 자료가 생성되어 해의 적절성이 평가되므로 수렴해를 제공한다.

히스토그램을 만족시키기 위해서는 해당 히스토그램의 누적분포에서 새로운 값을 생성한다. 베리오그램을 목적함수로 하는 경우에는 약간의 프로그래밍 기법이 필요하다. 왜냐하면 임의로 생성된 한 자료가 주어진 베리오그램을 만족하는지 여부를 판단하기는 어렵고 또 베리오그램이 한 자료값에 민감하지 않기 때문이다. 따라서 임의의 자료를 생성하여 베리오그램을 만족하는지 여부를 검사하지 않고, 주어진 베리오그램을 만족하는 자료를 생성하여 이용할 수 있다.

SA 기법의 가장 핵심적인 부분 중 하나가 주어진 변화를 수용할 것인지 거부할 것인지를 결정하는 기준이다. 목적함수가 자료의 특성치이면 계산이 용이하지만 주어진 시스템의 거동(예 : 생산량, 압력, 추적자 농도곡선 등)이면 이를 해석하기 위한 추가적인 시뮬레이션이 필요하다.

정의된 목적함수가 감소하였다면 이는 우리가 원하는 것이므로 그 변화를 무조건 받아 들인다. 따라서 목적함수가 증가하였을 때 그 변화를 수용할지 여부에 대한 기준이 필요하다. Metropolis 등(1953)은 온도에 따른 Gibb의 누적확률함수를 이용하여 다음과 같은 기준을 제시하였다.

$$p(\Delta E) = e^{-\Delta E/T}, \ \ \Delta E = E_{new} - E_{old}$$
$$r_n \leq p(\Delta E) : \text{수용(accept)}$$
$$r_n > p(\Delta E) : \text{거절(reject)}$$

$$(7.1)$$

여기서 r_n은 0과 1 사이의 값을 갖는 균일분포로부터 얻은 난수, E는 목적함수를 나타내며 주어진 온도에서의 에너지 개념으로 사용되었다. $p(\Delta E)$는 주어진 온도 T에서 ΔE만큼의 에너지가 나타날 확률을 의미하며 이를 Boltzman 누적확률함수라고 한다.

Metropolis 등(1953)은 목적함수가 증가할 때 그 변화를 수용할 최대확률로 식 (7.1)의 누적확률을 사용하였다. 따라서 목적함수의 변화를 계산하고 그 값이 양이면 그와 같은 변화가 일어날 수 있는 최대확률을 식 (7.1)로 가정한다. 임의로 추출된 0과 1 사이의 난수와 비교하여 그 변화를 수용(accept)하거나 거절(reject)한다.

식 (7.1)로 주어진 조건에서 교란된 새로운 해를 받아들일 확률은 식 (7.2)와 같이 요약된다.

$$p = \begin{cases} 1, & if \ \Delta E < 0 \\ e^{-\Delta E/T}, & if \ \Delta E > 0 \end{cases}$$

$$(7.2)$$

교란된 값이 주어진 목적함수를 감소시키면($\Delta E \langle 0$) 이를 항상 수용한다. 이 경우에 식 (7.1)에서도 교란을 수용할 확률이 1이 된다. 교란된 값이 목적함수를 증가시키면($\Delta E \rangle 0$), 주어진 확률값 $\exp(-\Delta E/T)$를 교란된 값을 받아들일 수 있는 최대확률로 가정한다. 따라서 0과 1

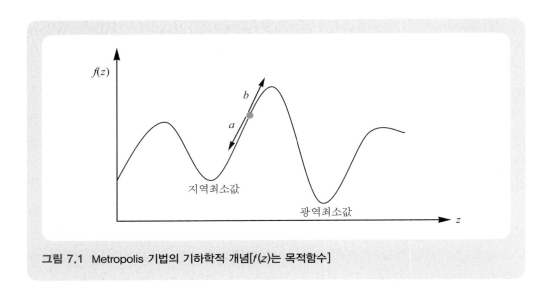

그림 7.1 Metropolis 기법의 기하학적 개념[$f(z)$는 목적함수]

사이의 균일분포로부터 난수를 생성하고 난수가 주어진 확률값보다 작으면 교란을 수용하고 그 반대이면 교란을 무시한다. 이와 같은 SA 기법을 'Metropolis Algorithm'이라고도 한다.

〈그림 7.1〉은 Metropolis 기법의 개념을 기하학적으로 보여준다. 〈그림 7.1〉에 주어진 현 위치에서 기울기를 사용하는 최적화 기법들은 항상 기울기가 감소하는 방향(a 방향), 즉 목적함수가 작아지는 방향으로 수렴한다. 따라서 수렴해는 초기값에 민감하며 지역적 최소값에 수렴할 가능성이 높다.

이와 반대로 Metropolis 기법을 사용한 SA 최적화는 목적함수가 증가하는 방향(b 방향)으로의 변화(이를 unfavorable move라 함)도 일부 수용하여 지역최소값을 지나 광역최소값에 수렴하도록 한다. 이와 같이 목적함수가 증가하더라도 일정한 확률을 바탕으로 그 교란을 수용하는 것을 확률적 언덕오르기(probabilistic hill climbing)라 한다.

3. 담금질모사 기법의 수렴

주어진 목적함수에 대하여 SA 기법의 수렴에 영향을 미치는 인자는 다음과 같다.

- 초기온도
- 냉각계획
- 반복계산 제어조건
- 수렴조건

Metropolis 등이 제시한 기법을 사용하기 위해서는 먼저 초기온도를 결정해야 한다. SA 기법을 소개한 많은 문헌에서도 초기온도 설정에 대한 명확한 언급이 없는 경우가 많은데 이는 일반적인 식을 제시할 수 없고 각 문제의 특성에 따라 정해야 하기 때문이다. SA 기법에서 초기온도는 특별한 물리적 의미가 있는 것이 아니다. 따라서 목적함수의 초기값과 범위가 비슷한 값을 사용할 수 있다.

여기서 중요한 요점은 비교적 큰 값을 초기온도로 사용하는 것이다. 그 결과 $p(\Delta E)$의 값이 1에 가깝게 되어 목적함수가 증가하는 교란도 비교적 많이 수용하게 된다. 그후 점차 온도를 낮추어 목적함수가 최적값에 접근할수록 목적함수가 증가하는 교란의 수용을 줄여나간다. 즉, 초기에는 많은 교란을 허용하여 다양한 해를 모색하고 시뮬레이션이 진행될수록 점차로 유리한 방향의 해만 수용하여 광역적 최소값에 수렴한다.

초기온도와 더불어 온도를 줄여나가는 냉각계획(cooling schedule 또는 annealing schedule)이 전체 계산량에 영향을 미친다. 주어진 온도에서 SA 시뮬레이션을 일정 횟수 반복한 후에 온도를 낮추어 주는데 대부분 현재 사용 중인 온도의 일정한 비율만큼 낮춘다. 이를 일반식으로 쓰면 식 (7.3)과 같다.

$$T = \alpha^n T_0 \tag{7.3}$$

여기서 T_0는 초기온도, n은 온도를 낮추어준 과정의 횟수, α는 온도감소율을 나타내는 상수이다.

식 (7.3)은 현재의 온도에 α배 한 값을 새로운 온도로 사용한다(즉, $T_{new} = \alpha T_{old}$)는 의미이다. 상수 α가 1에 가까우면, 온도를 줄이는 속도가 낮아 수렴속도도 같이 느려진다. 이는 많은 검색으로 계산량도 증가함을 의미한다. 반대로 너무 작은 값을 사용하면 온도가 빨리 감소하여 광역최소값에 수렴하지 못하고 지역적 최소값에 수렴할 수 있다.

일반적으로 상수 α는 0.8~0.95의 값을 가지나 모든 경우에 적용되는 것은 아니다. 따라서 초기온도와 냉각속도는 본인의 경험으로 정하거나 주어진 목적함수를 바탕으로 몇 번의 시뮬레이션을 수행하면 개략적인 범위를 알 수 있다. 또한 이들에 대한 민감도분석으로 적절한 값을 결정할 수 있다.

일정한 온도에서 SA 시뮬레이션을 수행하는 횟수도 결정해야 할 중요한 인자이다. 이 횟수를 정하는 데도 일정한 규칙이 있는 것은 아니고 민감도분석을 통해 인자값의 범위를 결정할 수 있다. 또는 일정한 횟수 이상의 교란이 받아들여지면 온도를 낮추는 방법을 선택할 수 있다. 주어진 자료와 생성할 자료가 많으면 그만큼 많은 계산이 필요하므로 매 온도단계에서 계산량이 많아진다.

따라서 가능한 한 가지 방법은 생성할 자료의 수에 비례하게 최대교란횟수를 정하는 것이다. 특별한 정보가 없을 때는 계산횟수를 생성할 자료의 10~100배 정도로 할 수 있다. 효율적인 프로그래밍은 계산량이 많은 SA 기법의 적용에 중요하다.

SA 기법은 계산을 무한히 반복하면 항상 광역적 최소값에 도달한다. 하지만 한정된 재원 내에서 최적값을 구할 수 있는 수렴기준을 정하는 것이 실제계산을 위해서 필요하다. 원칙적으로 목적함수가 미리 설정된 한계값보다 작아지면 수렴한다.

때로는 한계값이 너무 작거나 수렴속도가 늦어 지역최소값을 넘어 광역최소값에 수렴하지 못한다. 이러한 경우에 시뮬레이션이 피로한계 또는 고갈상태에 있다고 한다. 이 경우는 주어진 시스템이 강한 비선형성을 나타내지 않는다면 보통 초기온도나 냉각속도가 잘못되어 발생한다. 따라서 새로운 조건 하에서 계산하는 것이 필요하다. 이와 같은 문제점을 극복하고 무한루프에 빠지는 것을 방지하기 위해 각 온도에서 교란 후 수용되지 않는 최대수를 설정하기도 한다.

| **예제 7.1** | 아래와 같이 6개 자료가 주어졌을 때, 이들 값을 SA 기법으로 재생하라. 자료의 하첨자는 배당된 격자번호를 의미한다. 계산편의를 위해 두 번째 열 중앙의 값(즉, 네 번째 격자) 800은 알려졌다고 가정하라. 자료분포는 이산균일분포를 따르고 값의 변화는 100에서 900까지 100씩 증가한다고 가정하라. 목적함수를 위한 통계치는 주어진 값의 표준편차 298.14이다. 구체적인 계산을 위해 초기온도 50, 냉각속도 0.85, 각 온도에서 최대교란수 10회로 하라.

$300_{(1)}$	$200_{(2)}$
$500_{(3)}$	**$800_{(4)}$**
$900_{(5)}$	$100_{(6)}$

목적함수를 위한 통계치는 (모집단 기준으로 계산된 6개 값의) 표준편차이므로 목적함수를 다음과 같이 계산된 표준편차와 주어진 표준편차의 차이의 절대값으로 두었다.

$$E_{obj} = |\sigma - 298.14|$$

〈표 7.1〉은 SA 기법의 계산단계를 구체적으로 보여준다. 먼저 각 격자에 임의로 500을 할당하였다. 균일분포를 적용하면 5개 격자 중 각 격자가 선택될 확률은 0.2이다. 값을 교란할 격자가 결정되면 100에서 900까지의 이산변수값이 선택될 확률을 1/9씩 균일하게 배당하여 새로운 값을 생성한다.

〈표 7.1〉의 두 번째 계산에서 5번 격자를 선택하고 새로운 값 600을 할당하였다. 이 값은 목적함수를 증가시키지만(구체적으로 계산하면, 187.6 − 186.3 = 1.3) 이와 같은 경우가 발생할 확률이 Metropolis 기법에 근거하여 매우 높은 0.98이다. 교란의 수용여부를 판단하기 위해 얻는 난수는 0.73이며 이는 주어진 확률값보다 작기 때문에 교란을 수용한다. 동일한 원리로 시뮬레이션을 계속하면, 3~6번째까지는 목적함수의 값이 감소하므로 무조건적으로 교란을 수용한다.

처음으로 교란을 무시하는 8번째 경우는, 목적함수의 증가폭이 매우 커($\Delta E = 80$) 이와 같은 경우가 발생할 확률(0.20)이 작아진다. 결국 난수 0.54와 비교하여 그 교란을 무시한다. 따라서 9번째 반복계산을 위해서는 8번째 결과나 교란이 전혀 영향을 미치지 않는다.

구체적으로 8번째 시뮬레이션 과정에서 3번 격자값을 300에서 600으로 변화시켰다. 하지만 수용여부를 판정한 결과 '거절'되었기 때문에 이전 값을 그대로 가진다. 그러므로 9번째 반복계산에 3번 격자값은 300이 되고 목적함수의 변화량도 7번째 계산결과와 비교하여 계산(즉, 75 − 118 = −43)한다. 다르게 설명하면 교란이 무시된 8번째 반복계산은 시뮬레이션이 없었던 경우와 같다.

이와 같은 계산과정을 주어진 초기온도 50에서 10번을 수행하고 온도냉각계획에 따라 온도를 42.5로 낮추어 또 10번을 반복한다. 〈표 7.1〉에서 볼 수 있듯이 온도가 높을 때는 비록 목적함수가 증가하더라도 그 교란을 수용하는 경우가 많지만 온도가 낮아지면서 목적함수가 증가하는 교란을 무시하는 경우가 증가한다. 이는 반복계산 30번 이후에 잘 관찰된다.

〈표 7.1〉에 설명된 과정을 표준편차가 298.14에 수렴할 때까지 반복하여 아래와 같은 결과를 얻었다. SA 기법의 최종결과는 〈예제 7.1〉에 주어진 것과 동일한 값과 표준편차를 제시한다. 하지만 자료의 위치에 따른 참값은 얻지 못하였는데 이는 목적함수에 공간적 분포에 대한 정보가 포함되지 않았기 때문이다. 물론 이 장의 뒷부분에서 볼 수 있듯이 공간적 분포에 대한 정보가 추가되거나 동적자료를 목적함수에 포함한다면 이들도 만족하는 최적화 결과를 얻을 수 있다.

500	200
100	**800**
300	900

이 과정에서 에너지함수의 변화는 〈그림 7.2〉와 같다. 목적함수의 기울기에 기반한 최적화 기법은 계산이 진행될수록 오차가 점점 감소하는 반면, SA 기법에서는 오차가 증가하는 경우도 많다. 한정된 이산자료로 계산하였기 때문에 약간은 진동하는 모습을 보이지만 최적화가 진행될수록 점차 수렴한다. 〈그림 7.2〉는 총 45번의 수용과정을 통하여 얻은 결과로 초기 격자값의

표 7.1 SA 기법의 구체적 과정

No.	T	RN	Cell no.	RN	Cell 1	Cell 2	Cell 3	Cell 5	Cell 6	SD	E	ΔE	p	RN	Decision
1	50				500	500	500	500	500	112	186				Initial
2		0.74	5	0.65	500	500	500	600	500	111	188	1	0.98	0.73	Accept
3		0.45	3	0.26	500	500	300	600	500	149	149	−39			Accept
4		0.25	2	0.82	500	800	300	600	500	177	121	−28			Accept
5		0.13	1	0.81	800	800	300	600	500	189	110	−11			Accept
6		0.83	6	0.26	800	800	300	600	300	224	75	−35			Accept
7		0.91	6	0.57	800	800	300	600	600	180	118	43	0.42	0.23	Accept
8		0.55	3	0.58	800	800	600	600	600	100	198	80	0.20	0.54	Reject
9		0.74	5	0.26	800	800	300	300	600	224	75	−43			Accept
10		0.81	6	0.27	800	800	300	300	300	250	48	−26			Accept
11	42.5	0.66	5	0.09	800	800	300	100	300	291	7	−41			Accept
12		0.05	1	0.46	500	800	300	100	300	262	36	29	0.51	0.41	Accept
13		0.42	3	0.80	500	800	800	100	300	275	23	−13			Accept
14		0.40	2	0.01	500	100	800	100	300	292	6	−17			Accept
15		0.89	6	0.57	500	100	800	100	600	291	7	1	0.97	0.66	Accept
16		0.54	3	0.09	500	100	100	100	600	281	17	10	0.79	0.15	Accept
17		0.26	2	0.20	500	200	100	100	600	267	31	14	0.72	0.87	Reject
18		0.49	3	0.52	500	100	500	100	600	256	42	25	0.56	0.61	Reject
19		0.36	2	0.26	500	300	100	100	600	258	40	23	0.59	0.34	Accept
20		0.82	6	0.33	500	300	100	100	300	243	55	15	0.70	0.69	Accept
21	36.1	0.48	3	0.85	500	300	800	100	300	262	36	−19			Accept
22		0.50	3	0.69	500	300	700	100	300	243	55	19	0.59	0.10	Accept
23		0.13	1	0.27	300	300	700	100	300	248	50	−5			Accept
24		0.79	5	0.89	300	300	700	900	300	257	42	−9			Accept
25		0.90	6	0.52	300	300	700	900	500	234	64	23	0.53	0.96	Reject
26		0.52	3	0.95	300	300	900	900	300	285	13	−29			Accept
27		0.89	6	0.46	300	300	900	900	500	261	37	24	0.51	0.16	Accept
28		0.99	6	0.86	300	300	900	900	800	262	36	−2			Accept
29		0.13	1	0.94	900	300	900	900	800	213	85	49	0.26	0.63	Reject
30		0.52	3	0.09	300	300	100	900	800	309	11	−25			Accept
31	30.7	0.65	5	0.59	300	300	100	600	800	267	31	20	0.52	0.76	Reject
32		0.41	3	0.81	300	300	800	900	800	250	48	37	0.30	0.36	Reject
33		0.31	2	0.19	300	200	100	900	800	324	25	14	0.62	0.65	Reject
34		0.63	5	0.70	300	300	100	700	800	277	21	10	0.72	0.21	Accept
35		0.83	6	0.37	300	300	100	700	400	243	55	34	0.33	0.85	Reject

여기서 No.는 반복계산의 횟수, T는 온도, RN은 변수선택을 위한 난수, Cell no.는 난수에 의해 선택된 격자번호, SD는 계산된 표준편차, E는 목적함수, ΔE는 목적함수의 변화, p는 목적함수가 증가하였을 때 교란을 수용할 확률이다.

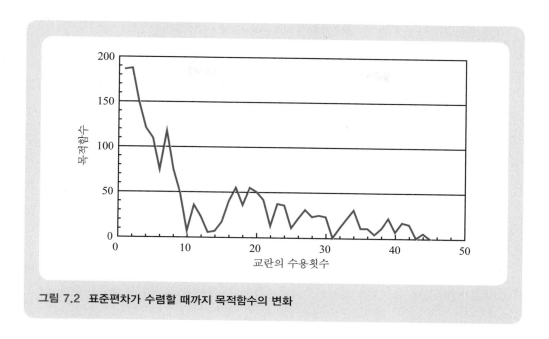

그림 7.2 표준편차가 수렴할 때까지 목적함수의 변화

분포와 냉각계획에 따라 수렴경향이 달라질 수 있다.

(2) Heat-bath 기법

앞에서 살펴본 Metropolis 기법은 가장 일반적인 SA 기법의 하나로 널리 사용된다. 하지만 주어진 문제가 복잡하고 냉각온도가 낮을수록 거부횟수가 급격히 증가하여 수렴속도를 현저히 저하시키는 문제점이 있다. 따라서 이에 대한 대안이 Heat-bath 기법이다.

Heat-bath 기법은 Metropolis 기법과는 달리 임의로 한 지점을 선택하지 않고 모든 지점을 차례대로 방문한다. 각 지점에서는 항상 수용되는 가중선택을 생성하며 모든 지점을 방문한 후 냉각과정을 거친다.

Heat-bath 기법을 이용한 최적화 과정은 다음과 같다.

① 초기값 생성
② 자료값의 구간분할 개수 결정
③ 첫 시작지점을 방문하여 M개의 모든 자료에 대해 목적함수와 확률을 계산
④ 계산된 확률을 이용하여 새로운 자료로 갱신
⑤ 차례로 모든 지점을 방문하여 같은 방법으로 각 지점의 자료값을 수정

⑥ 모든 지점을 방문한 후, 냉각계획에 따라 온도냉각

⑦ 수렴할 때까지 ③~⑥ 과정을 반복

Heat-bath 기법도 다른 기법과 마찬가지로 초기값을 생성한다. 초기값의 생성은 이용가능한 정보에 따라 다양한 기법을 사용할 수 있다. 초기값을 갱신하여 원하는 결과를 얻기 위한 첫 번째 과정은 자료값을 임의의 구간으로 분할하는 것이다. 임의로 M값을 선택하면 자료값(z)의 범위는 ($M-1$)개 구간으로 분할되며 이는 결과의 해상도를 결정한다. M값이 클수록 더 정확한 값을 구할 수 있지만 계산효율은 떨어진다. 구체적으로 다음과 같이 표현할 수 있다.

$$z_i = z_{\min} + i\Delta z, \ i = 0, (M-1)$$
$$\Delta z = (z_{\max} - z_{\min})/(M-1)$$

위의 수식에 의해 M개 값들이 정해졌으며 첫 지점을 방문하여 M개 모든 자료값에 대해 목적함수값과 확률값을 계산한다. 선택지점의 새로운 자료값은 아래의 분포를 통해 구한다.

$$p(z_i) = \exp[-E(z_i)/T] \ \Big/ \ \sum_{j=0}^{M-1} \exp[-E(z_j)/T] \tag{7.4}$$

여기서 $E(z)$는 목적함수값이고, T는 주어진 온도이다.

모든 자료값이 가질 수 있는 확률을 이용하여 각 자료가 가질 수 있는 상대확률을 식 (7.4)로 계산한다. 이와 같이 개별확률을 얻어 누적확률을 계산하고 난수를 추출하여 새로운 자료를 생성한다. Metropolis 기법에서는 목적함수의 변화에 따라 수용여부를 확률적으로 결정한다. 하지만 Heat-bath 기법에서는 각 목적함수가 가지는 확률을 식 (7.4)로 주어진 상대확률을 계산하여 각 변수가 가지는 확률값으로 배정한다.

한 격자에 대한 변수생성이 완료되면 차례로 모든 지점을 방문하여 동일한 방법으로 해당 격자의 값을 갱신한다. 주어진 모든 지점을 방문한 후, 목적함수의 수렴여부를 판정한다. 일반적인 SA 기법과 동일하게 수렴여부는 목적함수값이나 시뮬레이션의 최대반복횟수에 의해 결정된다. 만약 수렴하지 않으면 미리 결정한 냉각계획에 따라 온도를 낮춘다.

| **예제 7.2** | 〈예제 7.1〉에 주어진 문제를 Heat-bath 기법으로 풀고 구체적인 과정을 보여라. 주어진 격자값과 목적함수 그리고 시뮬레이션에 필요한 초기온도와 냉각계획도 같은 값으로 사용하라. M값을 9로 설정하여 100에서 900까지의 이산변수값을 배정하라.

〈표 7.2〉는 첫 번째 격자에서의 계산과정을 구체적으로 보여준다. 나머지 격자값들을 초기값으로 유지하고 격자 1의 변수값으로 100을 가정하면 목적함수값이 75.1이다. 이 값과 설정된 온도를 이용하여 확률 $\exp[-E(z)/T]$를 계산하면 0.2225이다. 격자 1에서 값을 200에서 900까지 변화시키며 동일한 계산을 반복한다.

격자 1에서 각 변수값이 가질 수 있는 확률을 이용하여 누적확률을 계산하면 〈그림 7.3〉과 같다. 이 누적확률분포를 이용하여 격자 1이 가질 수 있는 값을 할당한다. 즉, 0과 1 사이의 난수를 생성하고 분위수를 구하면 격자 1에서 변수값이 된다. 〈표 7.3〉에서 격자 1의 변수생성을 위한 난수가 0.33이므로 100에서 900까지 이산값 중에서 200을 변수값으로 얻는다.

〈표 7.2〉에 요약된 과정을 남은 4개 격자에 차례대로 수행한다. 이때 이전과정에서 찾은 각 격자값은 갱신된 값을 사용한다. 모든 격자에 대하여 위의 계산을 수행하면 목적함수값을 다시 계산하고 만약 주어진 수렴조건보다 작으면 계산을 멈춘다. 수렴조건을 만족하지 못하면 계획된 냉각속도에 따라 온도를 낮춘 후 앞의 과정을 반복한다.

〈표 7.3〉은 Heat-bath 과정을 표준편차가 298.14에 수렴할 때까지 반복한 과정을 보여준다. Metropolis 기법과 마찬가지로 〈예제 7.1〉에 주어진 참값과 동일한 값을 아래와 같이 얻는다. 그러나 자료의 상호위치에 대한 정보는 목적함수에 포함되지 않았기 때문에 각 자료의 참값과 위치까지는 일치하지 않는다.

100	500
300	**800**
200	900

표 7.2 Heat-bath 기법을 이용한 누적확률분포 작성 예

Cell 1	Cell 2	Cell 3	Cell 5	Cell 6	Cell 4	E	$\exp(-E/T)$	p	누적확률
100	500	500	500	500	800	75.1	0.2225	0.3203	0.3203
200	500	500	500	500	800	108.3	0.1147	0.1652	0.4855
300	500	500	500	500	800	137.8	0.0636	0.0915	0.5770
400	500	500	500	500	800	161.4	0.0397	0.0571	0.6341
500	500	500	500	500	800	175.5	0.0299	0.0430	0.6771
600	500	500	500	500	800	176.9	0.0291	0.0419	0.7190
700	500	500	500	500	800	165.1	0.0368	0.0530	0.7720
800	500	500	500	500	800	143.1	0.0572	0.0823	0.8543
900	500	500	500	500	800	114.5	0.1012	0.1457	1.0000

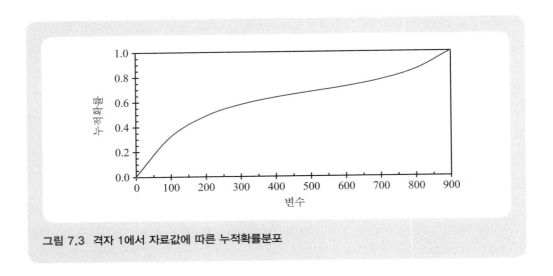

그림 7.3 격자 1에서 자료값에 따른 누적확률분포

표 7.3 Heat-bath 기법의 구체적 과정

No.	T	RN 1	Cell 1	RN 2	Cell 2	RN 3	Cell 3	RN 5	Cell 5	RN 6	Cell 6	E
1	initial		500		500		500		500		500	186.34
2	50	0.33	200	0.72	800	0.87	900	0.24	200	0.12	200	20.28
3	42.50	0.09	200	0.93	800	0.46	500	0.24	200	0.25	200	28.88
4	36.13	0.92	900	0.52	500	0.88	900	0.07	100	0.76	800	11.40
5	30.71	0.79	800	0.02	100	0.47	500	0.97	900	0.63	600	30.96
6	26.10	0.92	900	0.19	100	0.93	900	0.01	100	0.80	700	50.27
7	22.19	0.91	800	0.72	600	0.8	600	0.19	100	0.08	100	3.75
8	18.86	0.14	100	0.46	500	0.17	300	0.08	200	0.79	900	0.00

(3) 유전알고리즘 기법

유전알고리즘 기법은 생명체의 기질에 대한 정보는 염색체에 기록되고 주변환경에 잘 적응하는 생명체일수록 생존하고 더 우수한 후손을 번식시킨다는 진화론적 가설에 기반한다. 구체적으로 최적화 문제를 해결하기 위해 염색체는 가능한 후보해가 되고 자연환경은 해의 적합도를 평가하는 평가함수에 해당된다. 또한 후손번식은 주어진 후보해로부터 개선된 해를 만들어내는 과정에 해당된다.

GA 기법은 염색체와 유사한 자료구조로 부호화된 잠재적인 해의 모집단을 관리하면서 최적해를 찾는다. 주어진 자료구조에 재조합 연산자(recombination operator)를 적용하여 새로운 후보해를 찾고 평가함수를 이용하여 최적해를 선정한다.

주어진 목적함수를 최소로 하는 값을 찾는 일반적인 최적화 기법과는 달리 GA 기법은 개체군의 재조합으로 최적해를 찾는다. GA 기법은 SA 기법과 마찬가지로 비선형시스템의 거동예측, 인공신경망, 최적경로설계, 로봇의 궤적, 전략구상 등에 폭넓게 적용된다.

1. 유전알고리즘 기법의 고려사항

GA 기법을 적용하기 위해서는 기본적으로 다음 사항을 고려해야 한다.

- 주어진 문제의 후보해를 염색체 형태로 나타내는 기법(coding)
- 기존 염색체로부터 새로운 개체의 생성
- 후보해를 평가하는 평가함수
- 새로운 모집단을 구성하는 방법

GA 기법은 문제의 후보해로 구성된 모집단을 필요로 한다. 넓은 범위에서 해를 찾아 수렴해를 구하기 위해서는 모집단의 크기가 비교적 커야 한다. 문제에 대한 후보해를 부호화하는 방법은 이진수 표현, 실수값의 리스트 사용, 원소의 순열 사용, 트리 표현 등 다양하다.

해의 부호화 방법 중에서 0과 1의 이진수를 사용하는 것이 대표적이다. 예를 들어 정수 229와 95를 각각 이진수로 나타내고 이를 염색체 A와 염색체 B라 하자. 여기서는 간단히 정수를 사용하였지만 원하는 해의 정확도와 크기에 따라 이진수의 문자열크기가 결정된다.

염색체 A	1110 0101	숫자 229
염색체 B	0101 1111	숫자 95

각 후보해에 대한 염색체구성이 완료되면 다음세대에 전달될 염색체를 선택하는데 이를 복제라 한다. 현재 선택된 염색체(parents)는 무작위로 추출하거나 확률밀도함수가 알려진 경우 염색체의 적합도를 확률적으로 고려하여 추출할 수 있다.

선택연산의 공통적인 규칙은 해에 좀 더 근접한 값, 즉 적합도가 높은 염색체가 많은 기회를 얻어 다음세대에 살아남을 확률을 높게 하는 것이다. 주어진 목적함수의 최대값을 구하는 경우 목적함수의 값이 바로 평가함수가 될 수 있고, 최소값을 구하는 경우에는 목적함수의 작은 값이 더 큰 값을 나타내도록 평가함수를 변환해야 한다.

후보해의 선택에 영향을 미치는 적합도는 평가함수에 의하여 결정된다. 적합도는 모집단에 대해 상대적으로 정의되며 확률회전판(roulette wheel), 승자선택(tournament) 방법 등으로 연산을 수행한다. 확률적인 방법을 고려할 때는 특정 염색체가 선택될 확률이 너무 크거나 작아 해의 다양성을 급속히 떨어뜨릴 우려가 있다. 이러한 경우 순위기반 선택법을 사용할 수 있다.

복제된 염색체는 유전연산자(genetic operator)에 의해 변형되는데 대표적으로 변이(mutation)와 교차(crossover) 연산자가 있다. 변이연산자는 주어진 염색체의 구조를 임의로 변화시킨다. 구체적으로 염색체가 0과 1의 이진수 문자열인 경우 확률적으로 위치를 선정하고 그 값을 반전하여 새로운 염색체를 만든다. 다만 모집단에서 벗어나는 후보해를 방지하기 위하여 교란의 비율, 즉 변이율을 낮게 설정한다. 일반적으로 변이율은 1% 이하로 설정한다.

위의 두 염색체 A, B를 이용하여 변이를 만들어보자. 만약 전체 이진수 배열 중에서 밑줄 친 이진수를 무작위로 선택하여 값을 변화시켰다면 다음과 같은 값을 얻는다.

| 염색체 A-1 | 111<u>1</u> 0101 | 숫자 245 |
| 염색체 B-1 | 0101 0<u>1</u>11 | 숫자 87 |

교차연산자는 한 염색체의 일부를 다른 염색체의 정보로 바꾼다. 교차시킬 염색체의 위치와 양을 임의로 정할 수 있다. 한 지점을 중심으로 염색체의 나머지 부분을 전부 교차하는 것을 한점교차라 하고 한 부분을 삽입하는 것을 두점교차라 한다. 구체적으로 염색체의 일부를 다른 염색체에 첨부하거나 중간에 삽입할 수 있으며 이를 한 복제과정 동안 여러 번 반복할 수 있다. 또한 교차연산을 수행한 이후에 변이연산을 추가로 시도할 수도 있다.

변이의 예에서와 같이 처음 주어진 염색체 A와 B에서 끝의 세 자리를 서로 바꾸면 다음과 같은 교차결과가 생성된다. 각 염색체 이진수의 끝자리부터 시작하여 짝수번째 존재하는 값들을 서로 바꾸어도 또 다른 교차변형을 만들 수 있다.

| 염색체 A-2 | 1110 0<u>111</u> | 숫자 231 |
| 염색체 B-2 | 0101 1<u>101</u> | 숫자 93 |

교차, 변이 등의 재조합연산을 통하여 새롭게 생성된 염색체는 해로서의 적합도가 평가된다. 평가함수(evaluation function)는 문제의 특성에 따라 정의되며 특정 염색체의 적합도를 나타내기 위한 수치를 제공한다. 따라서 특정 염색체의 평가는 다른 염색체의 평가와는 독립적이다.

염색체복제를 위한 선택연산에 사용되는 적합도함수(fitness function)는 평가함수로부터 얻은 값을 새로운 후보해를 위한 복제기회의 확률로 변경한다. 따라서 특정 염색체의 적합도는 해집단의 다른 염색체에 대해 상대적으로 정의된다. 염색체평가는 염색체가 나타내는 실제값으로 변환하여 계산된다.

새로 생성한 염색체는 모집단의 기존 염색체를 대체한다. 일반적으로 기존의 모집단크기와 동일한 염색체 모집단을 만들어 대체하는 전세대교체 방법과 새로 생성된 염색체로 모집단의 일부를 대체하는 방법이 있다. 모집단 중 일부만을 교체할 경우, 적합도가 낮은 염색체를 제거하거나 새로운 염색체생성에 사용된 부모염색체 중 적합도가 낮은 것을 제거할 수 있다.

적합도가 낮은 염색체를 우선적으로 대체할 경우 유전알고리즘이 빠르게 수렴할 수 있으나 해집단이 충분한 탐색과정을 거치지 못하고 지역최적값에 조숙하게 수렴할 가능성이 크다. 따라서 해집단의 다양성을 합리적으로 유지시킬 수 있는 대체방법을 선택한다.

이와 같이 새롭게 구성된 모집단으로 주어진 정지조건이 만족될 때까지 GA 시뮬레이션을 반복한다. GA 기법의 대표적인 정지조건은 반복루프를 일정 횟수로 한정하거나 모집단염색체의 다양성을 기준수준 이상으로 유지하는 것이다. 기준수준 이하의 다양성을 판단하기 위해서는 일반적으로 모집단의 염색체 중 대부분(예를 들면 90%)이 동일한지 확인한다.

2. 유전알고리즘 기법의 과정

유전알고리즘의 일반적인 수행과정을 요약하면 아래와 같고 〈그림 7.4〉는 그 과정을 도식적으로 보여준다.

① 문제에 대한 후보해를 염색체 형태로 나타내어 모집단구성
② 다음세대에 전달될 염색체를 만들기 위한 염색체선택(복제)
③ 교차, 변이 등 재조합연산자를 이용한 염색체변형
④ 생성된 염색체로 적합도에 따라 모집단의 염색체를 대체
⑤ 정지조건을 만족할 때까지 ②~④의 과정을 반복수행

유전알고리즘의 수행에 필요한 인자는 일반적으로 주어진 문제에 따라 달라지며 주로 경험적으로 설정된다. 대부분의 문제에서 몇 번의 시험시행을 해보면 (비록 최적조건들은 아닐지라도) 적절한 후보해의 크기, 교차율, 변이율, 반복계산 횟수 등을 결정할 수 있다. 다음의 두 예제는 GA 기법에 대한 이해를 높여줄 것이다.

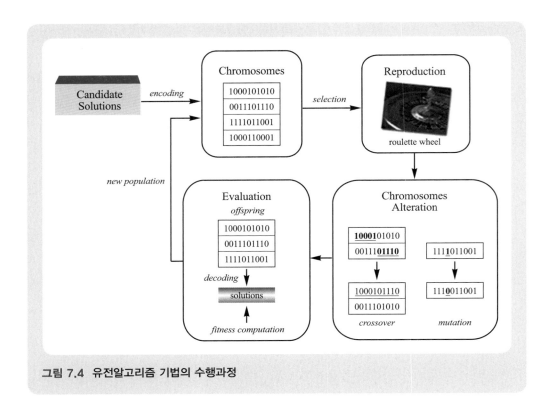

그림 7.4 유전알고리즘 기법의 수행과정

| **예제 7.3** | 구간 $[0, 31]$에서 〈그림 7.5〉에 주어진 함수 $f(z) = z^3 - 12z^2 + 20z + 2$의 최소값을 GA 기법으로 구하라. 계산효율을 위해 정수에서 해를 찾아라. 모집단의 크기 40, 반복횟수 100, 교차율 30%, 변이율 1%로 설정하라.

〈표 7.4〉는 〈예제 7.3〉에 주어진 함수의 최소값을 찾기 위한 GA의 구체적 과정을 보여준다. 먼저 모집단의 크기대로 후보해를 임의로 선정하고 교차연산이 일어나는 염색체의 일부를 예시로 제시하였다. 먼저 난수를 호출하여 이진수로 표현되는 후보해를 결정한다(①). 제시한 염색체의 실제 값(②)으로부터 함수값을 계산한다(③).

식 (7.5a)는 각 염색체의 적합도를 평가하기 위한 평가함수로 함수값이 작은 경우가 더 큰 평가함수값을 갖도록 변환하였다. 각 변수에 대하여 평가함수를 계산하고 그 적합도를 식 (7.5b)로 평가한다. 여기서 중요한 요점은 최적값에 가까운 변수가 더 큰 적합도를 갖도록 하는 것이다.

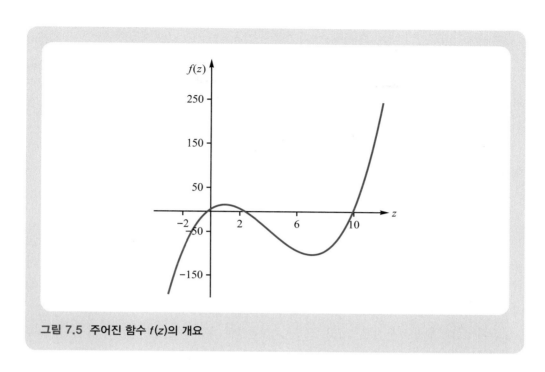

그림 7.5 주어진 함수 $f(z)$의 개요

표 7.4 유전 알고리즘을 이용하여 함수의 최소값을 계산하는 예

변수명	z_1	z_2	z_3	z_4	...	합계
① 이진수코드	01001	00101	10101	00001		
② 실제값 z_i	9	5	21	1		
③ 함수값 $f(z_i)$	-61	-73	4391	11		
④ 적합도 f_i	0.023	0.029	0.016	0.021		1
⑤ 선택횟수	1	2	0	0		
⑥ 선택염색체	01001	00101	001011	11000		
⑦ 부모선택(염색체 번호)	2	1	4	3		
⑧ 교차위치선정	3	3	5	5		
⑨ 새로운 해	01101	00001	00100	11001		
⑩ 실제값 z_i	13	1	4	25		
⑪ 함수값 $f(z_i)$	431	11	-46	8627		
⑫ 적합도 f_i	0.016	0.024	0.031	0.009		1

$$E_i = (z_w - z_i) + (z_w - z_b)/(\varpi - 1), \quad \varpi > 1 \qquad (7.5a)$$

$$f_i = E_i \Big/ \sum E_i \qquad (7.5b)$$

여기서 z_w, z_b는 각각 해집단 내에서 가장 나쁜 해와 좋은 해를 나타낸다. z_i는 i번째 해, ϖ는 가장 좋은 해와 나쁜 해의 적합도비율을 나타내는 상수이다.

이 문제에서 적합도비율을 조정하지 않을 경우 후보해집합 내에서 최대, 최소를 나타내는 해의 함수값 차이가 매우 크기 때문에 평가함수에 비례해서 선택연산을 수행하면 적합도가 낮은 해들(함수값이 큰 해)이 선택될 기회가 거의 없게 된다. 따라서 해의 다양성이 급속히 떨어져 잘못 수렴할 가능성이 커진다. 이 문제에서는 ϖ를 3으로 설정하여 적합도를 계산한다(④).

복제를 위한 부모염색체 선택은 적합도에 비례한 확률회전판 방법을 사용한다. 모집단의 40개 후보해 중에서 적합도에 비례하여 염색체를 선정하면 적합도가 높은 z_2가 2번, z_1이 1번 선택되었다(⑤). 새롭게 선택된 염색체로부터(⑥) 부모염색체를 결정하고(⑦) 난수추출을 통하여 교차점위치를 결정한다(⑧).

교차연산을 위한 교차점위치는 왼쪽이나 오른쪽에서 세도록 정할 수 있으며 여기서는 왼쪽에서부터 교차위치를 세었고 그 결과를 선택된 염색체에 음영으로 함께 표시하였다(⑥). 교차연산을 수행하여 새로운 가능해를 찾고(⑨) 함수값과 적합도를 평가하는 위의 과정을 반복하여 수행한다(⑩~⑫).

GA 수행결과 대부분 3~5회 반복 후 $z = 7$에서 최소값 -103에 수렴하였다. 이는 목적함수가 간단하고 가정한 정수범위에서만 최소값을 평가했기 때문에 가능한 결과이다. 하지만 다음 예제에서 볼 수 있듯이 목적함수가 복잡할 때는 많은 계산이 필요하다.

| **예제 7.4** | 다음 구간에서 정의된 함수의 최대값을 구하라. 교차율 30%, 변이율 1%, 모집단의 크기 100, 반복횟수 1,000회로 설정하라.

$$f(u,v) = 2.5 - u\sin(\pi v) - u + v$$
$$-5 \leq u \leq 5 \ \& \ 0 \leq v \leq 4$$

〈그림 7.6〉과 같이 함수 $f(u,v)$는 주어진 구간에서 다양한 지역최적값을 가진다. 유전알고리즘에서 이진수 문자열을 해집합으로 사용할 경우, 이진수의 길이는 해의 정확도에 따라 달라진다. 예를 들어 변수 u_i의 범위가 $[a_i, b_i]$이고 소수점 이하 다섯 자리의 정밀도가 필요하다면 각 변수의 표현범위는 적어도 $(b_i - a_i) \times 10^5$ 크기 이상이어야 한다. 따라서 필요한 이진수길이 m_i는

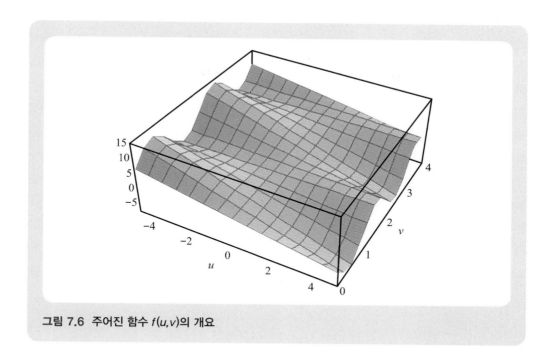

그림 7.6 주어진 함수 $f(u, v)$의 개요

식 (7.6)으로 계산할 수 있다.

$$2^{m_i - 1} < (b_i - a_i) \times 10^5 < 2^{m_i} - 1 \tag{7.6}$$

이진수길이가 결정되면 변수 u, v를 결합한 이진수 z를 생성한다. 이 예제에서는 u는 17, v는 15비트의 이진수를 사용한다. 이진수의 길이가 32이므로 균일확률분포를 따르는 32개 난수를 추출하여 값이 0.5 이상이면 1, 그 외는 0을 할당하여 초기 모집단을 구성한다. 모집단크기가 커지면 알고리즘 수행시간이 증가하므로 반드시 효율적이라고 볼 수는 없다. 모집단의 크기는 문제에 따라 20~30 또는 50~100으로 알려져 있다.

$$\text{Length} = 32 \text{ bits}$$

z : 00011110101001011 011110001011100

u, 17 bits v, 15 bits

모집단을 구성한 후 염색체복제를 위한 각 염색체의 적합도를 계산한다. 〈예제 7.4〉에서는 최대값을 구하는 것이 목적이므로 주어진 함수값이 커질수록 적합도도 크다. 각 염색체의 평가치를 합하여 총적합도(total fitness)를 구한 후 선택확률을 식 (7.7)로 계산한다.

$$p_j = \frac{f(u_j, v_j)}{\text{total fitness}}, \quad j = 1, n \tag{7.7}$$

여기서 p_j는 z_j(즉, u_j, v_j)가 적합도에 따라 선택될 확률이고 n은 모집단의 개수이다.

각 염색체의 선택확률로부터 누적확률분포를 구성한 후 난수를 추출하여 모집단을 재구성하고 이로부터 교차와 변이 연산을 수행한다. 모집단의 수만큼 난수를 생성하여 설정된 교차율보다 작은 값을 나타내는 염색체를 부모로 선택하고 연산을 수행한다.

연산결과로부터 대체된 모집단의 해를 평가한다. 이 문제의 경우 평가함수는 주어진 함수값이 되며 큰 값일수록 우수한 해를 나타낸다. 평가함수로부터 적합도를 계산하여 알고리즘을 반복한다. 주어진 조건으로 GA를 1,000번 수행하고 그 값을 평가한 결과 105번째에서 최대값 14.99651을 얻었다. 이때 u, v 값은 다음과 같다. 〈그림 7.7〉은 GA 수행 시 해집단의 평균적합도와 최대적합도의 경향을 나타낸다. 그림에서 GA 과정이 어느 정도 수행된 이후 최대적합도는 거의 일정하여 안정적으로 수렴되고 있다.

$$\begin{aligned} \max f(u, v) &= 14.99651 \\ u &= -4.99878 \\ v &= 2.49898 \end{aligned}$$

유전알고리즘은 폭넓은 공간탐색능력을 갖고 있으며 적합도함수를 이용하여 우수한 해집합을 효율적으로 관리할 수 있다. 그러나 최적점으로의 수렴속도는 느리다. 이것은 교차와 변이 연산이 무작위로 이루어지므로 최적점 근처에서 세밀한 조율이 부족하기 때문이다. 따라서 모집단의 크기, 교차율, 변이율을 적절히 설정하는 것이 중요하다. 이러한 문제점을 보완하기 위하여 교차와 변이 연산으로 만들어진 해에 지역 최적화 알고리즘을 적용한 혼합형 유전알고리즘, 병렬 유전알고리즘 등 확장된 기법이 사용되고 있다.

이제까지 소개한 최적화 기법은 각자 나름대로의 장점과 특징이 있지만 주어진 시스템의 시간에 따른 거동을 예측하는 데 어려움이 있다. 이는 각 기법의 한계가 아니라 사용한 자료들이 대부분 시간에 독립적인 정적자료(static data)이기 때문이다.

역산을 위해 주어지는 자료는 크게 정적자료와 동적자료(dynamic data)로 분류된다. 관측지점에서의 절대유체투과율, 공극률 같이 시간에 따라 변하지 않는 자료를 정적자료라 한다. 반면 동일한 측정지점이지만 시간에 따라 변화하는 자료를 동적자료라 하며 석유생산정에서 관측되는 유량과 압력이 그 예이다.

목적함수에 동적자료에 대한 정보를 추가하여 담금질모사 기법이나 유전알고리즘 기법으

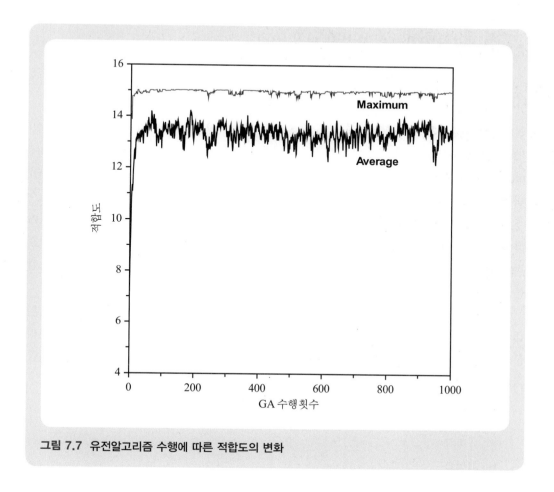

그림 7.7 유전알고리즘 수행에 따른 적합도의 변화

로 최적화를 이룰 수 있다. 이 경우는 실제로 관측된 거동자료를 재생하는 미지값을 역으로 찾아내는 과정이므로 역산모델링(inverse modeling)이라 한다.

주어진 시스템의 미래거동을 예측하기 위해서는 주어진 동적자료를 통합하여 시스템의 거동에 영향을 미치는 인자들의 분포를 찾아내는 것이 필요하다. 이들 인자들의 분포를 구체적으로 찾아내는 것을 특성화(characterization)라 한다. 특성화를 위해서는 다양한 정보를 통합하여 이용하는 역산과정이 수반된다.

구체적으로 다공질매질을 통한 유체이동을 묘사하기 위해서는 유체투과율을 알아야 한다. 이들 유체투과율분포를 이용하여 유체유동이 빠른 채널지역과 유체유동이 거의 없는 지역을 파악한다면 향후의 유체거동을 보다 정확히 예측할 수 있다. 이를 위해서는 생산자료, 압력시험자료, 추적자시험자료 같은 동적자료를 목적함수에 포함시켜 이를 최적화하는 과정이 필요하다.

7.2 동적자료를 포함한 역산 기법

(1) 역산의 개념 및 특징

일반적인 모델링은 자연현상을 수학적 시스템으로 표현하고 그 시스템의 특성을 결정하는 인자들을 입력값으로 하여 시스템의 반응을 계산한다. 이와 같은 과정을 전위모델링(forward modeling)이라 한다. 유체유동방정식에 유체투과율, 공극률, 점성도, 압축률, 유정의 조건 등을 대입하고 압력분포와 유량을 계산하는 것이 좋은 예이다.

이와는 반대로 관찰된 시스템반응으로부터 미지의 인자들을 구해내는 것을 역산모델링이라 하며 〈그림 7.8〉은 이를 개념적으로 보여준다. 역산은 다양한 분야에서 널리 사용되며 대표적인 예는 저류층 특성화, 의료단층촬영, 자료영상화, 지구물리탐사 자료처리, 전기회로시스템 분석 등이다.

역산기법들은 어떤 시스템이 입력신호에 대하여 어떻게 반응하느냐를 관찰하여 시스템의 내부구조를 파악하는 것으로 다음의 세 가지 중요한 요소를 가진다. 역산을 적용하는 대부분의 문제는 관심인자와 목적함수 간의 관계가 복잡하고 비선형적인 경우가 많으므로 반복법에 의한 최적화가 필수적이다.

- 전위모델
- 목적함수
- 최적화

전위모델은 입력인자들을 이용하여 시스템의 반응을 예측하는 모델로 시스템의 거동을 모

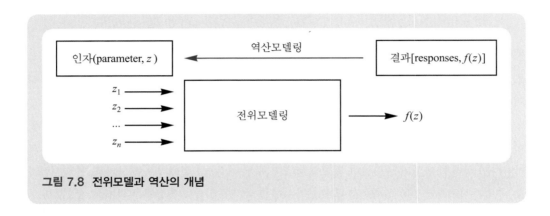

그림 7.8 전위모델과 역산의 개념

사하는 이론식이나 시뮬레이터가 대표적인 예이다. 전위모델은 동적자료 통합을 위한 목적함수의 계산과 최적화에 반드시 필요하다. 석유공학에서는 전위모델을 시뮬레이션하는 상용 프로그램을 활용하여 저류층 압력과 생산량을 계산한다.

목적함수는 오차(즉, 관측값과 예측값의 차이)의 제곱에 일정한 가중치를 곱하여 구성된다. 역산모델링의 목적은 설정한 목적함수를 최소로 하는 변수값을 구하는 것이다. 해당 관측값을 주는 미지의 변수값을 찾는 것이 역산모델링이므로 이를 위해 다양한 최적화 기법들이 적용된다.

역산문제에서 만나는 전형적인 어려움은 다음 세 가지로 분류할 수 있다. 원하는 해의 존재 여부와 만약 존재한다면 오직 하나의 해가 존재하는지 파악하는 것이다. 또한 시스템이 인자들의 작은 변화에 큰 변화를 보이지 않고 안정한지에 따라 역산의 난이도가 결정된다.

- 존재성(existence)
- 유일성(uniqueness)
- 안정성(stability)

일반적인 역산문제에서는 구하고자 하는 인자수보다 주어진 방정식수가 적어 해가 무수히 많이 존재하는 경우가 대부분이다. 따라서 오직 하나의 해가 존재하는 결정론적 문제와 같이 행렬방정식을 풀어 한 번에 해를 구하는 것이 불가능하다. 이의 대안으로서 보존하려는 정보를 관측값과 계산값 차이의 제곱합으로 표현하고 이를 최소화시키는 방법이 널리 사용된다.

측정 및 모델 오차를 배제한다면 목적함수가 0이 되는 인자들이 구하고자 하는 해이다. 그러나 역산의 구조적 어려움으로 인해 목적함수가 정확히 0이 되는 인자들을 구하는 것은 현실적으로 어렵다. 따라서 인자를 갱신하면서 해를 찾는 반복법을 사용한다. 반복계산으로 목적함수를 최소화시키는 과정을 최적화라 한다.

이해를 돕기 위해 단순한 개념적 예를 하나 생각해 보자. A, B, C 세 사람이 함께 저울에 올라가 무게를 측정하는데 A와 C는 순수체중을, B는 옷을 입고 가방도 메고 측정하여 총 200kg 이라고 가정하자. 이 측정값으로부터 A, B, C의 순수체중을 추정하는 문제를 역산문제로 나타내면 다음과 같다. 추가적으로 B의 무게를 수식화하는 데 있어 옷과 가방의 무게가 B 몸무게의 약 20% 정도인 것으로 단순화하였다.

전위모델 : $f(z) = z_A + 1.2z_B + z_C$

목적함수 : $E(z) = [f(z) - 200]^2$

최적화 : $E(z)$ 최소화

여기서 z는 몸무게이고 하첨자는 각 사람을 의미한다.

모델의 가정이나 전위모델(혹은 지배방정식)이 실제 물리적 시스템과 일치하지 않으면 우리가 풀고자 하는 문제에 대한 올바른 해를 구할 수 없다. 전위모델을 수식화할 때, B의 옷과 가방의 영향을 고려하지 않고 $f(z) = z_A + z_B + z_C$로 설정하고 역산을 수행한다면 그 해는 부정확하게 된다.

비록 전위모델을 바르게 구성하여도 구하려는 인자수보다 방정식수가 적으면 방정식을 만족하는 해가 하나 이상 존재하여 유일해를 얻을 수 없다. 위 문제에서 $E(z) = 0$을 만족하는 z의 조합은 무수히 많아 세 사람의 체중을 유일하게 결정할 수 없다.

관찰된 자료의 작은 변화로 인해 관심인자가 상대적으로 크게 변하는 경우 역산모델의 적용이 어렵다. 최적화가 진행됨에 따라 해가 $z_A = 72$, $z_B = 50$, 그리고 $z_C = 68$로 수렴한다고 가정하자. 저울의 측정값이 200에서 210으로 변할 때, z_B가 50에서 60으로 추정되었다면 측정값(즉, 시스템거동)의 변화는 5%인데 비해, z_B는 20% 변화하였다. 이는 해당 문제가 불안정함을 의미한다. 이와 같은 현상은 한정된 자료로부터 과도한 정보를 얻으려 하기 때문에 나타난다.

주어진 문제가 존재성, 유일성, 안정성 문제가 있을 때 이를 잘 정립되지 못한 문제(ill-posed problem)라고 한다. 이러한 역산문제점들을 해결하기 위해서는 실제 시스템을 잘 반영하는 모델구성과 추가적인 자료확보를 통해 해당 문제를 잘 정립된 문제(well-posed problem)로 바꿔주어야 한다. 위 문제의 경우, $z_C = z_B + 12$라는 추가적인 정보가 있다면 유일성 및 안정성이 보다 개선될 수 있다.

(2) 목적함수와 최적화

역산문제가 필연적으로 가지는 한계와 모델오차로 인해 정확한 해를 구하기 어렵다. 따라서 역산문제의 해를 찾는 실제적인 방법은 목적함수를 최소화시키는 인자를 찾는 것이다. 또한 신뢰할 수 있는 역산결과를 얻기 위해서는 정적자료와 동적자료를 모두 이용하여 목적함수를 구성하는 것이 바람직하다.

역산으로 얻고자 하는 측정변수가 오염물 이동시간, 압력, 유체투과율인 경우 목적함수는 식 (7.8)과 같이 각 항의 측정값과 계산값 간의 오차제곱합으로 표현된다.

$$
\begin{aligned}
E &= E_t + E_p + E_k \\
&= w_t \sum_{l=1}^{N} (t_l^{obs} - t_l)^2 + w_p \sum_{l=1}^{M} (P_l^{obs} - P_l)^2 + w_k \sum_{l=1}^{L} (k_l^{obs} - k_l)^2
\end{aligned}
\tag{7.8}
$$

여기서 t는 오염물 이동시간, P는 압력, k는 유체투과율, w는 각 항의 영향을 결정하는 가중치,

그리고 상첨자 *obs*는 관측값을 의미한다. N, M, L은 각각 관측된 자료의 총개수이다.

식 (7.8)에서 볼 수 있듯이 원하는 변수는 큰 어려움 없이 목적함수에 포함시킬 수 있고 가중치를 조절하여 상대적 중요성을 고려할 수 있다. 만약 각각의 값이 가지는 범위의 역수를 가중치로 사용하면 모든 변수들이 비슷하게 고려된다. 적절한 가중치를 얻기 위한 민감도분석은 아주 현명한 선택 중 하나이다.

목적함수가 구성되면 이를 원하는 값 이하로 줄일 수 있는 최적화 기법이 필요하다. 최적화 기법은 크게 목적함수의 변화율을 이용하는 변화율기반 방법(gradient-based method)과 이를 사용하지 않는 비변화율기반 방법(non-gradient method)으로 나뉜다.

변화율기반 최적화 기법에서 $n+1$번째의 반복값은 식 (7.9)와 같이 n번째 반복값에 특정한 방향으로 일정한 크기만큼 변화시킨 값으로 표현된다.

$$z_{n+1} = z_n + \lambda_n d_n \tag{7.9}$$

여기서 d_n은 변위방향(displacement direction)이며 λ_n는 그 방향을 따라 정해지는 변위크기이다.

식 (7.9)로 표현된 변화율기반의 최적화 기법은 현재의 해 z_n에서 d_n의 방향으로 λ_n만큼 변화하여 새로운 해 z_{n+1}을 얻는다. 그 방향과 크기를 정하는 방법에 따라 여러 가지 이름으로 불려지며 해의 안정적 수렴을 위해 변위크기는 너무 크지 않아야 한다.

변화율기반의 방법들은 주어진 지점에서 기울기를 바탕으로 목적함수를 감소시킬 수 있는 방향으로 수렴한다. 〈그림 7.9〉에서와 같이 A, B, C 또는 F 지점에서 최적화를 시작한다면 화살표로 표시된 방향, 즉 목적함수가 감소하는 방향을 따라 해를 찾아 국소최소값에 수렴한다. 만약 D나 E 지점에서 최적화를 시작하면 원하는 광역최소점에 도달한다.

이와 같이 변화율을 기반으로 하는 반복법은 해를 빠르게 찾아가는 장점이 있지만 초기조건에 따라 국소최소값으로 수렴할 가능성이 있다. 국소최소값에 도달하면 더 이상 목적함수를 감소시킬 수 있는 방향을 찾을 수 없으므로 광역최소값으로 진행할 수 없다.

따라서 다수의 국소최적값(최대 또는 최소)을 갖는 경우는 변화율에 기반하지 않고 해를 찾아가는 비변화율기반의 방법들이 이용된다. 이미 설명한 담금질모사 기법과 유전알고리즘은 대표적인 비변화율기반의 최적화 기법이다.

최하향경사법(steepest descent method)은 변위방향을 목적함수의 음의 변화율 값으로 하며 〈그림 7.10〉과 같은 기하학적 의미를 갖는다. 구체적으로 목적함수가 감소하는 방향을 변위방향으로 채택한다. 이는 식 (7.10)과 같이 표현되고 감소방향의 크기를 1로 정규화하였다. 최하향경사법은 주어진 지점에서 목적함수의 최대변화만 고려하므로 수렴하는 속도가 느린 단점이 있다. 〈예제 7.5〉는 최하향경사법의 개념을 설명하는 예이다.

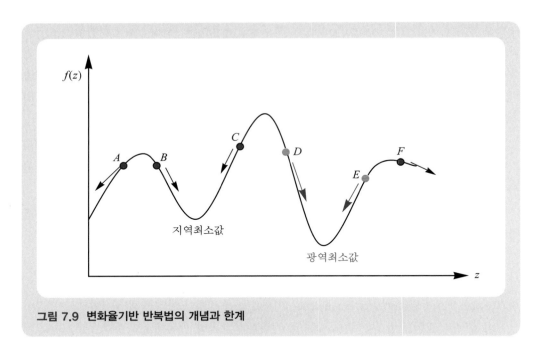

그림 7.9 변화율기반 반복법의 개념과 한계

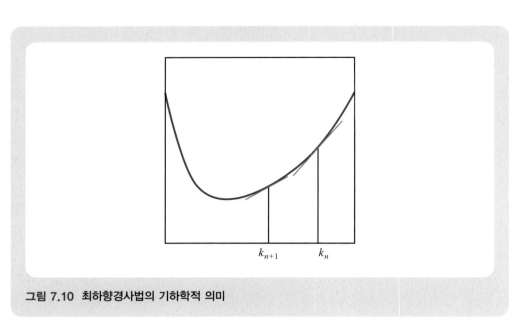

그림 7.10 최하향경사법의 기하학적 의미

$$d_n = -\frac{\nabla E(k_n)}{|\nabla E(k_n)|} \tag{7.10}$$

| **예제 7.5** | 두 인자 z_1, z_2를 갖는 목적함수 $E(z)$가 다음 식과 같다. $E(z)$의 최소값을 최하향경사법으로 계산하고 그 과정을 구체적으로 보여라. 초기값을 $(z_1, z_2) = (1, 1)$로 하라.

$$E(z) = (3z_1 - 9)^2 + (z_2^2 - 4)^2, \text{ 여기서 } z_1 > 0, z_2 > 0$$

직관적으로 이 문제의 해는 $z_1 = 3, z_2 = 2$라는 것을 알 수 있지만 반복법에 의한 최적화로 해를 구하는 과정을 살펴보자. 변위방향을 계산하기 위한 목적함수의 변화율은 다음과 같다.

$$\frac{dE}{dz_1} = 6(3z_1 - 9)$$

$$\frac{dE}{dz_2} = 4z_2(z_2^2 - 4)$$

최하향경사법의 경우 변위방향은 목적함수의 변화율에 음수값을 취한 것이므로 다음 단계에 갱신된 인자값은 아래 수식으로 표현된다.

$$z_1^* = z_1 + \alpha_n[-6(3z_1 - 9)] / \sqrt{[6(3z_1 - 9)]^2 + [4z_2(z_2^2 - 4)]^2}$$

$$z_2^* = z_2 + \alpha_n[-4z_2(z_2^2 - 4)] / \sqrt{[6(3z_1 - 9)]^2 + [4z_2(z_2^2 - 4)]^2}$$

변위길이(α)를 결정하는 체계적인 방법이 있다(최종근, 2010). 하지만 주어진 예제는 간단하므로 값이 크게 변하는 것을 방지하기 위하여 최초 0.25에서 지수함수적으로 감소시켜 최적화를 수행하였다.

반복단계에 따른 z_1, z_2의 변화, 변위길이, 목적함수의 변화는 〈표 7.5〉와 같다. 이 결과를 벡터평면에서 살펴보면 〈그림 7.11〉과 같이 초기값 $(1, 1)$에서 목적함수를 감소시키는 방향으로 변화를 거듭하면서 최종적으로 $(3, 2)$에 수렴한다. 해에 가까워질수록 수렴속도가 현저히 느려지는 것을 볼 수 있다.

표 7.5 최하향경사법을 이용한 30회 반복계산의 예

n	z_1	z_2	$d_1 = -g_1$	$d_2 = -g_2$	$|d|$	α	$E(z)$
1	1.0000	1.0000	36.0000	12.0000	37.9473	0.2500	45.000
2	1.2135	1.0712	32.1578	12.2224	34.4022	0.2250	36.863
3	1.4027	1.1431	28.7506	12.3149	31.2771	0.2025	30.215
4	1.5703	1.2149	25.7351	12.2658	28.5087	0.1823	24.768
5	1.7183	1.2854	23.0699	12.0711	26.0371	0.1640	20.296
6	1.8491	1.3539	20.7155	11.7356	23.8088	0.1476	16.616
7	1.9647	1.4194	18.6347	11.2721	21.7788	0.1329	13.588
8	2.0670	1.4812	16.7931	10.7000	19.9123	0.1196	11.095
9	2.1578	1.5391	15.1595	10.0425	18.1841	0.1076	9.045
10	2.2386	1.5926	13.7061	9.3245	16.5771	0.0969	7.361
11	2.3106	1.6416	12.4087	8.5703	15.0807	0.0872	5.981
12	2.3752	1.6862	11.2468	7.8023	13.6882	0.0785	4.852
13	2.4332	1.7264	10.2025	7.0401	12.3958	0.0706	3.931
14	2.4855	1.7625	9.2611	6.2995	11.2005	0.0635	3.181
15	2.5328	1.7947	8.4099	5.5931	10.1000	0.0572	2.572
16	2.5756	1.8232	7.6384	4.9299	9.0912	0.0515	2.078
17	2.6146	1.8483	6.9378	4.3159	8.1707	0.0463	1.678
18	2.6500	1.8703	6.3006	3.7546	7.3345	0.0417	1.355
19	2.6822	1.8895	5.7204	3.2473	6.5778	0.0375	1.094
20	2.7116	1.9062	5.1917	2.7935	5.8955	0.0338	0.883
21	2.7383	1.9206	4.7099	2.3912	5.2822	0.0304	0.713
22	2.7627	1.9330	4.2709	2.0376	4.7321	0.0274	0.576
23	2.7849	1.9436	3.8709	1.7293	4.2396	0.0246	0.466
24	2.8052	1.9526	3.5068	1.4623	3.7995	0.0222	0.377
25	2.8236	1.9603	3.1755	1.2326	3.4063	0.0199	0.305
26	2.8403	1.9668	2.8743	1.0360	3.0553	0.0179	0.247
27	2.8555	1.9723	2.6008	0.8687	2.7420	0.0162	0.200
28	2.8693	1.9769	2.3526	0.7269	2.4623	0.0145	0.162
29	2.8818	1.9807	2.1276	0.6072	2.2125	0.0131	0.132
30	2.8931	1.9840	1.9238	0.5065	1.9893	0.0118	0.107

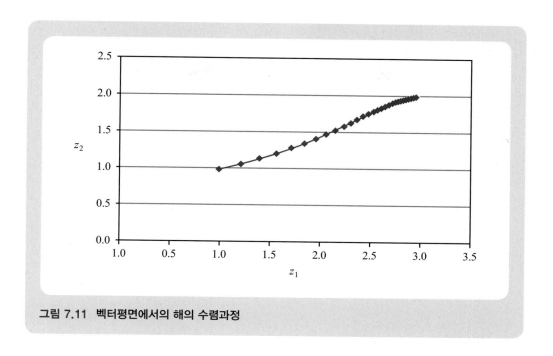

그림 7.11 벡터평면에서의 해의 수렴과정

(3) 유체유동 문제에 대한 적용

〈그림 7.12〉와 같이 주어진 유동영역의 왼쪽 하부 모서리에서 일정한 압력으로 유체를 주입하고 오른쪽 상부 모서리에서 일정한 압력으로 유체를 생산하는 유동시스템을 가정하자. 계산편의를 위해 비압축성 정상상태 유동을 가정하자. 좌측 하단에 주입정이 있고 우측 상단에 생산정이 있으며 나머지 경계는 모두 비유동(no flow) 조건이다.

　　주어진 유동시스템의 크기는 150ft×150ft이다. 검은 점으로 표시된 9개 관측점에서 압력값을 얻고 이를 바탕으로 유동영역의 유체투과율분포를 추정하는 문제에 역산기법을 적용하고자 한다.

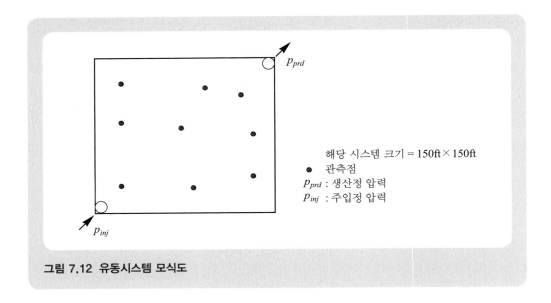

해당 시스템 크기 = 150ft × 150ft
● 관측점
p_{prd} : 생산정 압력
p_{inj} : 주입정 압력

그림 7.12 유동시스템 모식도

1. 유체유동방정식

주어진 문제에서 시스템반응은 관측지점에서의 압력값이고 시스템거동을 기술하는 전위모델은 유체유동방정식이다. 다공질매질에서의 유체유동방정식은 물질평형방정식과 Darcy 방정식으로부터 유도된다.

다공질매질에서의 유량은 유체투과율과 압력구배에 비례하고 유체점성도에 반비례한다 (부록 I 참조). 이를 수식으로 표현한 것이 식 (7.11)의 Darcy 방정식이다. 정상상태, 비압축성 유체를 가정할 경우 〈그림 7.13〉에 주어진 임의의 (i, j) 격자에서 입출입유량의 합은 물질평형 법칙에 의해 0이 된다[식 (7.12)].

$$Q_x = -\frac{kA}{\mu}\frac{dP}{dx} \tag{7.11}$$

$$\left(\sum Q\right)_{ij} = 0 \tag{7.12}$$

여기서 Q_x는 x방향 유량, k는 유체투과율, A는 단면적, μ는 유체점성도, P는 압력, x는 유동방향 이다.

Darcy 방정식을 물질평형식에 대입하고 정리하면 식 (7.13)과 같은 비압축성 유체의 정상 상태 지배방정식을 얻는다. 주어진 유동시스템의 경계조건과 지배방정식을 결합하면 모든 지점

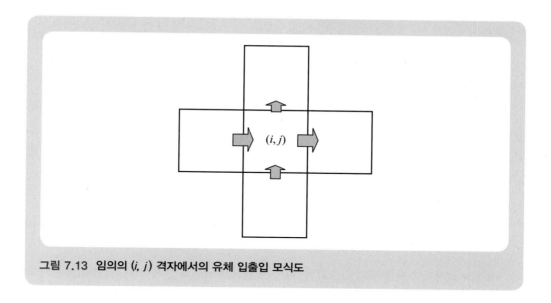

그림 7.13 임의의 (i, j) 격자에서의 유체 입출입 모식도

에서 압력을 계산할 수 있다.

$$\nabla \cdot (T_r \, \nabla p) = 0$$
$$여기서 \quad T_r = kA / \mu \tag{7.13}$$

주어진 유동문제의 경계조건은 다음과 같다. 주입정과 생산정에서는 압력이 일정하고 다른 경계에서는 비유동조건으로 유체의 유동이 없다. 이를 수식으로 표현하면 식 (7.14)이다.

$$P \mid_{\Gamma_0} = P_{inj}$$
$$P \mid_{\Gamma_1} = P_{prd}$$
$$(T_r \, \nabla P) \cdot n \mid_{\Gamma} = 0 \tag{7.14}$$

여기서 P_{inj}와 P_{prd}는 각각 주입정과 생산정에서의 압력, Γ_0은 주입정, Γ_1은 생산정, n은 단위수직벡터, Γ는 경계를 의미한다.

2. 목적함수

주어진 문제에서 최소화할 목적함수는 관측지점에서 측정된 압력값과 계산된 압력값 간의 차이의 제곱합으로 표현된다.

$$E = \sum_{l=1}^{L} (P_l - P_l^{obs})^2 \tag{7.15}$$

여기서 L은 관측정의 수, P는 전위모델에 의해 예측된 압력, P^{obs}는 관측된 압력이다.

목적함수를 최소화하는 방향으로 인자를 갱신하기 위해서는 목적함수의 인자에 대한 변화율을 계산해야 한다. 총 M개 인자 중 m번째 인자에 대한 목적함수의 변화율은 아래의 수식으로 표현된다. 여기서 m번째 인자에 대한 시스템거동을 나타내는 변수의 변화율을 민감도상수로 정의한다.

$$\frac{\partial E}{\partial k_m} = 2\sum_{l=1}^{L} (P_l - P_l^{obs})\frac{\partial P_l}{\partial k_m} \tag{7.16}$$

따라서 M개 인자를 벡터로 간주할 수 있으며, 벡터로 표현되는 목적함수의 변화율은 아래의 행렬방정식으로 표현된다.

$$\nabla E = \begin{pmatrix} \dfrac{\partial P_1}{\partial k_1} & \cdots & \dfrac{\partial P_L}{\partial k_1} \\ \cdot & \cdots & \cdot \\ \cdot & \cdots & \cdot \\ \dfrac{\partial P_1}{\partial k_M} & \cdots & \dfrac{\partial P_L}{\partial k_M} \end{pmatrix} \begin{pmatrix} P_1 - P_1^{obs} \\ \cdot \\ \cdot \\ P_L - P_L^{obs} \end{pmatrix} \tag{7.17}$$

민감도상수를 구하는 가장 직관적인 방법은 인자에 약간의 변화를 주고 그 영향으로 나타나는 시스템거동의 변화를 측정하는 것이다. 구체적으로 m번째 인자에 대한 l번째 관측 압력의 민감도상수를 계산하기 위해서는 다른 인자들은 그대로 두고 m번째 인자를 조금 변화시켜 시스템거동의 변화를 계산한다. 이를 수식으로 표현하면 식 (7.18)과 같다.

따라서 목적함수의 변화율을 모두 계산하기 위해서는 인자에 아무런 변화를 가하지 않은 상태에서 전위모델링 한 번과 M개 인자들을 각각 변화시키면서 수행한 M번의 전위모델링(총 $M+1$번)이 필요하다.

$$\frac{\partial P_l}{\partial k_m} = \frac{P_l(k_m + \delta k_m) - P_l(k_m)}{\delta k_m} \tag{7.18}$$

3. 역산절차

압력관측값으로부터 유체투과율을 추정하는 역산과정을 정리하면 다음과 같고 이를 〈그림 7.14〉의 순서도에 도시하였다.

① 유체투과율 초기값 배정
② 유체유동 시뮬레이션을 수행하여 민감도상수와 변위방향 결정
③ 변위방향과 변위크기로부터 유체투과율 갱신
④ 유동 시뮬레이션을 수행하여 목적함수 계산
⑤ 목적함수가 오차허용범위보다 크면 ②번 단계로 돌아가 반복

반복법을 사용하는 수치해석 기법은 초기값에 영향을 받는다. 추가적인 정보가 전혀 없다면 상수값을 초기값으로 가정할 수 있다. 관측점에서의 유체투과율을 알면 크리깅, 조건부 시뮬레이션과 같은 지구통계적 방법으로 초기값을 결정하면 효과적이다. 지구통계적 기법을 이용하면 주어진 시스템의 개략적인 특성을 이미 반영한 결과를 초기 추정값으로 사용하므로 수렴속도를 증가시키며 국소최소값으로 수렴하는 위험성도 줄일 수 있다.

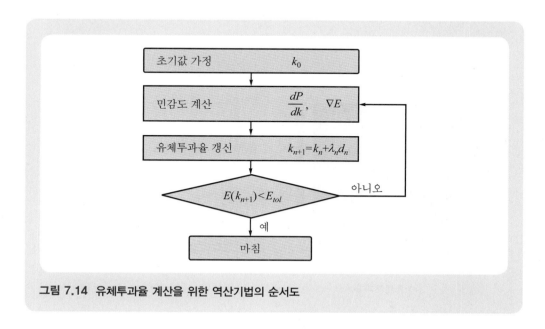

그림 7.14 유체투과율 계산을 위한 역산기법의 순서도

4. 크리깅과 SGS로 생성된 필드와의 비교

역산을 통해 구하고자 하는 유체투과율의 실제 분포를 참조필드(reference field)라 하고 제6장에서 설명한 순차 가우스 시뮬레이션(SGS) 기법으로 〈그림 7.15a〉와 같이 생성하였다. 〈그림 7.12〉에 주어진 시스템에 대하여 다음과 같은 조건으로 값을 생성하였다. 주어진 격자크기를 기준으로 격자중앙에 하나의 유체투과율값을 배정하였다.

격자의 크기 = 10ft × 10ft

자료의 개수 = 225개(= 15 × 15)

유체투과율 = 평균 10md, 표준편차 10md, 상관거리 50ft

자료생성 기법 = SGS

SGS로 자료를 생성하기 위해서는 초기 자료값이 필요하므로 주어진 평균과 분산을 이용하여 임의로 10개 자료를 생성한 후에 이를 사용하여 SGS 기법을 적용하였다. 또한 예측하고자 하는 지점에서 가장 가까운 4개 자료를 사용하였다. 〈그림 7.15a〉의 참조필드에 유동 시뮬레이션으로 얻은 압력분포는 〈그림 7.15b〉와 같다.

〈그림 7.12〉에 표시된 9개 관측점에서 유체투과율 표본값으로 정규크리깅을 수행하면 〈그림 7.16a〉와 같은 분포를 얻는다. 크리깅의 특성으로 인해 예측된 유체투과율은 참조필

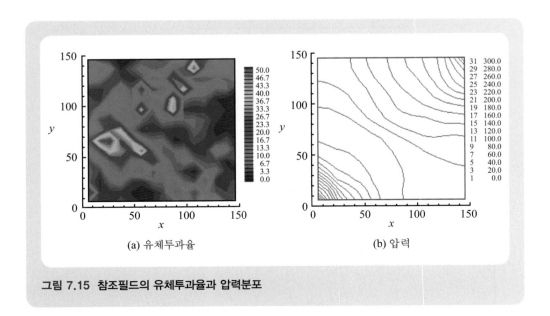

(a) 유체투과율   (b) 압력

그림 7.15 참조필드의 유체투과율과 압력분포

드보다 부드럽게 변하는 양상을 나타낸다. 크리깅 필드에 유동 시뮬레이션을 수행하면 〈그림 7.16b〉와 같은 압력분포를 얻는다. 압력분포 역시 부드럽게 변하며 특히 유정이 존재하지 않는 대각방향의 중앙부근에서 큰 차이를 보인다.

〈그림 7.17〉은 크리깅 필드를 이용하여 용질이동을 예측한 결과이다. 용질이동에 대한 정보가 〈그림 7.16a〉의 생성과정에 반영되지 않았기 때문에 예상한 대로 용질이동곡선을 제대로 예측하지 못한다. 하지만 한정된 자료만으로 참값의 전체적인 분포와 용질이동 경향을 예측할 수 있는 것은 크리깅의 큰 장점 중 하나이다.

동일한 9개 유체투과율 자료로 SGS를 수행한 결과 필드는 〈그림 7.18〉과 같다. 크리깅과 같이 주어진 자료를 보존하면서 참조필드의 공간적 변화특성(즉, 분산)을 잘 반영한다. 하지만 등가적 확률분포를 갖는 하나의 SGS 결과는 〈그림 7.15a〉의 참조필드와 다르다. 유동 시뮬레이션을 통한 압력분포도 역시 참조필드의 압력분포와 차이를 보인다. 이는 SGS 기법으로 자료를 생성할 때 제한된 자료의 공간적 분포특성만을 고려했을뿐 압력자료는 고려되지 않았기 때문이다.

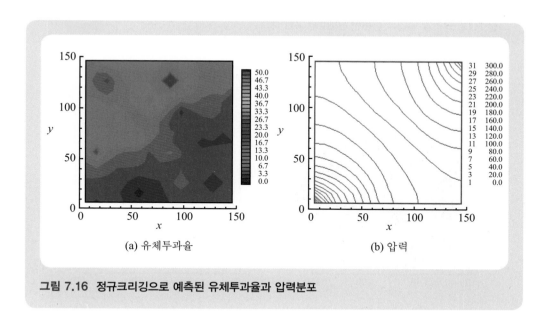

(a) 유체투과율 (b) 압력

그림 7.16 정규크리깅으로 예측된 유체투과율과 압력분포

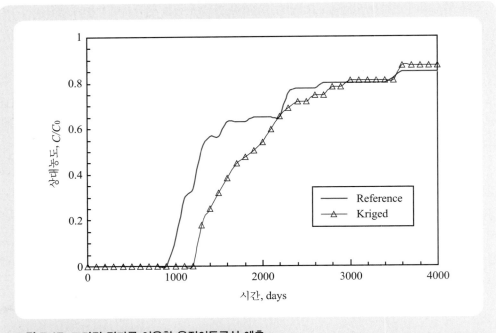

그림 7.17 크리깅 결과를 이용한 용질이동곡선 예측

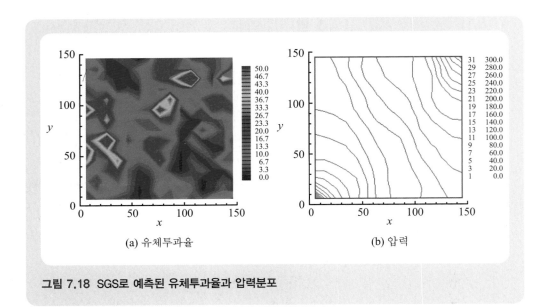

(a) 유체투과율   (b) 압력

그림 7.18 SGS로 예측된 유체투과율과 압력분포

5. 동적자료를 통합한 역산결과

신뢰할 수 있는 결과를 얻기 위하여 관측지점에서의 압력관측값뿐만 아니라 9개 관측지점에서 얻은 유체투과율 샘플값 그리고 〈그림 7.17〉에 주어진 용질이동곡선까지 보존하는 모델을 구성하였다. 따라서 목적함수는 추가적인 정보가 결합된 식 (7.19)로 표현된다.

$$E = w_t \sum_{ls=1}^{N_{SL}} (t_{ls}^{obs} - t_{ls})^2 + w_P \sum_{l=1}^{L} (P_l^{obs} - P_l)^2 + w_k \sum_{l=1}^{L} (k_l^{obs} - k_l)^2 \qquad (7.19)$$

여기서 w는 각 변수에 사용된 가중치, t는 용질이동곡선의 농도에 따른 시간, P는 압력, k는 유체투과율, N_{SL}는 용질이동곡선을 예측하기 위해 사용한 유선(streamline)의 총개수, L은 각 관측값의 개수, 그리고 윗첨자 obs는 관측값을 나타낸다.

역산을 위해 사용된 자료는 구체적으로 다음과 같다. 이들은 최적의 수렴속도를 만족하는 경우는 아니며 간단한 민감도분석과 역산모델의 실험적 수행을 바탕으로 경험적으로 결정된 값들이다.

> 가중치 $w_t = 0.0001$, $w_P = 0.625$, $w_k = 0.01$
> 관측정의 수＝9개
> 주입정 및 생산정 각각 1개
> 전위모델을 위한 유선수＝60개

다공질매질은 매우 불균질하고 유체유동이 복잡하기 때문에 지역최적값으로 수렴을 방지하면서 효율적인 역산을 위해 변화율기반의 CG(conjugate gradient)법과 비변화율기반의 원리를 혼합하여 이용하였다(Jang과 Choe, 2002, 2004).

먼저 주어진 초기치를 이용하여 CG법으로 수렴해를 찾는다. 변화율기반 반복법의 한계로 국소최소값에 도달하면 임의로 선정한 다수의 지점에서 자료값을 변화시켜 현재의 목적함수보다 더 작은 값을 주는 경우를 선정한다. 이와 같은 방법으로 새로운 값이 선정되면 CG법으로 빠른 수렴해를 찾는다.

〈그림 7.19〉는 역산을 통해 목적함수가 감소하는 모습을 보여준다. 초기에 50,000에 가까운 목적함수가 최적화가 진행됨에 따라 감소하는 경향을 관찰할 수 있다. 기본적으로 변화율을 이용하여 해를 찾으므로 목적함수는 매 반복계산마다 감소하고 특히 초기에 현저하게 감소한다. 반복단계가 30을 넘어가면서 목적함수의 감소정도가 줄어들고 안정화된다. 그 후 목적함수가 원하는 오차범위로 점차 수렴한다.

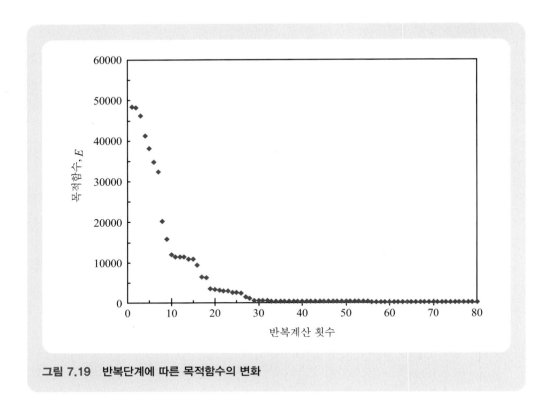

그림 7.19   반복단계에 따른 목적함수의 변화

〈그림 7.20a〉는 역산기법의 결과인 유체투과율분포이다. 참조필드(그림 7.15a)에서 보여지는 유체투과율이 큰 값들의 분포와 역산필드의 분포특성이 상당히 유사하다. 또한 유동 시뮬레이션 결과로 나타나는 압력분포 역시 참조필드의 압력분포 양상을 잘 반영한다.

〈그림 7.21〉은 참조필드와 역산으로 구한 필드를 이용한 용질이동모델링 결과이다. 참조필드의 결과와 역산으로 구한 필드의 오염물농도변화 예측이 잘 일치한다. 두 결과가 완전히 일치하지 않는 이유는 우리가 매우 제한된 자료를 가지고 전체 자료를 재생하였기 때문이다. 주어진 참조필드는 총 225개 유체투과율이 있지만, 실제 이용 가능한 자료는 9개 관측점에서 얻은 유체투과율 자료와 이들 값을 간접적으로 평가할 수 있는 9개 압력관측값 그리고 1개 용질이동곡선이다.

역산으로 구한 유체투과율 필드로부터 시스템의 미래거동을 예측하거나 가상의 시나리오를 구현할 수 있다. 예를 들어 주입정에 오염물이 유입되어 지하수오염이 발생한다고 가정하자. 역산으로 구한 유체투과율 필드에 유체유동 및 물질이동 시뮬레이션을 수행하면 오염물전파양상을 모델링할 수 있다.

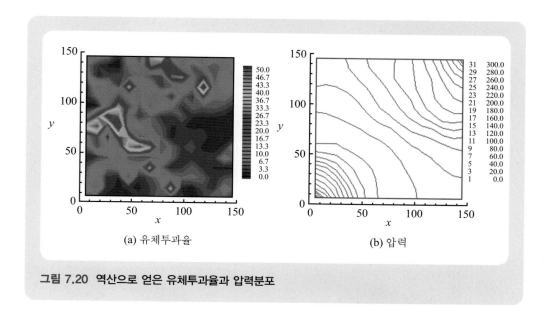

(a) 유체투과율   (b) 압력

그림 7.20 역산으로 얻은 유체투과율과 압력분포

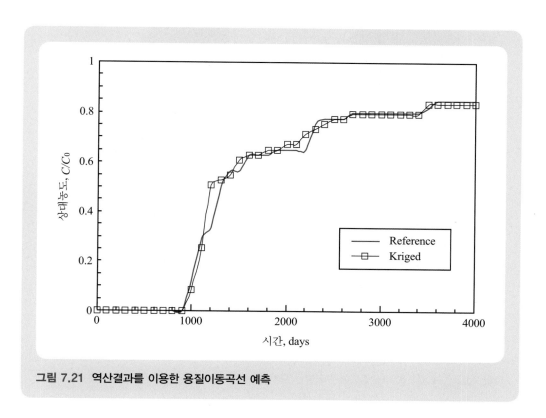

그림 7.21 역산결과를 이용한 용질이동곡선 예측

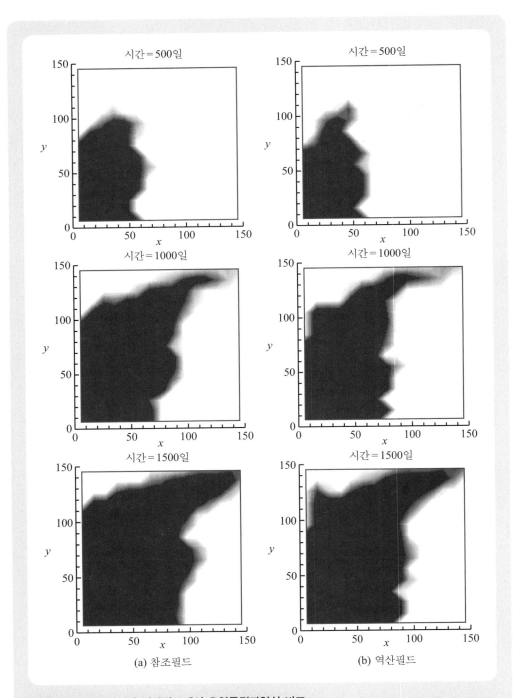

(a) 참조필드   (b) 역산필드

그림 7.22 참조필드와 역산필드에서 오염물전파양상 비교

〈그림 7.22a〉는 참조필드를 대상으로 오염물전파를 모델링한 결과이다. 각각 500일, 1000일, 1500일이 경과했을 때 예상되는 오염물의 분포양상이다. 〈그림 7.22b〉는 역산으로 구한 필드를 대상으로 오염물전파양상을 모델링한 결과이다. 참조필드의 오염물전파양상과 매우 흡사하다.

자료가 너무 한정되지 않은 경우 관측점에서 얻은 정보와 역산기법을 통해 미지의 인자분포를 신뢰성 있게 추정할 수 있다. 또한 추정된 필드로부터 시스템의 미래거동을 예측할 수 있다. 따라서 불확실성이 적은 결과를 바탕으로 의사결정이 가능하며 이를 위해 역산기법이 효율적으로 사용될 수 있다.

(4) 담금질모사 기법을 이용한 균열시스템 최적화

암반의 균열은 유체가 흐를 수 있는 경로로 공학적 측면에서 중요한 연구대상이다. 균열의 불균질성 및 불연속성으로 인하여 균열시스템의 분포특성을 파악하고 유체유동을 예측하기 위해서는 동적자료를 이용한 특성화가 필요하다.

균열시스템의 특성화는 다공성매질의 특성화와 상당히 다르다. 다공성매질의 특성화는 매질을 일정한 크기의 격자로 나눈 후 격자에 알맞은 특성값을 결정하는 방법으로 변화율기반 방법과 비변화율기반 방법을 모두 적용할 수 있다. 그러나 균열시스템의 특성화는 균열을 분포시켜 관측된 동적자료와 일치하는 경우를 찾아내는 것으로 일정한 격자로 대표되지 않는다. 따라서 균열시스템을 특성화하기 위해서는 변화율기반 방법을 적용할 수 없으며 필연적으로 비변화율기반 방법을 적용해야 한다.

1. 참조필드

특성화하고자 하는 균열시스템은 〈표 7.6〉과 같은 균열의 통계특성을 가지며 참조필드는 〈그림 7.23〉과 같다고 가정하자. 문제의 단순화를 위하여 균열간극의 변화는 무시하였으며 균열의 통계적 분포도 이산화하였다. 〈그림 7.23a〉는 전체 균열망을 나타낸 것이며 유정은 A~F로 표시되었다. 〈그림 7.23b〉는 〈그림 7.23a〉에서 유체가 흐를 수 있는 상호 연결된 경로만을 표시한 것으로 이를 백본(backbone)이라고 한다.

〈표 7.7〉과 같은 조건하에 유정 B에서 유체를 생산했을 때 나머지 유정에서 관측된 압력이 〈그림 7.24〉이다. 〈표 7.6〉과 〈그림 7.24〉의 자료를 사용하여 균열의 통계특성과 압력거동을 동시에 재현할 수 있는 균열시스템의 역산과정을 설명하고자 한다.

표 7.6 참조필드에서의 균열의 통계적 특성

	균열군 1		균열군 2	
	값	확률	값	확률
균열길이(m)	5 15 25 35	0.216 0.360 0.360 0.064	5 10 15 20	0.231 0.388 0.275 0.106
균열방향(°)	15.11 29.68 46.94 59.97 74.99	0.112 0.232 0.384 0.184 0.088	49.48 70.15 89.00 109.85 130.52	0.114 0.224 0.294 0.227 0.141
균열간극(mm)	0.3		0.3	
균열밀도(균열수/m²)	0.0125		0.0255	

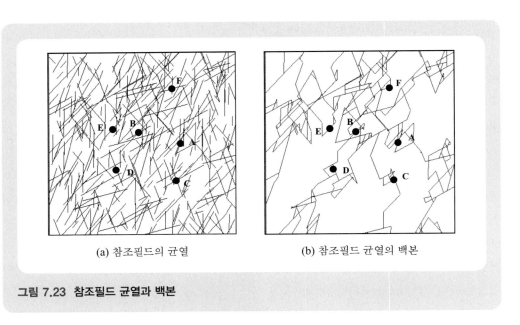

(a) 참조필드의 균열   (b) 참조필드 균열의 백본

그림 7.23 참조필드 균열과 백본

표 7.7 참조필드의 매개변수

영역크기(m×m)	100×100
균열높이 h(mm)	1
압축률 c_t(kPa^{-1})	$4×10^{-5}$
유정 B에서의 유량 Q(cc/min)	500
초기압력(kPa)	800
외부경계(kPa)	800

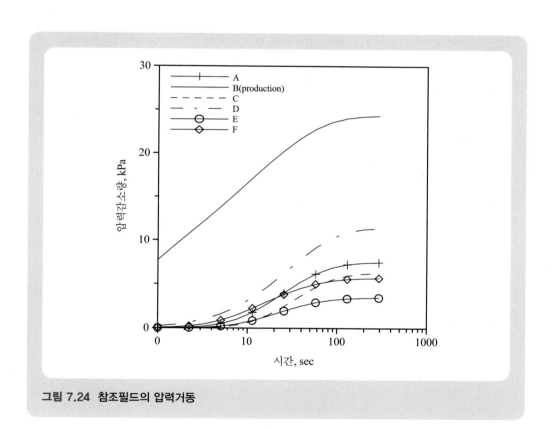

그림 7.24 참조필드의 압력거동

2. 균열시스템 최적화

SA 기법을 적용하기 위해서는 균열시스템을 교란하는 과정이 필요하다. 여기에서는 균열의 생성 및 삭제를 통하여 교란을 모사하였다. 우선, 하나의 균열을 발생시키는 과정은 다음과 같다.

- 균열의 중심위치 선정
- 선택된 균열의 중심위치에서 균열생성

주어진 시스템에 균열을 발생시키기 위하여 먼저 시스템의 크기를 변수로 갖는 균일분포에서 난수 2개를 발생시켜 균열의 중심위치를 선정한다. 균열중심이 결정되면 〈표 7.6〉의 균열길이, 균열방향 분포에서부터 임의의 값을 선택하여 균열을 생성한다.

균열중심점을 연속적인 공간에 분포시킬 경우 한 번 발생된 균열을 다시 선택하여 교란(즉 생성과 삭제)하는 것은 거의 불가능하다. 이러한 문제를 해결하기 위하여 균열중심이 등간격의 가상 격자교차점에서만 발생할 수 있도록 이산화하는 것이 필요하다. 균열중심의 간격은 시스템크기에 비해 충분히 조밀해야 하며 동시에 최적화가 가능한 범위이어야 한다. 여기에서는 100m×100m의 시스템크기에 민감도분석을 통해 균열중심간격을 2m로 설정하였다.

최적화에 사용할 목적함수는 식 (7.20)과 같이 균열의 통계적 분포, 균열밀도, 압력거동 세 가지로 이루어졌다.

$$E = w_f \sum_{i=1}^{N_f} (f_i^{obs} - f_i)^2 + w_d \sum_{i=1}^{N_d} (d_i^{obs} - d_i)^2 + w_P \sum_{i=1}^{N_p} (P_i^{obs} - P_i)^2 \qquad (7.20)$$

여기서 w는 각 목적함수의 가중치이다. 하첨자 f는 균열의 통계적 특성, d는 균열밀도, P는 시간에 따른 압력거동, N은 각 항목에 사용된 관측값수를 나타낸다.

각 항목에 동등한 영향력을 주기 위해 가중치는 각 항목의 역수에 해당하는 값의 크기와 비슷하게 선정하였으며 구체적인 값은 〈표 7.8〉과 같다.

표 7.8 목적함수의 가중치

가중치	값
w_f	200
w_d	200000
w_p	1.5

식 (7.11)에서 유체투과율 $k = b^2/12$인 삼승법칙과 물질평형방정식을 적용하면 균열망에서의 유체유동은 식 (7.21)이 된다. 여기서 b는 균열의 간극이다.

$$\sum_r Q_{rm} = c_t V_m \frac{\Delta P}{\Delta t} \qquad (7.21)$$

여기서 Q_{rm}은 균열교차점 m에 연결된 노드 r에서 노드 m으로 유입되는 유량, c_t는 압축률, V_m은 노드 m의 부피, P는 압력, t는 시간이다.

민감도분석을 통하여 SA 변수는 〈표 7.9〉와 같이 결정되었다.

표 7.9 SA에 사용된 매개변수

SA 매개변수	값
초기온도	50
온도감소율	0.9
한 온도상태에서 최대 교란수용횟수	50
한 온도상태에서 최대 교란허용횟수	2000

균열시스템의 특성화를 위해 사용된 SA 과정은 다음과 같다.

① 균열의 통계적 분포와 균열밀도를 따르는 초기 균열시스템 구성
② 생성된 초기 균열시스템으로 목적함수 계산
③ 임의의 한 균열에 대한 정보를 바꿔 균열시스템 교란
④ 변경된 균열시스템의 목적함수 계산
⑤ Metropolis 알고리즘으로 변경된 시스템의 수용여부 판단
⑥ 일정한 횟수의 교란 후 온도 감소
⑦ 수렴조건에 도달할 때까지 ③~⑥ 과정을 반복

균열시스템을 특성화하기 위한 첫 번째 단계는 먼저 균열을 생성하는 것이다. 〈표 7.6〉에 주어진 균열의 통계치와 균열밀도를 따르는 초기 균열시스템을 구성한다. 이 균열시스템에서 유체유동 시뮬레이션을 실행한 후, 식 (7.20)으로 표현된 초기 목적함수를 계산한다.

새로운 목적함수의 평가를 위해 임의의 한 균열에 대한 정보를 변화시켜 균열시스템을 교란한다. 임의의 균열중심점을 선택하여 균열이 존재하면 이를 제거하고, 그 반대이면 〈표 7.6〉

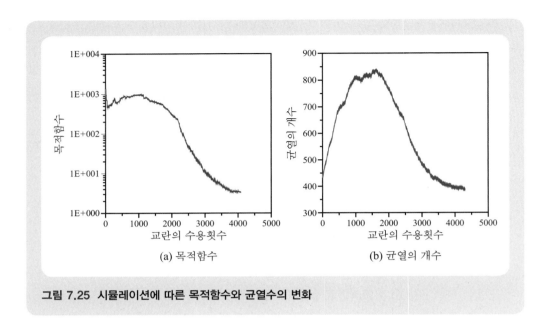

(a) 목적함수   (b) 균열의 개수

그림 7.25 시뮬레이션에 따른 목적함수와 균열수의 변화

의 특성치를 만족하는 균열을 생성한다. 교란된 균열시스템의 목적함수를 평가한다.

Metropolis 알고리즘에 의해 변경된 균열시스템의 수용여부를 판단한다. 변화된 시스템이 수용되면 이를 갱신한다. 〈표 7.9〉에 명시된 대로 초기온도를 50으로 하고 변경된 균열시스템의 수용횟수가 50이 될 때까지 ③~⑤ 과정을 반복한 후, 온도를 이전 온도의 0.9배로 감소시킨다. ③~⑥ 과정을 반복하다가 목적함수가 충분히 작아지거나 균열시스템 변화의 수용속도가 현저히 낮아져 피로한계에 도달하면 계산을 종료한다.

이와 같은 과정을 통해 SA는 37,000회 균열시스템 교란시도와 약 4,300회 교란수용을 보였다. 〈그림 7.25〉는 시뮬레이션 과정 중 목적함수와 균열시스템에 존재하는 균열의 추이를 보여준다. 초기 균열시스템에서 무작위로 균열중심점을 선택하면 대부분 균열이 존재하지 않기 때문에 균열수가 점점 증가한다. 따라서 목적함수의 값도 일부 증가하는 모습을 보인다. 결과적으로 온도가 점차 감소하고 계산이 반복됨에 따라 목적함수가 광역최적값으로 수렴한다.

3. 균열시스템의 최적화 결과

SA 역산결과로 균열의 통계적 분포와 균열밀도 중 균열군 1에 대한 결과를 〈표 7.10〉에 정리하였다. 균열의 길이, 방향, 밀도와 같은 통계특성치가 주어진 참조필드의 특성치와 잘 일치한다. 〈그림 7.26a〉는 유정 A에서 참조필드에서의 압력거동과 최적화 전 임의로 생성된 세 가지 균열

표 7.10 균열의 통계적 특성에 대한 최적화 결과

		참조필드	최적화 결과
	균열 길이(m)		
	5	0.216	0.216
	15	0.360	0.360
	25	0.360	0.360
	35	0.064	0.064
	균열 방향(°)		
균열군 1	15.11	0.112	0.112
	29.68	0.232	0.232
	46.94	0.384	0.384
	59.97	0.184	0.184
	74.99	0.088	0.088
	균열 밀도		
		0.0125	0.0125

망에서의 압력거동을 나타낸 것이다. 〈그림 7.26b〉는 최적화 후 압력거동이 참조필드의 압력거동과 거의 일치함을 보여준다. 나머지 유정에서도 최적화 이후 압력거동은 참조필드에서의 압력거동과 같은 형태를 보였다.

〈그림 7.27〉은 SA 수행에 의해 최적화된 균열망 중 하나를 보여준다. 참조필드와 비교하면 유정과 유정 사이의 연결특성을 잘 나타내고 있다. 〈그림 7.27a〉에서 유정 B와 유정 E는 다른 유정보다 가까이 있지만 상당한 거리를 우회하여 연결되는데 이러한 특성을 〈그림 7.27b〉에서 잘 반영한다. 참조필드에서 보이는 나머지 유정들과 유정 B와의 특성도 최적화된 균열망에서 잘 반영되었다.

유정 B와 E가 연결된 균열망의 공간적 특성을 보면, 참조필드에서는 유정 E에서 위쪽으로 우회하여 유정 B로 연결되어 있지만 역산필드에서는 아래쪽으로 연결된 등가의 모델이다. 식 (7.20)에서 관측된 압력값이 목적함수에 포함되어 있으므로 참조필드와 역산필드 모두 관측된 압력값을 성공적으로 예측해낸다(그림 7.26b).

그러나 균열의 공간적 분포상태는 목적함수에 고려되지 않았기 때문에 이를 그대로 재생할 수 없는 유일성의 한계가 있다. 이와 같은 문제를 해결하기 위해서는 균열자료를 획득하는 과정

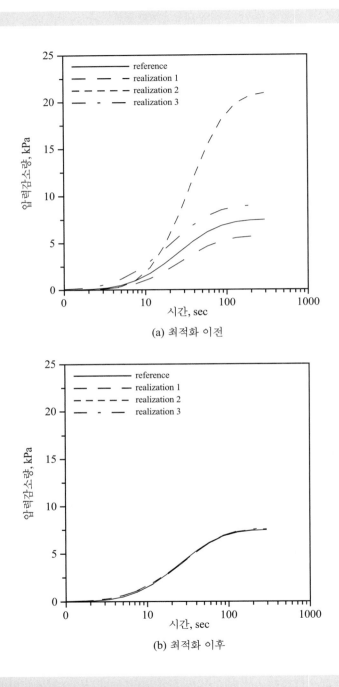

(a) 최적화 이전

(b) 최적화 이후

그림 7.26 최적화 전후 유정 A에서의 압력거동

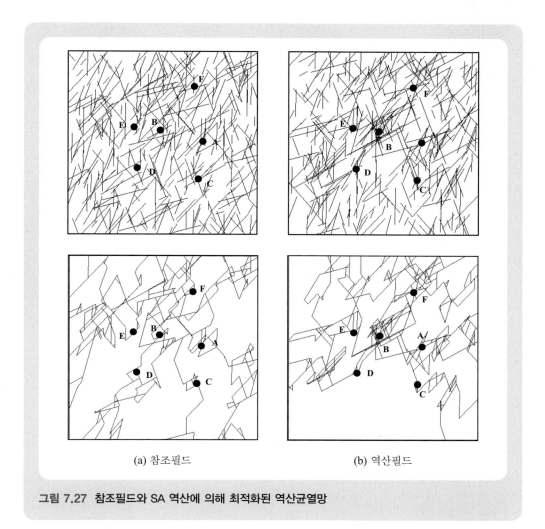

(a) 참조필드　　　　　　　　　(b) 역산필드

그림 7.27 참조필드와 SA 역산에 의해 최적화된 역산균열망

에서 얻은 균열의 공간적 분포자료를 보존하도록 균열을 생성하여 역산을 시행하면 최종 역산결과를 향상시킬 수 있다.

　　역산문제에서 일반적으로 나타나는 유일성 문제를 해결하기 위한 또 다른 기법으로는 중심극한정리의 원리에 따라 여러 번의 역산을 수행하여 그들의 평균값을 사용하는 것이다. 위의 균열역산의 경우에도 신뢰할 수 있는 결과를 도출하기 위해서는 여러 번의 역산으로 획득한 다수의 균열시스템으로부터 공통적인 특성을 파악하는 것이 필요하다. 균열시스템의 경우 균열에 따라 거동변화가 크기 때문에 예측된 각 시스템거동의 평균값보다 중앙값이 전체 결과를 더 잘 반영할 수 있다.

7.1 다음 용어를 석유공학분야(또는 각 전공분야)에 한정하여 설명하라.
   (1) 자료통합(data integration)
   (2) 역산모델링(inverse modeling)
   (3) 최적화(optimization)
   (4) 저류층 특성화(reservoir characterization)

7.2 〈예제 7.1〉에서 냉각속도가 0.9, 0.5인 경우에 SA 기법의 최적화 결과를 제시하고 목적함수의 변화를 반복횟수에 따라 보여라.

7.3 냉각속도가 0.85, 초기온도가 100인 경우에 〈연구문제 7.2〉를 반복하라.

7.4 〈예제 7.1〉의 자료를 다음과 같이 변경하였다. 초기온도가 50, 냉각속도가 0.85일 때, SA 기법을 이용한 최적화 결과를 보이고 목적함수의 변화를 반복횟수에 따라 보여라. 목적함수를 위한 통계치는 표본 표준편차 278.69이다.

$300_{(1)}$	$400_{(2)}$
$500_{(3)}$	$\mathbf{800}_{(4)}$
$900_{(5)}$	$200_{(6)}$

7.5 〈연구문제 7.4〉를 Heat-bath 기법으로 반복하라.

7.6 구간 [0, 31]에서 함수 $f(z) = z^3 - 12z^2 + 20z + 2$의 이론적 최소값과 최대값을 계산하라.

7.7 다음과 같은 적합도를 가진 네 변수에 대하여 균일분포를 이용하여 20, 50, 100번의 샘플링을 시행하고 각 변수들이 선택된 횟수를 구하라.

변수	적합도
z_1	0.15
z_2	0.25
z_3	0.35
z_4	0.25
합	1.00

7.8 아래와 같은 적합도를 가진 네 변수에 대하여 균일분포를 이용하여 20, 50, 100번의 샘플링을 시행하고 각 변수들이 선택된 횟수를 구하라. 이와 같은 적합도분포를 가진 변수를 추출할 때 문제점은 무엇인가?

변수	적합도
z_1	0.10
z_2	0.80
z_3	0.08
z_4	0.02
합	1.00

7.9 〈연구문제 7.8〉에서 주어진 자료의 적합도에 따라 순위를 정하고 그 순위에 비례하는 새로운 적합도를 적절하게 할당(예 : z_2의 적합도 = 4/10)하라. 균일분포를 이용하여 동일한 샘플링을 시행하고 각 변수들이 선택된 횟수를 〈연구문제 7.8〉의 결과와 비교하라.

7.10 〈예제 7.5〉에서 다음 반복계산을 위해서 α는 이전값의 90%를 사용하였다. α의 초기값을 1.0, 0.5, 0.1로 할 때, 이들이 해의 수렴에 미치는 영향을 분석하라.

7.11 아래의 수식을 단순 치환을 이용한 반복법으로 계산하라. 초기값 $(u, v) = (0, 0)$에서 시작하고 각 단계를 구체적으로 보여라. 아래 두 방법 중 해가 수렴하는 경우와 그 이유를 설명하라.
(1) 먼저 식 (a)에서 u를 계산하고 그 결과를 식 (b)에 대입하여 v를 계산하라.
(2) 이번에는 식 (b)에서 u를 계산하고 그 결과를 식 (a)에 대입하여 v를 구하라.

$$u + 5v = 6 \qquad \text{(a)}$$
$$2u - v = 1 \qquad \text{(b)}$$

7.12 다음에 주어진 숫자를 이진법으로 나타내라.

(1) 정수 11, 16, 31

(2) 실수 13.625, 56.09375

(3) 실수 0.1, 0.2

제7장 **심화문제**

아래의 연구문제는 이 책에서 소개하지 못한 내용으로 심화학습을 위한 것이다. 따라서 학부수업에서는 이들을 무시하여도 수업을 진행하는데 문제가 없다. 관심 있는 독자들은 추가적인 자료조사와 학습을 통해 지구통계학에 대한 이해를 높일 수 있다.

7.13 〈예제 7.1〉에서 온도를 감소시키는 비율이 0.2인 경우에 SA 기법의 최적화 결과를 제시하고 목적함수의 변화를 반복횟수에 대하여 보여라. 만약 수렴해를 찾는 데 어려움이 있다면 수렴해를 얻기 위한 대안을 제시하라.

7.14 Metropolis 기법을 사용한 SA 최적화 기법은 특별한 모델을 필요로 하지 않는 반면 많은 계산으로 인해 그 수렴속도가 느린 단점이 있다. SA 기법의 수렴속도를 증가시키기 위해 제시된 여러 기법에 대하여 조사하라.

7.15 비선형성이 약하거나 비교적 간단한 문제에 쉽게 적용할 수 있는 반복법인 PSOR(point successive over relaxation)법의 원리를 설명하고 아래의 행렬방정식을 PSOR법으로 풀어라. 반복단계에 따라 해가 수렴하는 과정을 2차원 평면에 그려라.

$$\begin{pmatrix} 10 & -9 \\ -9 & 10 \end{pmatrix} \begin{pmatrix} z_1 \\ z_2 \end{pmatrix} = \begin{pmatrix} 11 \\ -8 \end{pmatrix}$$

7.16 실제 공학문제에 많이 사용되고 있는 변화율기반의 반복법인 CG(conjugate gradient)법과 CR(conjugate residual)법의 원리를 설명하고 다음에 주어진 행렬방정식을 CG법과 CR법을 이용하여 풀어라. 초기값 $(z_1, z_2) = (0, 0)$에서 시작하여 반복단계에 따라 해가 수

렴하는 과정을 2차원 평면에 그려라. 당신이 계산한 수식이 두 번의 반복계산에 수렴하는지 확인하라.

$$\begin{pmatrix} 10 & -9.9 \\ -9.9 & 10 \end{pmatrix}\begin{pmatrix} z_1 \\ z_2 \end{pmatrix} = \begin{pmatrix} 0.1 \\ -0.1 \end{pmatrix}$$

7.17 함수 $f(z) = z^3 - 12z^2 + 20z + 2$의 해를 다음에 제시된 방법으로 계산하라.

(1) 뉴턴법

(2) 할선법

(3) 이분법

참고문헌

김우철, 김재주, 박병욱, 박성현, 송문섭, 이영조, 전종우, 조신섭, 1998, 일반통계학, 5판, 영지문화사, 서울.

최종근, 2004, 공간정보모델링, 구미서관, 2판, 서울.

최종근, 2007, 지구통계학, 시그마프레스, 1판, 서울.

최종근, 2010, 수치해석, 텍스트북스, 1판, 서울.

최종근, 2011, 해양시추공학, 도서출판 씨아이알, 1판, 서울.

Arslan, I., M.T. Ribeiro, M.A. Neaimi, and I. Hendrawan, 2008, "Facies modeling using multiple-point statistics: An example from a carbonate reservoir section located in a small part of a large shelf margin of Arabian Gulf, UAE," SPE 118089, International Petroleum Exhibition and Conference, Abu Dhabi, UAE, Nov. 3-6.

Barnsley, M.F., R.L. Devaney, B.B. Mandelbrot, H.-O. Peitgen, D. Saupe, and R.F. Voss, 1988, *The Science of Fractal Image,* Springer-Verlag Press, New York.

Ben-Avraham, D. and S. Havlin, 2000, *Diffusion and Reactions in Fractals and Disordered Systems,* Cambridge University Press, Cambridge.

Caers, J., 2001, "Geostatistical reservoir modelling using statistical pattern recognition," J. of Petroleum Science and Engineering **29**, p. 177-188.

Caers, J., 2005, *Petroleum Geostatistics,* SPE, Richardson, TX.

Caers, J. and T. Hoffman, 2006, "The probability perturbation method: A new look at Bayesian inverse modeling," Mathematical Geology **38**(1), p. 81-100.

Caers, J. and T. Zhang, 2004, "Multiple-point geostatistics: A quantitative vehicle for integrating geologic analogs into multiple reservoir models," In Integration of Outcrop and Modern Analogs in Reservoir Modeling, AAPG Memoir 80, edited by G.M. Grammer, P.M. Harris, and G.P. Eberli, p. 383-394.

Cressie, N., 1990, "The Origins of Kriging," Mathematical Geology **22**(3), p. 239-252.

Deutsch, C.V. and A.G. Journel, 1998, *GSLib Geostatistical Software Library and User's Guide,* 2nd ed., Oxford University Press, New York, USA.

Devore, J.L., 1995, *Probability and Statistics for Engineering and the Science,* 4th ed., Duxbery Press, New York, USA.

Gettyimages, http://www.gettyimages.com/

Guardiano, F.B. and R.M. Srivastava, 1993, *Multivariate Geostatistics: Beyond Bivariate*

Moments, Geostatistics Troia 1, Kluwer Academic Publishers, Boston, p. 133-144.

Hardy, H.H. and R.A. Beier, 1994, *Fractals in Reservoir Engineering,* World Science, River Edge, NJ.

Isaaks, E.H. and R.M. Srivastava, 1989, *An Introduction to Applied Geostatistics,* Oxford University Pressure, Oxford.

Jang, M. and J. Choe, 2002, "Stochastic optimization for global minimization and geostatistical calibration," J. of Hydrology **226**, p. 40-52.

Jang, M. and J. Choe, 2004, "An inverse system for incorporation of conditioning to pressure and streamline-based calibration," J. of Contaminant Hydrology **69**, p. 139-156.

Jian, X., R.A. Plea, and Y. Yu, 1996, "Semivariogram modeling by weighted least squares," Computers & Geosciences **22**(4), p. 387-397.

Journel, A.G., 1983, "Non-parametric estimation of spatial distributions," Mathematical Geology **15**, p. 445-468.

Journal, A.G. and Ch.J. Huijbregts, 1991, *Mining Geostatistics,* 5th ed., Academic Press, London, UK.

Kaye, B.H., 1994, *A Random Walk through Fractal Dimension,* 2nd ed., VCH, Weinheim.

Kelkar, M. and G. Perez, 2002, *Applied Geostatistics for Reservoir Characterization,* SPE, Richardson, TX.

Kentwell, D.J., G.A. Bloom, and G.A. Comber, 1999, "Geostatistical conditional simulation with irregularly spaced data," Mathematics and Computers in Simulation **48**, p. 447-456.

Liu, Y., 2006, "Using the SNESim program for multiple-point statistical simulation," Computers and Geosciences **32**(10), p. 1544-1563.

Mandelbrot, B.B. and J.W. Van Ness, 1968, "Fractional brownian motions, fractional noises and applications," Siam Review **10**(4), p. 422-437.

Mandelbrot, B.B., 1983, *The Fractal Geometry of Nature,* W.H. Freeman, New York.

Metropolis, N., A. Rosenbluth, M. Rosenbluth, A. Teller, and E. Teller, 1953, "Equation of state calculations by fast computing machines," J. of Chemical Physics **21**, p. 1087-1092.

Remy, N., A. Boucher, and J. Wu, 2009, *Applied Geostatistics with SGeMS: A User's Guide,* Cambridge University Press, UK.

Strebelle, S.B. and A.G. Journel, 2001, "Reservoir modeling using multiple-point statistics," SPE 71324, SPE ATCE, New Orleans, LA, Sept. 30-Oct. 3.

GEOSTATISTICS

부록

I   석유가스공학 소개
   I.1 다공질매질의 특성 및 유동
        방정식
   I.2 땅속의 보물 석유와 석유자
        원의 탐사, 개발, 그리고 활용
II 표준정규분포표
III 사용된 기본자료
IV 정규분포 및 로그정규분포 확률
    그림종이

부록 I. 석유가스공학 소개

I.1 다공질매질의 특성 및 유동방정식

다공질매질의 가장 대표적인 예는 토양과 지층이다. 다공질 암석(여기서는 고결화 토양과 지층을 포함)은 다양한 성질들이 있는데 이를 크게 일차적 성질, 이차적 성질, 삼차적 성질의 세 가지로 분류할 수 있다. 일차적 성질은 조성, 조직, 퇴적구조, 형태 등으로 주로 암석의 정의와 관련되며 지질학의 관심대상이다. 삼차적인 특성은 비저항, 자연전위, 감마선방사, 음파속도 등이다. 이들은 지구물리학 분야에서 중요하게 응용된다.

이차적인 특성은 공극률(porosity), 유체투과율(permeability), 포화도(saturation), 모세관압(capillary pressure) 등이며 유체유동과 밀접한 관계가 있다. 다공질매질을 통한 유체 및 물질 이동 모델링은 석유공학은 물론 환경공학 분야에도 적용되는 중요한 핵심기술이다. 따라서 여기서는 암석의 이차적인 특성에 대하여 간단히 설명하여 이 책에 사용된 자료와 용어들에 대한 이해를 돕도록 하였다.

공극률은 암석의 전체 부피 중에서 비어 있는 부분의 비를 나타낸 것으로 식 (I.1)로 정의된다.

$$\phi = \frac{V_p}{V_t} \tag{I.1}$$

여기서 V_t는 암석의 총부피이고, V_p는 비어 있는 공극(pore)의 부피이다.

총부피는 공극부피와 암석입자부피의 합이므로 세 값 중에서 두 개만 알면 공극률을 계산할 수 있으며 그 정의에 의하여 0에서 1 사이의 값을 가진다. 공극률은 구성입자의 크기와 분포, 입자의 배열형태, 압축의 정도, 접착물질의 양에 영향을 받는다. 또한 암석생성 이후의 지질적 변화에 의해 그 값이 달라질 수 있다.

공극률은 기본적으로 유체를 저장할 수 있는 능력을 나타내는 인자이다. 공극률은 암석의 압축성과 밀도에 영향을 미치며 그 값이 클수록 일반적으로 압축성은 커지고 밀도는 작아진다. 코어샘플을 이용하여 실험실에서 공극률을 측정하거나 검층자료를 활용하여 간접적으로 계산한다.

유동방향으로 압력차가 존재하고 일정한 점성을 가진 유체가 다공질매질을 통해 흐르는 평균유량은 식 (I.2)와 같은 Darcy 방정식으로 표현된다. 이 식은 단상(single phase)의 비압축성 뉴턴(Newtonian) 유체가 정상상태로 흐를 때 적용된다.

$$Q = -\frac{kA}{\mu}\frac{dP}{dL} \tag{I.2}$$

여기서 Q는 평균유량, dP/dL은 압력구배, μ는 유체점도, k는 유체투과율, A는 단면적이다.

식 (I.2)에서 유체의 평균유량은 압력구배에 비례하고 점성에 반비례하며 그 비례상수가 유체투과율이다. 유체투과율은 다공질매질을 통해 유체가 얼마나 잘 흐르는지를 나타내는 척도이며 주어진 변수들의 차원을 이용하면 $[L^2]$의 면적차원을 가짐을 알 수 있다. 암석샘플을 이용하여 실험실에서 유체투과율을 측정하거나 현장에서 실시한 유동시험자료를 해석하여 얻을 수 있다.

식 (I.2)를 일반화하면 다음과 같다.

$$Q = -\frac{kA}{\mu}\frac{d\Phi}{dL}, \text{ 여기서 } \Phi = p + \rho gh \tag{I.3}$$

여기서 Φ는 압력퍼텐셜(pressure potential), ρ는 유체밀도, g는 중력가속도, h는 기준점으로부터 관심지점까지의 수직높이, L은 유동방향으로의 길이이다.

식 (I.3)은 상대 유체투과율을 이용하여 다상(multi-phase) 유체유동에도 적용할 수 있다. 지하수의 유동식에 사용되는 수리전도도(hydraulic conductivity, 전공분야에 따라 투수계수라고도 함)와 유체투과율 사이에는 다음의 관계식이 성립한다.

$$K = k\frac{\rho g}{\mu}$$

여기서 K는 수리전도도, ρ는 유체밀도, g는 중력가속도, μ는 유체점도이다. 간단한 차원분석을 하면 수리전도도는 $[L/t]$의 속도차원을 가진다.

포화도는 공극을 채우고 있는 각 유체부피를 전체 공극부피에 대한 비로 나타낸 것으로 공극 속에 존재하는 유체의 양을 나타낸다. 물의 포화도는 식 (I.4)로 정의된다.

$$S_w = \frac{V_w}{V_p} \tag{I.4}$$

여기서 하첨자 w는 물을 의미하며 오일이나 가스의 포화도도 동일한 방법으로 정의한다. 언급한 세 포화도의 합은 항상 1이 되므로 포화도 2개만 알면 다른 하나를 계산할 수 있다.

모세관압은 서로 다른 두 유체가 접촉할 때 접촉면에서 비점착(non-wetting) 유체와 점착 유체의 압력차로 정의된다. 모세관압은 유체의 포화도, 유체밀도, 계면장력의 영향을 받는다. 일반적인 관내유동에서는 모세관압이 아주 미미하지만 육안으로 관찰하기 어려운 미세한 공극을 통해 유체가 유동할 때는 이를 고려해야 한다.

모세관압과 중력은 다공질매질에서 유체분포에 영향을 미치는 대표적인 두 요소이다. 중력에 의해 두 유체의 경계면은 수평을 이루지만 모세관압에 의해 그 경계면이 달라진다. 특히 점착 유체의 모세관압은 공극크기가 작을수록 커져 같은 높이에서도 유체포화도가 달라질 수 있다. 또한 각 유체의 상에 따라 더 이상 유동하지 않는 잔여포화도(residual saturation)가 나타난다. 잔여포화도는 석유의 회수율을 낮추고 오염된 토양의 처리와 복원을 어렵게 하는 요인이 된다.

I.2 땅속의 보물 석유와 석유자원의 탐사, 개발, 그리고 활용*

석유란 무엇인가?

석유(petroleum)는 자연적으로 존재하는 '탄화수소 혼합물'로 정의되고 온도와 압력 조건에 따라 액체, 기체, 고체 상으로 존재한다. 석유는 미량의 질소, 황 등을 포함하고 있지만 주성분은 탄소와 수소이며 탄소-수소 결합구조를 가지고 있어 탄화수소(hydrocarbon)라 한다. 따라서 석유는 그 정의에 의해 원유와 가스를 포함하나 관례적으로 원유(crude oil)를 석유로, 천연가스(natural gas)를 가스로 부르기도 한다.

원유는 액체상으로 존재하는 석유의 전형적인 모습이다. 많은 일반인들이 검은색으로 알고 있지만 구성성분에 따라 색깔은 매우 다양하다. 무거운 탄소성분이 많을수록 검은색이나 짙은 갈색이고 휘발유에 가까운 성분이 많아질수록 옅은 노랑색이나 물과 같이 무색이 된다.

천연가스는 탄소수가 적어 지하와 지상 조건에서 가스로 존재하는 메탄(CH_4)과 에탄(C_2H_6)으로 주로 구성된다. 가스 중 무거운 성분이 액체로 전환된 것을 응축물(condensate)이라 한다. 원유를 구성하는 탄소의 개수가 20~30개 이상으로 증가하거나 가벼운 휘발성분들이 줄어들면 원유의 밀도가 증가하고 유동성이 감소한다.

일부 석유는 고온의 지하에서는 액체상태를 유지하나 온도가 낮은 지표면 부근이나 지상에서는 고체나 반고체의 형태로 존재한다. 이러한 석유를 역청(bitumen)이라 하며 캐나다에 대규모로 부존하는 오일샌드(oil sands)는 그 대표적 예이다. 역청은 목재나 배의 방수와 부식방지를 위해 고대에도 사용되었다.

---

* 이 글은 저자가 비전문가들에게 석유공학을 소개하기 위하여 대한토목학회지 「자연과 문명의 조화」에 기고한 두 편의 글을 재정리한 것이다: "땅속의 보물 석유와 석유탐사"(2006년 11월), "땅속의 보물 석유자원의 개발과 활용"(2006년 12월).

석유자원의 중요성

2008년 7월 배럴(＝159리터)당 147.27달러까지 상승했던 유가는 현재 90~100달러 수준으로 안정화되었다. 우리는 왜 석유와 국제유가에 관심이 많은가? 그 이유는 우리의 생활과 산업에 밀접한 석유자원을 거의 전량 수입하기 때문이다.

 2010년 석유를 포함한 에너지 총수입액은 1,216억 달러(이중 원유는 686억 달러)이다. 이는 우리나라 총수입액의 29%를 차지하여 같은 해 대표적인 수출품인 무선전화기(372억 달러), 자동차(301억 달러), 선박(379억 달러)의 수출액합계를 초과한다. 국내 일일원유소비량은 220만 배럴로 국제유가가 1달러 상승하면 1년간 원유수입에만 8억 달러를 추가로 부담해야 한다. "반도체와 자동차로 외화 벌어 에너지자원 수입에 다 썼다!"라는 일간지의 헤드라인이 빈말은 아니다.

 석유는 석탄과 비교하여 취급과 보관이 간단하고 연소가 용이하며 열량도 거의 두 배나 높다. 생산된 원유는 정제과정을 거쳐 휘발유와 항공유 같은 수송용원료나 플라스틱, 합성고무, 합성섬유의 제조원료로 사용된다. 또한 의약품과 같은 각종 부산물 제조에 이용된다. 우리는 석유와 함께 일어나 석유와 함께 생활하다 석유 속에서 잠잔다고 할 수 있다.

석유의 생성과 축적

석유가 어떻게 만들어졌는가에 대해서는 아직 명확히 알지 못한다. 석유생성에 대한 연구가 미진한 것은 그 생성기원을 아는 것이 경제적 관점에서 큰 매력이 없기 때문이다. 지구 속 맨틀 내에는 많은 석유가 있고 그 일부가 이동되어 저류층에 축적되었다(무기기원설)고 주장하기도 하

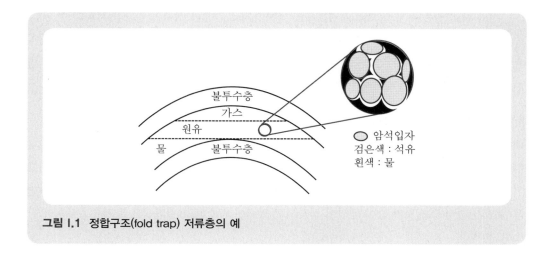

그림 I.1 정합구조(fold trap) 저류층의 예

지만 증거는 빈약하다.

석유공학계에서는 지구상에 존재하던 유기물들이 지구격변시절에 매몰되어 탄화과정을 거쳐 석유가 생성되었다(유기기원설)고 생각한다. 주로 65~150℃에서는 원유가 되고 150℃이상에서는 가스가 되는 것으로 알려져 있다. 유기물이 풍부한 지층 부근에서 대부분의 석유가 발견되며 또 석유성분 중에 형광물질이 검출되는 것이 중요한 증거들이다.

생성된 석유는 다공질매질이나 균열을 통하여 이동하다가 더 이상 수직 또는 수평방향으로 이동할 수 없는 구조[이를 트랩(trap)이라 함]를 만나면 그곳에 축적되어 저류층을 형성한다. 저류층구조는 정합(그림 I.1), 단층, 부정합, 암염 등 다양하다. 상부에 있는 불투수층 덮개암이 석유가 더 이상 위쪽으로 이동하는 것을 방지한다. 옆으로는 불투수층으로 분리되어 있거나 이동할 수 없는 구조로 되어 있어 석유가 축적된다.

석유에 대한 오해들

2012년 9월 현재 동해-1 가스전에서 가스를 생산하지만, 과거에는 국내생산 없이 전량을 수입하여 석유의 탐사와 생산에 대한 지식과 관심이 부족하였다. 따라서 석유에 대한 일반인들의 오해를 다음과 같은 질문들을 통하여 설명하고자 한다.

(1) 땅속 큰 웅덩이 같은 곳에 석유가 모여 있나요?

일부 사람들은 지하에 큰 연못과 같은 웅덩이가 있어 그 속에 석유(가스 포함)가 존재한다고 오해한다. 실제로 〈그림 I.1〉과 같은 모습이 자주 소개되어 혼란을 주기도 한다. 모래가 가득 찬 컵에 모래를 더 이상 넣지 못하지만 물을 채울 수 있다. 이때 물은 모래입자와 입자 사이의 빈공간을 채운다.

이와 같이 원유나 가스 그리고 지하수도 마찬가지로 지층을 이루는 입자들 사이의 빈 공간, 즉 공극에 존재한다. 〈그림 I.1〉에서 확대된 부분을 보면 물은 암석과 친하기 때문에 암석입자 표면쪽에 위치하고 원유는 그 반대로 공극의 중앙부근에 존재한다. 공극 자체의 부피는 작지만 전체 저류층부피가 크기 때문에 결과적으로 많은 석유를 함유할 수 있다.

(2) 석유를 생산하면 땅이 푹 꺼지나요?

대수층에서는 지하수가 생산되어도 유체유동이 서로 연결되어 일정 시간이 지나면 재충전된다. 하지만 저류층은 외부와 단절되어 있다. 석유는 오랜 기간에 걸쳐 이미 존재하는 물을 밀어내고 저류층에 축적되었기 때문에 대부분 주위보다 높은 압력을 유지한다. 풍선에서 바람이 빠지면 그 부피가 줄어드는 것과 같이 생산이 시작되면 압력이 감소하고 결과적으로 저류층부피가 감소할 수 있다.

그러나 저류층은 탄력성이 작아 부피변화가 무시할 수 있을 정도로 적다. 왜냐하면 석탄채굴과는 달리 공극 속에 있는 석유를 생산하기 때문이다. 모래컵 속에 있는 물을 빼어내어도 컵의 부피변화는 거의 없는 것과 동일한 원리이다.

또한 상대적으로 적은 부피변화가 생기는 경우 그 주위의 변형을 통해 지층은 쉽게 안정화된다. 따라서 지층의 탄력성이 아주 큰 특수한 경우나 캐나다 오일샌드 개발과 같이 직접 석유를 포함한 모래 전체를 채굴하는 경우를 제외하면 석유생산으로 인하여 지표면이 함몰되는 경우는 없다.

(3) 석유탐사는 확률게임이고 성공률이 1% 이하인가요?

현대적인 석유탐사기술이 별로 없었던 1940년대 이전에는 경험과 직관에 의해 시추위치와 목표 심도를 결정하였다. 이 시절의 석유탐사는 확률게임과 비슷하였고 성공률은 2% 이하였다. 우연히 유전을 하나 발견하면 그 주변에 수백 또는 수백 개의 유정을 시추하여 석유를 생산하였다.

그러나 탐사기술과 자료처리기술의 비약적 발전으로 석유탐사의 성공률이 현저히 향상되었다. 막대한 자본력과 기술력을 가진 메이저 석유회사들은 유망한 지역을 중심으로 사업을 추진하기 때문에 상업적 성공률이 40% 내외이며 미국 멕시코만의 경우도 성공률이 25% 정도이다.

상업적 성공률에 대한 요즘의 세계적 통계수치는 10~12%이지만 이것이 열 번 시추하면 하나를 성공한다는 의미는 아니다. 잘 준비된 석유탐사는 매번 성공할 수 있지만 그 반대는 시도한 횟수와 상관없이 실패와 자금손실만 있다. 1%의 성공확률을 가진 수술을 앞두고 있는 당신에게 담당의사가 "내가 이미 99명을 실패했지만 당신은 바로 그 100번째 행운아이다."라고 말했을 때 당신은 무슨 생각이 드는가?

(4) 텍사스 중질유는 품질이 중간정도인가요?

국제유가에 언급되는 세 가지 대표유종이 서부텍사스중질유(West Texas Intermediate, WTI), 브렌트유(Brent), 두바이유(Dubai)이다. WTI는 텍사스 서부지역에서 생산되는 원유로 그 비중이 중간(intermediate)정도라는 의미이지만 실제로는 더 가벼운 쪽에 속한다.

WTI는 유황성분이 적고 비중이 낮아 정제가 쉽다. 따라서 미국에서 최고의 품질이며 미국 원유가격을 결정하는 기준이 된다. 뉴욕상업거래소(NYMEX)에 상장되어 있어 유가변동에 민감하며 가격도 높다. 북해에서 생산되는 브렌트유는 런던 국제석유거래소(IPE)에 등록되어 있으며 유럽 및 아프리카에서 거래되는 원유가격의 기준이다.

아랍에미레이트연합국(UAE) 중 하나인 두바이에서 생산되는 두바이유는 유황성분이 많다(1~3wt%). 또한 탄소수가 많은 무거운 성분들로 구성되어 정제비용이 높고 생산되는 휘발 유량이 적은 특징이 있다. 두바이유는 주로 장기계약과 현물중심으로 거래가 이루어진다. 우리나라 원유수입의 70%를 차지하는 중동지역 유가를 대표하며 국내수입유가에 가장 큰 영향을 미친다.

(5) LNG와 LPG는 같은가요?

천연가스의 85~98% 정도는 메탄과 에탄으로 구성되어 있고 판매가 확정되어야만 개발된다. 배관시설이 잘 이루어진 미국과 유럽에서는 파이프라인으로 가스를 수송한다. 가스는 점성이 작아 파이프라인으로 많은 양을 장거리까지 수송할 수 있다. 파이프라인이 없는 경우에는 수송을 위하여 천연가스를 영하 162℃ 이하로 냉각시켜 액화시킨다. 이를 액화천연가스, LNG(Liquefied Natural Gas)라 하고 부피는 약 620배 감소한다.

원유의 정제과정에서 탄소수가 비교적 적은 프로판(C_3H_8)과 부탄가스(C_4H_{10})가 섭씨 32℃ 내외에서 먼저 분리되는데 이들을 액화한 것이 액화석유가스, 즉 LPG(Liquefied Petroleum Gas)이다. LPG는 영하 42℃에서 액화되고 부피는 약 250배 감소한다. 동일 부피에 대하여 부탄의 열량이 높기 때문에 소형용기에 포장되어 휴대용으로도 사용된다.

(6) 석유는 40년 후에 고갈되나요?

이토록 중요하고 많은 경우 국제분쟁의 중심에 있는 석유자원은 40년 후에 고갈되는가? 물론 아니다. 우리는 매장량에 대한 정확한 이해 없이 많은 경우에 숫자적으로 주어진 매장량 가채년수를 언급하기 때문에 많은 오해가 있다.

매장량(reserve)은 '현재 확립된 기술을 바탕으로 불확실성 없이 상업적으로 생산가능한 양'으로 정의된다. 현재 석유 가채년수는 46년인데 이는 확정매장량을 연간생산량으로 나눈 값이다. 추가적으로 매장량을 전혀 확보하지 않아도 현재와 같은 조건으로 향후 46년간 생산할 수 있다는 의미이다.

재미있는 사실은 40년 전에 예상한 석유 가채년수도 40년이라는 것이다. 이는 석유업계가 회사존립과 원활한 경제활동 지원을 위해 40~50년간 생산할 매장량을 확보하려고 노력하기 때문이다. 따라서 '석유매장량 40년, 가스매장량 70년'이라는 가채년수는 매년 변함없지만 연간생산량의 증가로 인하여 총매장량은 오히려 과거보다 증가한 1조 3830억 배럴이다(표 I.1).

매장량은 '상업적으로 생산가능한 양'으로 정의되므로 새로운 유전발견, 유가나 개발비 같은 경제조건, 정부 및 환경 규제와 정책, 오일샌드와 같은 중질유의 개발, 셰일가스 같은 신석유자원의 개발, 또는 생산기술의 발전에 따라 변한다.

석유생산은 다공질매질 속에서의 다상유동, 매질의 비균질성과 불확실성, 중력과 모세관압, 저류층압력, 생산기술에 영향을 받는다. 이와 같은 인자들의 복잡성과 상관성으로 인하여 원유의 회수율은 평균 55% 내외에 머물고 있다. 만약 2%를 추가로 생산할 수 있는 기술이 개발된다면, 현재 매장량 기준으로 국내에서 34년간 사용할 수 있는 매장량을 확보하게 된다.

표 I.1 세계 탄화수소 확정매장량(출처 : BP 통계자료)

연도	석유(배럴)	가스(입방미터)
1990	1조 32억	126조
2000	1조 1049억	154조
2010	1조 3832억	187조

(6) 석유가 없어도 도로구간 200m를 포장할 수 있나요?

이 물음에 대해 "예"라고 대답할 독자가 있을 수도 있다. 그러나 석유가 모자라는 것이 아니라 전혀 없다면 그 일이 결코 쉽지 않을 것이다. 석유정제의 마지막 산물인 아스팔트가 없으니 포장 재료 확보가 불가능하다. 사용연료가 경유인지 휘발유인지에 무관하게 석유류를 사용하는 모든 건설장비의 운행이 중단된다.

건설중장비의 대안으로 노예노동력을 사용하거나 석탄 중심의 증기기관을 윤활유 없이 사용해야 할 것이다. 전기로 장비를 운행할 수도 있지만 석유가 없는 상황에서 생산한 전기발전량으로는 공사장에서 전기를 풍족히 쓰기 어려울 것이다. 작업현장을 오가거나 필요한 인력과 장비를 수급하는 것 역시 어렵다. 바이오디젤이나 신재생에너지를 사용할 수도 있지만 대량생산을 위한 기술적 및 경제적 한계로 현실적 적용이 어렵다. 왜냐하면 도로는 200m에서 끝나지 않기 때문이다.

석유개발의 내용 및 과정

석유자원개발의 과정은 〈그림 I.2〉와 같다. 미국과 캐나다에서는 개인이 석유 및 광물의 소유권을 갖지만 (해상지역은 주정부나 연방정부가 광물권을 소유함) 대부분의 나라에서는 국가나 국가를 대표하는 석유공사가 그 소유권을 가진다.

어느 경우든지 석유를 탐사하고 개발하는 허가를 취득하고 석유의 부존가능성을 탐사한다. 탐사결과 석유가 존재할 수 있는 구조를 파악하면 시추로 그 존재여부를 확인한다. 석유를 생산하기 위한 개발에는 막대한 자본이 투자되기 때문에 매장량을 바탕으로 사업의 경제성을 분석한다. 개발에는 많은 자본이 투자되지만 위험성이 낮기 때문에 기술적인 어려움이 없는 한 생산으로 이어진다.

〈그림 I.2〉는 석유개발에 필요한 요소들을 순차적으로 설명한 것으로 석유개발에 투자하는 회사는 원하는 단계에 계약을 맺고 사업에 참여한다. 석유사업의 첫 단계로 자료조사를 통하여

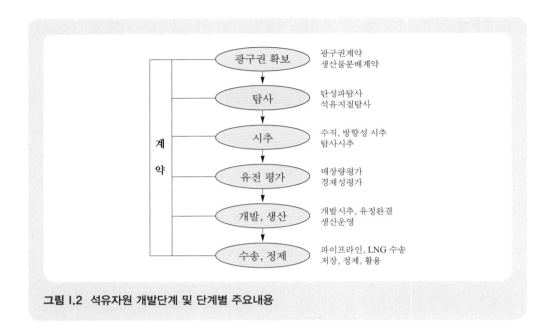

그림 I.2 석유자원 개발단계 및 단계별 주요내용

신규사업을 발굴한다. 자료조사의 주된 내용은 해당 국가의 특징, 석유관련 행정 및 세금제도, 석유부존 유망구조, 과거 개발자료 등이다.

조사된 자료를 바탕으로 사업의 타당성이 확보되면 소요되는 비용지분을 일부 부담하는 형태로 계약에 참여한다. 물론 많은 지분을 확보할 뿐만 아니라 해당 사업을 주관하는 운영사의 역할을 맡을 수도 있다. 경험과 자본이 풍부한 단일회사 또는 다수 회사로 컨소시움을 구성하여 전체 지분을 매입할 수도 있다.

석유개발과정에서 소요되는 비용을 서로 담당하고 생산된 석유(또는 이익)는 각자의 지분에 따라 분배된다. 다른 사업과 마찬가지로 소요되는 비용, 사업이익, 자금운영에 대한 감사와 회계처리가 중요하다. 정부도 과거 5% 이하에 머물던 원유와 가스의 자급율을 현재 12%로 증가시켰고 2030년까지 40%로 확대할 계획하고 있다. 해외자원개발 기업에 다양한 재정 및 행정 지원을 병행하고 있어 이를 잘 활용하는 것도 사업의 성공을 위해 필요하다.

구조탐사

석유탐사에는 석유가 존재할만한 구조를 찾아내는 구조탐사와 석유의 존재여부를 확인하는 시추탐사가 있다. 구조탐사에는 주로 물리탐사기법이 사용된다. 물리탐사는 지층을 구성하는 매질의 밀도, 전기전도도, 자성, 열전도도, 방사능 등과 같은 물리적 특성을 이용하여 원하는 정보

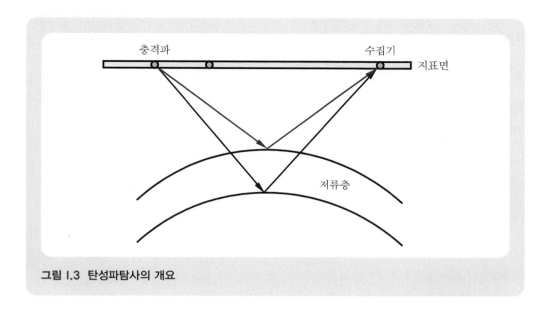

그림 I.3 탄성파탐사의 개요

를 얻어내는 기술이다.

물리탐사가 적용되는 분야는 석유탐사, 지반조사, 매설물탐사, 오염물탐사, 잠수함의 위치
추정, 문화재 진단평가 등 매우 다양하다. 육상과 해상에서 동일한 원리로 물리탐사가 이루어지
며 인공위성 위치정보(GPS)를 이용하여 해상에서의 위치를 결정한다.

석유탐사에 사용되는 대표적인 물리탐사방법은 탄성파탐사이다. 폭발물의 폭발이나 햄머
타격 또는 음파 같이 인위적으로 생성된 파동은 방사형으로 전파되면서 새로운 매질을 만나면
일부는 반사되고 일부는 굴절되어 계속 전파된다. 이때 반사되어 오는 파동의 도착시간을 이용
하여 반사되어 온 지층경계면을 역으로 파악한다. 탄성파자료처리로 얻은 지층정보를 바탕으로
석유가 존재할만한 구조를 찾아낸다(그림 I.3).

지층은 불균질하고 불확실성이 존재하므로 얻는 자료에는 많은 오차가 포함된다. 따라서
많은 자료들 중에서 동일한 지점의 정보를 누적하여 필요한 정보를 얻고 오차를 서로 상쇄시켜
미지의 지층구조를 파악한다. 물리탐사는 자료의 획득, 처리, 해석 세 과정으로 이루어지며 자료
처리에서 컴퓨터 시뮬레이션이 핵심역할을 한다.

계속적인 물리탐사기술의 발전과 컴퓨터성능의 비약적 발전으로 지표상에서 얻은 2차원
자료를 이용하여 지하구조의 3차원 영상화가 가능하다. 따라서 과거에는 식별하기 어려웠던 단
층구조와 지질구조의 불연속면을 컴퓨터 스크린 상에서 바로 확인할 수 있다.

최근에는 석유가 생산되고 있는 저류층에 3차원 탐사를 실시하고 과거에 얻은 자료값과의

차이를 구하는 4차원 탐사라고 불리는 새로운 아이디어가 도입되었다. 이를 활용하면 석유생산으로 인해 변화된 석유분포를 파악할 수 있다. 따라서 최적의 생산계획뿐만 아니라 석유유동이 활발하지 않은 지역에 새로운 생산계획을 세워 이윤을 극대화할 수 있다.

시추탐사

시추는 관련자원의 유무를 확인할 뿐만 아니라 향후 생산을 위한 통로를 확보하는 중요한 단계이다. 아무런 사고 없이 계획한 목표심도에 원하는 유정크기로 도달하는 것이 시추의 일차적인 목적이다. 유정의 안정성과 압력제어를 위해 케이싱을 설치하며 시추심도가 깊어질수록 그 개수와 비용이 증가한다.

유정압력은 지층의 유체압력과 파쇄압력 사이에 유지되어야 한다. 유정압력이 지층의 유체압력보다 낮으면 지층유체가 유정으로 유입되어 유정제어가 어렵다. 반대로 유정압력이 지층의 파쇄압보다 높은 경우에는 지층이 파쇄되고 시추액이 지층으로 유실되어 시추가 불가능하게 된다.

유정압력은 시추액의 정수압으로 조절하며 저류층의 고압이나 예상치 못한 압력을 제어하

그림 I.4 미국 멕시코만 BP 마콘도 유정(Macondo well) 유정화재와 환경영향 예

기 위하여 방폭장치(BOP)를 설치한다. 만일 고압의 저류층 유체가 제어되지 않은 상태로 유출되고 화재를 동반하는 유정폭발이 발생하면 재정손실은 물론 환경오염, 정부규제강화, 인명손실을 야기할 수도 있다(그림 I.4).

시추는 석유나 광물자원의 탐사목적뿐만 아니라 지층의 구성성분 연구, 지반조사 등 다양한 이유로 이루어진다. 우리가 1m 깊이를 시추하기 위해서는 간단한 도구와 의지만 있으면 된다. 하지만 수심 3km 해양에서 지하 10km를 시추하기 위해서는 매우 정밀한 장비와 연속작업을 위한 제어가 필요하다.

〈그림 I.5〉는 석유시추의 원리를 보여준다. 드릴비트(drill bit)가 지층에 압축력을 가한 상태에서 회전하면 시추가 이루어진다. 유체[이를 이수(mud)라 함]를 순환시켜 굴착과정에서 생성된 암편을 제거하고 시추공의 압력도 제어하므로 연속작업이 가능하다.

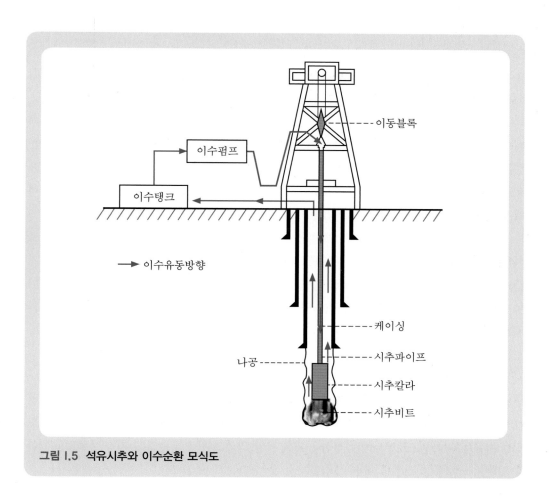

그림 I.5 석유시추와 이수순환 모식도

드릴파이프의 상부에서 장력을 조절하여 드릴비트가 지층에 가하는 압축력을 조절한다. 드릴비트를 회전시키는 방법에는 두 가지가 있다. 드릴파이프를 직접 회전시켜 드릴파이프 끝에 연결된 비트를 회전시키거나 순환하는 이수를 동력원으로 사용하여 드릴비트만을 회전시킨다. 후자를 이수모터(mud motor)라고 하고 수직이 아닌 방향성 유정을 굴착할 때 유리하며 그 기술이 안정되어 있다.

시추기술의 발달로 산이나 호수와 같은 자연장애물이 있는 지역, 인구밀집지역이나 환경적으로 민감한 지역, 해상과 같이 시추비용이 높은 지역 등에서 임의의 방향과 궤도를 가진 방향성 시추가 가능하다. 또한 하나의 시추공만 굴착하는 것이 아니라 한 시추공에서 여러 개를 시추할 수도 있다.

석유개발 경제성평가

유전개발의 궁극적인 목적은 이윤추구이므로 시추로 확인된 석유매장량을 평가하여 개발여부를 결정한다. 전체 저류층부피에 공극률과 석유포화도를 곱하면 총석유량을 얻고 여기에 회수율을 곱하면 회수할 수 있는 매장량이 된다. 개발로 인한 예상수익이 소요비용보다 크면 경제성이 있게 된다.

회수율예측은 우리가 얼마나 많은 정보를 가지고 있느냐에 따라 달라진다. 해당 유전에 대한 직접적인 자료가 없는 경우에는 주위에 있는 자료나 경험에 따라 판단한다. 생산자료가 있는 경우는 생산량의 변화경향을 분석하거나 온도와 압력변화에 따른 저류층유체의 부피변화를 이용한 물질평형식을 사용할 수 있다. 비교적 자료가 많은 경우에는 과거 생산자료를 맞춘 후에 미래 생산량을 예측하는 전산모델링 기법을 사용하는 데 매우 신뢰할 만한 결과를 얻을 수 있다.

생산비용은 생산준비를 위한 개발비용, 생산을 위한 운영비용, 금융비용과 기타비용으로 이루어진다. 석유개발사업도 다른 프로젝트와 마찬가지로 내부수익률, 순현재가치, 자금회수기간 등 정밀한 분석을 거쳐 우선순위를 정한다. 만약 원유나 가스가 존재하지 않거나 그 양이 너무 적어 상업적 생산이 불가능하면 정부 및 환경규제에 따라 유정을 폐쇄하고 탐사 프로젝트를 종료한다.

석유 생산준비 및 생산

전체 저류층크기와 매장량은 향후 생산시설과 생산계획에 큰 영향을 미친다. 〈그림 I.6〉은 지하에서 석유를 생산하기 위한 시설과 원리를 보여준다. 〈그림 I.6〉의 내용은 크게 석유를 포함하고 있는 저류층, 저류층으로부터 석유생산을 위한 시설, 그리고 지상의 분리 및 저장 시설로 분류할 수 있다.

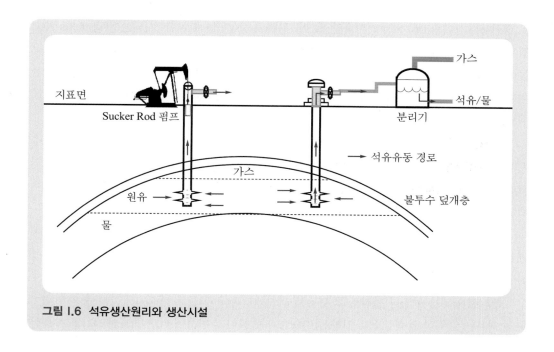

그림 I.6 석유생산원리와 생산시설

시추된 생산유정의 안정성을 장기간 유지하기 위하여 케이싱(공벽보호파이프, casing)을 설치하고 시멘팅을 실시한다. 시멘팅으로 유정과 저류층이 단절되어 더 이상 유체가 이동할 수 없기 때문에 인공적인 천공으로 유동통로를 확보한다. 지층이 비교적 단단한 곳은 망사형 구조를 가진 파이프(이를 screen이라 함)를 설치하고 시추공벽과 파이프 사이를 소직경의 자갈로 채워 유체유동을 원활하게 하면서 지층으로부터 생산되는 모래와 이물질의 유입을 방지한다.

오랜 시간 동안 석유가 축적된 저류층은 대부분 고압을 유지하고 있어 저류층에서 유정으로 석유가 흘러나온다. 이때는 〈그림 I.6〉의 오른쪽 그림과 같은 모습으로 생산된다. 그러나 원유는 비교적 점성이 높고 또 다공질매질인 저류층에서 유동하기 위해서는 많은 에너지를 요구하기 때문에 저류층이 가진 에너지를 이용한 1차생산 효율은 10~15% 내외이다.

효과적인 생산이나 생산을 촉진하기 위하여 지층을 인위적으로 파쇄하여 균열을 발생시킬 수 있다. 또한 생산된 가스를 재주입하거나 물을 주입하여 저류층 압력을 유지하면서 원유를 밀어내는 원리를 사용하기도 한다. 열을 가하여 석유의 점도를 낮추거나 각종 계면활성제를 사용하여 석유를 효율적으로 밀어내는 다양한 증진회수기법을 사용할 수 있다. 이 경우 생산효율을 50~60%로 높일 수 있으며 유동이 비교적 쉬운 가스의 경우 85~90% 이상까지도 생산된다.

저류층에서 유정으로 유입된 석유는 지상에 있는 펌프나 지하에 설치된 수중펌프로 지상으로 생산된다. 〈그림 I.6〉에서 인위적인 생산을 위해 유정상단에 설치한 것은 진공식 Sucker Rod 펌프(많은 사람들은 이를 '메뚜기'라 함)이다. 펌프가 하향운동을 할 때는 석유가 펌프 안으로 들어오고 상향운동을 하는 동안에는 펌프실 안에 들어온 유체가 펌프의 상향운동에 따라 생산된다. 펌프의 상향운동으로 인해 펌프실 아래는 진공이 발생되고 더 아래쪽에 있는 석유는 펌프실로 유입된다. 진공펌프뿐만 아니라 원심력을 이용한 다양한 펌프가 사용될 수 있다.

유정의 상단에는 석유유동과 고압을 제어하기 위한 생산장치(Christmas tree)가 있으며 정기적 샘플링으로 생산되는 원유품질을 검사한다. 지하에서 생산된 원유 속에는 가스와 물 그리고 모래와 같이 이물질이 섞여 있어 분리기로 각각을 분리한다. 분리기는 큰 통과 같으며 중력에 의해 위쪽으로는 가스가 유출되고 아래쪽으로는 액체가 분리된다.

분리된 가스는 파이프라인을 통해 기존의 배관망과 연결되어 소비지로 수송된다. 주위에 배관망이 없는 경우 과거에는 주로 현지에서 소각하였다. 요즘은 환경보호와 가스자원보존을 목적으로 가스소각을 법으로 금하고 있어 저류층으로 다시 주입한다.

분리된 액체는 동일한 원리로 그 다음 분리기에서 원유와 물로 분리된다. 저류층의 압력이 높은 경우는 급격한 압력감소로 인한 햄머링효과를 줄이기 위하여 다단계의 분리기를 사용한다. 모래와 같은 고체 이물질은 분리기 바닥에 쌓이므로 이를 주기적으로 제거한다.

생산된 석유의 수송

천연가스를 수송하는 현실적인 방법은 두 가지이다. 하나는 파이프라인으로 수송하는 것으로 배관망이 잘 갖추어진 미국, 캐나다, 유럽 등에서 사용된다. 특히 가스는 점성이 낮아 수천 km 장거리까지 수송할 수 있어 파이프라인이 효과적인 수송방법이다. 다른 방법으로는 천연가스를 액화시켜(LNG) 수송하는 것이다. 수송선으로 목적지까지 가면 저장탱크에 하역하고 이를 다시 기화시켜 현지 배관망을 통하여 소비자에게 공급한다. 한국과 일본이 그 대표적인 나라이다.

원유도 파이프라인이나 유조선으로 수송한다. 육상에서의 수송은 대부분 파이프라인으로 이루어지며 파이프라인이 없으면 새로운 파이프라인을 건설하거나 철도를 이용할 수 있다. 장거리 파이프라인은 많은 환경특성을 가진 지역을 통과하므로 각 환경에 적합한 시공과 건설이 이루어져야 한다.

한랭지역이나 동토지역을 통과하는 경우 낮은 온도와 일교차로 인하여 수화물(hydrate)이 발생하여 유체유동이나 장비작동을 방해할 수 있다. 계절적 온도차이로 파이프라인의 팽창과 수축이 있고 지반결빙과 해리로 부등침하가 발생하여 구조적인 안정성을 해칠 수 있다. 따라서 이들 모든 요소에 대한 대비가 필요하다.

해양지역을 통과하는 경우에는 해저지형이 안정된 곳에 파이프라인을 설치해야 한다. 인간의 활동이나 해류로 인하여 파이프라인 손상이 없도록 적절한 안전설비를 한다. 특히 해양 파이 프라인은 접근과 유지보수에 어려움이 많기 때문에 안전성이 중요한 설계요소 중 하나이다. 사막지역을 통과하는 경우 일교차와 염분성 모래로 인한 부식에 적절하게 대비해야 한다. 파이프의 내·외벽 코팅이나 이중보호벽 또는 부식방지장치를 설치할 수 있다.

약 70%의 원유를 수입하는 중동지역까지의 거리는 약 25,000km이다. 유조선이 울산에서 출발하여 중동 페르시아만에서 원유를 선적하고 돌아와서 하역을 마치기까지 걸리는 시간은 약 40~45일 정도이다. 30만톤급 대형 원유수송선(VLCC)은 180~250만 배럴, 중형 수송선은 80~120만 배럴을 수송한다. 원유는 장기계약이나 현물시장에서 외국환은행의 신용을 바탕으로 외상으로 구매하고 약속된 기간 내에 해당금액을 은행으로 지급한다(어음거래와 유사함).

석유의 정제와 활용

분자량이 비슷한 탄화수소는 물리적 성질이 비슷하다. 구체적으로 끓는점의 차이를 이용하여 탄화수소를 분리하는 것이 정제의 기본원리이다. 따라서 원유를 가열하면 〈그림 I.7〉과 같은 온도범위에서 유사한 성분이 기화되고 이들을 냉각시켜 최종산물을 얻는다.

특정 성분을 많이 얻기 위하여 분자식의 일부를 변형시키는 개질(reforming), 촉매나 수소를 이용하여 새로운 탄화수소를 만드는 분해(cracking), 황과 질소 등 불순물을 제거하는 처리(treating) 등이 정제의 핵심과정이다. 과거 1930년대에는 단위부피당 약 25%의 휘발유를 얻었지만 현재에는 정제기술의 발달로 40~50%의 휘발유를 얻을 수 있다.

정제과정의 초기에 분리되어 나오는 프로판과 부탄 가스를 액화석유가스(LPG)로 만들어 가정용과 업소용으로 사용한다. 휘발유와 경유는 자동차, 항공기, 선박, 내연기관의 연료이다. 나프타(naphtha)는 플라스틱, 합성비닐, 합성섬유, 합성고무, 합성세제, 그리고 페인트와 의약품과 같은 각종 부산물의 제조에 이용된다. 정제의 마지막 산물인 잔사유로부터 윤활유와 도로포장에 사용되는 아스팔트가 만들어진다.

원유를 정제하면 〈그림 I.7〉과 같이 여러 가지 제품이 주어진 비율에 따라 생산되는 특징이 있다. 따라서 잉여분으로 남는 제품은 수출하고 일시적으로 부족한 부분에 대해서는 수입할 수 있다. 국내 일일정제용량은 250만 배럴로 그 품질이 우수하며 2010년 259억 달러를 수출하여 대표적인 수출품이 되었다. 또한 국제석유소비의 증가로 매년 수출액이 증가하고 있다.

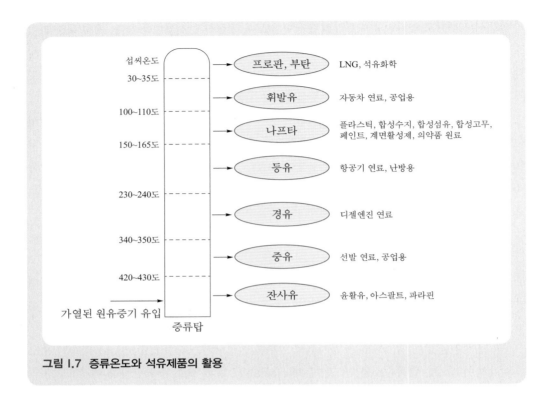

섭씨온도

프로판, 부탄 → LNG, 석유화학

30~35도

휘발유 → 자동차 연료, 공업용

100~110도

나프타 → 플라스틱, 합성수지, 합성섬유, 합성고무,
페인트, 계면활성제, 의약품 원료

150~165도

등유 → 항공기 연료, 난방용

230~240도

경유 → 디젤엔진 연료

340~350도

중유 → 선발 연료, 공업용

420~430도

잔사유 → 윤활유, 아스팔트, 파라핀

가열된 원유증기 유입

증류탑

그림 I.7 증류온도와 석유제품의 활용

국내 석유산업 현황

우리나라는 경제규모의 성장으로 세계적인 통계치에서도 석유소비 7위, 정제능력 6위, 석유수입 4위 등으로 상위지표를 나타낸다. 이것은 우리경제가 에너지와 깊은 관계를 맺고 또 지속가능한 사회를 유지하기 위하여 에너지의 안정적 확보와 원활한 공급이 얼마나 중요한지 보여준다.

만일 국내 휘발유가격이 현재의 세 배로 오른다면 서울시내 자동차수가 교통체증을 느끼지 않을 정도로 줄어들 것인가? 대답은 아마도 "아니요"일 것이다. 왜냐하면 석유는 우리의 생활과 경제활동을 위한 필수 에너지원이며 경제는 발전하고 소득수준은 향상되었기 때문이다. 또한 갑자기 고유가가 생긴 것이 아니라 2000년 이후의 고유가로 예측가능성과 내성이 생겼다. 따라서 고유가에 대한 불평을 많이 하겠지만 석유수요는 쉽게 줄어들지 않을 것이다.

수년간 지속되는 고유가로 인하여 국내에서도 해외 석유 및 광물 자원의 직접개발을 통한 자급률 향상에 많은 노력을 기울이고 있다. 에너지자원의 중요성과 정부의 적극적인 지원으로 2011년 10월 기준으로 65개국에서 499개 사업을 추진하고 있다. 한국석유공사와 한국가스공사 그리고 에너지 관련 민간회사뿐만 아니라 자산관리형회사(증권사, 은행, 투자펀드 등)나 건설회사에서도 해외 자원개발사업을 시도하고 있다.

유전개발사업을 단순한 확률게임으로 생각하는 일부 사람도 있지만 석유의 탐사, 시추, 개발, 생산은 다분야의 협력과 공학기술의 종합적인 적용이 필요하다. 거대한 지구 속에 숨어있는 석유자원에 대한 사업이므로 불확실성이 있다. 따라서 석유개발사업의 성공적인 수행을 위해서는 반드시 전문인력과 필요한 재원 그리고 신뢰할 수 있는 사업파트너를 확보해야 한다. 무엇보다도 전문인력이 없는 상태에서의 석유사업은 단순 확률게임이 될 위험성이 높다.

부록 II. 표준정규분포표

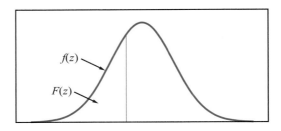

표의 숫자는 z보다 같거나 작은 누적확률을 나타낸다.

z	.00	.01	.02	.03	.04	.05	.06	.07	.08	.09
-3.4	.0003	.0003	.0003	.0003	.0003	.0003	.0003	.0003	.0003	.0002
-3.3	.0005	.0005	.0005	.0004	.0004	.0004	.0004	.0004	.0004	.0003
-3.2	.0007	.0007	.0006	.0006	.0006	.0006	.0006	.0005	.0005	.0005
-3.1	.0010	.0009	.0009	.0009	.0008	.0008	.0008	.0008	.0007	.0007
-3.0	.0013	.0013	.0013	.0012	.0012	.0011	.0011	.0011	.0010	.0010
-2.9	.0019	.0018	.0018	.0017	.0016	.0016	.0015	.0015	.0014	.0014
-2.8	.0026	.0025	.0024	.0023	.0023	.0022	.0021	.0021	.0020	.0019
-2.7	.0035	.0034	.0033	.0032	.0031	.0030	.0029	.0028	.0027	.0026
-2.6	.0047	.0045	.0044	.0043	.0041	.0040	.0039	.0038	.0037	.0036
-2.5	.0062	.0060	.0059	.0057	.0055	.0054	.0052	.0051	.0049	.0048
-2.4	.0082	.0080	.0078	.0075	.0073	.0071	.0069	.0068	.0066	.0064
-2.3	.0107	.0104	.0102	.0099	.0096	.0094	.0091	.0089	.0087	.0084
-2.2	.0139	.0136	.0132	.0129	.0125	.0122	.0119	.0116	.0113	.0110
-2.1	.0179	.0174	.0170	.0166	.0162	.0158	.0154	.0150	.0146	.0143
-2.0	.0228	.0222	.0217	.0212	.0207	.0202	.0197	.0192	.0188	.0183
-1.9	.0287	.0281	.0274	.0268	.0262	.0256	.0250	.0244	.0239	.0233
-1.8	.0359	.0351	.0344	.0336	.0329	.0322	.0314	.0307	.0301	.0294
-1.7	.0446	.0436	.0427	.0418	.0409	.0401	.0392	.0384	.0375	.0367
-1.6	.0548	.0537	.0526	.0516	.0505	.0495	.0485	.0475	.0465	.0455
-1.5	.0668	.0655	.0643	.0630	.0618	.0606	.0594	.0582	.0571	.0559
-1.4	.0808	.0793	.0778	.0764	.0749	.0735	.0721	.0708	.0694	.0681
-1.3	.0968	.0951	.0934	.0918	.0901	.0885	.0869	.0853	.0838	.0823
-1.2	.1151	.1131	.1112	.1093	.1075	.1056	.1038	.1020	.1003	.0985
-1.1	.1357	.1335	.1314	.1292	.1271	.1251	.1230	.1210	.1190	.1170
-1.0	.1587	.1562	.1539	.1515	.1492	.1469	.1446	.1423	.1401	.1379
-0.9	.1841	.1814	.1788	.1762	.1736	.1711	.1685	.1660	.1635	.1611
-0.8	.2119	.2090	.2061	.2033	.2005	.1977	.1949	.1922	.1894	.1867
-0.7	.2420	.2389	.2358	.2327	.2296	.2266	.2236	.2206	.2177	.2148
-0.6	.2743	.2709	.2676	.2643	.2611	.2578	.2546	.2514	.2483	.2451
-0.5	.3085	.3050	.3015	.2981	.2946	.2912	.2877	.2843	.2810	.2776
-0.4	.3446	.3409	.3372	.3336	.3300	.3264	.3228	.3192	.3156	.3121
-0.3	.3821	.3783	.3745	.3707	.3669	.3632	.3594	.3557	.3520	.3483
-0.2	.4207	.4168	.4129	.4090	.4052	.4013	.3974	.3936	.3897	.3859
-0.1	.4602	.4562	.4522	.4483	.4443	.4404	.4364	.4325	.4286	.4247
-0.0	.5000	.4960	.4920	.4880	.4840	.4801	.4761	.4721	.4681	.4641

부록 III. 사용된 기본자료

1. 깊이에 따른 1차원 유체투과율 자료

깊이(ft)	유체투과율(md)	깊이(ft)	유체투과율(md)
0.5	101.1	50.5	89.1
1.5	116.5	51.5	59.7
2.5	132.4	52.5	50.3
3.5	108.1	53.5	60.5
4.5	110.3	54.5	58.3
5.5	101.3	55.5	38.0
6.5	100.0	56.5	98.4
7.5	87.8	57.5	54.0
8.5	118.5	58.5	103.2
9.5	99.9	59.5	117.5
10.5	104.7	60.5	80.6
11.5	113.2	61.5	61.8
12.5	131.9	62.5	51.0
13.5	55.1	63.5	109.0
14.5	78.6	64.5	67.6
15.5	44.7	65.5	111.3
16.5	79.7	66.5	124.1
17.5	92.5	67.5	102.8
18.5	110.3	68.5	115.2
19.5	35.0	69.5	103.2
20.5	59.8	70.5	168.9
21.5	100.2	71.5	113.7
22.5	115.1	72.5	45.7
23.5	108.3	73.5	107.0
24.5	135.6	74.5	93.4
25.5	156.6	75.5	43.8
26.5	186.7	76.5	109.7
27.5	122.7	77.5	122.6
28.5	80.3	78.5	74.6
29.5	113.9	79.5	109.5
30.5	124.4	80.5	76.4
31.5	127.5	81.5	73.2
32.5	85.2	82.5	59.5
33.5	49.9	83.5	48.0
34.5	22.4	84.5	86.1
35.5	88.4	85.5	78.7
36.5	96.4	86.5	49.1
37.5	76.1	87.5	94.7
38.5	63.2	88.5	77.7
39.5	90.6	89.5	67.7
40.5	10.8	90.5	47.6
41.5	0.0	91.5	123.3
42.5	41.8	92.5	135.0
43.5	69.1	93.5	169.9
44.5	78.3	94.5	117.7
45.5	61.9	95.5	165.9
46.5	53.6	96.5	138.4
47.5	51.0	97.5	115.8
48.5	91.5	98.5	137.7
49.5	103.7	99.5	183.8

2. 위치에 따른 카드뮴(Cd) 농도자료

x(ft)	y(ft)	카드뮴 농도(ppm)
38.0	211.0	11.5
35.6	188.0	8.5
23.6	169.0	7.0
30.8	149.0	10.7
23.6	131.0	11.2
26.0	106.0	11.6
35.6	82.0	7.2
38.0	64.0	5.7
42.8	37.0	5.2
28.4	19.0	7.2
110.0	215.0	3.9
105.2	191.0	9.5
117.2	172.0	8.9
117.2	150.0	11.5
102.8	126.0	10.7
100.4	103.0	8.3
119.6	80.0	6.1
119.6	65.0	6.7
107.6	39.0	6.2
105.2	18.0	0.0
184.4	212.0	5.5
201.2	195.0	4.0
198.8	168.0	7.0
182.0	152.0	5.3
191.6	128.0	11.6
191.6	104.0	9.0
194.0	82.0	14.5
191.6	60.0	12.1
182.0	40.0	0.9
194.0	19.0	0.0
4.4	72.0	3.2
4.4	28.0	1.2
4.4	199.0	1.7
83.6	201.0	1.2
83.6	171.0	7.6
83.6	94.0	11.6
83.6	63.0	8.7
162.8	185.0	5.8
4.4	157.0	3.8
162.8	72.0	10.4
162.8	50.0	10.0
242.0	182.0	7.1
242.0	149.0	4.4
242.0	215.0	10.4
242.0	50.0	1.6
194.0	90.0	15.0
186.8	140.0	3.4
110.0	95.0	6.8
95.6	110.0	10.8
4.4	116.0	14.9
30.8	116.0	9.9
57.2	116.0	11.6
83.6	116.0	6.5
110.0	116.0	10.1
136.4	116.0	11.8
162.8	116.0	11.0
189.2	116.0	16.7
215.6	116.0	11.6
242.0	116.0	6.9
95.6	116.0	9.9

3. 위치에 따른 유체퍼텐셜과 유동용량 자료

x(ft)	y(ft)	유체퍼텐셜(psi)	유동용량(md-ft)
3900	10200	10	7
6600	10200	185	86
9300	10200	430	340
11700	10200	300	1243
13800	10200	150	604
15750	10200	700	1465
1950	8800	64	4721
4650	8800	50	2189
7200	8800	185	3444
12450	8800	250	457
15150	8800	100	268
9900	8500	405	1326
16900	8300	170	4515
4650	7500	152	4238
14400	7500	327	280
1950	6200	50	2153
7150	6200	385	3520
9900	6200	100	854
11100	6200	400	4745
12450	6200	270	1052
15450	5700	35	62
600	4800	1500	35744
3450	4800	360	21331
5850	4800	2220	20246
8400	4800	1500	23760
10950	4800	1500	9542
13350	4800	120	1866
15300	4800	90	125
8000	4000	2325	20254
500	3500	800	25224
3300	3500	960	16316
5850	3500	1600	36347
7150	3500	2000	12258
8400	3500	1200	12081
13950	3500	400	5781
1950	2200	303	7030
4600	2200	1400	5458
7150	2200	1600	8226
9900	2200	1500	7583
12450	2200	1300	3052
15150	2200	1000	2555
9900	800	850	1166
11900	800	1300	748
13800	800	2800	3846
15150	800	1500	3548
4650	600	206	3996
7000	250	580	1211
12900	250	1000	407

부록 IV. 정규분포 및 로그정규분포 확률그림종이

정규분포 확률그림종이

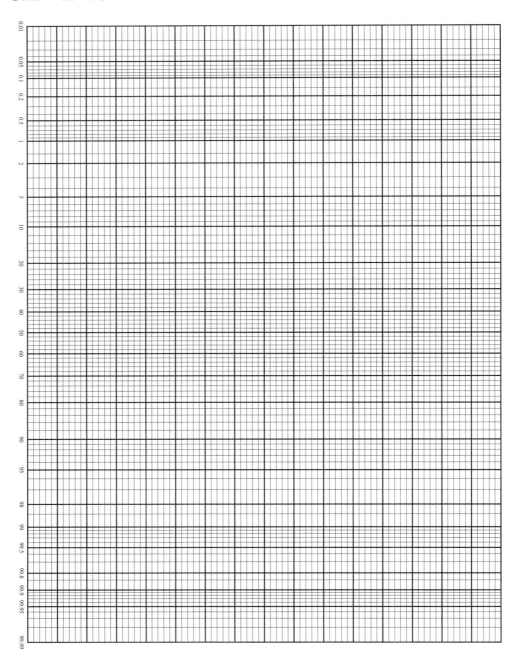

로그정규분포 확률그림종이

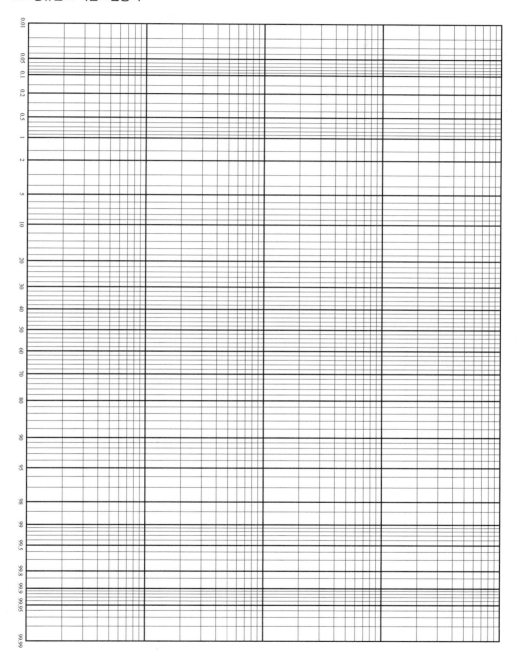

찾아보기

【ㄱ】

가상모집단   31
가우스모델   157
가우스분포   82
가짜약효과   52
간헐도지수   306
결정계수   113
결합확률질량함수   74
계급   34
공동크리깅   14, 225
공분산   76
교차검증   236
구간   42
구심질량법   310
구역모델   171, 174
구역크리깅   219
구형모델   157
균일분포   79
기대값   46, 72
기하모델   171
기하평균   46

【ㄴ】

내재가정   154
냉각계획   337
너깃   141
너깃모델   159
누적확률함수   34

【ㄷ】

다각형법   242
다점지구통계학   9, 187
다중결정계수   123
단순크리깅   200
담금질모사 기법   332
도수분포표   56
독립사건   67

【ㄹ】

라그랑제 목적함수   210
라그랑제 인자법   210
로그모델   161
로그정규분포   84

【ㅁ】

매도그램   138
멱급수모델   160
모수   40
모집단   4, 30
무작위대응비교   53
무한모집단   30
문턱값   141

【ㅂ】

박스계수법   308
박스그림   39
반베리오그램   139
반복함수시스템   313

반응변수 110

반지속성 160

백분위수 38

백색잡음 117

베리오그램 10, 138

베이어스 정리 68

변동계수 42

분리거리 135

분산 42

분위수구간 38, 42

분위수대조도 91

불변성 153

비대칭분포 45

비중심모멘트 73

【ㅅ】

사분위수 38

사전분포함수 294

산도 42

산술평균 46

산점도 63

삼각분포 80

삼각형법 243

상관거리 136

상관계수 76, 110

상관구간 136

상대 베리오그램 163

상호 베리오그램 177

선형모델 157

선형운영자 73

설명변수 110

수정 베리오그램 163

수학적 확률 65

순차 가우스 시뮬레이 283

순차 시뮬레이션 282

순차 지표 시뮬레이션 293

실험적 확률 65

【ㅇ】

약 2차 불변성 154

양의 정부호 165

에르고딕성 155

역거리가중치법 249

역산모델링 353

연속확률변수 33

연쇄잔차첨가법 316

왜도 45

유전알고리즘 기법 332

유한모집단 30

이방성 148

이산확률변수 33

이중눈가림실험 52

이차변수 225

일반크리깅 233

임의오차 117

임의잔차첨가법 277

임의추출 49

임의화 52

【ㅈ】

자기공분산 136

자기공분산그램 137

자기닮음성 305, 309

자기상관 134

자기상관그램 137

자발적 반응표본 49

자유도 44

적합도함수 346

전확률공식 67

점크리깅 219

정규분포 82

정규수치변환 96

정규수치역변환 96

정규크리깅 209

정확성 205

조건부 시뮬레이션 9, 276

조건부확률 66

조정결정계수 123

종속사건 67

주기모델 161

주변수 225

주변확률밀도함수 74

줄기-잎 그림 57

중심극한정리 88

중심모멘트 73

중앙값 46

지구통계학 7

지속성 160

지수모델 157

지수분포 81

지역평균법 248

지연거리 135

지연지표 135

지표경계값 292

지표 베리오그램 295

지표변수 292

지표변환 293

【ㅊ】

척도 23

첨도 48

총편차 112

최빈값 46

최우분산 44

최하향경사법 357

추론통계 5

추출 30

추출단위 30

【ㅋ】

카오스 305

큐빅모델 158

크리깅 9, 198

【ㅌ】

탐색트리 258

통계학 2

트레이닝 이미지 187, 189, 253

특성화 22, 353

특이값 39

【ㅍ】

편향 40

평균절대편차 42

표본 4, 30

표본공간 30

표본단위 30

표준정규분포 83

표준편차 42

프랙탈차원 306

【ㅎ】

해상력 23

확률그림 95

확률그림종이 95

확률변수 32

확률분포 32

회귀 110

회귀그램 63

회귀분석 12

회귀오차   112

히스토그램   56

【기타】

5차구형모델   158

bias   40

BLUE   111, 210

Boltzman 누적확률함수   335

fBm모델   160

fGn모델   160

Geostatistics   7

h-산포도   139

Heat-bath 기법   341

Metropolis Algorithm   336

MVUE   210

p 분위수   38

p-정규분포   87

Q-Q plot   91

random variable   32

SGeMS   265

SNESim   258

Statistics   2

variogram   10

저자 소개

최종근

1965년 12월 생

1988년 2월 서울대학교 자원공학과 수석졸업(학사)
　　　　　　서울대학교 최우등졸업

1990년 2월 서울대학교 대학원 자원공학과 졸업(석사)

1995년 5월 Texas A&M 대학 석유공학 박사(국비유학)

1995년 6월～1998년 8월 Texas A&M 대학 연구원

1998년 9월～현재 서울대학교 에너지자원공학과 교수
　　　　　　서울대학교 에너지시스템공학부 겸임

Marquis Who's Who 인명사전 수록(2003～)

[수상]

국제 4개학회(SPE, TMS, ISS, SME) 공동선정 최우수논문상(2000년 3월)

서울공대 우수강의교수상(2000년, 2007년)

과학기술인총연합회 우수논문상(2002년 4월)

늘푸른에너지공학상(2004년 11월)

공과대학 신양학술상(2006년 11월)

한국지구시스템공학회 학술상(2010년 10월)

한국지구시스템공학회 GSE 최우수연구상(2012년 5월)

[주 연구분야]

석유가스공학/환경공학/지구통계학/최적화

E-mail : johnchoe@snu.ac.kr